Band 4

Marco Ragonesi

Mitarbeit: Hans Bertschinger,
Fredi Kölliker, Christoph Zürcher

Bautechnik der Gebäudehülle

Bau und Energie

Leitfaden für Planung und Praxis

Herausgeber Christoph Zürcher

Verlag der Fachvereine Zürich B. G. Teubner Stuttgart

Der vorliegende Band ist Teil des Leitfadens «Bau und Energie». Der Leitfaden besteht aus den Bänden:
- Physikalische Grundlagen
- Bauphysik
- Baustofflehre
- Bautechnik der Gebäudehülle
- Heizungs- und Lüftungstechnik

Eine Übersicht der wichtigsten Normen im Bereich «Bau und Energie» findet sich im Band «Bauphysik» dieses Leitfadens.

Die Redaktion und Herstellung wurde durch die Konferenz der kantonalen Energiefachstellen und das Bundesamt für Energiewirtschaft (BEW) unterstützt und finanziert.

Diese Publikation wurde von folgenden Autoren bearbeitet:

Marco Ragonesi, dipl. Arch. HTL
Ragonesi • Strobel & Partner AG,
Bauphysik und technische Kommunikation, Luzern

Hans Bertschinger, dipl. Arch. ETH
EMPA-KWH, Dübendorf

Fredi Kölliker, dipl. Arch. HTL
Dozent für Konstruktion und Konstruktionssystematik, HTL Brugg-Windisch

Christoph Zürcher
Prof. Dr. für Bauphysik/Haustechnik,
TWI, Winterthur

Den folgenden Fachleuten danken wir für ihre Beiträge und Stellungnahmen:
Heini Aeppli, Sarnafil AG, Sarnen
Armin Binz, Würenlos
Conrad U. Brunner, Planung & Architektur & Energie, Zürich
Max Deuber, Sika AG, Luzern
Hans Donzé, Gebäudeversicherung des Kantons Luzern, Luzern
Hans Eggerschwiler, Ragonesi • Strobel & Partner AG, Luzern
Guido Küng, Architekturbüro, Zollikerberg
Arthur Leuthard, Häusermann + Leuthard AG, Luzern
Christoph Schmid, Ingenieurbüro für Energietechnik, Winterthur
Hans Moor, TWI, Winterthur
René Spörri, EgoKiefer AG, Altstätten
Markus Strobel, Planteam GHS, Sempach-Station
Hans Rudolf Unold, Sarnafil AG, Sarnen
Peter Weber, Renesco AG, Regensdorf

Die Deutsche Bibliothek - CIP-Einheitsaufnahme

Bau und Energie:
Leitfaden für Planung und Praxis/Hrsg. Christoph Zürcher.
Zürich: Verl. der Fachvereine; Stuttgart: Teubner.
ISBN 3-7281-1819-2 (vdf)
ISBN 3-519-05055-2 (Teubner)

Ragonesi, Marco:
Bautechnik der Gebäudehülle/Marco Ragonesi.
Zürich: Verl. der Fachvereine; Stuttgart: Teubner 1993
(Bau und Energie; Bd. 4)
ISBN 3-7281-1826-5 (vdf)
ISBN 3-519-05053-6 (Teubner)

Gestaltung, Satz, Graphiken:	Marco Ragonesi, Luzern
Umschlaggestaltung:	Fred Gächter, Oberegg
Druck und Ausrüstung:	Sticher Printing AG, Luzern

© 1993 vdf Verlag der Fachvereine an den schweizerischen Hochschulen und Techniken AG, Zürich und B.G.Teubner Verlag, Stuttgart

---

Der vdf dankt dem Schweizerischen Bankverein für die Unterstützung zur Verwirklichung seiner Verlagsziele

Vorwort zum Leitfaden «Bau und Energie»

«Der zu deckende Energiebedarf der Menschheit bringt ernsthafte ökonomische, soziale und ökologische Probleme mit sich. Ihre Lösung verlangt vernünftige, technologisch und wirtschaftlich machbare Alternativen.» [C. Starr: «Energy and power», Scientific American (1971)]

Die Menschheit ist heute dabei, ihren begrenzten Lebensraum – die Erde – durch übermässige Umweltbelastung in globalem Massstab zu verändern:
«Und sie sägten an den Ästen,
auf denen sie sassen und schrien
sich zu ihre Erfahrungen,
wie man besser sägen könne
und fuhren mit Krachen in die Tiefe
und die ihnen zusahen beim Sägen
schüttelten die Köpfe
und sägten kräftig weiter.» [Bert Brecht]

Uns gegenüber den Nächsten und unseren Nachkommen verantwortlich zu verhalten hinsichtlich der Auswirkungen, die unsere Lebensweise für die Umwelt bedeutet, ist ein Gebot der Zeit – auch im Bereich «Bau und Energie».

Vor dem Hintergrund der Energie-Umwelt-Problematik und einem nicht zu vernachlässigenden Anteil der Gebäude am Gesamtenergieverbrauch geht es darum, den Bereich «Bau» unter dem Aspekt «optimale Energienutzung – massvolle Behaglichkeitsanforderungen – minimale Umweltbelastung» genauer auszuleuchten.
Der Leitfaden «Bau und Energie» zeigt – ausgehend von den Grundlagen der Naturwissenschaften – Zusammenhänge aus dem Bereich Umwelt-Gebäude-Mensch auf. Er erhebt keinen Anspruch auf Vollständigkeit, die vorgestellten Themen stellen eine Auswahl aus dem vielfältigen Fragenkomplex dar.

Der Leitfaden wurde im Rahmen eines Forschungsprojektes «Aufbau einer auf einheitlichen, integralen Denkweise basierenden und allgemeinverständlichen Dokumentation zum Problemkreis "Bau und Energie"» zusammengestellt und kann
- einerseits
  - als *Ganzes* in Nachdiplomkursen/Ergänzungsstudien wie «Bau und Energie» oder
  - in *Teilen* auf Stufe HTL (FH)/TH im entsprechenden Grundlagenunterricht als *Lehrmittel*,
- andererseits bei
  - Bauplanern oder Fachberatern und
  - Interessenten im Bereich «Bau und Energie»

als kurzgefasstes *Nachschlagewerk* verwendet werden.

Ein übergeordnetes Ziel lässt sich – ähnlich wie beim Impulsprogramm RAVEL (Rationelle Verwendung von Elektrischer Energie) – mit dem Öffnen neuer Handlungsspielräume im Bereich «Bau und Energie» durch eine verbesserte oder neuzuerwerbende Kompetenz umschreiben.

Bei dieser Arbeit ging es nicht primär darum, das Rad neu zu erfinden. Im Gegenteil: Bestandenes, Bewährtes wurde übernommen. Aufgrund der rasanten technischen Entwicklung und der zunehmenden Sensibilisierung in Umweltfragen wurden einzelne Teile völlig neu erarbeitet, vorhandene Artikel aktualisiert bzw. überarbeitet. Themen aus neueren Forschungsarbeiten wie IP RAVEL, IP BAU (Erhaltung und Erneuerung), IP PACER (Erneuerbare Energien) usw. wurden soweit möglich integriert. Eine Übersicht der wichtigsten Normen im Bereich «Bau und Energie» findet sich im Band «Bauphysik» dieses Leitfadens.

Wir bitten die Leser, Fehlermeldungen bzw. Hinweise auf Ungenauigkeiten oder Vorschläge für Verbesserungen direkt an den vdf, Verlag der Fachvereine, ETH Zentrum, CH-8092 Zürich, zuhanden der Autoren zu richten.

Zürich, im Herbst 1992
Der Herausgeber: Ch. Zürcher

Bautechnik der Gebäudehülle

Vorwort

Die jüngsten Bestrebungen, die Gebäudehülle wärmetechnisch ingenieurmässig zu dimensionieren und optimal zu projektieren, setzt eine möglichst fehlerfreie Konstruktion und eine Koordination der beteiligten Fachingenieure unabdingbar voraus.

Diese Leistungssteigerungen im Bereich des Wärmeschutzes betreffen sowohl die Verminderung der Transmissions- als auch der Lüftungswärmeverluste. Dies führte allgemein zu mehrschichtigen und komplexeren Bauteilen, während sich an der Technik des Konstruierens, im Zusammenfügen der einzelnen Bauteile und der Bewältigung der Übergänge wenig bis gar nichts geändert hat. Der einseitigen wärmetechnischen Weiterentwicklung von Bauteilsubsystemen muss eine angemessene, ganzheitliche bautechnische Durchbildung der Gebäudehülle folgen, um den sich ständig wandelnden Anforderungen gerecht zu werden.

Der Begriff «Gebäudehülle»
Unter dem Begriff Gebäudehülle werden im allgemeinen diejenigen Bauteile aufgeführt, welche das Bauwerk gegen Aussenklima und Erdreich abgrenzen (Aussenbauteile). Im Gegensatz dazu wird von Bauteilen im Gebäudeinnern gesprochen.
In diesem Leitfaden aus der Reihe «Bau und Energie» wird die Gebäudehülle als Abgrenzung des beheizten Gebäudevolumens gegen Aussenklima, Erdreich und nicht beheizte Räume verstanden, wie dies auch die Empfehlung SIA 180/1 [2] und die Empfehlung SIA 380/1 [3] tun.

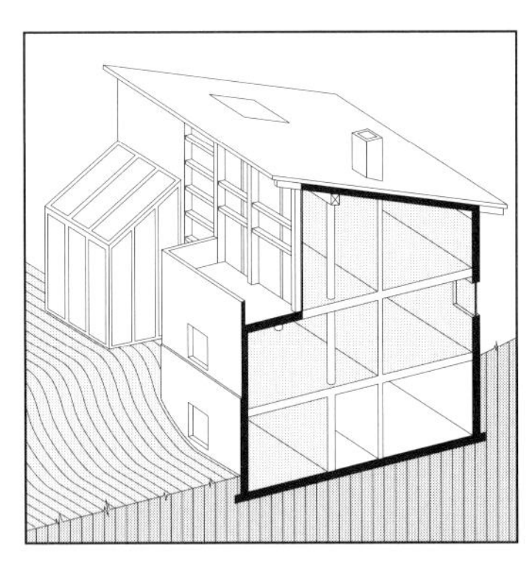

Gebäudehülle als äusserste Begrenzung des Gebäudes (Aussenbauteile)

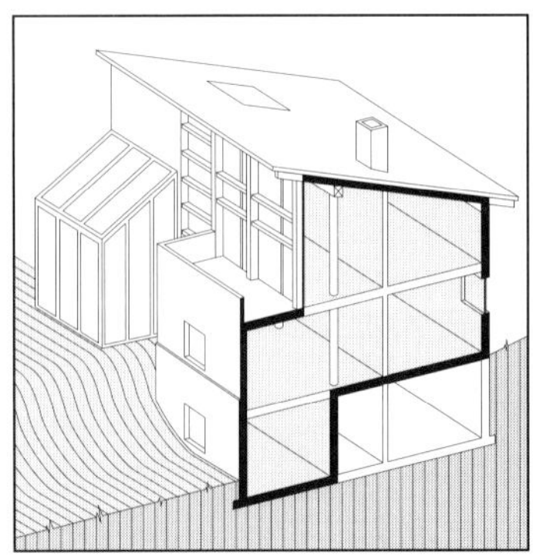

Gebäudehülle als Abgrenzung des beheizten Gebäudevolumens

Positionierung des Lehrmittels
Im deutschsprachigen Raum kann man sich auf einige verbreitete Konstruktionslehrbücher und Bauhandbücher mit mehr oder weniger aktuellem Inhalt abstützen. Diese lassen sich grob in etwa folgende Kategorien einteilen:

Produktebezogene Kataloge und Broschüren
Diese behandeln in der Regel die baustoffspezifischen Anwendungsgebiete ohne verbindliche Angaben über deren weiteren bautechnischen Kontext.
Sie bieten oft einzelne exemplarische Lösungstypen in Form von Regelschnitten und -Anschlüssen an (Katalogdetails).

Produkteneutrale Konstruktionslehrbücher
Sie behandeln die eigentlichen Bauteile (Wände, Dächer, Fenster, usw.) in der Übersicht von möglichen Lösungstypen.

Tragwerkbezogene Konstruktionslehrbücher
Diese behandeln spezifische Bauweisen wie Holz-, Stahl-, Mauerwerk-, Betonbau.

Nur wenige Konstruktionslehrbücher vermögen eine ganzheitliche Sicht der Baukonstruktion und der ihr zu Grunde liegenden Prinzipien zu vermitteln.

Auch die vorliegende Schrift behandelt ebenfalls nur einen ganz spezifischen Aspekt des Bauens: Die Bautechnik der Gebäudehülle im Rahmen der Thematik Bau und Energie. Von einer ganzheitlichen Betrachtung des Bauens kann also nicht gesprochen werden. So werden beispielsweise die architektonischen, gestalterischen Bereiche fast gänzlich ausgeschlossen und die Bautechnik wird meist an Beispielen des Massivbaus gezeigt.

Die angesprochene Thematik wird nicht nur von Architekten und Bauingenieuren behandelt, sondern sie beschäftigt vermehrt weitere in das Bauen involvierte Kreise wie Investoren, Bauherrschaften, Generalunternehmer, Bauunternehmer, Behörden, Planungs-Spezialisten (Haustechniker, Bauphysiker) usw. Diesem weiteren Umfeld ist dieser Leitfaden gewidmet, als Ein- und Überblick in das *Konstruieren*, also das *Machen vom Bau*. Dies wird dichtgepackt und möglichst knapp in *Bautechnik der Gebäudehülle* zur Darstellung gebracht.

Dezember 1992, Fredi Kölliker, dipl. Architekt HTL

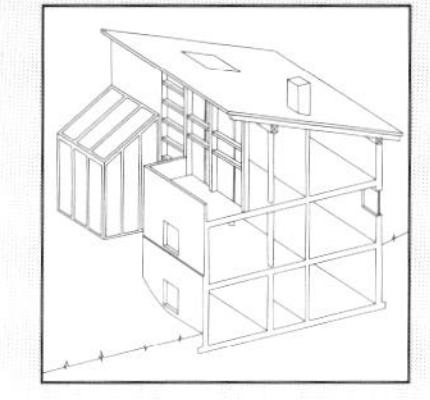

Inhaltsverzeichnis

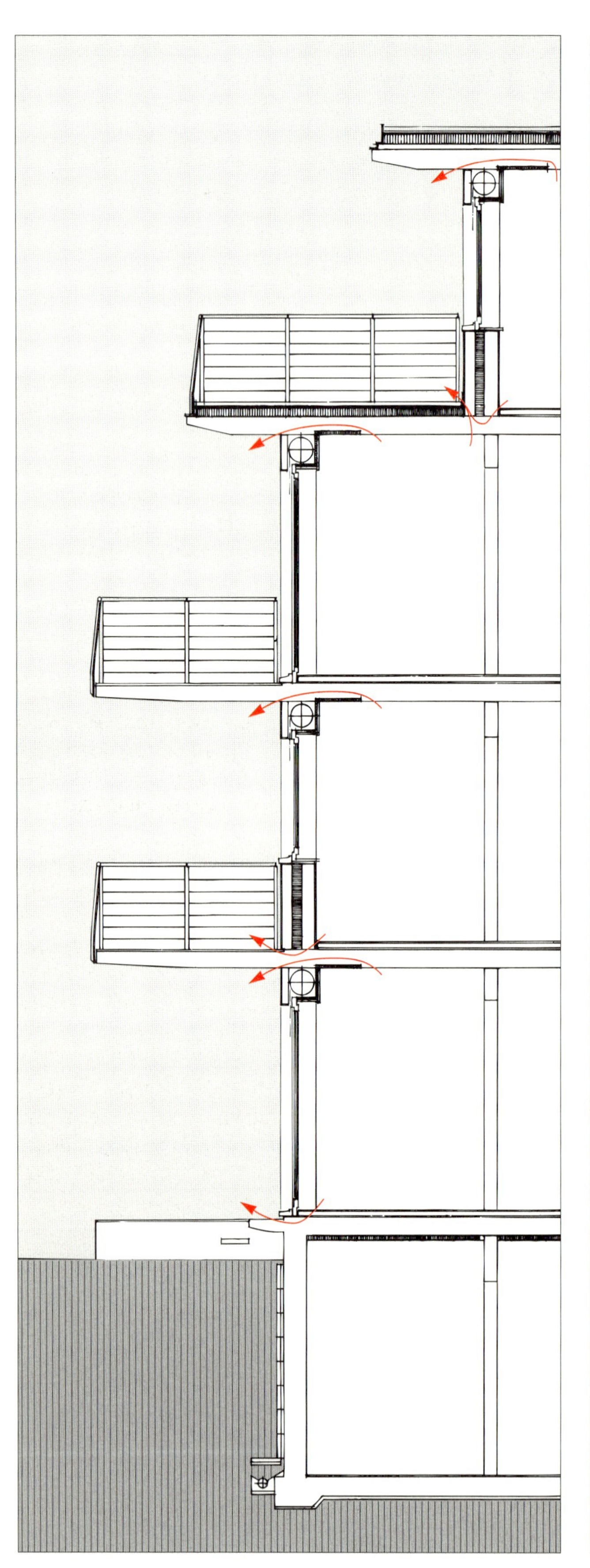

Typisches Gebäudesegment einer weitverbreiteten, wärmedurchlässigen Standardkonstruktion mit hohem Transmissionsverlust.

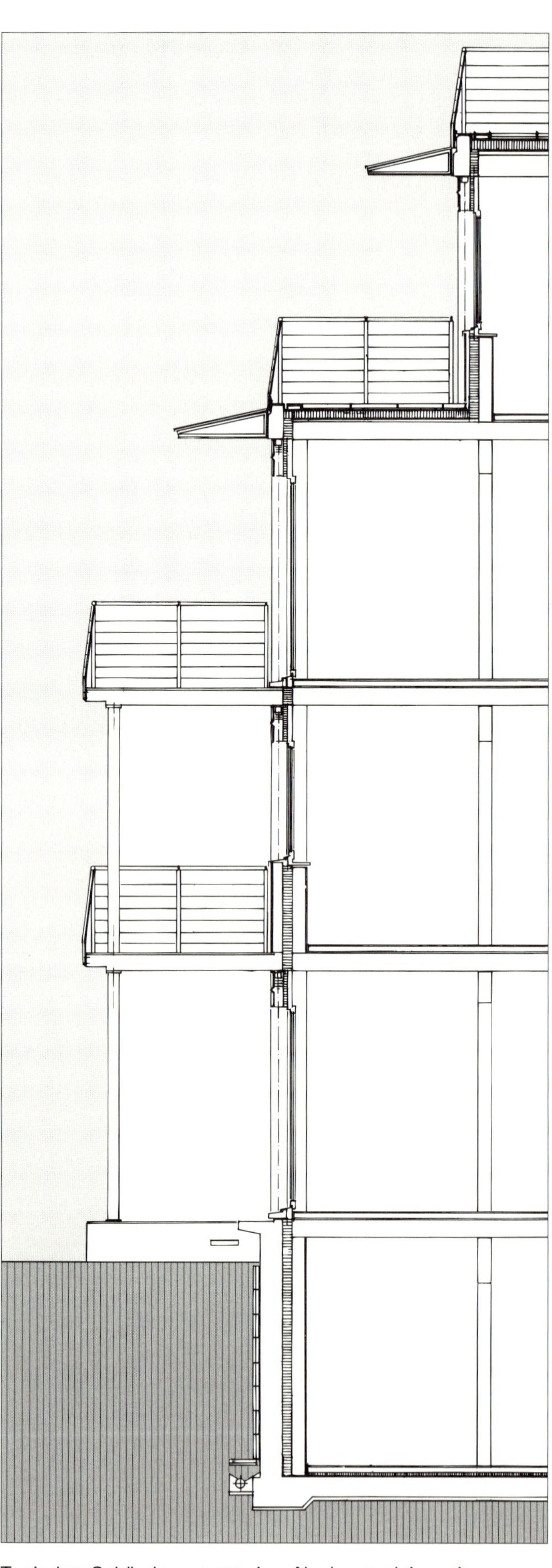

Typisches Gebäudesegment einer Neukonstruktion mit geringem Transmissionsverlust

1. Gebäudehülle als Teil des Bauwerkes

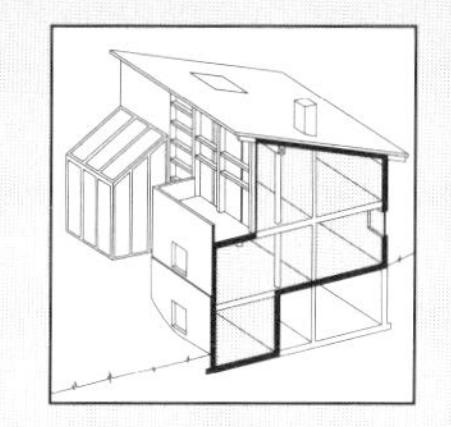

1.1 Gebäudehülle seit 1960

Energie im Bauwesen ist ein Teilaspekt des Bauens, welcher das Bauen seit Anfang der 70er-Jahre nachhaltig beeinflusst hat. Bewusster Einsatz von Energie, insbesondere von Wärmeenergie bei der Herstellung, dem Betrieb, dem Unterhalt und der Renovation von Bauten ist, verursacht durch Krisensituationen, ein zentraler Planungsbestandteil geworden.

Das heutige Bauen stützt sich nach wie vor auf eine erfahrungsreiche, arbeitsteilige Organisation der Planung und Ausführung ab. Neuerungen und Verbesserungen in materiellen und technischen Bereichen des Bauens erfolgten schrittweise und scheinbar unmerklich, sodass man versucht ist anzunehmen, es habe sich nichts bedeutend Innovatives im Bausektor ereignet.

Der konstruktive Aufbau der Gebäudehüllen und deren wichtigste Bauteile – die Aussenwand, die Fenster, das Dach, die Decken und Böden – haben sich bewährt und weisen einen hohen, dauerhaften Standard auf. Sie erfüllen auf hohem Niveau die aktuellen Anforderungen bezüglich Wärme-, Feuchte-, Schall- und Brandschutz.

Obwohl sich das industrielle Bauen nicht, wie es in den 60er-Jahren zielbewusst angestrebt wurde, durchgesetzt hat, wirkte sich das Denken in Systemen deutlich auf die Entwicklung von Bauprodukten und -Komponenten aus. Aus heutiger Sicht betrachtet werden die groben Entwicklungsstufen einzelner Bauteile, bezüglich ihrer wärmetechnischen Leistung und der gewaltigen Anstrengungen und Errungenschaften der Bauindustrie und des -gewerbes, deutlich sichtbar.

Aussenwand:

Um 1960 Homogene und aus wenigen Schichten aufgebaute Mauerwerke mit k-Wert um 1 kcal/m² h °C (≙ 1,16 W/m²K).

Um 1970 Mehrschichtig (mit minimaler Wärmedämmung) aufgebaute Mauerwerke mit k-Wert um 0,6 W/m²K.

Um 1980 Mehrschichtige und homogene Mauerwerke aus verschiedensten Materialschichten mit k-Werten zwischen 0,3 bis 0,5 W/m²K.

Um 1990 Entwicklung hochwärmedämmender Aussenwandsysteme mit k-Wert < 0,2 W/m²K.

Steildach:

Um 1960 Kalter Dachraum ohne spezielle Dämmmassnahmen.

Um 1970 Ausgebauter Dachraum mit wärmegedämmtem Dachaufbau, k-Werte zwischen 0,6 bis 0,8 W/m²K, vornehmlich Kaltdach.

Um 1980 Ausgebauter Dachraum mit wärmegedämmtem, luftdichtem Dachaufbau als Warm- oder Kaltdach, mit k-Werten bei 0,3 W/m²K

Um 1990 Entwicklung von hochwärmedämmenden Steildachsystemen mit k < 0,2 W/m²K

Fenster:

Um 1960 Holzfenster mit Einfachverglasung und Vorfenstern, Holzfenster mit Doppelverglasung, mit k-Werten zwischen 3,0 bis 5,0 W/m²K.

Um 1970 Holzfenster mit Doppelverglasung oder 2-facher Isolierverglasung, mit k-Werten um 2,5 bis 3,0 W/m²K.

Um 1980 2- und Mehrfachisolierverglasungen (normaler Wärmeschutz, Sonnenschutzgläser) mit verschiedensten Rahmenmaterialien (Holz, Metall, Kunststoff), mit k-Werten von 1,5 bis 2,5 W/m²K.

Um 1990 Entwicklung von hochwärmedämmenden Fenstersystemen mit k < 1,0 W/m²K.

Gebäudehülle:

Um 1960 In den kantonalen Baugesetzen wird, wenn überhaupt, ein ausreichender Wärmeschutz von k = 1,0 kcal/m² h °C (≙ 1,16 W/m²K) für Aussenwandkonstruktionen gefordert.

Um 1970 Hinweise auf Wärmeschutzmassnahmen hygienischer und baulicher Art, ohne Zahlangaben, z.B. in SIA 180 «Empfehlung für Wärmeschutz im Hochbau». Für Einzelbauteile werden, je nach Höhenlage, Mindestvorschriften betreffend k-Werte festgelegt, z.B. in Empfehlung SIA 271 «Flachdächer» von 0,35 bis 0,65 W/m²K.

Um 1980 Minimalvorschriften für mittlere k-Werte. Diese sind meistens gepaart mit den Mindestvorschriften für Einzelbauteile als $\bar{k} \leq \bar{k}_{zulässig}$ gemäss Empfehlung SIA 180/1 «Winterlicher Wärmeschutz».
Energiegesetze, z.B. im Kanton Basel.

Um 1990 Festlegung von Grenz- und Zielwerten für den Jahresverbrauch bei Standardnutzungen für ein Gebäude gemäss Empfehlung SIA 380/1 «Energie im Hochbau».
Als wichtigste Einflussgrössen werden berücksichtigt:
- Geometrie und wärmetechnische Eigenschaften der Aussenbauteile
- Klimadaten des Standortes
- Vorgegebene Normalnutzung (Raumtemperaturen, Anzahl Personen, Warmwasser- und Stromverbrauch)
- Jahresnutzungsgrad bei der Heizwärmeerzeugung

1.2 Entstehung und Unterhalt

Das Vorhaben «BAU» ist naturgemäss ein vielschichtiges Unterfangen, welches eine Reihe von Beteiligten involviert. Je nach Art und Komplexität der zu bewältigenden Bauaufgabe ist die Koordination des zeitgerechten Einsatzes dieser Akteure am Entstehungsprozess eine mehr oder weniger anspruchsvolle Funktion.
Die Initiative für ein Bauvorhaben kann von verschiedenen Seiten her erfolgen, in der Regel sind es die spezifischen Bedürfnisse einer Bauherrschaft, welche eine ganze Kette von Abläufen auslösen, welche fortan bis zur Existenzbeendigung von «BAU» (Abbruch, Zerstörung) untrennbar miteinander verknüpft sein werden. Über die eigentliche Bauvollendung hinaus wird vom erstellten Bauwerk eine möglichst lange Lebensdauer (und -tauglichkeit) erwartet, in welcher immer wiederkehrende Bauaufgaben (Renovation, Umbau, Ausbau) vorkommen.

Glieder aus diesem Prozess herauszubrechen oder gesondert zu betrachten, ohne die Abhängigkeit vom Ganzen zu berücksichtigen, wäre widersinnig.
Verändert man Teile dieses Prozesses, so verändert man leicht das Ganze.

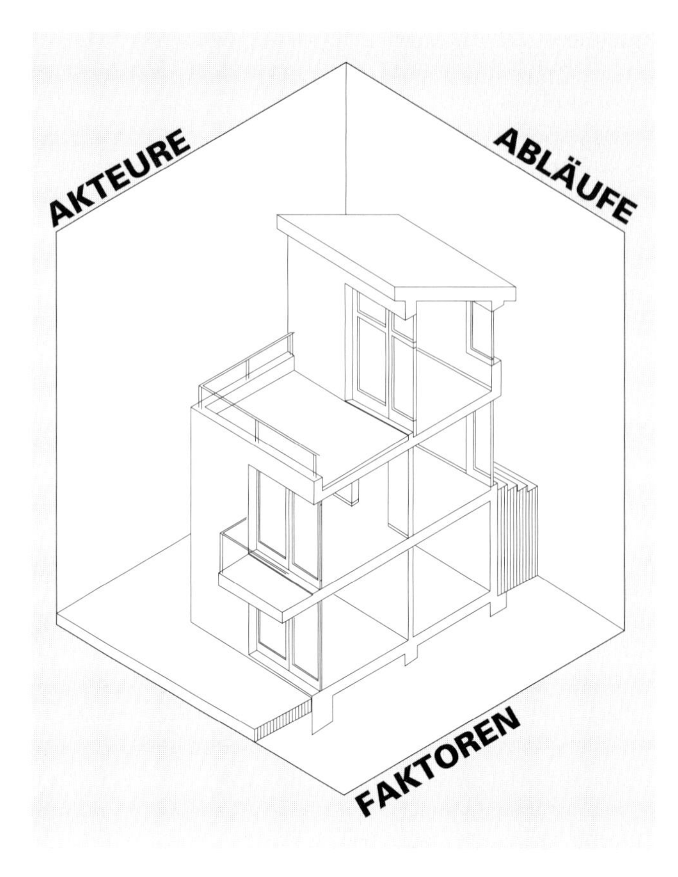

1.2.1 Der bauökonomische Aktionsraum seine Akteure, Faktoren und Abläufe

Definiert man den Bauentstehungsprozess und die anschliessende Lebensdauer als einen ökonomischen Aktionsraum, so wird dieser von Akteuren und Faktoren bestimmt, welche in komplexen Wechselbeziehungen zueinander stehen. Im Verlaufe dieses «Bauprozesses» wird jeder Akteur in geeigneten Zeiträumen seine ihm zugedachte Rolle ausüben. Ziel jeder planerischen und handwerklichen Tätigkeit im Baubereich ist die Erstellung eines Werkes. In der Norm SIA 118 «Allgemeine Bedingungen für Bauarbeiten» wird ein Werk wie folgt definiert:

Art. 1

1) Wer eine Bauarbeit ausführt, erstellt ein Werk im Sinne von Art. 363 des Schweizerischen Obligationenrechtes (OR); entweder ist sein Werk ein ganzes Bauwerk (Hoch- oder Tiefbaute) oder nur ein Teil eines Bauwerkes (z.B. Maurer- oder Gipserarbeit, sanitäre Installationen).
2) Ein Werk ist auch ein Ergebnis einer Ausbesserungs-, Umbau- oder Abbrucharbeit.

Art. 2

1) Die entgeltliche Ausführung einer Bauarbeit für einen andern, den Bauherrn, erfolgt auf Grund eines Werkvertrages. Der Bauherr ist Besteller, der Ausführende ist der Unternehmer im Sinne des Art. 363 OR.

Dieses, für alle Bauaufgaben grundlegende Dokument regelt alle ökonomischen Fragen, Beziehungen, Rechte und Pflichten zwischen Auftraggeber und Werkersteller (Unternehmer).

Im *Ablauf* «BAU» (Planung, Erstellung, Benutzung) stehen die verschiedensten *Akteure* und *Faktoren* in komplexer Art und Weise miteinander in Beziehung.

Als wichtigste *Akteure* (öffentliche und private Personen und Institutionen) sind am Bauprozess u.a. beteiligt: Anbieter von Produktionsmitteln, Produzenten, Planer, Behörden, Nachfrager.

- Bauherrschaft
- Landeigentümer
- Notar/Grundbuch
- Bank/Financier/Investor
- Architekt
- Bauingenieur
- Spezialisten (Haustechnikplaner, Bauphysiker)
- Bauamt/Baubehörden
- Unternehmer
- Versicherer
- Benutzer (Mieter/Bewohner)

Als *Faktoren* (neben den Produktionsfaktoren Arbeit, Stoffe, Kapital, Baugrund) gilt es beim Bauen zu berücksichtigen: Bauteile, Bauelemente, Komponenten,

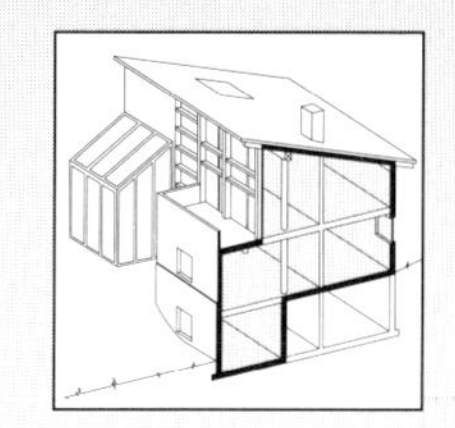

Subsysteme, System-Bau, Ort/Umwelt (Nachbarschaft, Quartier, Stadt …).

Phasen & Abläufe von Beginn über die Lebensdauer bis zum Ende von «BAU»:
- Problemstellung
- Analyse
- Diagnose
- Programm
- Projekt
- Ausführung
- Benutzung
- Unterhalt/Instandhaltung
- Änderung/Erweiterung
- Abbruch

1.2.2 Die Planungshilfsmittel

Für jede Bauaufgabe wird aufs neue eine Art Unternehmen, bestehend aus den notwendigen Akteuren, gebildet. Um dieses Unternehmen «BAU» für die Planungs- und Ausführungsphase übersichtlich, handhabbar und dadurch auch organisierbar zu gestalten, steht eine Reihe bewährter Hilfsmittel zur Verfügung. Diese haben zum Ziel, «BAU» in all seinen Vorgängen und Teilen, als Ganzes, messbar erfassen zu können.

Durch *Organigramme* werden die Zuständigkeiten und Verantwortungen der einzelnen Akteure geregelt.

Die Faktoren, welche ein Bauwerk bestimmen und beeinflussen, sollen lückenlos erfasst und überblickt werden können. Dazu bedient man sich in der Schweiz des von der Zentralstelle für Baurationalisierung (CRB), Zürich, aufgestellten Baukostenplanes (BKP) und des Normpositionenkatalogs (NPK). Sie beschreiben, geordnet in dezimaler Klassifikation, die normal anfallenden Kostenpositionen und können somit als Checkliste in verschiedenen Phasen der Kostenermittlung und des Planungsprozesses dienen. Durch eine zunehmend feinere Gliederung kann bis hinunter auf die einzelne Arbeitsposition (NPK) das Bauwerk in seinen kostenrelevanten Teilen beschrieben werden. Die nebenstehende Liste führt die gebräuchlichsten BKP-Positionen auf.

Hauptpositionen des BKP
mit zunehmend feinerer Gliederung der Positionen

0 Grundstück
00 Vorstudien
01 Erwerb
02 Nebenkosten
03 Abfindung/Servitute
04 Finanzierung vor Baubeginn
05 Erschliessung durch Werkleitungen (ausserhalb Grundstück)
06 Erschliessung durch Verkehrsanlagen (ausserhalb Grundstück)

1 Vorbereitungsarbeiten
10 Bestandesaufnahmen/Untersuche
11 Räumungen/Terrainvorbereitungen
12 Sicherungen/Provisorien
13 Gemeinsame Baustelleneinrichtung
14 Anpassungen an bestehenden Bauten
15 & Werkleitungen
16 & Verkehrsanlagen
17 Spezielle Fundationen/Grundwasser
19 Honorare

2 Gebäude
20 Baugrube
21 Rohbau 1
  211 Baumeisterarbeiten
  214 Montagebau in Holz
22 Rohbau 2
  221 Fenster
  224 Bedachung
23 Elektroanlagen
24 Heizungs-, Lüftungs-, Klima- und Kälteanlagen
25 Sanitäranlagen
26 Transportanlagen
27 Ausbau 1
  271 Gipserarbeiten
  276 Sonnenschutz
28 Ausbau 2
  281 Bodenbeläge
  282 Deckenbeläge
29 Honorare

3 Betriebseinrichtungen

4 Umgebung

5 Baunebenkosten
50 Wettbewerbskosten
51 Bewilligungen/Gebühren
52 Muster/Modelle/Vervielfältigungen/ Dokumentationen
53 Versicherungen
54 Finanzierung ab Baubeginn
59 Übrige Baukosten

9 Ausstattung
90 Möbel
91 Beleuchtungskörper
98 Künstlerischer Schmuck

Die Phasen und Abläufe werden in einfacheren Fällen in Balkendiagrammen, bei komplexeren Bauaufgaben in Netzplänen festgelegt und überwacht.

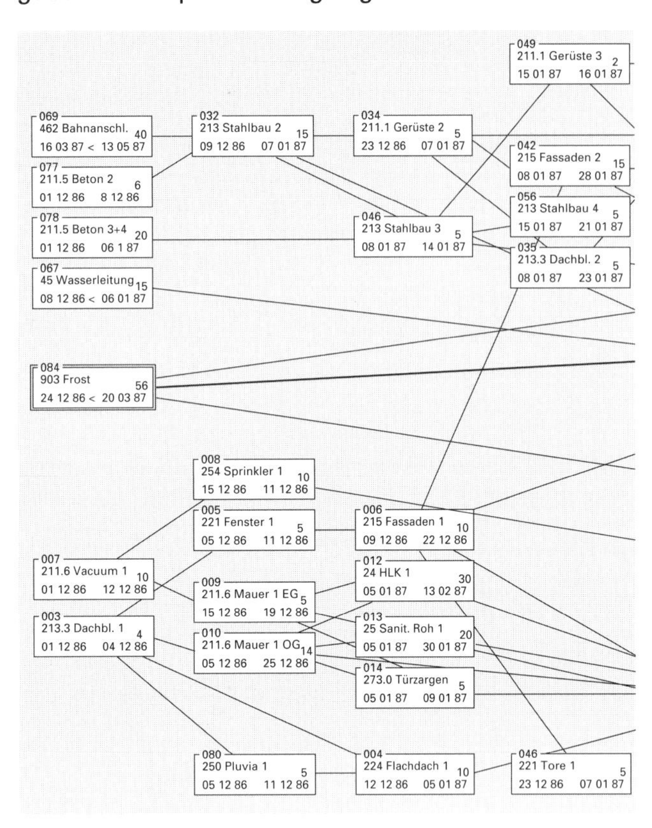

1 ID	Tage pro Symbol	Aufg-Name
050	1	Prov. Wand 8
001	10	W-Ausg.2
002	11	Räum. H1
003	11	Räum. H2
004	11	Räum. H3
007	113	Dem Fass H3
005	113	Demont H1
006	113	Demont H2
038	113	Abbr. B. L
039	211	Br Achse 2.L
009	211	Fund WA
008	4	Plätze 2.1
040	211.6	V.Boden L
010	211	Sockelelem.
016	211.6	V.Boden WA
011	213	Stahlbau
046	23	Elektro L
045	237	Sicherh. L
042	24	Heizung L
043	25	Sanitär L
041	254	Sprinl. D. L
012	213.3	Dachbleche
055	215	Fassaden L
017	211.6	Mauern WA
013	250	Pluvia
014	224.1	Flachd. WA
020	213	Türzargen
018	215	Fassade WA
021	23	Elektro WA-R
023	24	HLK WA
022	25	Sanitär WA
024	254	Sprinkler WA
056	287	Reinig. L.B.
015	221.8	Oblicht
047	900	Regalgest. L.
058	233	Leuchtr. WA
025	271	Gipser WA
019	4	Plätze 2.2
030	23	Elektro WA-F
032	237	Sicherh. WA
048	254	Sprinkler RL
026	273	Schreiner WA
027	282	Plättli WA
029	285	Maler WA
028	25	Sanitär WA-F
031	272.3	Türaut. WA
033	275	Schliessa. WA
034	287	Baureinig. WA
035	901	Bezug WA
057	221.3	Fenster WA
049	10	Dem. Fass. 8
051	287	Baureinig. 2L
052	902	Bezug L
053	4	Plätze 2.3
054	40	Gärtnerarb.

29 Jun 87 · 06 Jul · 13 Jul · 20 Jul · 27 Jul · 03 Aug · 10 Aug · 17 Aug

n. krit. · m: Meilenstein · Pzeit/Verzög. · Endv
krit. · M: krit. Meilenstein · freie Pzeit · krit. E

1.2.3 Die Rolle des Architekten beim Bauen

Die Bauherrschaft als Auslöser einer Bauaufgabe lässt sich in der Regel durch (einen) Architekten beraten. Der Architekturauftrag basiert auf der SIA-Ordnung 102 «Ordnung für Leistungen und Honorare der Architekten». Diese umschreibt Aufgaben- und Leistungsumfang des Architekten und regelt ebenso die Beziehung zwischen ihm und den an der Planung beteiligten Fachleuten (sogenannten Spezialisten).

Aus der nebenstehenden Leistungstabelle werden die zu erwartenden Planungsphasen, Teilleistungen und deren Gewichtungen in bezug auf einen Gesamtplanungsaufwand ersichtlich.

Die Zeitspanne, während der ein Architekt mit einem Bau «zu tun hat» ist, gemessen an der Lebenserwartung dieses Baus, sehr kurz.
Unter Annahme von durchschnittlichen Zeiten für einfachere bis komplexere Bauaufgaben wird dies besonders deutlich:

Vorstudien — *$^1/_2$ bis $1^1/_2$ Jahre*
(Problemstellung, Analyse, Programm)
Zusätzlich sind Wartezeiten bei Quartierplanverfahren, Abstimmungsverfahren für Kreditvorlagen öffentlichen Bauvorhaben, bei Erbteilungen, Prozessen usw. einzuplanen.

Vorprojekt, Projekt, Finanzierung, Baubewilligung — *$^1/_2$ bis 1 Jahr*
(Ohne Erledigung komplizierter Einspracheverfahren)

Bauerstellung — *1 bis 2 Jahre*
(Ohne erschwerte Erschliessungs-, Sicherungs- und Fundationsarbeiten)

Garantie
Offene Mängel — *2 Jahre*
Verdeckte Mängel — *5 Jahre*

Somit beträgt die «Kontaktzeit» zwischen «Bau» und Architekt etwa 4 bis $6^1/_2$ Jahre. Bei mehretappigen, komplexeren Bauvorhaben erstreckt sich diese Zeitspanne schnell einmal über 10 und mehr Jahre.

Dem gegenüberzustellen wäre nun die Nutzungs- bzw. Lebensdauer eines Bauwerks.
Bis zum ersten Überholungsbedarf nach 20 bis 30 Jahren (Renovation), bei dem in eher selteneren Fällen ein Architekt beigezogen wird, folgt erst nach weiteren 20 bis 30 Jahren, mit zunehmender Wahrscheinlichkeit, der Bedarf nach grösseren, nutzungsbedingten Veränderungen (Umbau, Ausbau, Erweiterung), bei welchen wiederum ein Architekt beigezogen wird. Für ihn beginnen die vorgängig geschilderten Abläufe von

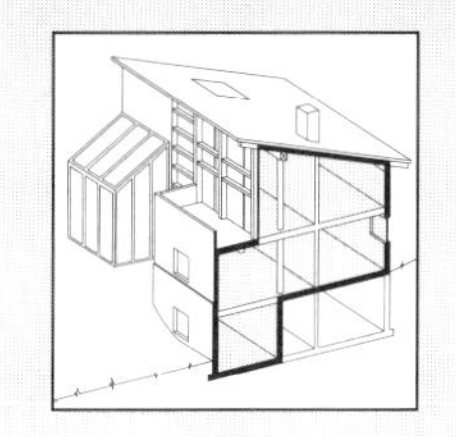

neuem. Sie führen entweder zum Umbau oder zum Abbruch und Neubau.

Die angestellten Überlegungen gelten dem anspruchsvollen Ziel, das Bauwerk als Ganzes (seine Akteure, Faktoren und Abläufe) fassbar darzustellen. Jeder am «BAU» Beteiligte soll sein Tätigkeitsfeld und die damit verbundenen Begleitumstände überblicken können. Insbesondere ist bei einer Betrachtung des Bauwerks als Ganzes davon auszugehen, dass «BAU» weit über den Zeitraum der Planung und Erstellung hinausreichend begriffen werden muss.

Vorprojektphase	
• 1 Problemanalyse	1,0 %
• 2 Studium von Lösungsmöglichkeiten	4,5 %
• 3 Vorprojekt • 4 Grobschatzung der Baukosten und Termine	3,5 %
	9,0 %
Projektphase	
• 1 Bauprojekt • 2 Schätzung der Baukosten und Termine	12,5 %
• 3 Baubewilligungsverfahren	1,5 %
• 4 Detailstudien	5,0 %
• 5 Kostenvoranschlag	7,0 %
	26,0 %
Vorbereitungsphase der Ausführung	
• 1 Provisorische Ausführungspläne	12,0 %
• 2 Ausschreibungen • 3 Analyse der Angebote, Vergebungsantrag	6,0 %
• 4 Terminplanung	1,0 %
	19,0 %
Ausführungsphase	
• 1 Unternehmer- und Lieferantenverträge	1,0 %
• 2 Definitive Ausführungspläne	9,0 %
• 3 Gestalterische Leitung	5,0 %
• 4 Bauleitung	27,0 %
	42,0 %
Abschlussphase	
• 1 Schlussabrechnung	2,0 %
• 2 Dokumentation über das Bauwerk	1,0 %
• 3 Leitung der Garantiearbeiten	1,0 %
	4,0 %
Gesamtleistung	**100,0 %**

Aufgaben und Leistungen des Architekten

1.2.4 Erstellungs- und Lebenskosten eines Bauwerks

Bauen wird fraglos auch Kosten nach sich ziehen, welche ebenso überblickt werden müssen. Einerseits sind die Erstellungskosten, andererseits die Folgekosten (z.B. Unterhaltskosten) von Interesse.
Die Erstellungskosten lassen sich mit fortschreitendem Planungsstand mit entsprechend zunehmender Genauigkeit ermitteln durch:

– *Kostengrobschätzung oder Kostenüberschlag:*
  (Stufe Programm, Projekt 1:200/100)
  Erfassen der projektspezifischen Quantitäten (Kubische Berechnungs-Methode nach SIA-Norm 116) und Vergleiche mit ähnlichen Bauaufgaben in Datenbanken mit m³-Preisen oder m²- Preisen (unter Berücksichtigung der Indexierung und allfälliger projektspezifischer Besonderheiten).
  Oder Schätzung nach Makroelementen.

– *Kostenschätzung:*
  Bauteilmethode; Kostenermittlung aufgrund von Elementgruppen (z.B. Aussenwand, Dach, usw.).
  Genauigkeit von ± 25 % oder nach Absprache.

– *Kostenvoranschlag:*
  (Stufe Ausführungsprojekt 1:50/20/10/5)
  Kostenberechnung aufgrund von Leistungsbeschrieben nach BKP und NPK (Devis).
  Unternehmerofferten.
  Genauigkeit von ± 10 % oder nach Absprache.

– *Kostenkontrolle/Bauabrechnung:*
  Nach Ausmass der ausgeführten Arbeiten werden Teilrechnungen und bei Abschluss der Arbeiten wird eine Schlussabrechnung erstellt.

– *Kostenanalyse:*
  Nach Bauvollendung dienen die Daten für die Erweiterung der Datenbanken (m³-Preise, m²-Preise, Elementkosten).

Die Beeinflussung der Baukosten ist nach abgeschlossener Projektplanungsphase (Baueingabe) und folgendem Baubeginn bis und mit Rohbau 2 relativ gering. Die zu erwartenden Kosten liegen dem Bauprojekt weitgehend zu Grunde. Die Komplexität der Bauaufgabe (Ort und Nutzung), die Kompliziertheit der Gebäudeform und -konstruktion sind Kostenfaktoren, welche die Baukosten massgebend bestimmen.

Ebenso relevant wie die Baukosten sind die Unterhaltskosten, welche über die gesamte Lebensdauer ein Mehrfaches der Erstellungskosten ausmachen können.

1.2 Entstehung und Unterhalt

Nach welchen Handlungsmaximen soll denn ein Bauwerk entworfen, konstruiert und ausgeführt werden, damit es eine möglichst lange Gebrauchstauglichkeit aufweist und den sich ständig wandelnden Bedingungen anpassen lässt?

- Für natürliche Entwicklungen und Veränderungen seiner Benutzer genügend Spielraum einräumen.
- Umbauvorhaben mit kleinem Aufwand ermöglichen.
- Aufnahmefähigkeit für eventuelle technische Entwicklungen gewährleisten.
- Eingesetzte Materialien sollen den Belastungen durch Umwelteinflüsse und Nutzungsbeanspruchungen langfristig widerstehen können.
- Konstruktion von Bauteilen und konstruktiven Übergängen gut unterhaltbar und renovierbar aufbauen, das heisst Ersatz und unterschiedliche Unterhaltsbedürfnisse der einzelnen Bauelemente berücksichtigen.
- Das Bauwerk soll als Ganzes «gut» und gleichmässig altern können und von der Erstellung bis zum Abbruch (Entsorgung) umweltverträglich aufgebaut sein.

1.3 Anforderungen

1.3.1 Beeinflussung der Anforderungen

Die Anforderungen, die an die Gebäudehülle und damit auch an einzelne Bauteile, welche die Gebäudehülle bilden, gestellt werden, haben sich im Verlaufe der Zeit ständig verändert und werden auch in Zukunft neuen Gesichtspunkten und veränderten Randbedingungen anzupassen sein. Die Parameter, welche die zu stellenden Anforderungen beeinflussen, sind enorm vielschichtig.

Nutzung
- Raumklimatische Bedingungen (Raumlufttemperatur, relative Raumluftfeuchtigkeit, Oberflächentemperaturen, Luftwechsel)
- Lärmempfindlichkeit (Schalldämmvermögen)
- Raumakustische Bedürfnisse (Schallabsorption, Nachhallzeit)
- Beleuchtung (natürliche und künstliche)

Gebäudestandort/Exposition
- Aussenklima (Lufttemperatur, Luftgeschwindigkeit, Feuchtigkeit und Niederschläge, Frost, Sonneneinstrahlung)
- Lärmbelastung (Schallschutz- bzw. Lärmschutz)

Angrenzende Räume/Medien
- Aussenklima (siehe Gebäudestandort)
- Erdreich (Temperatur, Feuchtigkeit)
- Grundwasser (Temperatur, drückendes Wasser)
- Klima in benachbarten Räumen (nicht beheizt, gekühlt ...)

Bauteil/Funktion
- Fenster (Belüftung, Belichtung, Durchsicht)
- Flachdach (wasserdicht, beschränkt begehbar, begehbar, begrünt, befahrbar)

Statische Funktion
- Tragende Bauteile (Dächer, Decken, Bodenplatten, Aussen- und Innenwände)
- Nicht tragende Bauteile (ausfachende Aussenwände, Trennwände)

Energie und Umwelt
- Wirtschaftlichkeit (Energiepreis, Kosten/Nutzen)
- Umweltschutz (Schonung von Energieressourcen, Schadstoffemission)
- Ökologie (ganzheitliche Betrachtungsweise, Umwelteinflüsse von der Rohstoffgewinnung bis zur Entsorgung)

1.3.2 Bauphysikalische Anforderungen

Die Bauphysik hilft, die relevanten, auf ein Bauwerk einwirkenden Einflüsse zu erkennen und entsprechende

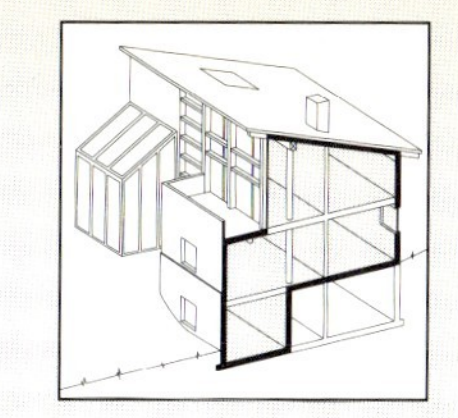

Beurteilungskriterien und Anforderungen zu definieren. Die Bauphysik nimmt konkret Stellung zu Themen wie klimatische Randbedingungen, Wärmeschutz, Energie, Lärm- und Schallschutz, Luftaustausch und Luftdichtigkeit, Feuchtigkeit, Brandschutz, Tageslicht ... und trägt damit wesentlich zur fachgerechten Konstruktion der Gebäudehülle bei. Die Bauphysik gibt keine Konstruktionsrezepte vor, sondern zeigt physikalische Gesetzmässigkeiten für Vorgänge auf, welche im oder um das Gebäude ablaufen. Bei der Konstruktion und Ausführung von Neubauten oder der Sanierung bestehender Bauten ist es wichtig, diese Gesetzmässigkeiten zu kennen und deren Einflüsse auf die Konstruktion zu beachten. Bauphysik als angewandte Physik am Gebäude soll ein integrierender Bestandteil der Denkweise von Architekten und Bauingenieuren sein; das heisst zur Lösung eines spezifischen Bauproblems müssen alle bauphysikalischen Aspekte miteinbezogen werden.

Auch dieser Leitfaden berücksichtigt die bauphysikalischen Gesetzmässigkeiten, wie sie in den Fachbüchern aus der Schriftenreihe «Bau und Energie» im «Verlag der Fachvereine Zürich» als Grundlage festgehalten sind:
- «Physikalische Grundlagen» von H. Moor
- «Bauphysik» von Ch. Zürcher

1.3.3 Regeln der Baukunde

Regeln der Baukunde sind Grundsätze, die sowohl von der Bauwissenschaft als auch der Baupraxis als allgemein gültig anerkannt werden. Es sind Grundsätze, welche zum allgemein vorausgesetzten Wissen jedes auf seinem Fachgebiet tätigen Baufachmannes zählen.
Grundsätzlich kann davon ausgegangen werden, dass die von Fachverbänden und Vereinigungen (z.B. dem SIA) herausgegebenen Normen, Richtlinien und Merkblätter einen wesentlichen Teil des anerkannten Wissens der Baubranche enthalten. Weil jedoch mit der bautechnischen Forschung der Stand der Technik, und, als Ausfluss davon, auch die anerkannten Regeln der Baukunde laufend ändern, sind neben den Normen und Richtlinien auch die innert kürzeren Zeitperioden verfügbaren Erkenntnisse aus Fachartikeln und aus Publikationen der Material- und Systemlieferanten zu verfolgen.

Beispiel «Luftdichtigkeit der Gebäudehülle»
- Die Luftdurchlässigkeit der Gebäudehülle war schon seit geraumer Zeit von Bedeutung. Bekannt ist das Ausstopfen von Ritzen und Fugen mit Moos und Lehm im Holzbau. Auch grossflächige, gestemmte Holzverkleidungen hatten den Zweck, hohe Luftdurchlässigkeit zu verhindern.

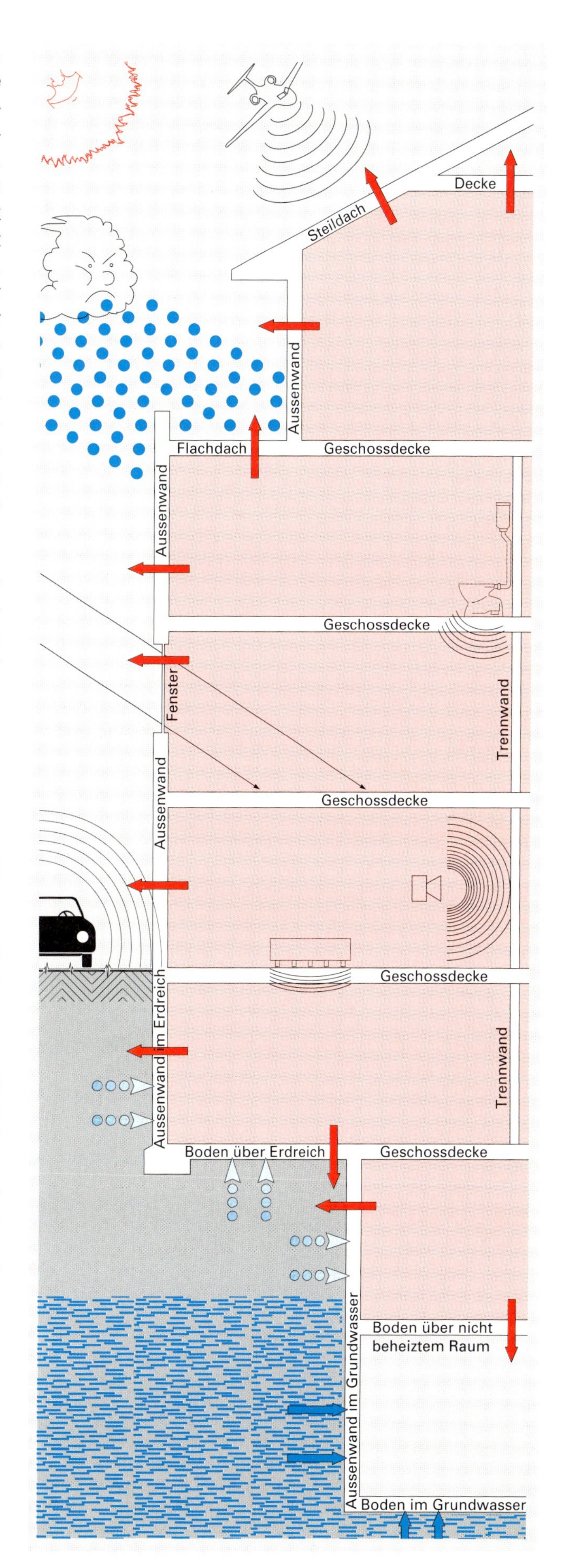

- Mit der Massivbauweise in Backstein oder Stahlbeton, mit Betondecken gegen kalte Estrichräume oder mit Flachdächern trat, abgesehen von den Fugen bei den Fenstern, die Problematik der Luftdichtigkeit etwas in den Hintergrund.
- Das Problem der Luftdichtigkeit wurde vor allem im Zusammenhang mit wärmegedämmten Leichtbaukonstruktionen, insbesondere dem Steildach über ausgebauten Dachgeschossräumen, neu erkannt.
- Erste Hälfte der 80er-Jahre: verschiedene Fachartikel zum Thema Luftdichtigkeit, insbesondere im Zusammenhang mit wärmegedämmten Steildächern und erste Hinweise von Systemlieferanten zur erforderlichen luftdichten Ausbildung der Dampfbremse.
- 1. März 1988: die in Kraft gesetzte Norm SIA 238 «Wärmedämmung in Steildächern» definiert Anforderungen an eine Luftdichtigkeitsschicht.
- 1. Juni 1988: gemäss überarbeiteter Norm SIA 180 muss die Gebäudehülle möglichst dicht sein und es werden provisorische $n_{L,50}$-Grenzwerte, zur Beurteilung der Luftdurchlässigkeit der Gebäudehülle, definiert.

Bereits seit Mitte der 80er-Jahre kann das luftdichte Ausbilden von wärmegedämmten Leichtbaukonstruktionen, insbesondere des Steildachs, als Regel der Baukunde betrachtet werden, obwohl dieses Gedankengut erst 1988 in die Normen aufgenommen wurde.

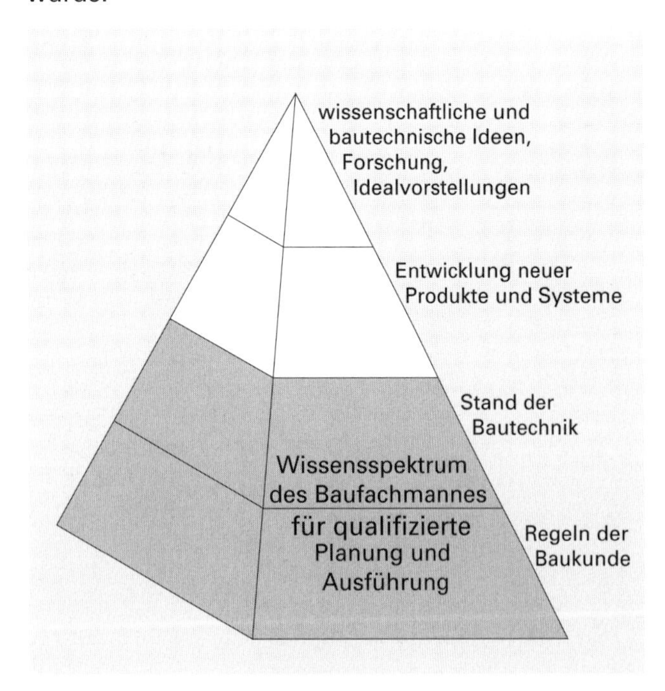

Von der wissenschaftlichen Forschung zur Regel der Baukunde

1.3.4 Normen, Empfehlungen, Richtlinien

Die folgende Zusammenstellung gibt einen Überblick über verschiedene Normen, Empfehlungen und Richtlinien (Stand Ende Juli 1992) sowie deren Anwendung für einzelne Bauteile.
Im Rahmen der europäischen Normierung (CEN) werden verschiedene Normen und Empfehlungen überarbeitet.

1.3 Anforderungen

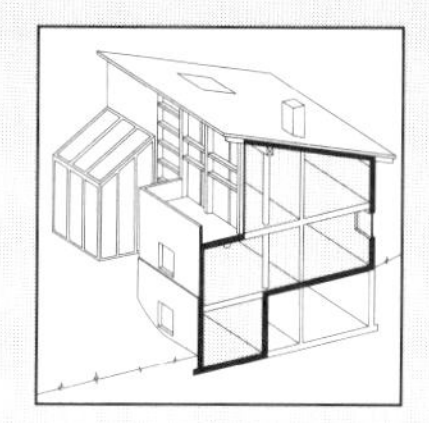

	Gebäudehülle	Steildach	Flachdach	Deckenkonstruktion	Bodenkonstruktion	Aussenwand	Fenster	Geschossdecken	Trennwände	Türen
Wärmeschutz										
Norm SIA 180 «Wärmeschutz im Hochbau», 1988	●	●	●	●	●	●	●			
Empfehlung SIA 180/1 «Nachweis des mittleren k-Wertes der Gebäudehülle», 1988	●	●	●	●	●	●	●			
Empfehlung SIA 180/4 «Energiekennzahl», 1982	●	●	●	●	●	●	●			
Empfehlung SIA 380/1 «Energie im Hochbau», 1988	●	●	●	●	●	●	●			
Empfehlung SIA 381/1 «Baustoff-Kennwerte», 1980										
Empfehlung SIA 381/2 «Klimadaten zur Empfehlung 380/1», 1988										
Empfehlung SIA 384/2 «Wärmeleistungsbedarf von Gebäuden», 1982	●									
Empfehlung SIA 416 «Geschossflächen und Rauminhalte von Bauten», 1975	●									
Schallschutz und Lärmschutz										
Lärmschutz-Verordnung (LSV), 1986	●	●	●			●	●			●
Norm SIA 181 «Schallschutz im Hochbau», 1988	●	●	●	●	●	●	●	●	●	●
Brandschutz										
Empfehlung SIA 183 «Brandschutz», 1989	●	●	●	●	●	●	●	●	●	●
Wegleitungen für Feuerpolizeivorschriften der VKF (Vereinigung kantonaler Gebäudeversicherungen)	●	●	●	●	●	●	●	●	●	●
Baustoffe										
Norm SIA 279 «Wärmedämmstoffe, Materialprüfung, Toleranzen und Rechenwerte», 1988		●	●	●	●	●				
Norm SIA 280 «Kunststoff-Dichtungsbahnen, Anforderungswerte und Materialprüfung», 1983		●	●		●					
Norm SIA 281 «Polymer-Bitumen-Dichtungsbahnen, Anforderungswerte und Materialprüfung», 1983		●	●		●					
Bauteile										
Norm SIA 238 «Wärmedämmung in Steildächern», 1988		●								
Norm SIA 243 «Verputzte Aussenwärmedämmung», 1988						●				
Empfehlung SIA 271 «Flachdächer», 1986			●							
Empfehlung SIA 272 «Grundwasserabdichtungen», 1980					●	●				
Norm SIA 331 «Fenster», 1988							●			
Norm SIA 342 «Sonnen- und Wetterschutzanlagen», 1988							●			
Norm SIA 343 «Türen und Tore», 1990										●
Einzelne Arbeitsgattungen/Bauteilschichten										
Norm SIA 225 «Mauerwerk, Leistung und Lieferung» 1988						●			●	
Norm SIA 226 «Naturstein-Mauerwerk, Leistung und Lieferung» 1976						●				
Norm SIA 230 «Stahlbauten, Leistung und Lieferung» 1979		●	●	●	●	●		●	●	
Norm SIA 231 «Holzbau, Leistung und Lieferung» 1989		●	●	●	●	●		●	●	
Norm SIA 242 «Verputzarbeiten und Gipserarbeiten» 1978				●		●		●	●	
Norm SIA 244 «Kunststein-Arbeiten» 1976					●	●			●	
Norm SIA 246 «Naturstein-Arbeiten» 1976					●	●			●	
Norm SIA 248 «Platten-Arbeiten» 1976					●	●			●	
Norm SIA 251 «Schwimmende Unterlagsböden» 1988					●					
Norm SIA 252 «Fugenlose Industriebodenbeläge und Zementüberzüge» 1988					●					
Norm SIA 253 «Bodenbeläge aus Linoleum, Kunststoff, Gummi, Kork und Textilien» 1988					●					
Norm SIA 254 «Bodenbeläge aus Holz» 1988					●					
Norm SIA 256 «Deckenverkleidungen aus Fertigelementen» 1988				●						
Norm SIA 320 «Vorfabrizierte Betonelemente» 1978		●	●	●	●	●		●	●	
Empfehlung SIA 329 «Montierbare Fassaden» 1989						●				
Tragkonstruktion/Statik										
Norm SIA 160 «Einwirkungen auf Tragwerke» 1989	●									
Norm SIA 161 «Stahlbauten» 1979	●									
Norm SIA 162 «Betonbauten» 1989	●									
Norm SIA 164 «Holzbau» 1981	●									
Norm SIA 177 «Mauerwerk» 1980	●					●			●	
Norm SIA 178 «Naturstein-Mauerwerk» 1980	●					●			●	

1.4 Entwurf und Konstruktion

1.4.1 Der architektonisch-konstruktive Entwurf

In diesem Abschnitt werden die Fragen des architektonisch-konstruktiven Entwurfsprozesses und anschliessend dessen Einfluss auf die Gestaltung der Gebäudehülle behandelt.
Bei jedem Entwurf befasst sich der Architekt mit den entwurfsrelevanten Faktoren *Raum, Nutzung, Form, Konstruktion und Umwelt.* In Bezug auf diese Faktoren und deren Gewichtung, insbesondere der häufig vorausgesetzten Randbedingungen (Raumprogramm, Ort), entwickelt sich im Verlaufe des Entwurfsprozesses letztlich ein möglichst ausgewogenes, architektonisches Projekt.
Anfänglich handelt es sich dabei um ein abstrakt gedachtes, in Plänen und Modellen (1:100/200) dargestelltes, räumliches Gebilde. Der Architekt «übersetzte» ein gefordertes Nutzungsprogramm in Raumzusammenhänge, in eine architektonische Modellvorstellung, unter Berücksichtigung gestalterischer und (orts-) umweltbezogener Aspekte.
Dieser ersten Raumdisposition liegen bereits Ordnungen zugrunde, welche die raumbildenden Elemente (Wände, Stützen, Decken) organisieren. Die etablierte Ordnung, das Verhältnis von primären (tragenden) und komplementären (trennenden) Bauteilen zur Bildung eines Baus wird als Baustruktur definiert. Sie enthält erste wichtige konstruktive Informationen: Primärsystem (Tragstruktur, Rohbau), Komplementärsystem (Ausbau). Das architektonisch-konstruktive Konzept ist in dieser Entwurfsphase weitgehend vorhanden.

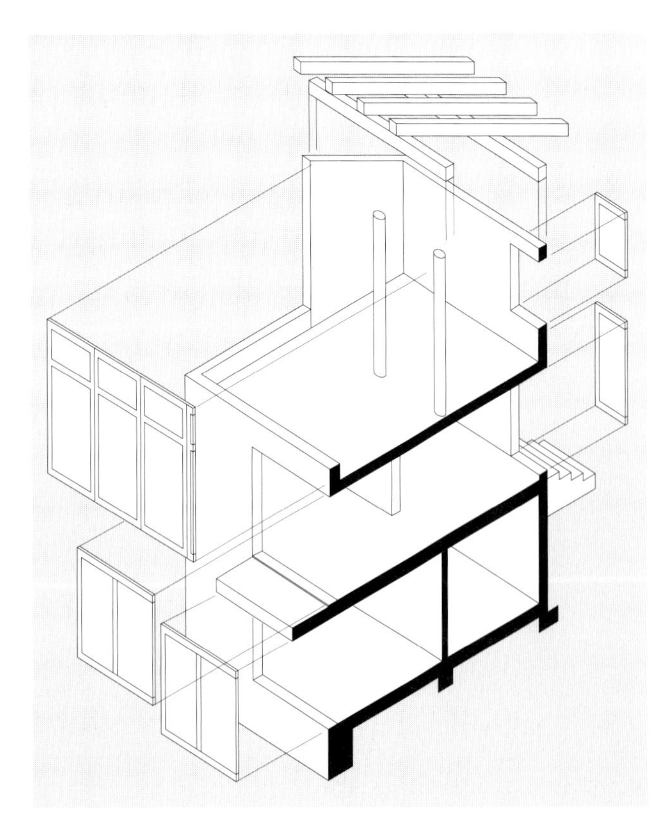

1.4.2 Die Materialisierung der Gebäudehülle

Die Umsetzung des noch abstrakten Modells in die materielle Wirklichkeit wird durch die Entwurfsphase des Konstruierens eingeleitet. Konstruieren bedeutet auch Materialisieren, d.h. Konstruieren ist das Vorwegnehmen einer baubaren Realität. Materialvorstellungen zu haben heisst wiederum, konstruktive Zusammenhänge miteinzubeziehen. Material ist selten nur Oberfläche, sondern bedingt die Kenntnis der Fertigungsweisen und der Leistung. Materialien wirken nicht nur durch ihre Eigengesetzlichkeiten des Machens und der Leistung (Fähigkeiten wie Wärme zu speichern, Schall zu absorbieren, gegenüber Stoffen der Umgebung verträglich oder unverträglich zu sein, zu oxydieren, zu faulen ...), ebenso wirken sie durch Sinneseindrücke wie Farbe, Textur ...
Für den Entwurfsprozess hilfreich wirkt Material besonders über seine systembildenden und -beeinflussenden Eigenschaften. Beispielsweise ergibt Stahl Stabsysteme, neigt zu grossen Spannweiten, ist feuerempfindlich, ein sehr guter Wärmeleiter, ist schwingungsfreudig, und er rostet bei ungeschützter Anwendung. Beton neigt zu stäbigen und flächigen Systemen, er ist bei gegebener Dimension in seiner Tragfähigkeit variabel, rissempfindlich, ein guter Wärmeleiter, bedingt eine Schalungshohlform, ist am Ort oder im Werk herstellbar.
Diese Überlegungen können sinngemäss auf weitere tragwerksbildende Materialien wie Holz und Mauerwerksteine übertragen werden.

Wesentlich ist die Folgerung, dass die Materialwahl nicht beliebig ist !

Von der Baustruktur gehen gewisse Materialisierungstendenzen für das Tragsystem aus:
Stabsysteme neigen dazu, in Stahl (feuersicher verkleidet), Holz, Beton oder in pfeilerförmigem Mauerwerk materialisiert zu werden. Flächige Systeme tendieren ebenfalls zu bestimmten Stoffen oder Stoffkombinationen. So bestehen Affinitäten gewisser Wandsysteme und Bauteile zu entsprechenden Baustrukturen. Beispielsweise neigt die Verwendung der Zweischalenmauerwerktechnik zur Baustruktur der Massiv- oder teilweise zur Schottenbauweise, die Vorhangwandtechnik (Curtain wall) zur Skelett- oder zur Schottenstruktur.

Der Vorgang des Materialisierens ist nicht ein für alle Male an einem bestimmten Ort des Entwurfsprozesses angesiedelt. Vielmehr ist das Überdenken der Materialisierung im klassischen Entwurfsweg vom Nutzungsprogramm bis hin zum Bauprojekt immer wieder erforderlich.
Wie kommt man nun beim Entwerfen zu einer Vorstellung über die zu verwendenden Materialien?

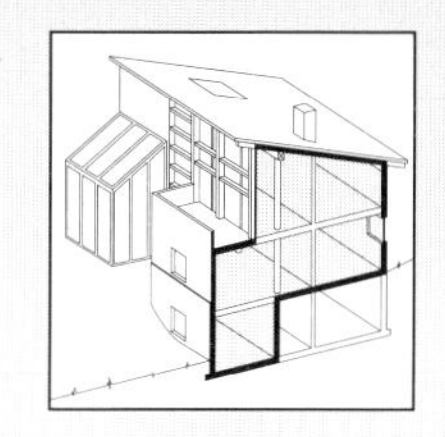

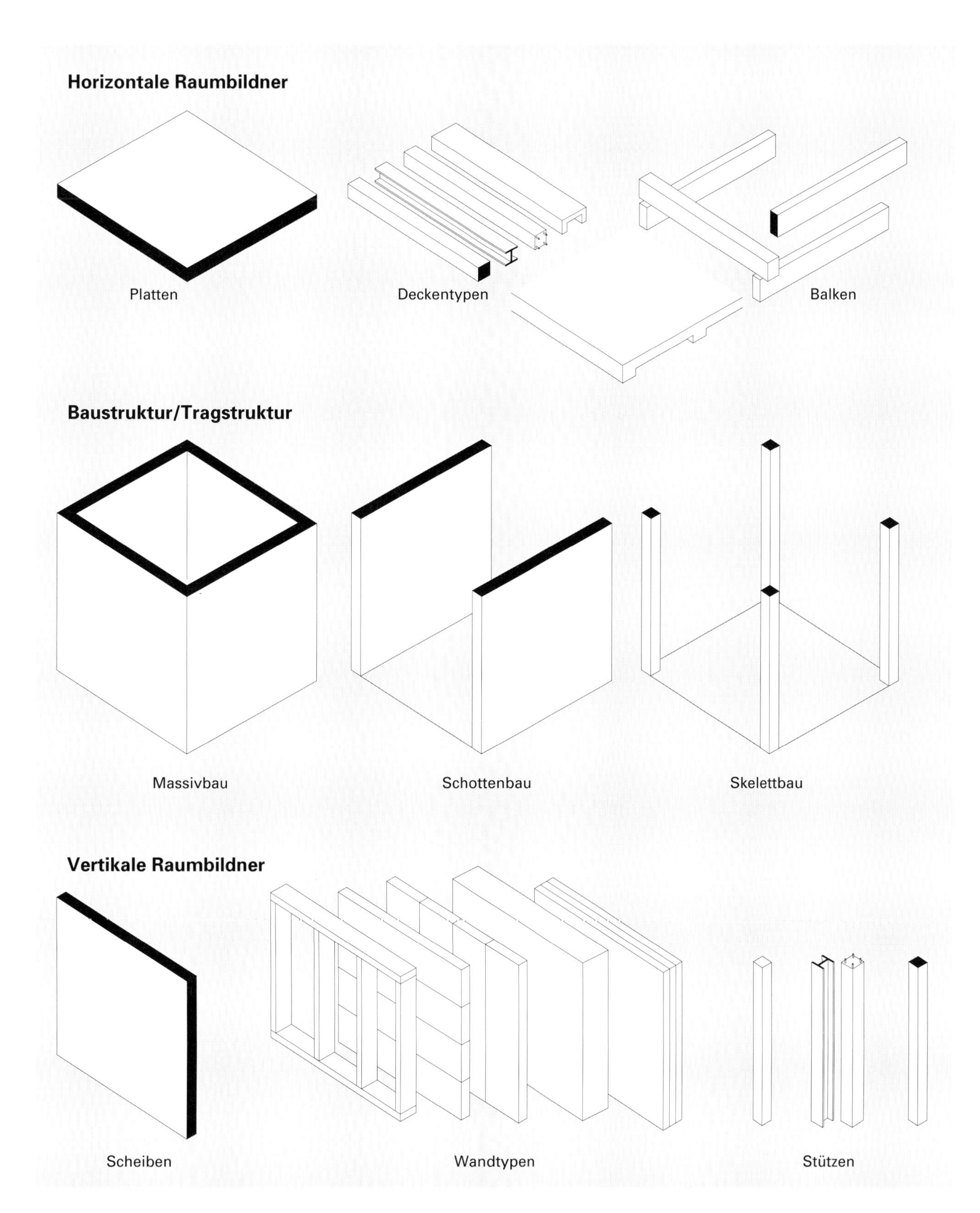

«Auf dem Weg der inneren Einflüsse»:
Beschreitet man das vorher angedeutete, oft auch als funktionalistisch bezeichnete Entwurfsverfahren, befindet man sich in der Regel schon eine gute Strecke im Entwurf drin, bevor das Bedürfnis nach Materialisierung akut wird. Räumliche Ordnung, Terrainbezug und Baustruktur sind im Werden; es ist höchste Zeit, dass Materialisierungsvorstellungen sich einstellen, falls der Entwurf nicht Cartonage bleiben soll. Dabei kann von den schon vorhandenen konkreten Ansätzen einer Baustruktur ausgegangen werden.

12 Gesetzt der Fall, ein *Massivbau* sei naheliegend, weil die vorwiegende Geschlossenheit nach aussen und die Trennung der Räume untereinander gegeben waren. Durch einheitliches Wandmaterial oder durch Differenzieren der Wandmaterialien (z.B. Innenwände – Aussenwände) lässt sich dieser Sachverhalt unterstreichen. Soll also die Materialwahl den architektonischen Ausdruck verstärken? Demgegnüber könnte es sein, dass beispielsweise die Materialwahl ausschliesslich durch ausführungstechnische, bauphysikalische oder ökonomische Erwägungen bestimmt wird.

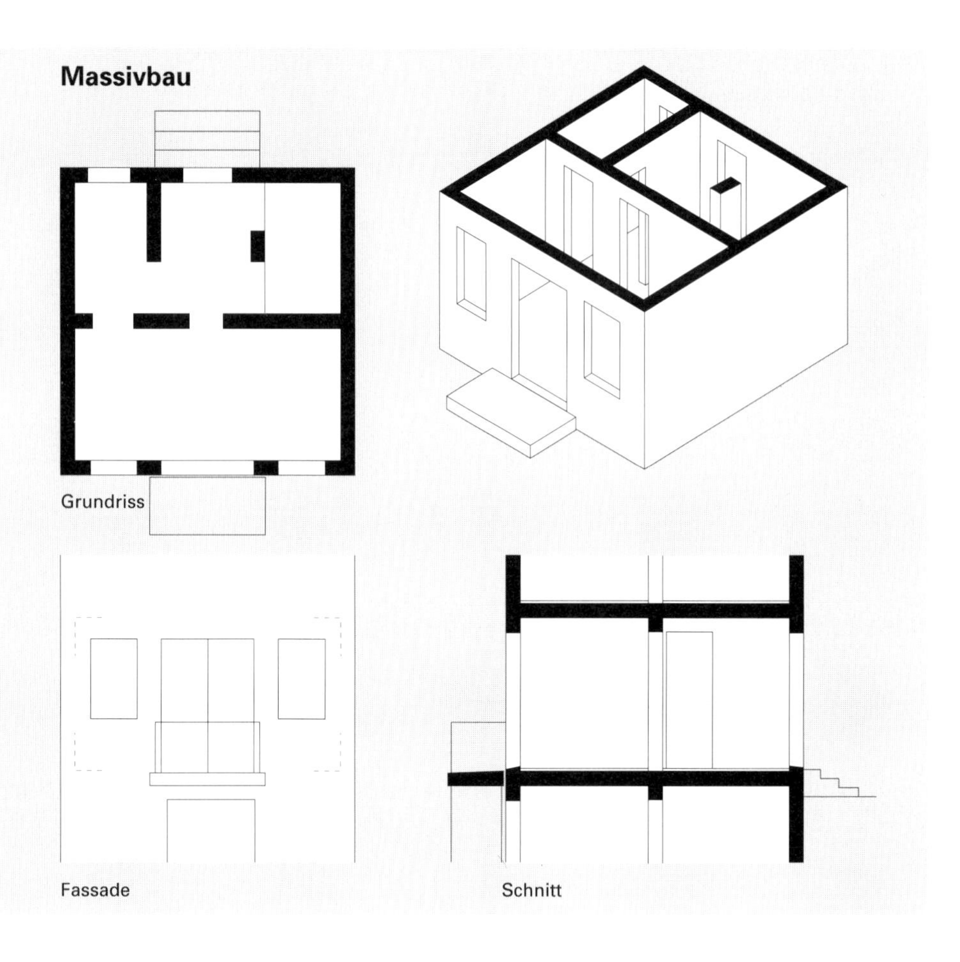

Steht ein *Schottenbau* zur Diskussion, weil der tunnelartige, räumliche Aufbau dies nahelegt, lässt sich durch materielle Differenzierung der tragenden und nichttragenden Wände (beispielsweise Mauerwerk – Gipsleichtbauwände), durch Darstellen der Tragrichtung der Decken (vielleicht Hourdisdecke) auf diesen grundlegenden räumlichen Sachverhalt reagieren. Oder ist die Raumwirkung durch die primäre offen – geschlossen Situation schon stark genug, so dass die Materialwahl der Wirksamkeit z.B. physiologischer Kriterien überlassen werden kann?

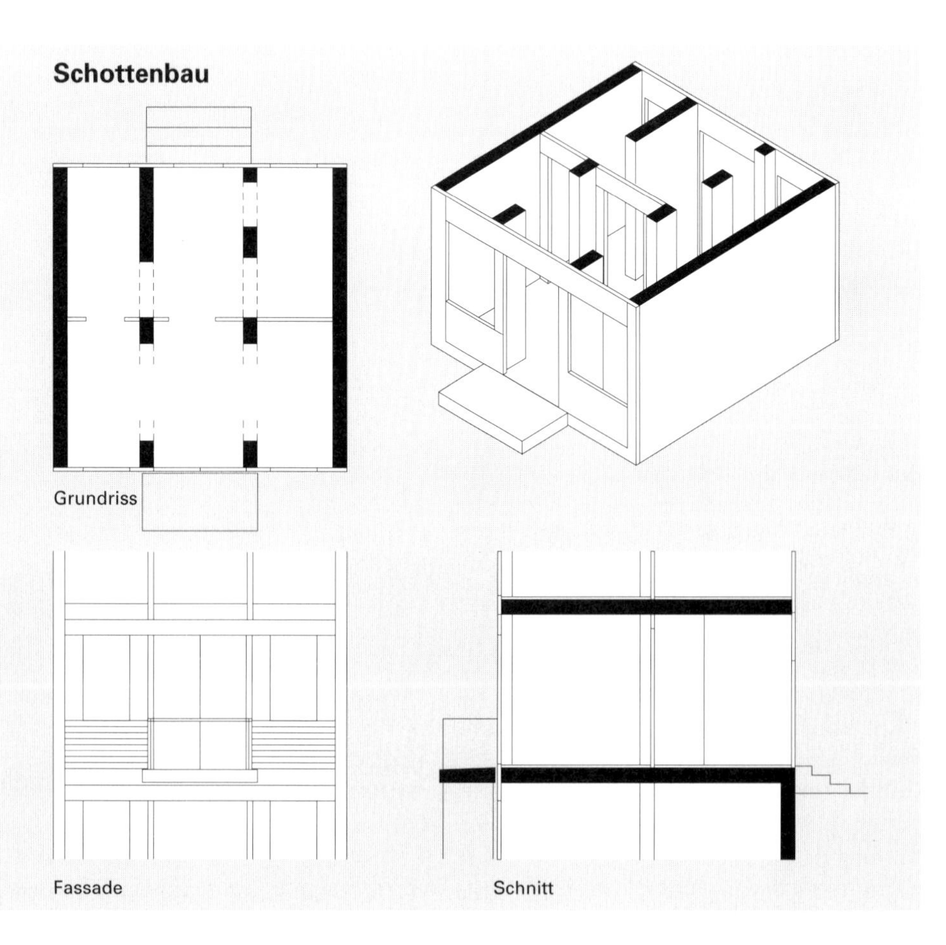

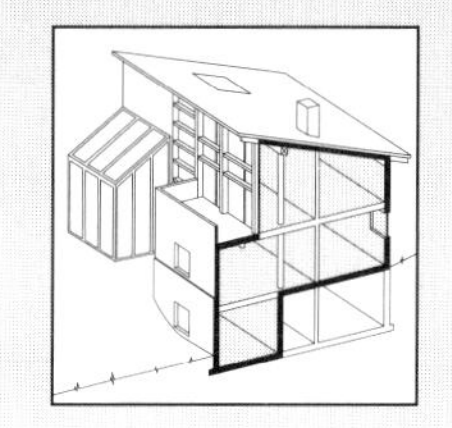

Der *Skelettbau* erlaubt die Darstellung tragender und trennender Raumbildner, unter Zuhilfenahme von Materialien, welche Tragen und Nichttragen repräsentieren.
Soll überhaupt mit einem formal materiellen Ansatz gearbeitet werden, oder entsteht diese Baustruktur, weil eine hohe Änderungsrate, z.B. der Trennwandstellungen zu erwarten ist, also Kriterien der Handlichkeit und Lebensdauer, die Materialien bestimmen?

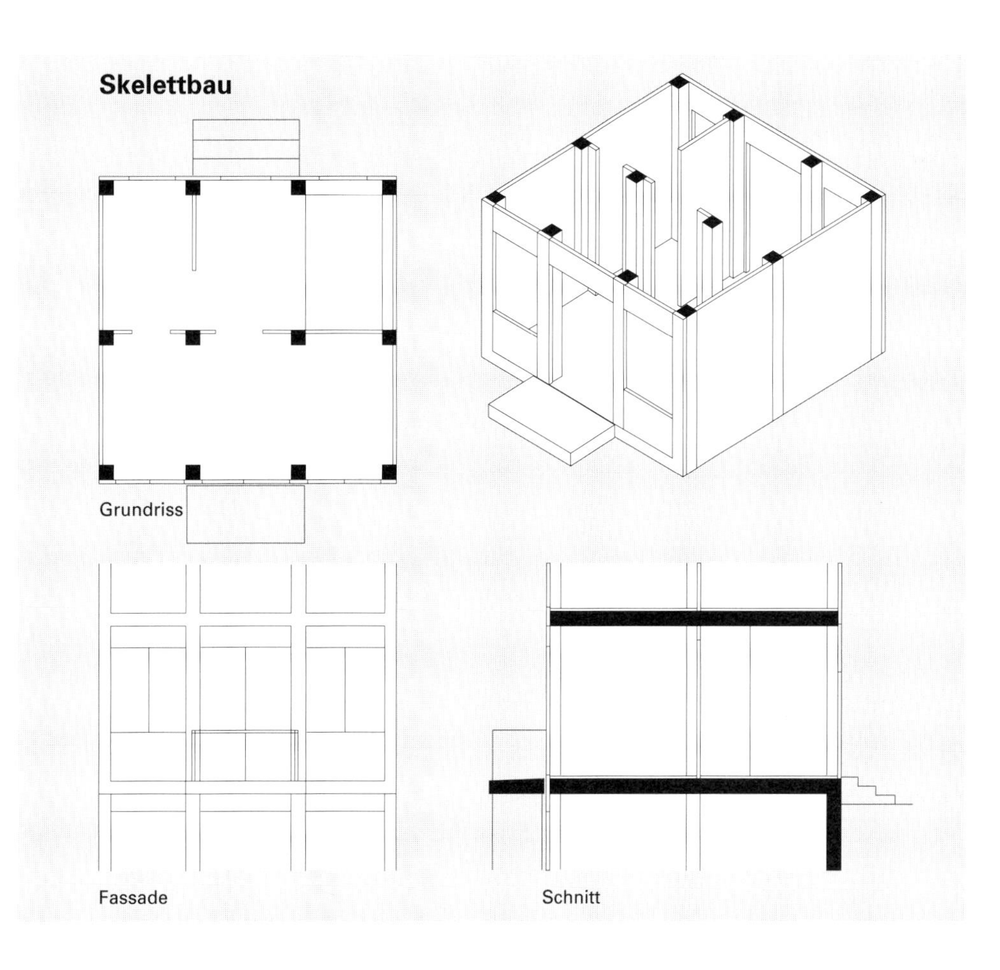

Massiv-, Schotten- und Skelettbau sind reine, eher theoretische Extremfälle (welche allerdings mit vielen typischen, architektonisch wertvollen Beispielen belegt werden können).
In der Praxis entstehen allerdings mehrheitlich hybride Strukturen, sogenannte *Mischbauten*, welche partiell die entsprechenden Eigenschaften ihrer Grundtypen aufweisen.

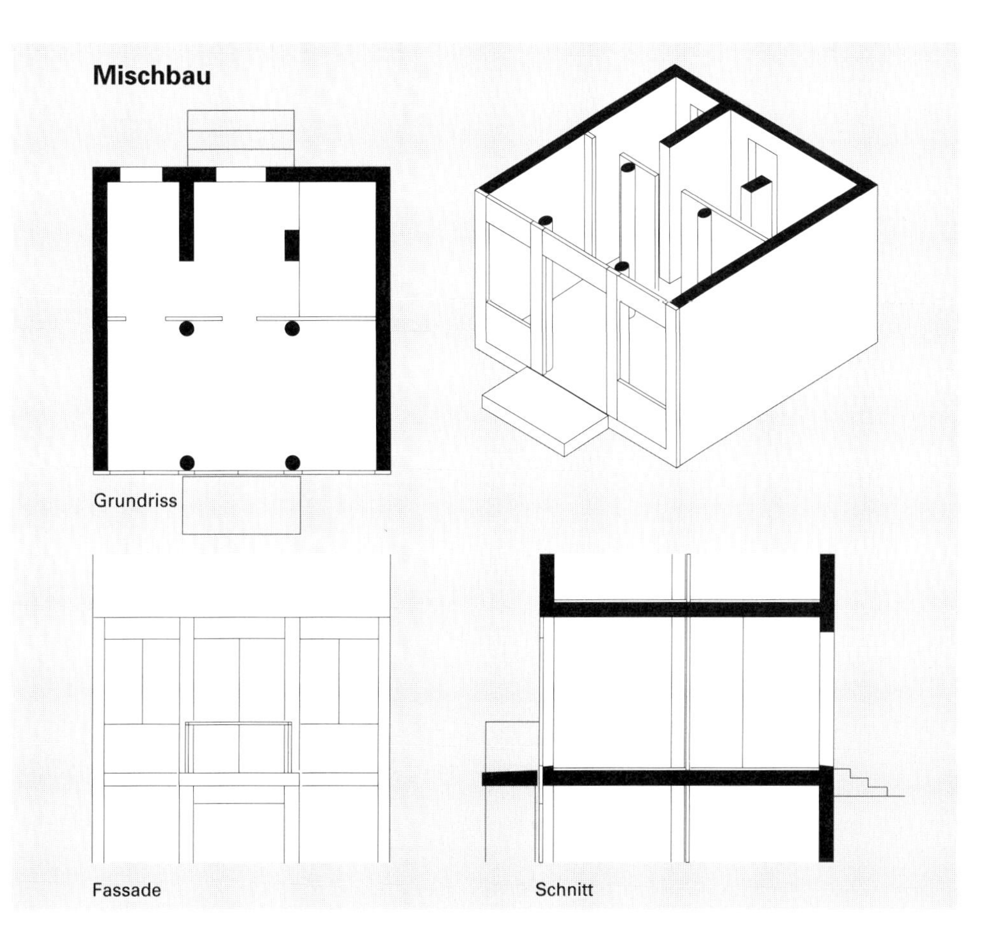

Materialien müssen nicht, können aber eine Rolle spielen in der Klärung räumlicher und struktureller Beziehungen, besonders in grossen und komplexen räumlichen Zusammenhängen, z.B. als Orientierungshilfe durch die Rolle von Farbe und Textur auf Wänden, Stützen und Decken, zur Klarstellung von öffentlichen und privaten Bereichen oder von veränderlichen und unveränderlichen Bauteilen.

Erfolgt die Materialisierung auf Grund rein architektonischer Kriterien, wird eine korrekte technisch-baukonstruktive Lösung erschwert, oftmals verunmöglicht. Eine rein pragmatisch-technische Durchführung der Materialisierung führt meistens zu einem unbefriedigenden architektonischen Ausdruck.

Damit wurde versucht zu illustrieren, dass ein wesentliches Einzugsgebiet für Materialisierungsvorstellungen im Programm (Nutzungsanforderungen) selber liegt; dann aber auch in frühen Ordnungsansätzen und Vorstellungen, welche während des Entwerfens entwickelt werden.

Nun könnte es scheinen, dass, auf dem Weg der inneren Wahrscheinlichkeit vorgehend, die Materialisierungsentscheide lange hinausgeschoben werden könnten. Tatsächlich kann es sich der Routinier erlauben, Fragen der Materialisierung oft erst zur Bearbeitung der Werkpläne aktiv werden zu lassen – wenigstens scheint dies von aussen betrachtet so. Gerade der Routinier aber zeichnet sich dadurch aus, dass er oft auf einem meist schmalen Pfad von materiellen Möglichkeiten operiert, der durch die lange Erfahrung und das gewiefte Ausscheiden von Untauglichem erworben wurde. Solange die Grenzen der Tauglichkeit nicht überschritten werden, ist ein sicheres und unbekümmertes Entwerfen zulässig, quasi ein Entwerfen in einer Bandbreite von vorabgeklärten, bewährten, miteinander technisch und formal verträglichen Standards. Man kann sagen, der Betreffende arbeite mit einem *konstruktiven Vokabular*.
Wer aber auf Neuland operiert, wird mit Vorteil die Rolle der Materialien bei der Bildung räumlicher Ordnung frühzeitig klären, versuchsweise (provisorisch) schon bei der Entwicklung der Baustruktur, spätestens im 1:100-Entwurfsstadium. Dieses Vorgehen ist jedoch nur bei schon vorhandener Übersicht und Sicherheit in der Materie zu empfehlen. Diese Abklärung erfolgt am besten mit dem Werkzeug des Schichtenrisses (siehe 4.2 «Schnittstelle mehrerer Bauteile»), wobei der Massstab dem gestellten Problem anzupassen ist (1:50 bis 1:1).

Über die inneren Einflüsse zu einer Vorstellung über die zu verwendenden Materialien zu kommen heisst aber auch, dass von aussen her keine wesentlichen offensichtlichen Einflüsse für die Materialisierung einwirken. Oft sind aber Entscheidungsfelder ausgezeichnet dadurch, dass der Kontext des Bauwerkes die Verwendung bestimmter Stoffe vordringlich macht oder andere gar verbietet. Dabei denke man etwa an kulturell oder geschichtlich geschlossene Situationen, wie sie im intakten Bauerndorf oder einer historisch eindeutigen Stadtrinde anzutreffen sind. Hier ist nicht mehr alles möglich: Steildach bedingt Steildach, Biberschwanzziegel verbieten neuen Faserzementschiefer, Verputz bedingt Verputz, Lochfassade bedingt Lochfassade. Oder: wie weitgehend sind nachbarliche Gegebenheiten eigentlich verbindlich?

Hier liegt eine weitere Art, zu einer Vorstellung über die Verwendung von Materialien zu kommen:

Auf dem Weg des «äusseren Einflusses».
Anschliessend an den vorher beschriebenen Materialisierungsansatz kann im Verlauf des Entwurfsvorganges auch ein Materialisierungsimpuls von der Umgebung ausgehen. Besonders was die Materialien der Gebäudehülle anbetrifft, sind Angleichungen naheliegend. Allerdings stellt sich sofort die Frage, ob eine minimale Beziehung zwischen Nachbarbauten genügt, die sich in der Verputztextur und Farbe, oder vielleicht in gewissen formalen Oberflächlichkeiten erschöpft. Ob nicht, wenn schon Einflüsse der Umgebung zur Diskussion stehen, tiefgreifendere strukturelle Bezüge gefordert sind. Damit wird auch die Frage nach dem Zeitpunkt gestellt, in dem Umweltgegebenheiten in den Entwurfsprozess einfliessen sollen und die Eindringtiefe, die man zulassen bzw. anstreben soll. Wir stehen zwischen den Extremen der völligen Beziehungslosigkeit und der völligen Angleichung zwischen Nachbarbauten.
Selbstverständlich können generell keine Rezepte abgegeben werden. Entscheide müssen von der spezifischen Sache her, im jeweiligen Fall, diskutiert werden. Doch soll kurz angedeutet werden, welche *Beziehungsfaktoren* überhaupt zur Diskussion stehen.
Beziehung der Oberfläche: Farbe, Textur, Kleinformen, die aus Sprossenteilung, Fugenteilung usw. hervorgehen.
Beziehung des Aufbaus: weitere primäre Formzusammenhänge, wie z.B. Rund-, Stich- oder Scheitrechter Bogen im Backsteinmauerwerk; die Fugentechniken des Betonbaus; Öffnungsgrössen und Art in Mauerwerken bzw. Fach-Grössen in Stabtragwerken; aber auch Homogenität oder Heterogenität der Materialisierung.
Beziehung der Form: die Dachform, Dach-Wand-Proportion, Dachgesimse; Flächigkeit, Voluminosität, Offenheit, Geschlossenheit der Aussenwand; Format (Grösse, stehend und liegend) der Wandöffnungen.
Über die Zweckmässigkeit der Übernahme von Merkmalen der umgebenden Bebauung entscheidet unter anderem die Beziehung, welche der Neubau mit den

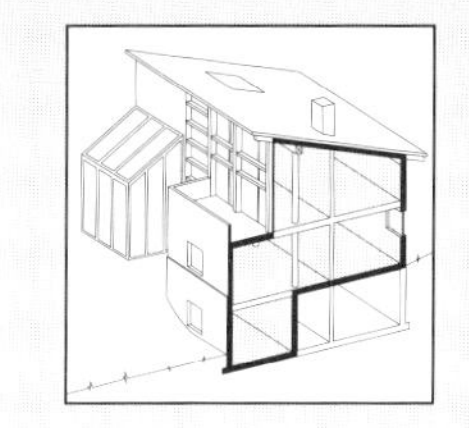

bestehenden Bauten eingehen wird: Werden sie zusammen gelesen? Sind sie von weit oder von nah überblickbar? Bilden sie eine Silhouette? Schliesst der Neubau eine Lücke in der bestehenden Bebauung? Usw.
Tritt Material auf dem Weg des äusseren Einflusses in den Entwurfsvorgang ein, ist es ratsam, diesem Sachverhalt die nötige Entwurfszeit einzuräumen, indem mit Material ein bestimmtes Formvokabular untrennbar verbunden ist.
Material/Form jedoch hat enge Verwandtschaft zur Baustruktur und greift somit unversehens tief in das räumliche Gefüge eines Entwurfs ein. Man kann sagen, dass der Bau in solchen Fällen mit Vorteil vom Detail her entworfen wird. Aus den Randbedingungen der Details heraus entstehen Vorgaben wie: Spannweiten, Spannrichtungen, Öffnungssystem, Öffnungsgrösse usw., welche die Möglichkeiten räumlicher Organisation vorgeben bzw. einschränken.

Somit wird deutlich, dass der architektonische Ausdruck eines Gebäudes im Spannungsfeld von inneren und äusseren Gegebenheiten sich im Verlaufe eines (hier nicht näher beschriebenen) Entwurfsprozesses entwickelt. Das angemessene Abbilden dieser Einflüsse auf die Gebäudehülle wird durch den systematischen und sorgfältigen Einsatz eines konstruktiven Vokabulars erzeugt.

1.4.3 Das konstruktive Vokabular oder der Aktionsraum des Konstrukteurs

In den folgenden Kapiteln wird der eigentliche Aktionsraum des Konstrukteurs umschrieben, nämlich primär die konstruktive Bewältigung der Bauteilübergänge. Wie vorgängig geschildert, ist die konstruktive, bautechnische Umsetzung des baustrukturellen Entwurfskonzepts die eigentliche Aufgabe des Konstrukteurs. Die Materialisierung der erforderlichen Bauteil-Schichten, die Schichtdicken und Schichtfolgen sind auf Grund der gestellten Anforderungen zu definieren.

Konstruktion als Teil des architektonisch-konstruktiven Entwurfes

Auch die Konstruktion hinterlässt, als Lösung technischer Problemstellungen, ihre Spuren, hat Auswirkungen auf das Erscheinungsbild des Bauwerkes. Materialisierung, Fugen, Vor- und Rücksprünge, Befestigungsarten sind mitunter auch formal in Erscheinung tretende Elemente. Beim Konstruieren entsteht architektionische Form, welche durch die Wahl von Material und Technik, durch die Ausbildung der An-, Ab- und Zusammenschlüsse bestimmt wird und zu einem technisch und formal gleichwertigen Resultat führen soll.

Detailsammlung oder Lösungsprinzip

Ein Katalog von Standarddetails ist sicherlich Grundlage so mancher Baukonstruktion. Standarddetails bieten allenfalls auch den Vorteil, dass sie erprobt sind, sich bewährt haben. Standarddetails basieren jedoch oft auf Systemen und Schichten zur Erstellung eines einzelnen Bauteils und sind teilweise nur ungenügend auf die Erfordernisse des Bauteilüberganges abgestimmt, die immer aus dem Gesichtspunkt mehrerer Bauteile zu sehen sind.
Ein Katalog von Standarddetails ist somit kein Ersatz für den Innovationsprozess, der aus einer Vielzahl möglicher Detaillösungen das Lösungsprinzip erkennen lässt, um es im Prozess des konstruktiven Entwerfens anzuwenden. Die Kenntnis der Lösungsprinzipien ist für das Konstruieren unabdingbare Voraussetzung, auch wenn die Konstruktion letztlich auf objektspezifisch angepassten Standarddetails beruht.

Detail-Problemtypen

Aus dem Gebäudeentwurf resultieren bestimmte Beziehungen zwischen den Bauteilen. Es ergeben sich immer wieder ähnliche Beziehungen, woraus eigentliche Problemtypen oder Details resultieren.

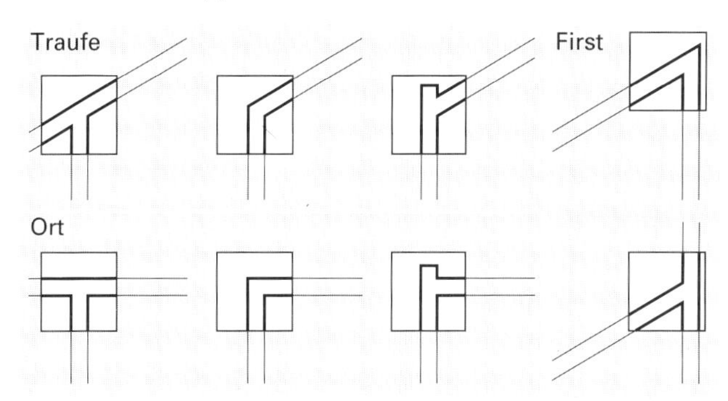

Problemtypen in der Beziehung Aussenwand/Steildach

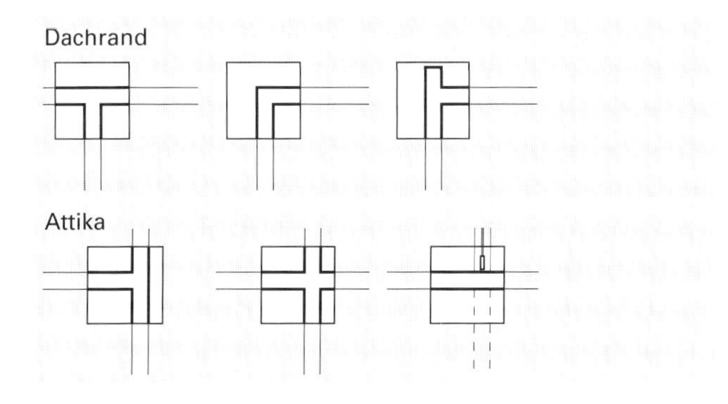

Problemtypen in der Beziehung Aussenwand/Flachdach

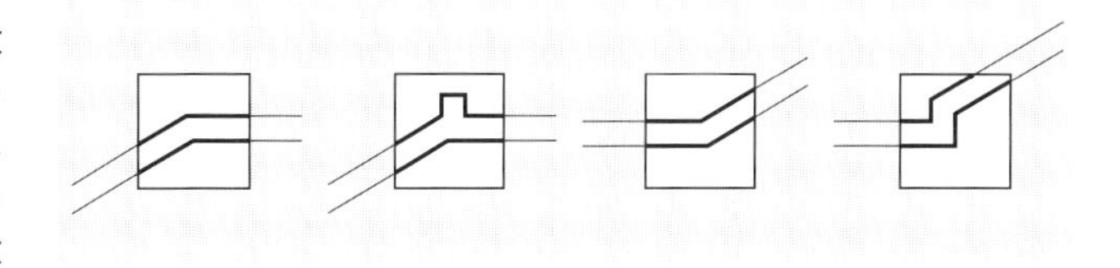

Problemtypen in der Beziehung Flachdach/Steildach

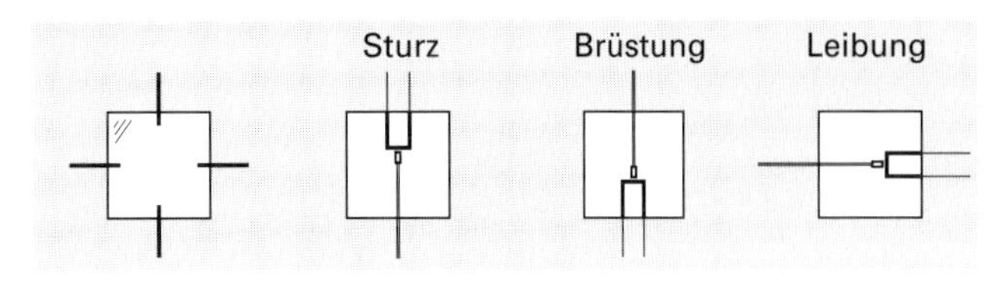

Problemtypen in der Beziehung Aussenwand/Fenster

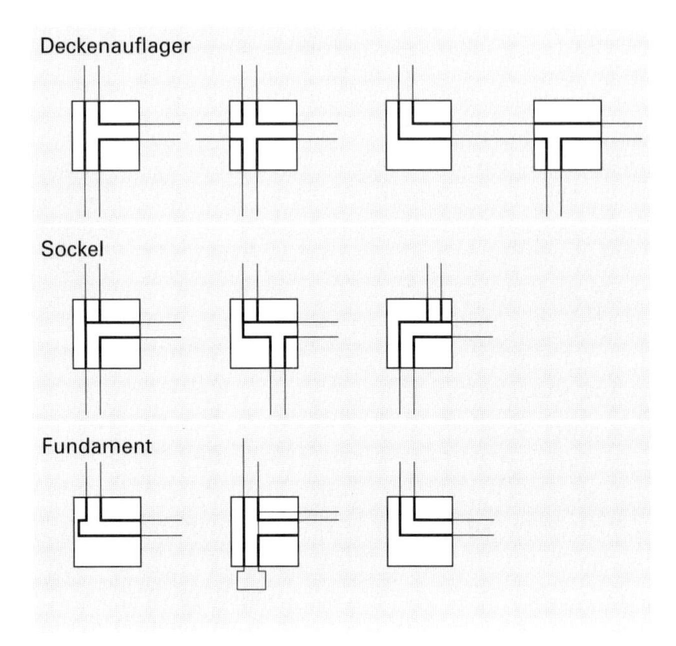

Problemtypen in der Beziehung Aussenwand/Decke bzw. Boden

Schicht und Funktion
Aussenbauteile sind, zur Erreichung der gestellten Wärmeschutzanforderungen, meist mehrschichtig aufgebaut, wobei jeder Schicht eine oder mehrere spezifische Funktion(en) zugeordnet sind (Tragen, Dämmen, Schützen ...).

Tragen:
Wandscheiben in Stahlbeton, Backstein, Kalksandstein u.ä., Decken aus Stahlbeton oder mittels Elementen (Platten, Stege und Hourdis) aus Stahl- oder Leichtbeton, Stützen und Träger aus Stahlbeton, Stahl oder Holz.

Wärmedämmen:
Wärmedämmschichten aus unterschiedlichen Dämmstoffen (Matten oder Platten aus Mineralfasern und Kunststoffschäumen), evtl. wärmedämmende tragende Elemente.

Schalldämmen:
Wand- und Deckenscheiben mit entsprechend hohen Flächengewichten bzw. weichfedernden, trennenden Zwischenschichten (Luft- und Körperschalldämmung).

Luft- und Dampfdichtigkeit:
Dampfbremsen, Dampfsperren und Luftdichtigkeitsschichten, Dichtungen, luftdichte An- und Abschlüsse.

Brandschutz:
Nicht brennbare bzw. brandresistente Materialien, Verkleidungen und Beschichtungen.

Witterungsschutz/Feuchtigkeitsschutz:
Putze, Beschichtungen, Anstriche und Lacke, Verkleidungen und Hartbedachungen, Dichtungsbahnen. Vordächer, Gesimse, Abdeckungen ...

Trennen, Schützen, Nützen:
Trenn- und Schutzlagen, Schutzschichten, begehbare oder befahrbare Nutzschichten, Begrünungen.

Durch geschickte Anordnung der Schichten bzw. Wahl der Einzelbauteile sind einerseits die Anforderungen an dieselben zu erfüllen und andererseits wird dadurch der funktionstüchtige Bauteilübergang ermöglicht, erschwert oder gar verunmöglicht. Im Vordergrund des Konstruierens kann also nicht die Wahl von Einzelbauteilen, losgelöst vom Gebäudetypus stehen, sondern die in Abhängigkeit der zu lösenden Bauteilübergänge aufeinander abgestimmten Bauteile der Gebäudehülle.

1.5 Energie und Haustechnik

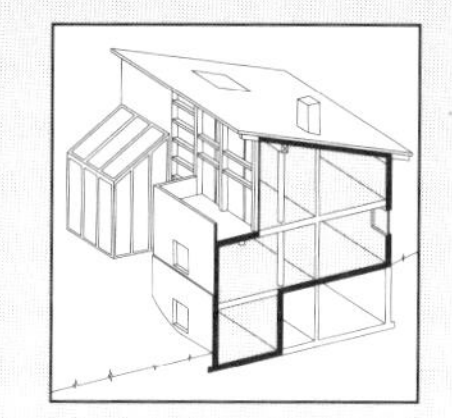

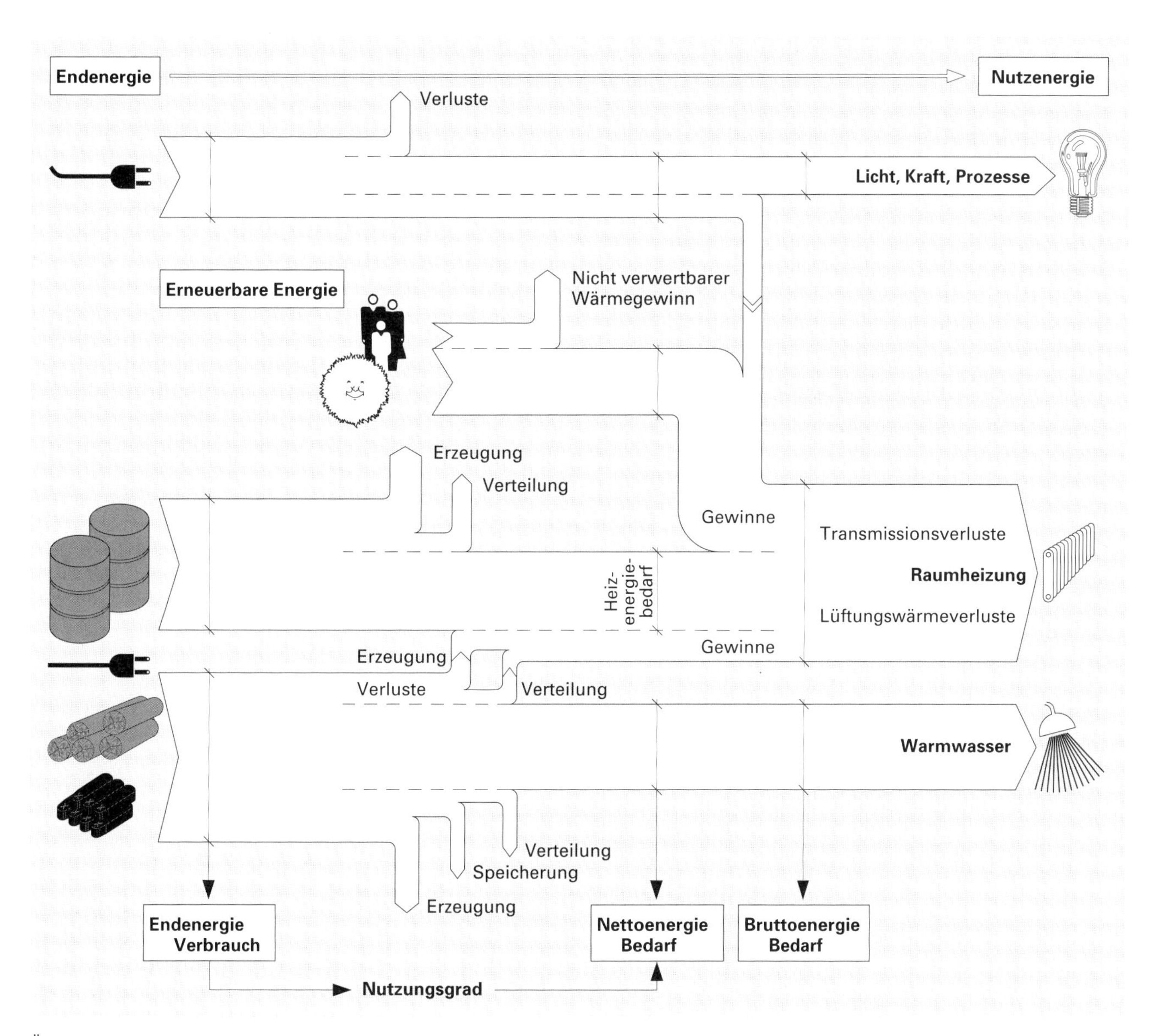

Übersicht Energiebilanz

1.5.1 Energie sparen als Grundsatz

Beim Betrieb und Unterhalt eines Gebäudes besteht grundsätzlich die Absicht, Kosten zu sparen. Damit ist meistens auch eine Reduktion des Energieverbrauchs – meist in Form von Wärme und Elektrizität – verknüpft. Auch die in den anderen Kapiteln gemachten Aussagen zum Neubau, zu Bauteilübergängen, hochwärmedämmenden Konstruktionen und zur Erneuerung bestehender Bauten zielen alle auf das Einsparen von Energie ab; vor allem durch Reduktion der Transmissions- und Luftwechselwärmeverluste.

Energie einzusparen bedeutet nicht a priori, alle technisch verfügbaren Möglichkeiten auszuschöpfen, und isolierte Betrachtungen von Einzelbauteilen sowie Bauteilübergängen führen nicht zum Ziel eines ökologisch massvollen und wirtschaftlichen Einsatzes von Energie beim Betrieb von Hochbauten. Die Antwort auf das «wie» liegt vielmehr im Finden eines ausgewogenen Gleichgewichtes unter den gewählten Massnahmen. In bezug auf den Energieverbrauch von Bauten ist das Gesamtsystem «Bau – Haustechnik – Nutzer – Umwelt» aufeinander abzustimmen; das optimale Zusammenwirken aller energierelevanten Faktoren steht im Vordergrund.

Der Energieverbrauch wird meist mit einigen wenigen Energieträgern abgedeckt, eine Reduktion der nicht erneuerbaren Energien hat Priorität. Neben der beschränkten Verfügbarkeit fossiler Brennstoffe ist die durch die Verbrennung verursachte Luftbelastung zu berücksichtigen. Weniger verbrennen heisst in der Regel auch weniger Schadstoffe produzieren.

Der Benutzer ist für die Energiebilanz eines Gebäudes wesentlich mitverantwortlich. Durch bewusstes Handeln kann er helfen, den Energieverbrauch deutlich zu reduzieren.

Durch Gesetze und Vorschriften kann der Ersteller oder Betreiber eines Gebäudes gezwungen werden, gewisse Grenzwerte (Gebäudehülle, Feuerung) einzuhalten. Die Baubewilligungsbehörden stützen sich dabei auf kommunale oder kantonale Vorschriften ab oder, wie im Fall der Luftreinhalteverordnung, sogar auf Verordnungen des Bundes. Kantonale Energiegesetze bzw. entsprechende Verordnungen stützen sich zum Teil bereits heute auf die Empfehlung «Energie im Hochbau» des SIA [3]. Diese Empfehlung definiert für *Neubauten*, basierend auf der Energiebilanzierung, *Systemanforderungen*, die dem Planer beim Entwerfen und Projektieren grossen Freiraum bieten, da er theoretisch keine weiteren energierelevanten Einzelanforderungen zu erfüllen hat. Die mit «theoretisch» angetönte Einschränkung bezieht sich insbesondere auf das Einhalten der Anforderungen aus Norm SIA 180 «Wärmeschutz im Hochbau» [1], mit den Zielen:
- Sicherung der baulichen Voraussetzungen für die thermische Behaglichkeit und den hygienischen Komfort der Gebäudenutzer,
- Vermeidung von Bauschäden bei auf sparsamen Energieverbrauch ausgerichtetem Betrieb.

Bei *Umbauten* stehen *Einzelanforderungen* für Gebäudehülle, Haustechnik und Betrieb anstelle von Systemanforderungen im Vordergrund.

1.5.2 Grundzüge der Empfehlung «Energie im Hochbau»

Die energetischen Zielsetzungen in bezug auf die baulichen, technischen und betrieblichen Massnahmen bei der Planung und Nutzung eines Gebäudes sind:

Energieverbrauch «Wärme» tief halten durch
- Verminderung des Wärmedurchgangs durch die Gebäudehülle (Transmission) und des Wärmebedarfs für Lüftung durch geeignete bauliche und betriebliche Vorkehren und Massnahmen
- planerische Massnahmen wie Grundrissgestaltung, Orientierung und Umgebungsgestaltung
- möglichst weitgehende Ausnutzung der freien Wärme aus Sonnenstrahlung, Wärme von Anlagen, Geräten, Beleuchtung und Personen
- hohe Nutzungsgrade durch möglichst geringe Erzeugungs-, Speicher- und Verteilverluste
- Abwärmenutzung
- Substitution nichterneuerbarer Energie durch die Nutzung von erneuerbarer Energie aus Sonnenstrahlung, Boden, Luft oder Gewässer (siehe auch Kapitel 6 «Passive und aktive Sonnenenergienutzung»)

Energieverbrauch «Warmwasser» tief halten durch
- Auswahl von verlustarmen, sparsamen Geräten und Armaturen
- Temperaturbegrenzung
- Geringe Distanzen zwischen Erzeugung und Verbraucher (Zirkulationsverluste)

Energieverbrauch «Elektrizität» tief halten durch
- kritische Prüfung der Bedarfsfrage bei entsprechender Ausnutzung baulicher Möglichkeiten (Tageslichtnutzung, Bedarf für Lüftungs- und Klimaanlagen)
- richtige Systemwahl
- richtige Bemessung der Komponenten und bedarfsabhängige Steuerung von Anlagen und Geräten
- Auswahl von Geräten und Apparaten mit geringem Energieverbrauch und hohem Wirkungsgrad im Hinblick auf die geforderte Leistung

Einflussgrössen auf den Nutzenergieverbrauch

Kategorie	Parameter
Klimadaten	Aussentemperatur, Wind, Sonnenstrahlung
Standort	Höhenlage, Horizont, Verschattung, geographische Lage
Nutzung	Wohnen, Dienstleistung, Gewerbe, Industrie
Gebäude	Hüllfläche, Fläche/Volumen-Verhältnis, Alter
Bauweise	Leichtbau, Massivbau, Mischbauweise
Bauphysik (Konstruktion)	k-Wert, Luftdichtigkeit, g-Wert

Grenz- und Zielwerte in SIA 380/1 [3]
Die gemäss SIA 380/1 berechneten Projektwerte werden mit Grenz- und Zielwerten verglichen. Grenzwerte und Zielwerte geben eine Bandbreite für energiegerechtes Bauen an, wobei:
- *Grenzwerte* zwingend zu erfüllende Anforderungen sind, die mit dem heutigen Stand der Technik erreicht werden können. Die Grenzwerte sind jedoch strenger als die Durchschnittswerte bestehender Bauten.
- *Zielwerte* erhöhte Anforderungen für Bauten darstellen, bei denen ein besonders niedriger Energieverbrauch angestrebt wird. Durch die heute bekannten und bewährten Energiespartechnologien können die Zielwerte sogar unterschritten werden.

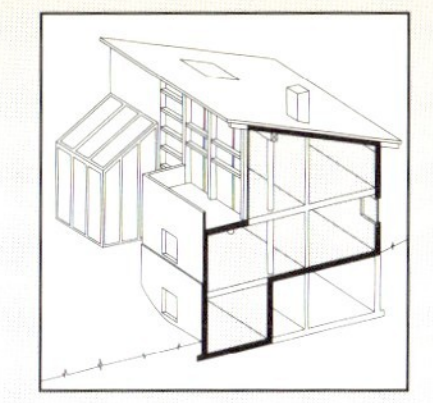

1.5.3 Heizenergie

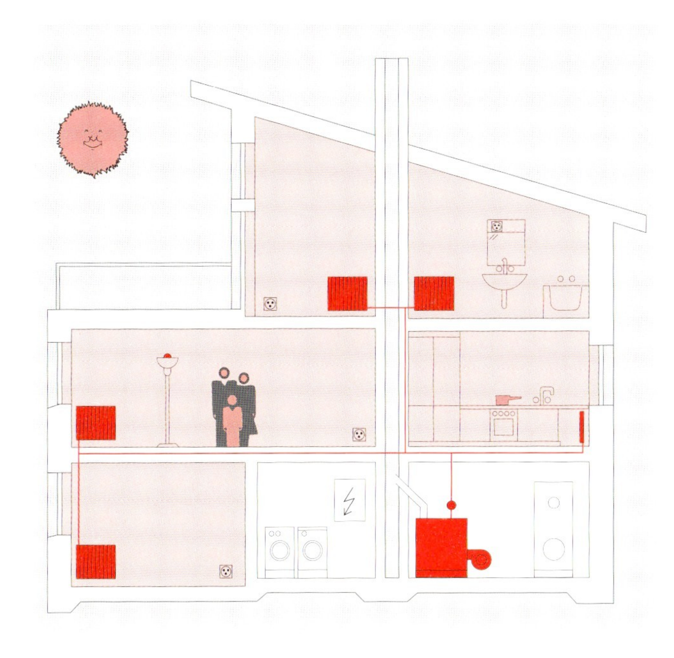

Ein möglichst niedriger Heizenergiebedarf kann erreicht werden durch:
- niedrigen Wärmebedarf zur Deckung der Transmissions- und Lüftungswärmeverluste,
- hohe Energiegewinne, d.h. durch ein optimales Verhältnis zwischen Verlusten und Gewinnen.

Die wichtigsten Einflussfaktoren bei der Planung sind:

Konstruktion der Gebäudehülle
- Verminderung des Wärmedurchgangs durch die Gebäudehülle (Transmission) durch Optimierung der Wärmedämmschicht-Dicken; Vermeidung von Wärmebrücken bei Bauteilübergängen und Wahl gut wärmedämmender Fenster und Türen.
- Verminderung der Lüftungswärmeverluste durch luftdichte Ausbildung der Bauteile (speziell Leichtbaukonstruktionen, Cheminées, Luftkanäle usw.) und Bauteilübergänge (An- und Abschlüsse) sowie angepasste Fugendichtigkeit bei Fenstern und Aussentüren (Luftwechsel ⇔ Frischluftbedarf und Feuchtebelastung).

Grundriss und Gebäudeform
- Gruppierung der Räume mit gleichen Temperaturanforderungen und ähnlichen Benutzungszyklen im Tages- und Wochengang, mit hierarchischer Zonierung von warmen zu kühlen Räumen von innen nach aussen.
- Räume mit erhöhten Temperaturanforderungen an die sonnenbestrahlte Fassade legen.
- Windfang als Schleuse bei Eingängen einrichten.
- Beheizte Zonen mit mehr als 5 K ständiger Temperaturdifferenz thermisch trennen ($k < 1{,}0$ W/m^{2}K).
- Minimales Verhältnis zwischen Oberfläche und Volumen, ohne unnötige Vergrösserung der Innenzonen mit künstlicher Belüftung und Beleuchtung, anstreben. Günstig sind Reihenhäuser anstelle von alleinstehenden Häusern.

Gebäudeorientierung und Umgebungsgestaltung
- Optimale Orientierung wählen, meist Süd-Süd/West (wegen Morgennebel im Winter).
- Südfassade für passive Sonnenenergienutzung im Winter vergrössern.
- Umgebungsgestaltung auf Reduktion der Wärmeverluste (Windschutz) und möglichen Wärmegewinn durch Sonneneinstrahlung (Vermeidung von Beschattung) ausrichten.

Nutzung von Sonnenenergie
- Fensterflächen gegen Süden vergrössern (20 bis 40 % der EBF des angrenzenden Raumes) und gegen Norden verkleinern (10 % der EBF des angrenzenden Raumes); Fensteranteil übrige Fassaden je nach Nutzung optimieren.
- Ungehindertes Eindringen der Sonnenstrahlung in den Raum, im Winter und in der Übergangszeit (Sonnenstand unter etwa 45°), ermöglichen.
- Beschattung der Glasflächen vermindern bzw. Besonnung optimieren.
- Wärme- bzw. Energieaufnahme von Böden, Decken und Wänden durch gute Wärmeableitung/Wärmespeicherfähigkeit der direkt bestrahlten raumseitigen Oberflächen ermöglichen (thermisch wirksame Gebäudemasse).
- Grosse wärmeabsorbierende Flächen (etwa 4mal die Glasfläche im betreffenden Raum) mit 10 bis 20 cm Schichtdicke bereitstellen.
- Heizungsregulierung auch auf die Raumlufttemperatur ausrichten, um Übererwärmung durch Wärmegewinne zu verhindern.
- Flinkes Heizsystem, um Sonnenenergiegewinne bestmöglichst auszunutzen.
- Äussere Beschattungsvorrichtung für Sommer und inneren Blendschutz für Winter vorsehen.
- Raumlufttemperatur-Schwankungen von ± 2 K bis ± 3 K im Tagesgang erlauben, zur Aktivierung der thermischen Gebäudemasse.

Wärmeerzeugung
- Dimensionierung gemäss Empfehlung SIA 384/2 «Wärmeleistungsbedarf von Gebäuden» [4].
- Eventuell Zusatzheizung im Hauptraum (Übergangszeit mit Holzofen).
- Hohen Nutzungsgrad anstreben.
- Wärmerückgewinnung aus Abluft, evtl. Abwasser.

Wärmeverteilung
- Niedertemperatur-Betrieb vorsehen: maximale Vorlauftemperatur 60 °C.

- Wärmeerzeugung und -speicherung (Heizung und Warmwasser) auf niedrige Temperaturen auslegen zum allfälligen späteren Einbau von Wärmepumpen oder Sonnenkollektoren.
- Verteilverluste reduzieren: gute Wärmedämmung von Verteilleitungen und Armaturen; abschaltbare, evtl. drehzahlgeregelte Umwälzpumpen.

Systemregulierung
- Benutzerfreundliche Regulierung mit Bedienungsanleitung und Instruktion.
- Einzelraumregelung mit rascher Reaktion auf Veränderungen.
- Freie Wärme (Sonneneinstrahlung und innere Wärmequellen) mittels raumlufttemperaturabhängiger Regelung (z.B. thermostatische Ventile) nutzen.
- Benutzerabhängige Raumluft-Temperaturabsenkung ermöglichen, z.B. durch zeitprogrammierbare Thermostatventile.
- Aussenlufttemperatur- und strahlungsabhängige Kesseltemperaturregulierung (Aussenfühler richtig plazieren)
- Steuerung, welche keinen grossen Bedienungsaufwand des Betreibers erfordert.
- Individuelle Heizkostenabrechnung pro Wohnung.

1.5.4 Energie zur Warmwassererzeugung

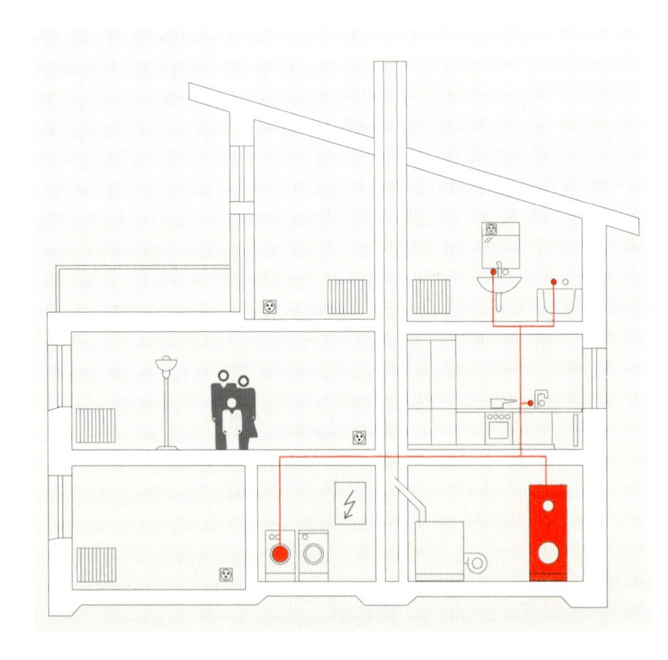

Der Energiebedarf für das Warmwasser ergibt sich primär aus dem Warmwasserverbrauch und der erforderlichen Wassertemperatur. Die wichtigsten Einflussfaktoren bei der Planung sind:
- Individuelle Wassererwärmer bei grossen Distanzen und kleinem Verbrauch.
- Schaltuhr für Nacht- und Wochenendabschaltung.
- Typengeprüfte Speicher-Wärmedämmung.
- Bei sehr kleinem Verbrauch eventuell Durchflusserwärmer prüfen.
- Richtige Plazierung der Nasszellen, entsprechende Systemwahl, kurze Leitungen, keine Überdimensionierung von Einzelleitungen, gute Wärmedämmung von Zirkulationsleitungen.

1.5.5 Energie für Licht, Kraft und Prozesse

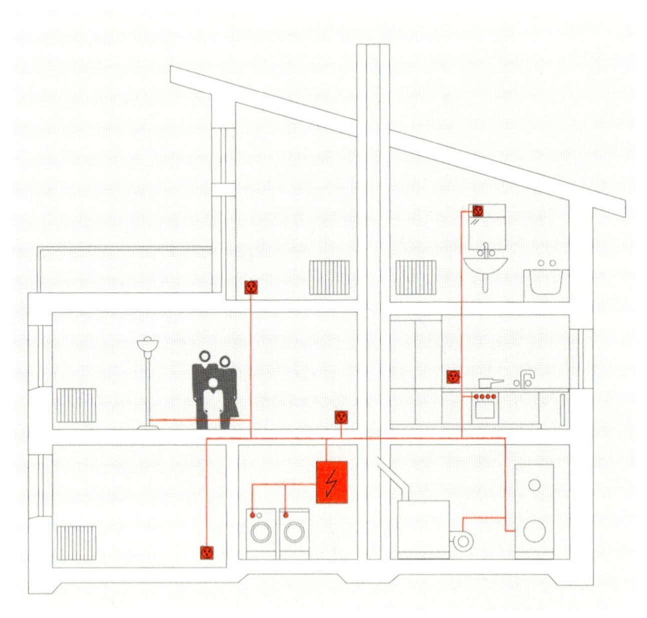

Wichtige Einflussfaktoren auf die Minimierung des Energiebedarfes für Licht, Kraft und Prozesse sind:

Licht
- Räume mit hohem Beleuchtungsbedarf mit Leuchtstofflampen oder Energiesparlampen ausrüsten.
- Aussenbeleuchtung mit Fluoreszenz- oder Hochdrucklampen ausrüsten.
- Halogen-Glühlampen nur punktuell, nicht für allgemeine Raumbeleuchtung einsetzen. Niedervoltsysteme mit abschaltbarem Transformer (Primärseite) ausrüsten.
- Tageslichtnutzung und optimale künstliche Beleuchtung für Arbeitsplätze, d.h.:
  • optimale Nutzung des Tageslichtes (Tageslichtkoeffizient möglichst hoch und günstig in der Raumtiefe verteilt)
  • gute Raumhelligkeitswerte (hohe Reflexionsgrade für Boden, Wände und Decke)
  • individuell abschaltbare und regelfähige künstliche Beleuchtung (evtl. automatische Steuerung)
  • richtige Leuchtenplazierung
  • gute Lichtausbeute der Lampen (inklusive verlustarme Vorschaltgeräte, Starter u.a.m.)
  • Nennbeleuchtungsstärke gemäss Leitsätzen der Schweizerischen Lichttechnischen Gesellschaft (SLG), Bern.

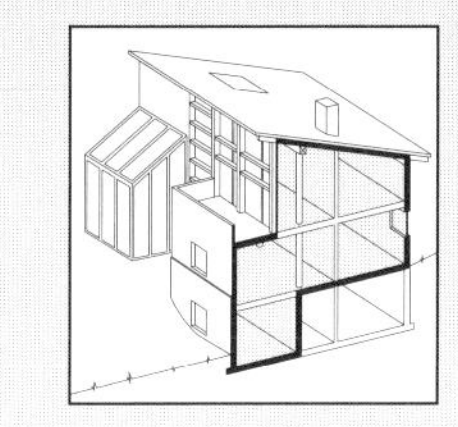

- Installierte elektrische Leistung für Bürobauten total < 12 W/m² (Beleuchtungsdichte und Sehkomfort beachten)

Unterhaltungs- und Büroelektronik

- Auf Anschlussleistung und dauernde Vorwärmeleistung achten (Stand by-Schaltung).
- Geräte mit grossen Abwärmelasten nicht zu konzentriert aufstellen (Wärmeleistungen von Geräten bis etwa 15 W/m², total inkl. externe Lasten, Beleuchtung und Personen 45 W/m², sind in der Regel ohne Raumkühlung zu bewältigen).

Küche

- Kühlschrank und Tiefkühler nicht neben warme Apparate (z.B. Herd, Backofen, Abwasch- und Waschmaschine, Radiator, Bodenheizung) plazieren.
- Tiefkühler in unbeheiztem Raum aufstellen (z.B. im Keller).
- Küchenventilator mit einstellbarer Abschaltautomatik ausrüsten.

Waschküche

- Waschmaschine im Mehrfamilienhaus an zentrales Warmwasser-System anschliessen.
- Wäschetrockner erfordert gute Schleuder und leicht zugänglichen Innen- und Aussentrockenplatz.
- Nur für Winterbetrieb Wäscheentfeuchter, eventuell guten Wäschetrockner mit geregelter Feuchtigkeitsautomatik aufstellen.

Hilfsenergie

- Umwälzpumpen für Heizung (und Warmwasser im Mehrfamilienhaus) mit schaltbaren Stufen ausrüsten, direkt über Heizungsregelung steuern
- Stellantriebe (Ventile usw.) sollen in Ruhestellung nur einen geringen Strom aufnehmen
- Ventilatoren (WC, Küche usw.) mit Abschaltautomatik ausrüsten

Haushaltgeräte allgemein

- Testbericht des Schweizerischen Instituts für Hauswirtschaft mit Vergleichszahlen konsultieren (Energiebedarf, Anschlussleistung und Wirkungsgrad beachten).

Allgemeinstrom in Mehrfamilienhäusern

- Waschen (und Trocknen, sofern nötig) mit auf Mieter umschaltbarer Zahleinrichtung ausrüsten.

Treppen, Aufzüge

- Treppen möglichst gut sichtbar und gut zugänglich plazieren.
- Bei Aufzügen geregelte Traktion einsetzen.

Lüftung

- Wenn möglich natürliche Lüftung ausnutzen (Lärm- und Wärmelasten beachten).
- Aussenluftmenge bei extremen Aussenklimabedingungen entsprechend der Nutzung auf etwa 20 m³/h und Person vermindern.
- Präsenzsteuerung für Lüftungseinschaltung, mit automatischer Abschaltung (Schaltuhr).
- Variable Luftmenge mit drehzahlregulierbaren Ventilatoren.
- Frostschutz-Lufterhitzer mit automatischer Abschaltung, keine elektrischen Lufterhitzer und Nachwärmer.
- Luftkanäle möglichst gross dimensionieren (geringer Widerstand reduziert erforderliche Ventilatorleistung).
- Gebäudedichtigkeit beachten (Luftwechselzahl $n_{L,50}$ zwischen 2 h^{-1} und 4 h^{-1} bei Wohnbauten mit Fensterlüftung; bei Wohnbauten mit geführter Zu- und Abluft und Wärmerückgewinnung: oberer Grenzwert bei etwa 1 h^{-1}).

Kühlung

- Verminderung der Aussen- und Innenlasten
- Möglichst grosse Bandbreite für Raumlufttemperatur und -feuchtigkeit zulassen (Sommer bis 28 °C, Feuchtigkeit bis 12 g/kg Luft)
- Gleichzeitiges Heizen und Kühlen vermeiden
- Freie Kühlung nutzen, d.h. Kühlung bei niedrigen Aussenlufttemperaturen ohne Kältemaschineneinsatz
- Nutzung der Kondensatorwärme, gleichzeitige Verwendung der Kältemaschine als Wärmepumpe
- Nasser Kühlturm mit Verdunstungswärmenutzung
- Kühlfläche grosszügig dimensionieren

Lastregler

- Bei Objekten mit gewerblicher Prozesswärme und abschaltbaren Lasten geeignet (Hotel, Restaurant. Bäckerei usw.)
- Reduktion von Leistungsspitzen (Spitzenlastabwurf)

Parkgaragen

- Lüftung mit CO-gesteuerter Abschaltung

Eigenstrom-Erzeugung

- Bei Gebäuden mit mehr als 500 kW Wärmeleistungsbedarf kann der Einsatz einer Wärmekraft-Koppelungsanlage geprüft werden
- Eine mögliche Arbeitsteilung mit vorhandenen Notstrom-Anlagen ist zu prüfen

Kraft

- Zur Förderung von Flüssigkeiten (Pumpen, Hydrauliksysteme usw.), zur Förderung oder Verdichtung von Gasen (Ventilatoren, Kompressoren, Verdichter usw.), zur Förderung von Festkörpern (Transportbänder, sonstige Förderanlagen) und zur Beförderung von Personen (Lifte, Rolltreppen usw.) sind «knapp» dimensionierte Motoren einzusetzen. Überall, wo es der Prozess erlaubt, sind Antriebe mit bedarfsabhängiger Regulierung zu verwenden. In jedem Fall ist der Wirkungsgrad im typischen oder häufigsten Lastzustand zu optimieren.

Gewerbliche Kälte

- Kühl- und Tiefkühlanlagen in entsprechenden Zonen zusammenfassen und thermisch abschliessen (Hülle dämmen, spezifischer Wärmestrom pro m^2 Dämmfläche $\leq$ 5 W/m^2)
- Bei Tiefkühlzonen Schleusen gegen aussen anbringen
- Kältemaschinen lastabhängig regulieren
- Verdampfungstemperatur so hoch wie möglich wählen, wassergekühlte Kondensatoren benutzen und Wärme verwerten

1.5.6 Energiekennzahl [3]

Die auf den folgenden Seiten angegebenen Energiekennzahlen dienen als Projektierungshilfe. Diese Energiekennzahlen stellen, differenziert für verschiedene Nutzungen, Vergleichswerte dar. Die Werte können bei fachgemässer Planung und Ausführung mit heute erprobten Technologien und wirtschaftlich vertretbaren Investitionen erzielt werden, wobei auch zeitgemässe Anforderungen an Komfort und Benutzergewohnheiten erfüllt werden. Die Werte basieren auf zahlreichen Untersuchungen und praktischen Erfahrungen.

Neubauten

Bei den Neubauten entsprechen die Mindestwerte und die guten Werte den Grenz- und Zielwerten für Heizenergiebedarf und Nutzungsgrad. Beim Warmwasser- und Elektrizitätsverbrauch wird von der Standardnutzung ausgegangen. Beim Einzelobjekt können Abweichungen auftreten, wenn der Warmwasser- oder Elektrizitätsbedarf nicht der Standardnutzung entspricht oder wenn ein Objekt als Sonderfall betrachtet werden muss.

Sanierung bestehender Bauten

Für bestehende Bauten ohne gravierende energetische Mängel sind Ist-Werte angegeben, die heute von rund einem Drittel der Gebäude erreicht werden. Gegenüber diesen Vergleichswerten können grössere Abweichungen auftreten, wenn ein Objekt über spezielle technische Ausrüstungen verfügt (z.B. überdurchschnittlich grosse Anzahl EDV-Geräte, besondere Beleuchtungs- oder Kühlansprüche), das Gebäude über- oder unterdurchschnittlich belegt ist oder der Warmwasserbedarf von der Standardnutzung abweicht.

Ausgehend von diesen mittleren Ist-Werten wurden für bestehende Bauten Soll-Werte definiert, die durch eine energetische Gesamt-Sanierung erreichbar sind. Liegen die Ausgangswerte eines Objektes deutlich unter bzw. über den angegebenen Vergleichswerten, so kann auch der Soll-Wert unterschritten bzw. nicht immer erreicht werden (z.B. bei ungünstigen bautechnischen Gegebenheiten).

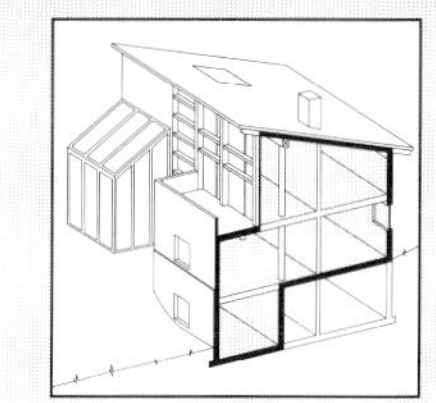

Energiebedarf und Energiekennzahlen von Neubauten (Auszug aus [3])

Kat.	Gebäudenutzung	Grenzwerte (1) (Mindestwerte für Neubauten) Q_h (1)	Q_{ww} (2)	η (1) (3)	E_h	E_w	E_e	Zielwerte (1) (gute Werte für Neubauten) Q_h (1)	Q_{ww} (2)	η (1) (3)	E_h	E_w	E_e
I	Ein- und Zweifamilienhäuser												
	• Wassererwärmung mit Kombikessel	330	60	0,75		520	80	280	60	0,85		400	80
	• Wassererwärmung separat elektrisch	330	*	0,80	410		130 *	280	*	0,90	310		130 *
II	Mehrfamilienhäuser												
	• Wassererwärmung mit Kombikessel	300	100	0,75		530	100	250	100	0,85		410	100
	• Wassererwärmung separat elektrisch	300	*	0,80	370		150 *	250	*	0,90	280		150 *
III	Verwaltungsbauten												
	• natürlich belüftet	270	*	0,80	340		80 *	220	*	0,90	240		80 *
	• grosseTeile mechanisch belüftet	270	*	0,80	340		175 *	220	*	0,90	240		175 *
	Schulen												
	• Kindergärten, Primar-, Sekundarschulen	270	25	0,75		390	30	220	25	0,85		290	30
	• Mittel-, Berufs-, Fachschulen	270	25	0,75		390	100	220	25	0,85		290	100
IV	Lager und Werkstätten	240	*	0,80	300		80 *	200	*	0,90	220		80 *

Energiebedarf und Energiekennzahlen bestehender Bauten vor und nach der Sanierung (Auszug aus [3])

Kat.	Gebäudenutzung (4)	Ist-Werte (Werte bestehender Bauten ohne gravierende Mängel, Stand 1988) Q_h	Q_{ww} (2)	η	E_h	E_w	E_e	Soll-Werte (gute Werte nach Gesamt-Sanierung) Q_h	Q_{ww} (2)	η (5)	E_h	E_w	E_e
I	Ein- und Zweifamilienhäuser												
	• Wassererwärmung mit Kombikessel	425	60	0,70		700	120	340	60	0,80		500	100
	• Wassererwärmung separat elektrisch	425	*	0,75	575		170 *	340	*	0,85	400		150 *
II	Mehrfamilienhäuser												
	• Wassererwärmung mit Kombikessel	450	100	0,75		725	130	330	100	0,80		550	120
	• Wassererwärmung separat elektrisch	450	*	0,80	575		180 *	330	*	0,85	400		170 *
III	Verwaltungsbauten												
	• natürlich belüftet	400	*	0,80	500		125 *	300	*	0,85	350		100 *
	• grosseTeile mechanisch belüftet	450	*	0,80	575		250 *	320	*	0,85	375		225 *
	Schulen												
	• Kindergärten, Primar-, Sekundarschulen	375	25	0,75		525	50	280	25	0,80		375	40
	• Mittel-, Berufs-, Fachschulen	425	25	0,75		600	150	320	25	0,80		425	125
IV	Lager und Werkstätten	400	*	0,80	500		125 *	300	*	0,85	350		100 *

(1) Q_h und η entsprechen den Grenz- bzw. den Zielwerten. E_h und E_w sind daraus abgeleitete Werte. Für E_e sind keine Grenz- bzw. Zielwerte gegeben, der angegebene Richtwert entspricht einer typischen Anlage mit zweckmässiger Ausrüstung.

(2) Der Energiebedarf Warmwasser geht im Grenz- und Zielwertfall immer von der Standardnutzung aus (Rechenwerte gemäss Tabelle D11 in [3])

* In diesen Beispielen wurden die Energiekennzahlen für den Fall aufgezeigt, dass das Warmwasser separat elektrisch aufbereitet wird: die andern Beispiele ohne * gehen von Kombikesseln aus

(3) Bei Kombikesseln Trinkwassererwärmung nur in Heizperiode

(4) Zuteilung der einzelnen Nutzungen in die entsprechende Gebäudekategorie, vergleiche Tabelle 4 aus [3]

(5) Nutzungsgrad-Soll: zwischen Grenz- und Zielwert von Neubauten

Q_h Heizenergiebedarf [MJ/m²a]
Q_{ww} Energiebedarf Warmwasser [MJ/m²a]
η Nutzungsgrad [–]
E_h E-kennzahl Raumheizung, auf 10 MJ/m²a gerundet [MJ/m²a]
E_w E-kennzahl Wärme, auf 10 MJ/m²a gerundet [MJ/m²a]
E_e E-kennzahl Elektrizität, auf 10 MJ/m²a gerundet [MJ/m²a]

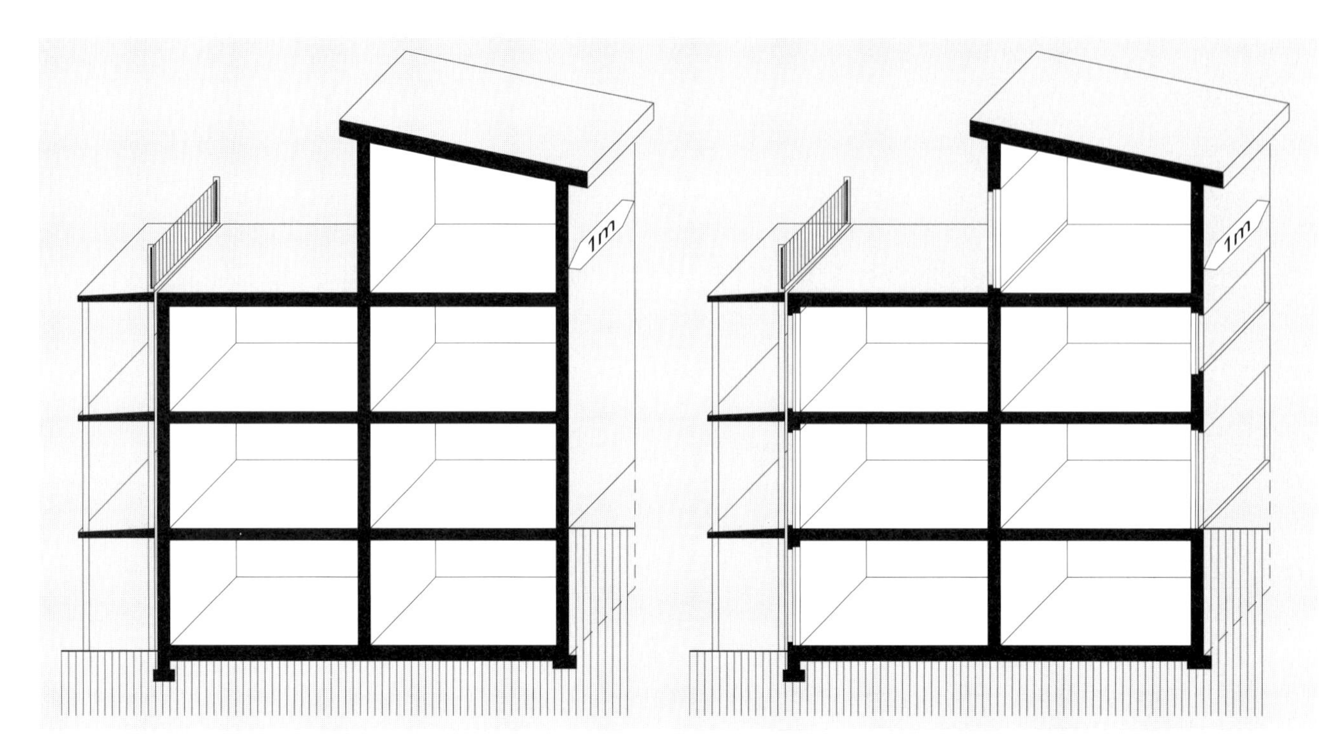

Gebäudeschnitt ohne Fensteranteil («Wandschnitte»)

Gebäudeschnitt mit Fensteranteil («Fensterschnitte»)

1.5.7 Parameterstudie: Wärmeverluste durch Transmission bei Referenzgebäudehülle

Anhand der dargestellten Referenzgebäudehülle werden die Wärmeverluste infolge Transmission über eine Heizperiode für eine «Gebäudeschnitte» von 1m Breite, mit und ohne Fensteranteil, hochgerechnet. In Anlehnung an das Kapitel 4 «Bauteilübergänge» wird zudem versucht, den Anteil der Wärmebrücken am Transmissionsverlust separat auszuweisen. *Heute typische Massivbau-Konstruktionen* mit Bauteil-k-Werten für geschichtete Wand- und Dachaufbauten um 0,3 W/m²K werden mit einem *Verbandmauerwerk,* wie es bei Bauten bis weit über die Jahrhundertmitte Anwendung fand, und mit einer *hochwärmedämmenden Gebäudehülle* mit k ≤ 0,2 W/m²K (siehe auch Kapitel 5) verglichen. *Verschiedene Verglasungstypen* mit k-Werten von 3,0 W/m²K (2-fach-Isolierverglasung oder Doppelverglasung), 1,5 W/m²K (2-fach-Wärmeschutz-Isolierglas) und 0,8 W/m²K (HIT-Gläser) runden den Vergleich ab.
Die Innentemperaturen betragen 20°C für beheizte Räume, etwa 11°C für unbeheizte Nebenräume sowie für Erdreich in 5m Tiefe. Die Aussenklimadaten, in Form von Heizperiodenmittelwerten, entsprechen den Daten für die Region Zürich: mittlere Aussenlufttemperatur etwa 4,5°C; Dauer der Heizperiode 230 d; Heizgradtage $HGT_{20/12}$ etwa 3600 Kd.

Unter Berücksichtigung von linearen Wärmebrückenzuschlägen, die dem Wärmebrückenkatalog Neubaudetails [20] entnommen werden, lässt sich der stationäre, spezifische Transmissionsverlust für eine «Gebäudeschnitte» wie folgt berechnen:

$$\dot{Q}'_T = \sum (k_j \cdot A_j) + \sum (k_{lin_j} \cdot l_j) \quad [W/mK]$$

Zusätzliche punktförmige Störungen wie Anker, Dübel usw. werden mit entsprechenden Punktlasten beaufschlagt.
Die entsprechenden Transmissionswärmeverluste über eine Heizperiode betragen somit pro Laufmeter «Gebäudeschnitte»:

$$Q_T = \dot{Q}'_T \cdot HGT \quad [MJ/ma]$$

In der nachfolgenden Tabelle sind die jährlichen Transmissionsverluste für fünf Gebäudehüllenschnitten aufgelistet.

Das Beispiel eines Verbandmauerwerks aus den 50er Jahren weist einen deutlich höheren Transmissionswärmeverlust auf, da die Basis-k-Werte sowohl für die Wand wie für die Verglasung hoch sind.

Die drei nach heutigem Kenntnisstand wärmegedämmten Gebäudehüllenschnitten weisen neben guten Basis-k-Werten lediglich minimale, unvermeidliche geometrische Wärmebrücken auf, da Balkonplatten konsequent getrennt aufgelagert und Bauteilübergänge wärmetechnisch optimiert sind.

Gebäudehüllen mit k-Werten ≤ 0,20 W/m²K sind nur dann sinnvoll, wenn die Energie- und Haustechnik-

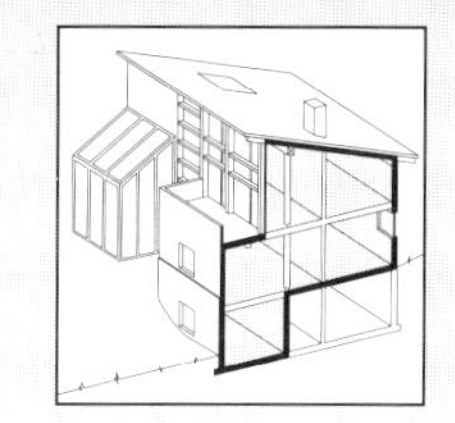

	VB Verband- mauerwerk	**AD** Direkt verputzte Aussendämmung	**HL** Hinterlüftete Aussenwand	**ZS** Zweischalen- mauerwerk	**HWD** Hochwärme- dämmend (k ≤ 0,2)
	44	10 / 30	10 / 30	10 / 40	20 / 40
k-Werte [W/m²K]					
$k_{Aussenwand}$	1,0	0,32	0,32	0,32	0,20
$k_{Steildach}$	0,35	0,28	0,28	0,28	0,20
$k_{Flachdach/Decke*}$	0,40*	0,35	0,35	0,35	0,20
$k_{Verglasung}$ Var. 1/2	3,0/–	1,50/0,80	1,50/0,80	1,50/0,80	–/0,80
Q_T [MJ/ma]					
Wandschnitte	9'500	3'800	3'800	3'800	2'450
Wärmebrückenanteil	5,0 %	12,2 %	14,5 %	13,5 %	11,0 %
Fensterschnitte	16'600/–	9'200/6'800	9'000/6'600	9'100/6'700	–/5'950
Wärmebrückenanteil	4,8 %/–	24,6 %/26,6 %	26,7 %/28,6 %	22,3 %/24,7%	–/30,0%
Q_T [MJ/ma] für eine 1m-Gebäudeschnitte (Wand- und Fenster- schnitte je zu 50 %)	13'050/–	6'500/5'300	6'400/5'200	6'450/5'250	–/4'200
E_T-Werte [MJ/m²a] Q_T bezogen auf die entsprechende Energiebezugsfläche (EBF)	482/–	244/204	248/202	241/196	–/157
	(bei konstanten Rauminnenmassen ergeben sich, durch die unterschiedlichen Aussenwandstärken, voneinander abweichende Energiebezugsflächen)				

konzepte darauf abgestimmt sind (minimale Lüftungswärmeverluste, optimierte Energiegewinne).

Der jährliche Heizenergiebedarf Q_h pro EBF [MJ/m²a] wird mit der Standardnutzung und den Rechenwerten aus dem Wärmebedarf für Transmission/Luftwechsel und den nutzbaren Wärmegewinnen von Elektrizität, Personen und Sonnenstrahlung wie folgt ermittelt:

$$Q_h = Q_T + Q_L - f_g (Q_{el} + Q_p + Q_s) \quad [MJ/m^2a]$$

Q_h : Heizenergiebedarf
Q_T : Transmissionsverluste
Q_L : Wärmebedarf für Lüftung
f_g : Gewinnfaktor der freien Wärme
Q_{el} : Abwärme Elektrizität
Q_p : Abwärme Personen
Q_s : Sonnenstrahlung

Aufgrund der berechneten Q_T-Werte für die drei nach heutigem Standard wärmegedämmten Modell-Gebäudehüllenschnitten (für Neubauten im schweizerischen Mittelland) ergeben sich, unter Berücksichtigung von Standardbedingungen für Lüftungsverluste und freie Wärmegewinne, Q_h-Werte, die unter den in der Empfehlung SIA 380/1 [3] für Mehrfamilienhäuser (Neubauten) geforderten Werten (Grenz- und Zielwerte Q_h von 300 bzw. 250 MJ/m²a) liegen.

1.6 Ökologie [24, 25, 26]

1.6.1 Ökologisch bauen: Zielsetzung mit Zukunft

Unter Ökologie wird allgemein die «gesamte Wissenschaft von den Beziehungen des Organismus zur umgebenden Umwelt» verstanden.
Während früher die Kreisläufe in der ungestörten Natur in einem Gleichgewicht abliefen, sind viele Kreisläufe in der heutigen, industrialisierten Welt, nicht in sich geschlossen.
Einerseits werden dadurch die Resourcen des Planeten Erde innerhalb verhältnismässig kurzer Zeiträume aufgebraucht sein. Anderseits werden laufend Schadstoffe in die Luft, in das Wasser oder in den Boden abgegeben, welche nicht oder nur schwer abbaubar sind und unsere Lebensgrundlagen bedrohen.

Auf den Bereich des Baues bezogen, führen die ökologischen Überlegungen dazu, die Umwelteinflüsse eines Bauwerks von dessen Entstehung bis zu seiner Entsorgung zu berücksichtigen. Ziel muss es sein, die Summe der negativen Auswirkungen auf die Umwelt über den ganzen Zeitraum möglichst gering zu halten.
Zur Zeit werden in verschiedensten Fachbereichen wissenschaftliche Grundlagen zu ökologischen Fragen erarbeitet, welche später von einem breiteren Kreis genutzt werden können.

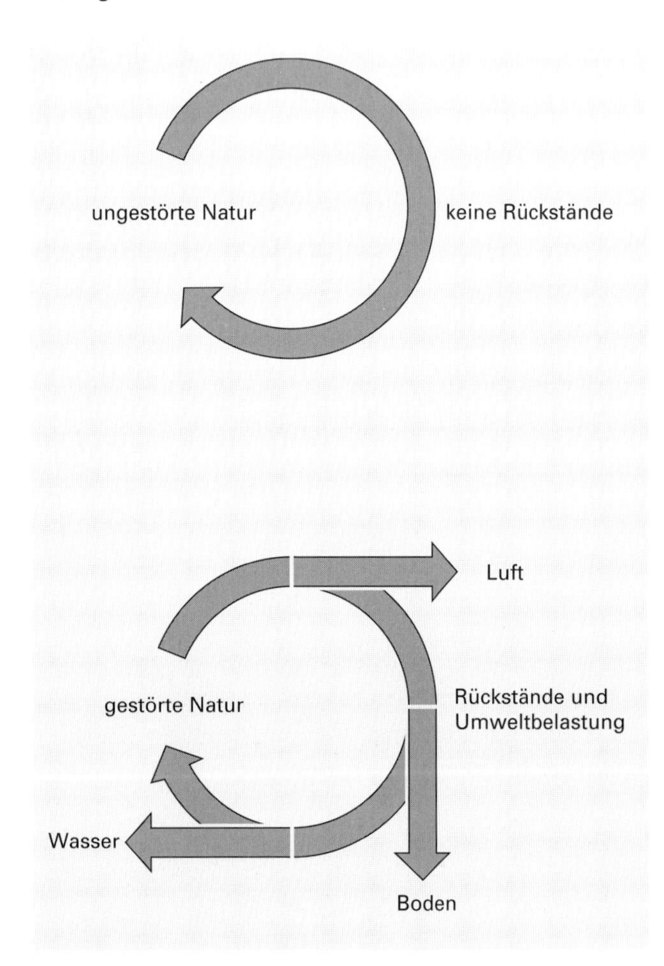

Kreisläufe der Natur (aus 24)

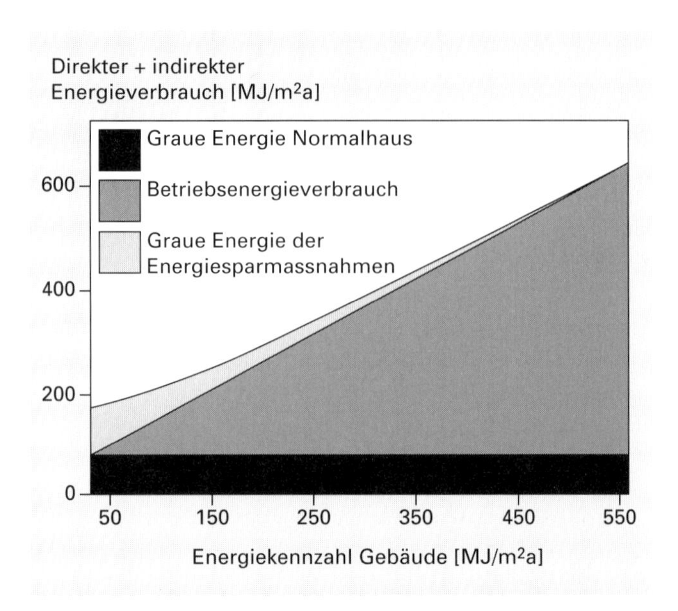

Direkter und indirekter Energieverbrauch für Energiesparhäuser gemäss P. Hofstetter (aus 26)

1.6.2 Energiebedarf von der Erstellung bis zum Abbruch

Bei der Betrachtung des energetischen Aspektes eines Bauwerkes lassen sich drei Phasen unterscheiden.

Erstellung
Die Erstellung des Bauwerks verursacht einen Energieaufwand, welcher durch Rohstoffgewinnung, Produktion und Transporte der verwendeten Baumaterialien verursacht wird. Dieser Energieanteil wird als graue Energie bezeichnet.

Betrieb
Beim Betrieb eines Gebäudes wird für Beheizung, Warmwassererzeugung, Beleuchtung, Belüftung, Kühlung und für technische Anlagen Energie aufgewendet. Diesen Energieaufwand gilt es zu minimieren und auf möglichst umweltschonende Art zu decken.
Der Betriebsenergieaufwand über die gesamte Nutzungszeit eines Bauwerks übertrifft bei durchschnittlichen Gebäuden den Energieaufwand für die Erstellung (graue Energie) um ein Vielfaches. Bei Niedrig-Energiehäusern erreicht der Anteil «graue Energie» einen entsprechend höheren Anteil am Gesamtenergieaufwand eines Gebäudes.
Für Ersatz und Unterhalt von Komponenten des Bauwerks während der Nutzungszeit entsteht ein zusätzlicher Bedarf an grauer Energie.

Abbruch
Am Ende der Nutzungszeit eines Bauwerks verursachen Abbruch, Sortierung, Wiederverwendung, Entsorgung und Abtransporte weitere Energieaufwände.

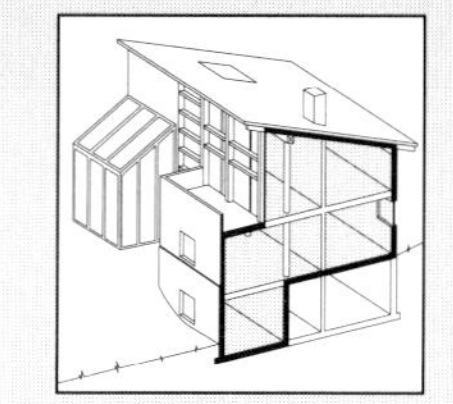

1.6.3 Stofffluss

Nebst dem Energiefluss gilt es auch den Stofffluss eines Bauwerkes zu berücksichtigen. Die Umwelteinflüsse der eingesetzten Materialien müssen von der Rohstoffgewinnung bis zur Entsorgung erfasst werden. Die wichtigsten Elemente der Umweltbetrachtung sind Luft, Wasser und Erdreich.

Um die umweltrelevanten Einflüsse zu erfassen, welche durch den Einsatz von verschiedenen Baumaterialien entstehen, wird zur Zeit eine geeignete Methodik für die Erstellung von Ökobilanzen entwickelt.

Als Grundlagen müssen Daten der verschiedenen Baumaterialien über die Umweltbelastungen und die aufgewendete graue Energie vorliegen, dies von der Rohstoffgewinnung, der Produktion, dem Transport bis hin zur Entsorgung eines (Bau-)Stoffes, was die Mithilfe der beteiligten Industrien erfordert.

Wenn ein Entscheid für die Wahl eines Materials nicht auf Grund der direkt vergleichbaren, unbewerteten Einzeldaten einer Ökobilanz möglich ist, müssen Bewertungsmodelle zur Anwendung kommen, welche die Gegenüberstellung verschiedenartiger Umweltbelastungen ermöglichen. Die Definition einheitlicher Bewertungsmodelle stellt eine wichtige und schwierige Aufgabe dar, die noch zu lösen ist.

1.6.4 Vom Baustoff zur Baukonstruktion

Es sind letztlich Einzelbauteile, die zusammen eine Gebäudehülle bilden, welche ökologisch sinnvoll und bautechnisch funktionstüchtig sein soll. Bei Ökobilanzen genügt es deshalb nicht, einzelne Materialien und potentielle Bauteilschichten miteinander zu vergleichen, sondern es sollten bautechnisch funktionstüchtige, «bewährte» Systeme bzw. Bauteile mit grundsätzlich vergleichbaren Grundfunktionen einander gegenübergestellt werden. Denn letztendlich interessiert die Frage, welches Flachdach, Steildach, welche Aussenwand, welches Fenster ... am ökologischsten ist.

Der aktuelle Wissensstand bezüglich der ökologischen Kriterien lässt einige einfache Ratschläge zu:
- Minimierung des direkten Energieaufwandes für den Betrieb des Gebäudes.
- Langlebigkeit, Unterhaltsfreundlichkeit, Anpassungsfähigkeit und Wiederverwendbarkeit der Konstruktionsmaterialien anstreben.
- Verhindern von Bauabfällen, Wiederverwendung von Baumaterialien, Sortierung der unvermeidbaren Abfälle.
- Minimierung des Einsatzes von Lösungsmitteln, Treibgasen und Behandlungsmitteln aller Art.
- Baumaterialien einsetzen, bei denen der Energieaufwand zur Herstellung und die mit der Herstellung und Verwendung resultierende Umweltbelastung überprüft werden kann.

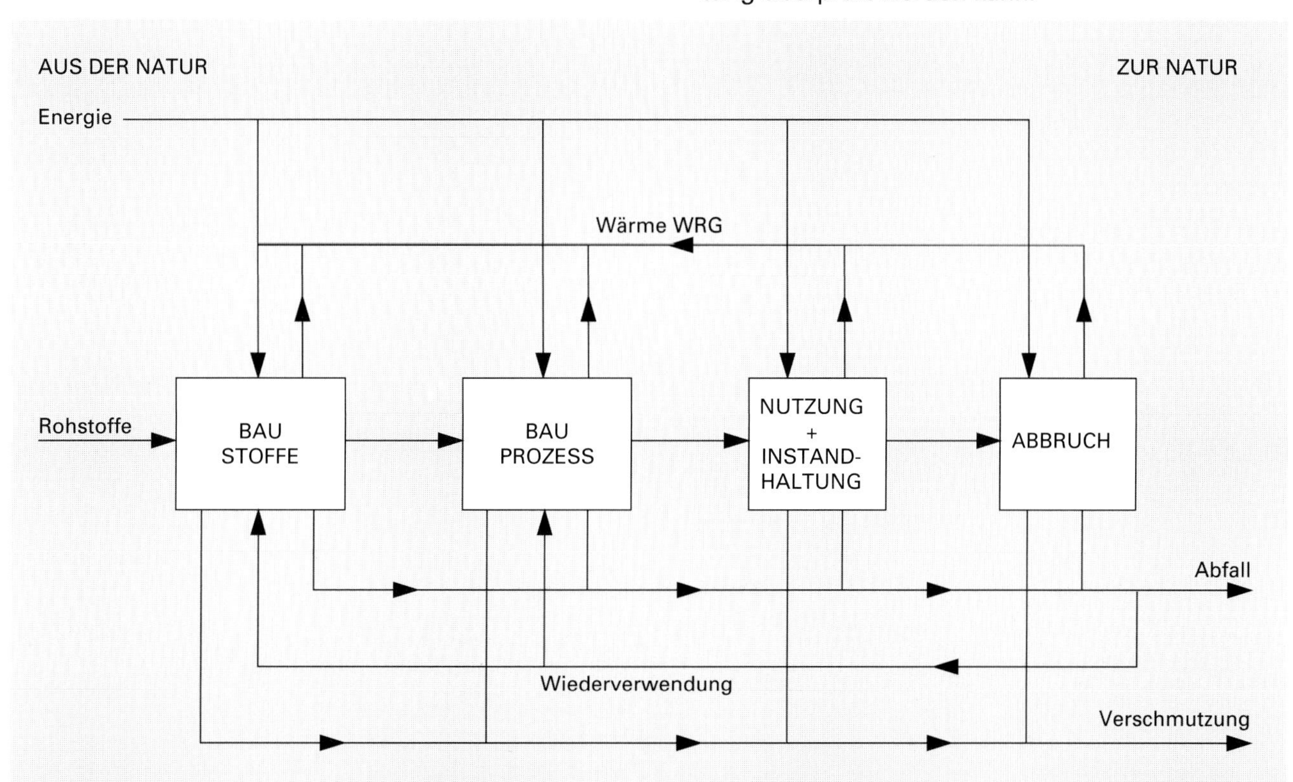

Umweltmodell (aus 25)

1.7 Weiterführende Literatur

Zu Themen des Kapitels 1 «Gebäudehülle als Teil des Bauwerkes» geben dem interessierten Leser unter anderem die folgenden Publikationen weitere Hinweise:

- Basler & Hofman, Zürich: Grundsätzliche Abklärungen über Systeme zur Lüftung und Heizung bzw. Kühlung von Gebäuden, Forschungsprogramm Energierelevante Luftströmungen in Gebäuden, 1990
- BEW: Methodische Grundlagen für Energie- und Stoffflussanalysen, BEW Projekt, 1992
- Brunner, C.U., Nänni, J.: SIA Dokumentation D 078, Verbesserte Neubaudetails, 1992
- Brunner, C.U. et al.: Wärmeschutz für Neubauten, Schweiz. Ing. & Arch. 43, 793-798, 1992
- BUK: Komfort und Tageslichtnutzung, IP RAVEL – Rationelle Verwendung von Elektrizität, Bern 1992
- Element 29 (Sagelsdorff R., Frank Th.): Wärmeschutz und Energie im Hochbau, Schweiz. Ziegelindustrie, Zürich 1990
- EMPA-KWH: Tagungsband 7. Status-Seminar Energieforschung im Hochbau, 1992
- EMPA-KWH: Info Nr. 7 vom Dezember 1991
- HBT Solararchitektur: Energie- und Schadstoffbilanzen im Bauwesen, Beiträge zur Tagung vom 7. März 1991, ETH Zürich
- IP RAVEL – Rationelle Verwendung von Elektrizität, Strom rationell nutzen, Handbuch, Verlag Fachvereine, Zürich, 1992
- LiTG, SLG, LTAG (Hrsg.): Handbuch für Beleuchtung, 5. Auflage, Bern
- Lützkendorf T., Kohler N.: Regeln zur Datenerfassung für Energie- und Stoffflussanalysen, BEW Projekt, 1992
- Ronner, H. Prof. ETHZ, Kontext 71, Material zu: Bauökonomie, 1989
- Ronner, H. Prof. ETHZ, Kontext 78, Material zu: Baustruktur, 1990
- Ronner, H. Prof. ETHZ, Zur Methodik des konstruktiven Entwerfens, Forschungsarbeit für die Stiftung zur Förderung des Bauwesens, ETH, Zürich 1991
- Ruske W.: Natürliche Baustoffe im Detail, WEKA-Fachverlag, 1989
- Schwarz J.: Schadstoffe im Bauwesen, Schweiz. Ing. & Arch. 36, 942-946, 1989
- Schwarz J.: Gesund leben – gesund wohnen, Schweiz. Ing. & Arch. 46, 1265-1270, 1988
- Schweizerisches Energiefachbuch, erscheint jährlich
- SIA Dokumentation D 046: Schadstoffarmes Bauen, 1989
- Wick B.: Energiekennzahlen, Schweiz. Ing. & Arch. 38, 893-896, 1992

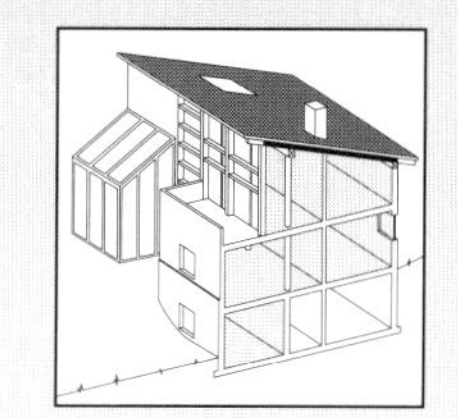

2.1 Steildachkonstruktion

2.1.1 Was ist ein Steildach?

Die Norm SIA 238 «Wärmedämmung in Steildächern» [11] definiert das Steildach als «Dach mit einer Neigung, die eine geschuppte Eindeckung zulässt». Eine geschuppte Eindeckung ist jedoch nicht zwingend. Steildächer können z.B. auch begrünt werden, sind dann aber, von der Funktion der Abdichtung her betrachtet, wie eine Flachdachkonstruktion auszubilden.

Steildachformen

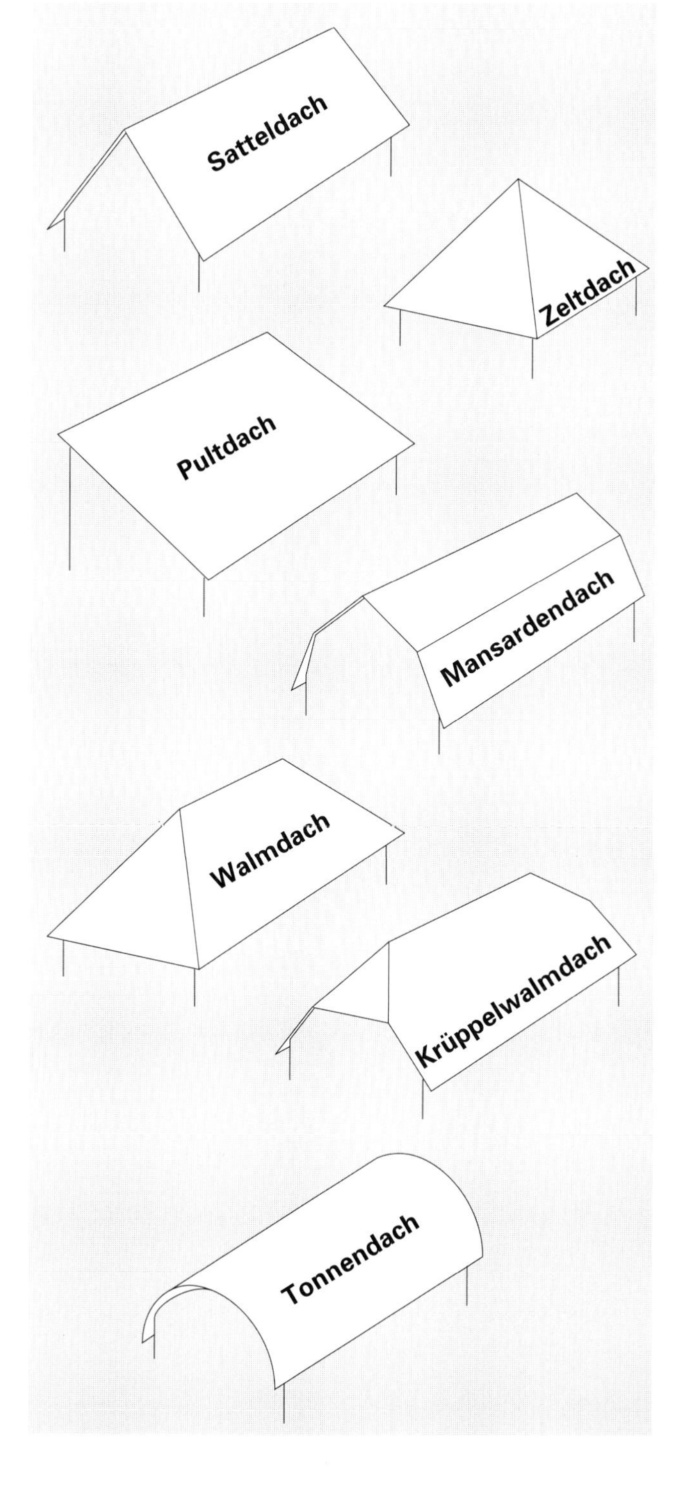

2.1.2 Steildachsysteme

Die Norm SIA 238 unterscheidet zwei Systeme für wärmegedämmte Steildachkonstruktionen.

Kaltdach
Wärmegedämmtes Steildach mit Durchlüftungsraum zwischen Wärmedämmschicht und Unterdach.

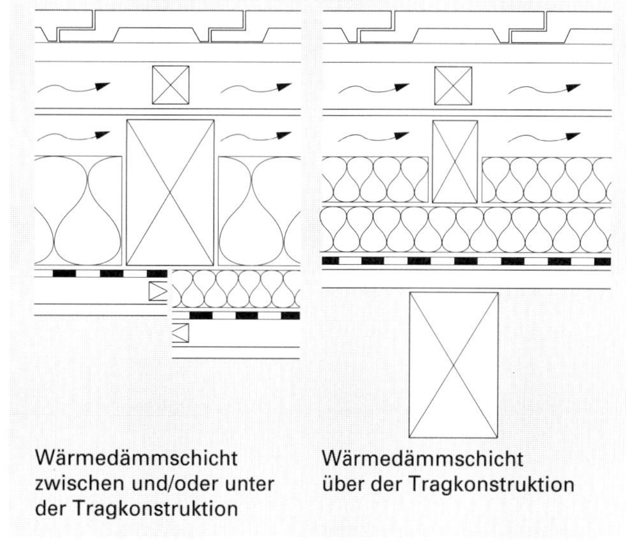

Wärmedämmschicht zwischen und/oder unter der Tragkonstruktion

Wärmedämmschicht über der Tragkonstruktion

Warmdach
Wärmegedämmtes Steildach ohne Durchlüftungsraum zwischen Wärmedämmschicht und Unterdach.

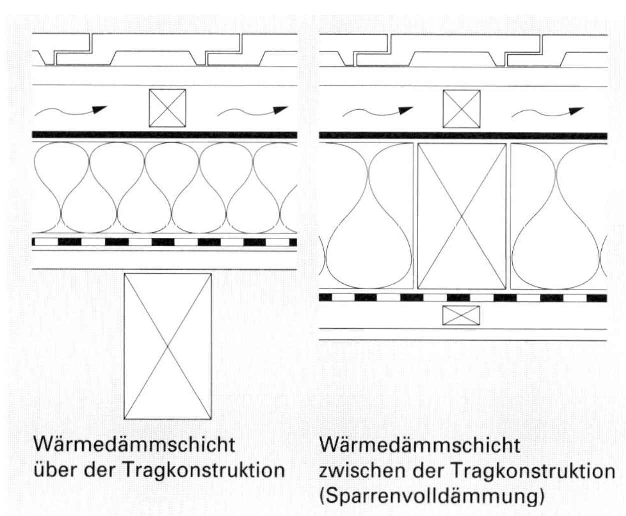

Wärmedämmschicht über der Tragkonstruktion

Wärmedämmschicht zwischen der Tragkonstruktion (Sparrenvolldämmung)

Das nicht wärmegedämmte Steildach über kalten Estrichräumen gilt als bautechnisch unproblematischer Bauteil. Dies im Gegensatz zum wärmegedämmten Steildach, das hohe Anforderungen an die Planung und Ausführung stellt.
Nicht wärmegedämmte Steildächer sind denn auch kein Thema in der Norm SIA 238; sie werden dort nicht behandelt.

2.1.3 Baukonstruktive Anforderungen

Die baukonstruktiven Anforderungen gehen aus Vorschriften und Empfehlungen von Fachverbänden und Material- bzw. Systemlieferanten hervor. Die Normen und Empfehlungen des SIA sind von primärer Bedeutung, sie stellen den Stand der Technik sowie die Regel der Baukunde dar. Aus technischer Sicht ist für das Steildach die Norm SIA 238 «Wärmedämmung in Steildächern», Ausgabe 1988 [11] massgebend. Von besonderer Wichtigkeit sind die Gesetze und Verordnungen der kantonalen Feuerpolizei, welche die rechtliche Grundlage des Brandschutzes bilden. Brandschutztechnische Anforderungen stellt auch die VKF (Vereinigung Kantonaler Feuerversicherungen), deren Wegleitung sich materiell in irgendeiner Form praktisch in allen Kantonen durchgesetzt hat. Empfehlenswert ist in jedem Fall, sich vor Inangriffnahme eines Bauprojektes über die örtlichen Auflagen zu erkundigen.

2.1.4 Steildachschichten, Funktion und Anforderung

Im Folgenden wird auf die wichtigsten Schichten der Steildachkonstruktionen und, basierend auf Norm SIA 238, auf die schichtspezifischen Anforderungen eingegangen.

Tragsystem/Tragkonstruktion

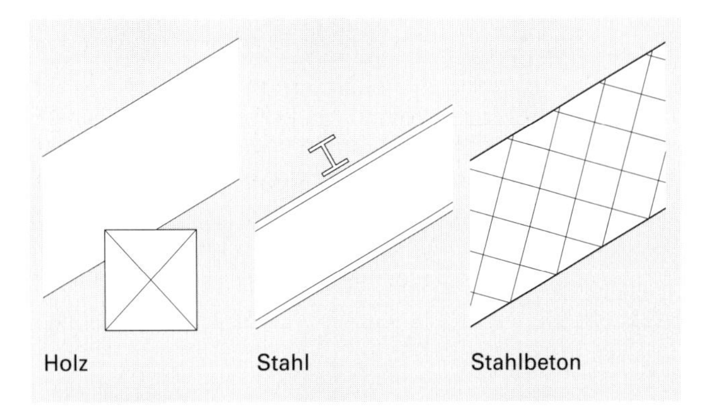

Der Begriff Steildachkonstruktion assoziiert im allgemeinen ein Konstruktionssystem aus Holz, welches z.B. als Sparren- oder Pfettendach oder als Fachwerk ausgebildet ist.
Bei Industriebauten werden, z.B. für grossflächige Hallen, Steildächer als Sattel-, Pult- oder Tonnendächer, mit Trag- und Unterkonstruktionen in Stahl, erstellt.
Aus Gründen des Lärm- und Schallschutzes (speziell in flugplatznahen Wohngebieten) oder zur Erreichung eines guten sommerlichen Wärmeschutzes, werden Steildächer auch über Unterkonstruktionen aus Stahlbeton aufgebaut.

Verlegeunterlage

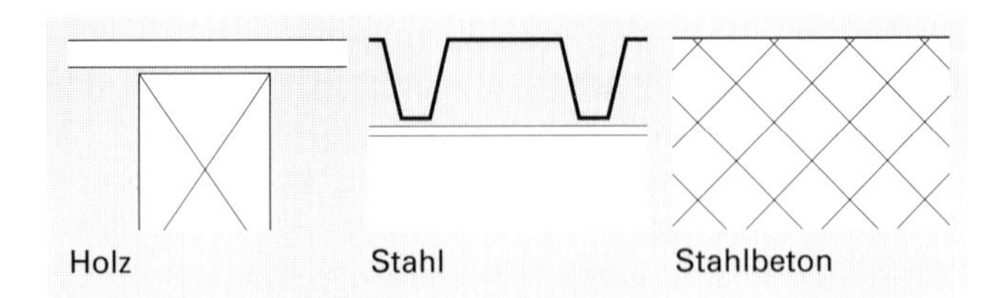

Die Verlegeunterlage dient für das Verlegen der Luftdichtigkeitsschicht bzw. Dampfbremse/-sperre, der Wärmedämmschicht oder einer Unterdachdichtungsbahn. Feuchtigkeitsempfindliche Verlegeunterlagen sind vor Witterungseinflüssen zu schützen.
Steildächer lassen sich über unterschiedlichen Verlegeunterlagen aufbauen:
- Holzschalung
- Holzwerkstoffplatten
- Profilstahlblech
- Stahlbeton
- Leichtbetonplatten o.ä.

Dampfbremse, Dampfsperre und Luftdichtigkeitsschicht

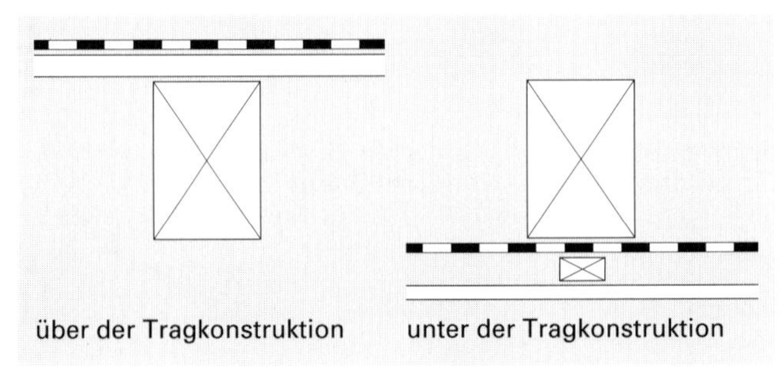

Dampfbremsen/-sperren müssen Diffusionswiderstände von $R_D \geq 2$ m²hPa/mg (Dampfbremse) bzw. $R_D \geq 200$ m²hPa/mg (Dampfsperre) aufweisen. Unter der Luftdichtigkeitsschicht wird eine warmseitig der Wärmedämmschicht verlegte, luftdichte Schicht verstanden.
Bei wärmegedämmten Steildächern ist eine Luftdichtigkeitsschicht und eine Dampfbremse bzw. -sperre oder eine luftdichte Dampfbremse oder -sperre vorzusehen. Bei Wärmedämmschichten, die in der Fläche ausreichend luftdicht und dampfsperrend sind, z.B. Wärmedämmschichten mit aufkaschierten Folien, kann nur dann auf eine separate luftdichte Schicht verzichtet werden, wenn Stösse und Anschlüsse entsprechend luftdicht ausgebildet werden können.
Beim Kaltdach muss die Dampfbremse einen minimalen Diffusionswiderstand von $R_D = 2$ m²hPa/mg aufweisen; beim Warmdach ist der Diffusionswiderstand auf die Diffusionswiderstände der darüber angeordneten Schichten abzustimmen.
Die Luftdichtigkeitsschicht ist bei Stössen, an angrenzende Bauteile und bei Durchdringungen dicht anzu-

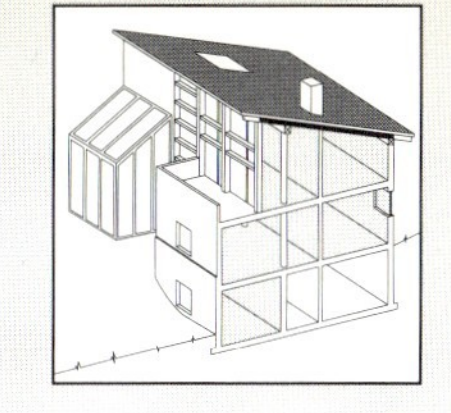

schliessen und dauerhaft zu dichten. Lose Überlappungen sind nicht zulässig.

Die Dampfbremse, -sperre und Luftdichtigkeitsschicht ist von wesentlicher Bedeutung:
- Vermeidung von erhöhten Lüftungswärmeverlusten und Zuglufterscheinungen.
- Erreichen der geforderten Luftdichtigkeit (Grenzwert $n_{L,50}$ gemäss Norm SIA 180 [1]).
- Vermeidung von Feuchtigkeitsausscheidungen infolge Dampfdiffusion und Luftströmung.

Im allgemeinen übernimmt eine einzelne Schicht sowohl die Funktion einer Dampfbremse/-sperre als auch einer Luftdichtigkeitsschicht. Es werden z.B. folgende Materialien eingesetzt:
- Kunststoffbahnen auf Polyäthylenbasis sind einfach zu verarbeiten, erlauben luftdichte Anschlüsse ohne Materialwechsel und können sowohl über Verlegeunterlagen als auch von unten her (z.B. beim Kaltdach) verlegt werden.
- Spezielle Kraftpapiere werden für das Verlegen von unten her eingesetzt.
- Bitumen- und Polymerbitumenbahnen eignen sich für das Verlegen über festen Unterlagen.

Grundsätzlich hat sich der Einsatz von separaten Dampfbremsen/-sperren und Luftdichtigkeitsschichten durchgesetzt. Abgesehen von speziellen, über der Tragkonstruktion verlegten Unterdachelementen, ist von Dampfbremsen, die auf die Wärmedämmschicht aufkaschiert sind, abzuraten. Bei der Montage solcher Wärmedämmstoffmatten oder -rollen, z.B. von unten her zwischen die Sparren, kann weder das lückenlose Verlegen der Wärmedämmschicht kontrolliert, noch können die luftdichten Anschlüsse gewährleistet werden.

Massgebend für das Erreichen von luftdichten Steildächern und Gebäudehüllen sind die Anschlüsse an angrenzende und durchdringende Bauteile (siehe unter 4.5 «Luftdurchlässigkeit»).

Wärmedämmschicht

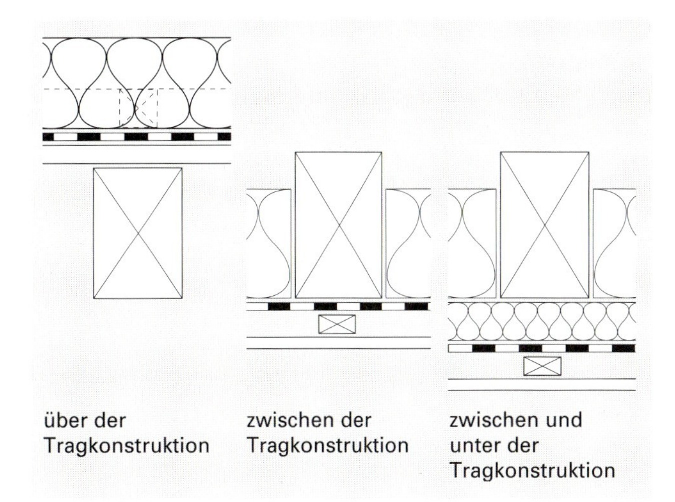

Mit einer definierten Wärmeleitfähigkeit von $\lambda_r \leq 0{,}1$ W/mK tragen Wärmedämmschichten wesentlich zur Verbesserung des Wärmedämmvermögens bei.
Beim Warmdach ohne Holzeinlagen o.ä., muss die Wärmedämmschicht die Belastung durch darüberliegende Schichten und die Schneelasten aufnehmen können. Entsprechend den Prüfvorschriften gemäss Norm SIA 279 [8] müssen folgende Eigenschaften nachgewiesen sein:
- Wärmeleitfähigkeit.
- Zulässige Dauerdruckbelastung, sofern die Wärmedämmschicht einer ständigen Druckbeanspruchung ausgesetzt ist.

Der Feuchtigkeitsgehalt der Wärmedämmschicht darf beim Einbau maximal 0,5 Volumenprozent betragen. Holz und Holzwerkstoffe im Bereich der Wärmedämmschicht, die nicht an den Durchlüftungsraum angrenzen, dürfen im Zeitpunkt des Einschlusses einen Feuchtigkeitsgehalt von maximal 16 Masseprozenten aufweisen. Dies erfordert eine lange Lagerungsdauer oder die technische Trocknung des Holzes [30].

Problemstellen: Luftundichte Übergänge

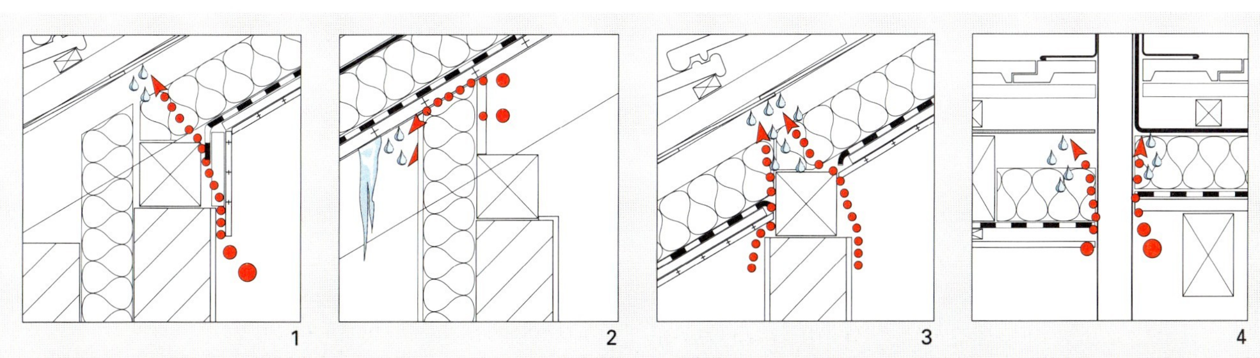

1 Traufanschluss bei Kaltdachkonstruktion
2 Traufanschluss bei Warmdachkonstruktion
3 Anschluss bei Zwischenwand bzw. Mittelpfette bei Kaltdachkonstruktion
4 Anschluss an durchdringende Bauteile

Die Dicke der Wärmedämmschicht muss durchgehend gleich sein. Sie darf durch Befestigungen o.ä. nicht reduziert werden. Anschlüsse und Stösse sind so auszuführen, dass keine Aussenluft auf die Warmseite der Wärmedämmschicht eindringen kann.

Folgende Parameter der Wärmedämmschicht beeinflussen die Güte des Wärmeschutzes wesentlich:

- Wärmedämmstoff, Wärmeleitfähigkeit λ_r
- Schichtdicke d
- Grösse und Anordnung der in der Ebene der Wärmedämmschicht sich befindenden Bauteile und deren Wärmeleitfähigkeit (Wärmebrücken).

Beim Kaltdach, mit Anordnung der Wärmedämmschicht zwischen den Sparren, wirken diese als systembedingte, wärmetechnische Schwachstellen. Beim über der Tragkonstruktion aufgebauten Warmdach sind in der Ebene der Wärmedämmschicht, aus statischen Gründen, evtl. Holzeinlagen erforderlich. Aus wärmeschutztechnischen Überlegungen sind Systeme zu wählen, bei denen die Wärmedämmschicht möglichst lückenlos verlegt werden kann.

Als Wärmedämmstoffe finden vornehmlich die folgenden Anwendung:

- Faserdämmstoffplatten (λ_r-Werte zwischen 0,035 und 0,04 W/mK), zur Verlegung zwischen die Tragkonstruktion oder über einer Verlegeunterlage.
- Schaumkunststoffplatten (λ_r-Werte zwischen 0,03 und 0,04 W/mK) zur Verlegung über einer Verlegeunterlage.

Problemstellen: unterbrochene Wärmedämmschicht

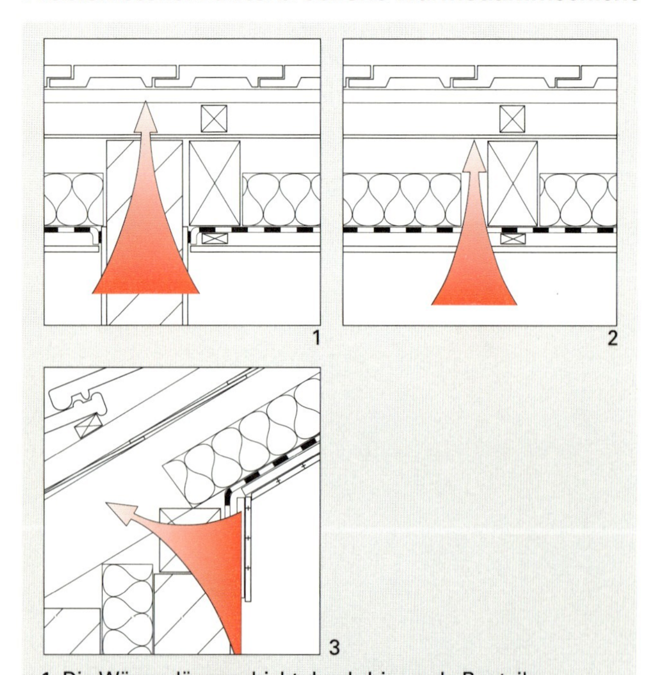

1 Die Wärmedämmschicht durchdringende Bauteile
2 Anschlüsse an Bauteile in der Wärmedämmebene
3 Konstruktions- und Systemwechsel

Durchlüftung zwischen Wärmedämmschicht und Unterdach

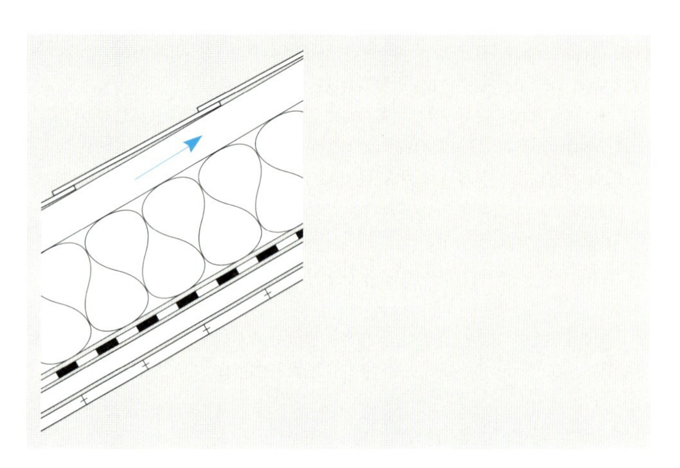

Es handelt sich hier um einen mit Aussenluft durchströmten Hohlraum zwischen der Wärmedämmschicht und dem Unterdach.
Für Gebäude in einer Höhenlage bis zu 800 m ü. M. gelten die minimalen Durchlüftungsraumhöhen in nachstehender Tabelle. Bei Gebäuden über 800 m ü. M. oder in schneereichen Lagen ist die Höhe des Durchlüftungsraumes fallweise zu bestimmen.

Sparrenlänge	Dachneigung			
	< 15°	15 ... < 20°	20 ... < 25°	25 ... < 30°
< 5 m	40 mm	40 mm	40 mm	40 mm
5 ... < 10 m	60 mm	40 mm	40 mm	40 mm
10 ... < 15 m	60 mm	60 mm	60 mm	40 mm
5 ... < 20 m	80 mm	80 mm	60 mm	40 mm

Anforderungen an die Durchlüftungsraumhöhe, bei Gebäuden bis 800 m ü. M, nach Norm SIA 238 [11]

Partielle Reduktionen der Durchlüftungsraumhöhen sind zulässig (z.B. Durchdringungen, Pfetten, Aufquellen der Wärmedämmschicht); die minimale Höhe gemäss Tabelle darf dadurch aber auf höchstens 50% reduziert werden.
Bei grösseren Durchdringungen (z.B. Lukarnen, Dachflächenfenster) sowie bei Graten und Kehlen ist die Durchlüftung mit konstruktiven Massnahmen sicherzustellen.
Die Querschnitte der Zu- und Abluftöffnungen müssen je mindestens der Hälfte des erforderlichen Querschnittes des Durchlüftungsraumes entsprechen. Querschnittsverminderungen durch Insektengitter o.ä. sind dabei zu berücksichtigen.

Bei geometrisch komplizierten Dachformen, mit Kehlen, Graten und zahlreichen Durchdringungen in Form von Kaminen, Lukarnen, Dachflächenfenstern u.ä. ist

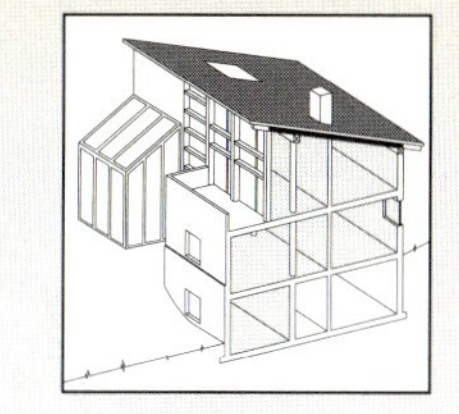

es schwierig, die Durchlüftung zu gewährleisten. Bei solchen Dächern ist die Warmdachkonstruktion, ohne Durchlüftungsraum zwischen Wärmedämmschicht und Unterdach, empfehlenswert.

Entscheidend für die Funktionstüchtigkeit der Durchlüftung ist die Ausbildung der Zu- und Abluftöffnungen, z.B. im Trauf- und Firstbereich.

Problemstellen: Durchlüftungsbehinderungen

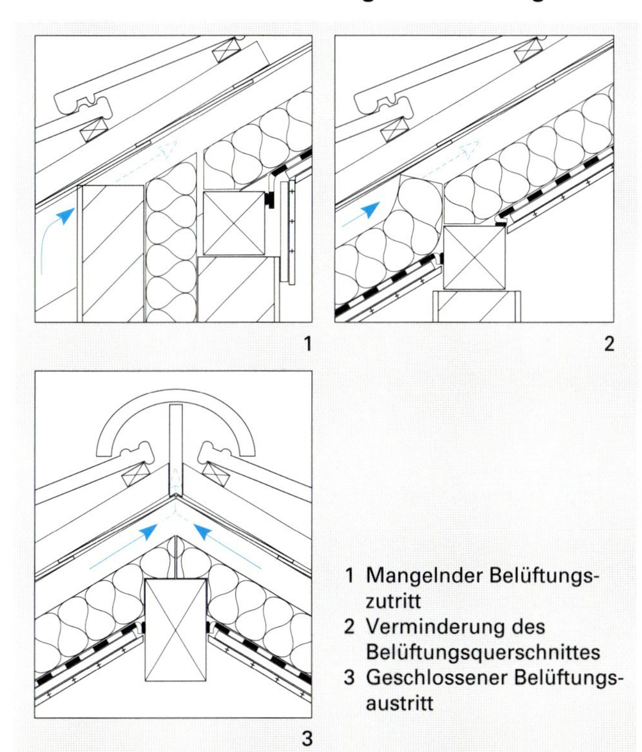

1 Mangelnder Belüftungszutritt
2 Verminderung des Belüftungsquerschnittes
3 Geschlossener Belüftungsaustritt

Unterdach

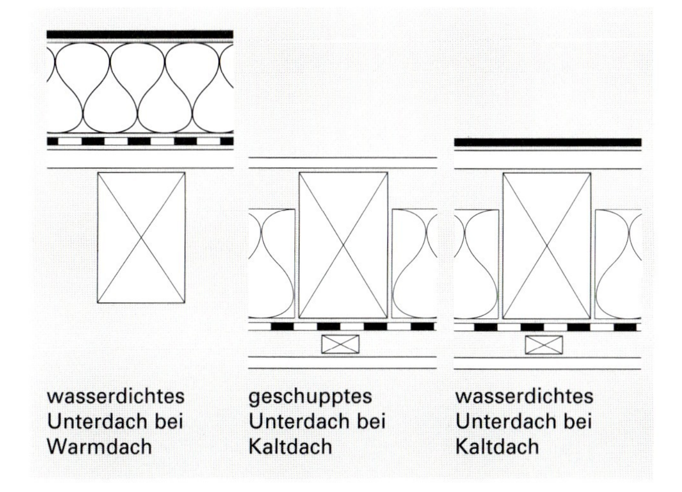

Die von der Dacheindeckung getrennte Schicht zur Ableitung des Wassers wird als Unterdach bezeichnet. Alle wärmegedämmten Steildächer müssen ein Unterdach aufweisen, das oberhalb der Tragkonstruktion und über der Wärmedämmschicht anzuordnen ist.
Unterdächer mit normaler Feuchtigkeitsbelastung müssen gegen frei abfliessendes Wasser dicht sein.
Unterdächer mit starker Feuchtigkeitsbelastung (z.B. bei Dächern mit zu geringer Neigung, bei Energiedächern oder bei Kollektoren unter der Dacheindeckung) sowie rückstaugefährdete Bereiche von Unterdächern sind wasserdicht auszubilden.
Materialien für wasserdichte Unterdächer müssen gegen stehendes Wasser dicht sein und bei Stössen und An- oder Abschlüssen gegen stehendes Wasser dauerhaft gedichtet werden können. Anschlüsse an Kamine, Dachfenster, Dunstrohre usw. sind aufzuborden, Blechanschlüsse sind wasserdicht auszubilden. Die Befestigungsstellen der Konterlatten sind zu dichten.
Bei überlappend verlegten Unterdächern aus Platten und Bahnen muss die Überlappung so gross sein, dass ein Hinterlaufen durch Wasser verhindert wird. Oberhalb von Durchdringungen ist ein Abweisblech o.ä. anzubringen, das mindestens 100 mm über die Breite der Öffnung hinausreicht.
Bei der Wahl des Unterdaches geht es primär darum, zu entscheiden, ob die Feuchtigkeitsbelastung normal oder stark sei. Die Beantwortung dieser Frage ist nicht einfach, sie hängt von so vielfältigen Parametern wie Gebäudestandort, Dachneigung, Art der Eindeckung usw. ab. Bei geschuppten Unterdächern, für normale Feuchtigkeitsbelastung, wird im Traufbereich zur Vermeidung von Wasserinfiltrationen infolge Rückschwellwasser auf ein wasserdichtes Unterdach gewechselt.

In der Praxis wird zwischen folgenden Unterdächern unterschieden:
- geschuppte Unterdächer in Plattenform (Holzfaserplatten, Faserzementplatten u.ä.)
- fugengedichtete Unterdächer in Plattenform (Holzwerkstoff- und Faserzementplatten mit abgedichteten Stössen)
- Fugenlose bzw. wasserdichte Unterdächer mit Dichtungsbahnen (Kunststoff-, Bitumen- und Polymerbitumendichtungsbahnen)

Problemstellen:
Rückschwellwasser im Traufbereich

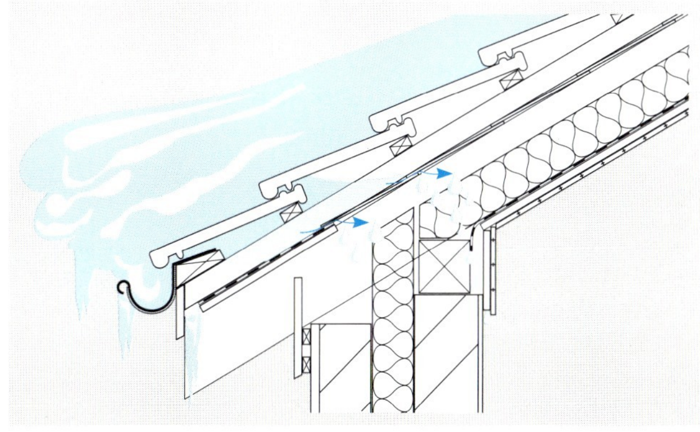

Durchlüftung zwischen Unterdach und Eindeckung

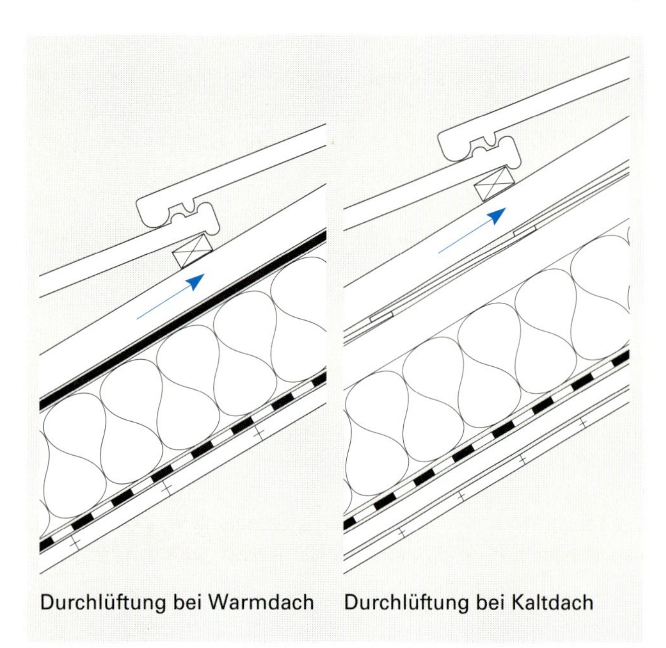

Durchlüftung bei Warmdach — Durchlüftung bei Kaltdach

Es handelt sich hier um einen mit Aussenluft durchströmten Hohlraum zwischen Unterdach und Eindekkung, der primär durch die Konterlattung gebildet wird.
Die Höhe des Durchlüftungsraumes ist fallweise zu bestimmen, sie muss jedoch mindestens 45 mm betragen. Bei Gebäuden in höheren Lagen und in schneereichen Gebieten ist eine Konterlattenhöhe ≥ 60 mm zu wählen.

Eine funktionstüchtige Durchlüftung leistet auch einen Beitrag zur Verbesserung des sommerlichen Wärmeschutzes.

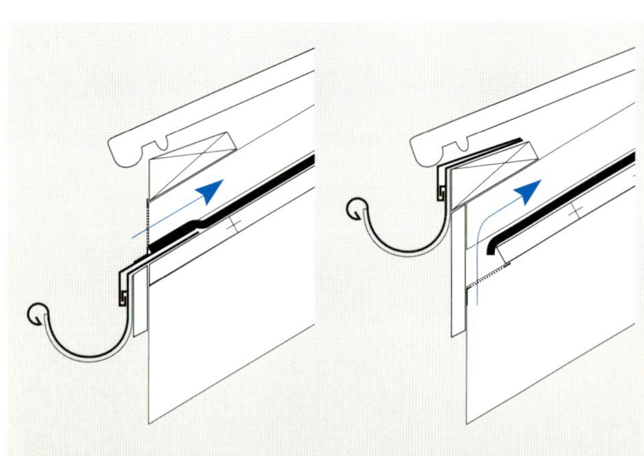

Zuluft oberhalb der Rinne, wodurch das über dem Unterdach abfliessende Wasser in die Rinne geleitet werden kann.
Bei überhängender Schneedecke ist jedoch die Durchlüftung nicht gewährleistet.

Zuluft unterhalb der Rinne, ohne Entwässerung des Unterdaches. Undichtigkeiten in der Hartbedachung werden dadurch erkannt, dass infiltriertes Wasser im Vordachbereich abtropft.
Auch bei überhängender Schneedecke ist die Durchlüftung gewährleistet.

Zuluftöffnungen
Bei der Dimensionierung der Zu- und Abluftöffnungen kann die Luftdurchlässigkeit der Eindeckung berücksichtigt werden. Die Zuluft wird in der Regel bei der Traufe und im Bereich von Kehlen in den Durchlüftungsraum geführt.

Abluftöffnungen
Die Abluft wird beim First und bei Graten aus dem Durchlüftungsraum geführt. Die Luft kann über Fälze in der Eindeckung, über spezielle Lüftungsziegel oder, bei Firstausbildung mit Strakkord, über Abluftöffnungen austreten.

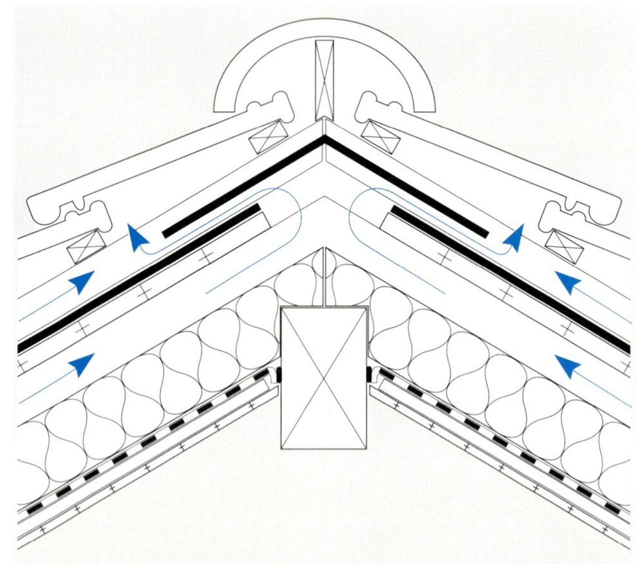

Eindeckung

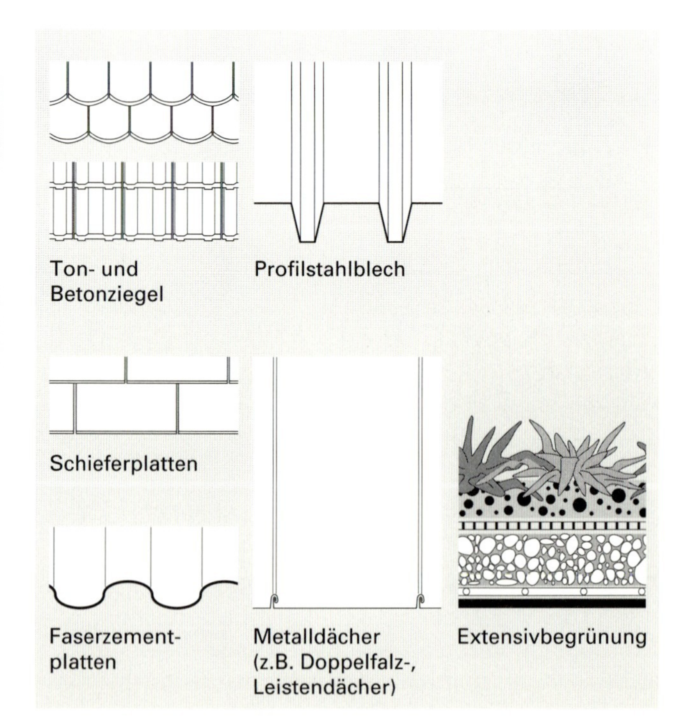

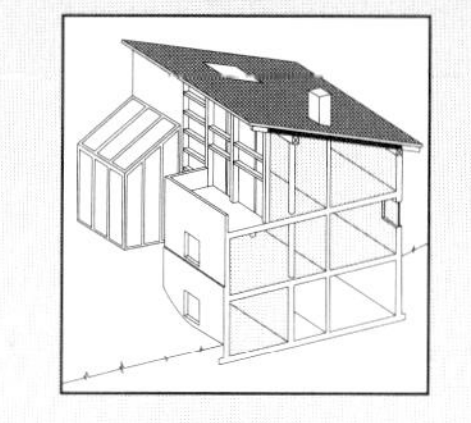

Die Eindeckung schützt die Dachkonstruktion vor der Witterung. Sie leitet das Meteorwasser ab und überträgt die Schnee- und Windlasten auf die Tragkonstruktion. Die Eindeckung besteht aus vorgefertigten Teilen, die sich schuppenartig überdecken (Ton- und Betonziegel, Natur- oder Faserzementschiefer, Faserzement-Wellplatten, Profilstahlblech) oder aus Blechbahnen und -tafeln, mit denen Doppelfalzdächer, Leistendächer, Blechplattendächer oder Bleidächer ausgebildet werden. Als Eindeckung kommt auch eine Extensivbegrünung in Frage, die über einer wasserdichten Abdichtung aufgebracht wird.

Die Wahl des Eindeckungsmaterials richtet sich nach technischen wie gestalterischen Gesichtspunkten. Als technische Punkte gelten die geographische Lage, vor allem die Höhenlage über Meer (Schneelasten), und die Dachneigung.
Art und Nutzung des Gebäudes sowie das Erscheinungsbild des Daches in der Umgebung stellen die gestalterischen Gesichtspunkte dar.

Die minimale Neigung des Daches richtet sich nach der Eindeckungsart. Jede Eindeckung hat eine Minimalneigung, bei der die Regendichtheit gewährleistet ist. In exponierten Lagen, bei grossen Sparrenlängen oder Höhenlagen über etwa 800 m ü.M. ist die Minimalneigung zu erhöhen.

Richtwerte für die Minimalneigung [34]

Eindeckung	geschupptes Unterdach	wasserdichtes Unterdach
Biberschwanz Doppeldach	30°	25°
Klosterziegel	25°	20°
Flach-/Muldenziegel	18°	13°
Pfannenziegel	15°	10°
Beton-Flachziegel	20°	15°
Beton-Pfannenziegel	18°	17°
Faserzement-Schiefer	15 bis 20°	
Faserzement-Wellplatten	8,5°	
Profilblech	5 bis 8°	
Doppelfalz-Blechdach	3 bis 5°	

2.1.5 Wärmeschutz im Winter

Massgebende Kriterien für den Wärmeschutz im Winter sind ein hoher Wärmedurchlasswiderstand der Dämmschicht und eine luftdichte Konstruktion, sowohl in der Fläche als auch bei den Anschlüssen.

Anforderungen
Die Anforderungen an den Wärmeschutz von Steildachkonstruktionen sind in den Normen und Empfehlungen des SIA (180, 380/1) und in Verordnungen der Kantone definiert.
Es müssen k-Werte zwischen 0,30 W/m^{2}K (Zielwert aus SIA 380/1) und 0,50 W/m^{2}K (max. k-Wert für Einzelbauteile aus SIA 180) erzielt werden.

Nachweis und Berechnung
Bei Steildachkonstruktionen ohne Holzeinlagen o.ä. in der Ebene der Wärmedämmschicht kann der k-Wert mit dem «normalen» Rechenverfahren nachgewiesen werden.
Holzteile o.ä. in der Ebene der Wärmedämmschicht stellen bei Steildächern Wärmebrücken dar, die den k-Wert verschlechtern. Solche Holzteile sind bei der k-Wert-Berechnung anteilmässig zu berücksichtigen. In der Norm SIA 180 [1] ist hierfür ein Rechenverfahren definiert.

Beispiele für k-Werte von 0,30 W/m^{2}K
Die 4 folgenden Beispiele verdeutlichen den Einfluss von wärmetechnischen Schwachstellen in Form von Holzeinlagen bzw. Holztragkonstruktionen in der Ebene der Wärmedämmschicht. Mit sämtlichen Konstruktionen wird, bei einer Sparrenbreite von 12 cm und einem Achsabstand der Sparren von 65 cm, ein k-Wert von etwa 0,30 W/m^{2}K erreicht. Die hierfür erforderliche Wärmedämmschicht reicht, in Abhängigkeit der Wärmeleitfähigkeit λ_r, von etwa 10 bis 17 cm.

Warmdachkonstruktion ohne Holzeinlage

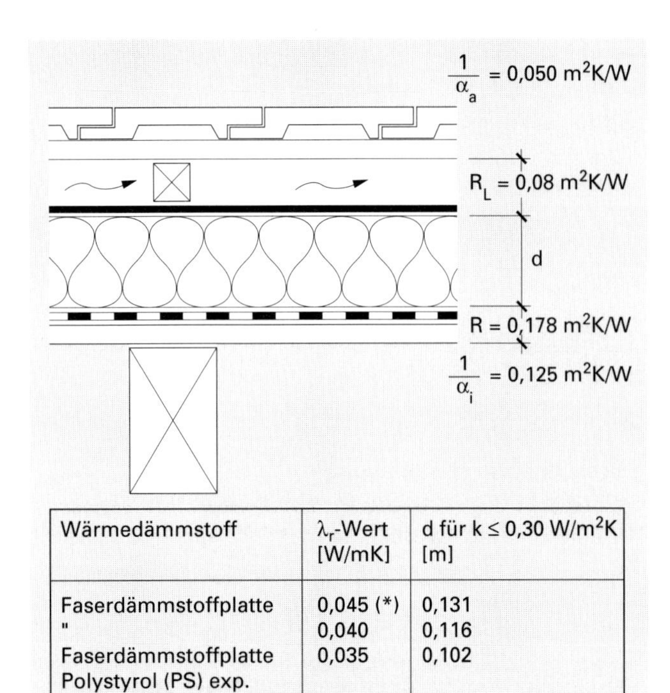

Wärmedämmstoff	λ_r-Wert [W/mK]	d für k ≤ 0,30 W/m^2K [m]
Faserdämmstoffplatte	0,045 (*)	0,131
"	0,040	0,116
Faserdämmstoffplatte Polystyrol (PS) exp.	0,035	0,102

(*) Für diese Anwendung nicht geeignet (Raumgewicht/Druckfestigkeit)

Warmdachkonstruktion mit kreuzweise zwischen Lattenrost verlegter Wärmedämmschicht

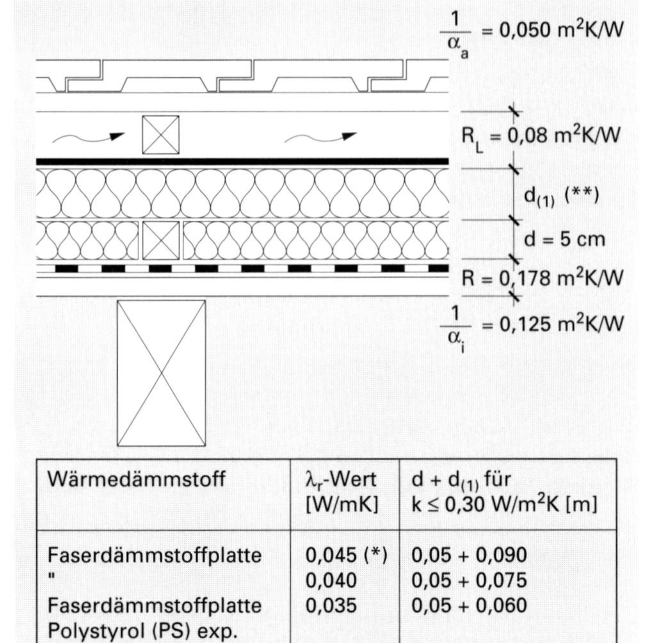

Wärmedämmstoff	λ_r-Wert [W/mK]	d + $d_{(1)}$ für k ≤ 0,30 W/m^2K [m]
Faserdämmstoffplatte	0,045 (*)	0,05 + 0,090
"	0,040	0,05 + 0,075
Faserdämmstoffplatte Polystyrol (PS) exp.	0,035	0,05 + 0,060

(*) Für diese Anwendung nicht geeignet (Raumgewicht/Druckfestigkeit)
(**) Holzeinlage von $d_{(1)}$ x 5 cm, Achsabstand 1,0 m

Kaltdachkonstruktion zwischen den Sparren wärmegedämmt

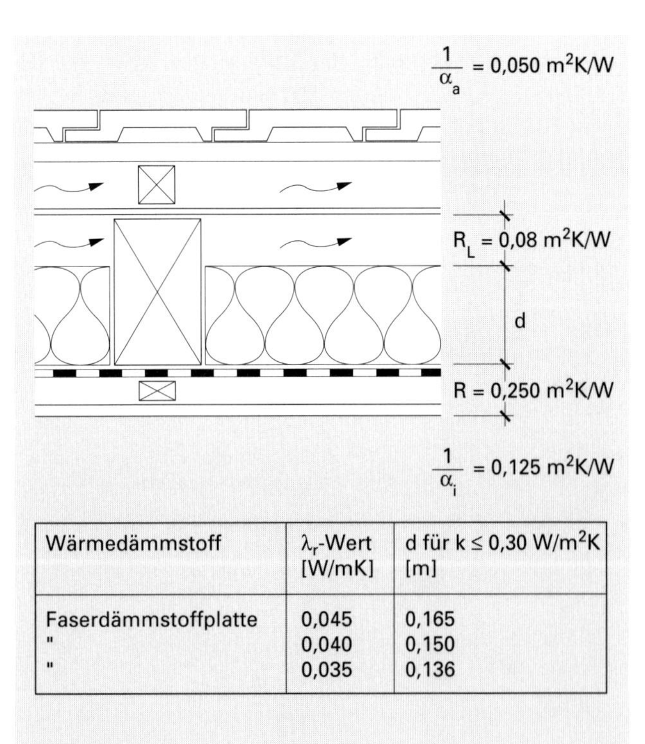

Wärmedämmstoff	λ_r-Wert [W/mK]	d für k ≤ 0,30 W/m^2K [m]
Faserdämmstoffplatte	0,045	0,165
"	0,040	0,150
"	0,035	0,136

Kaltdachkonstruktion zwischen und unter den Sparren wärmegedämmt

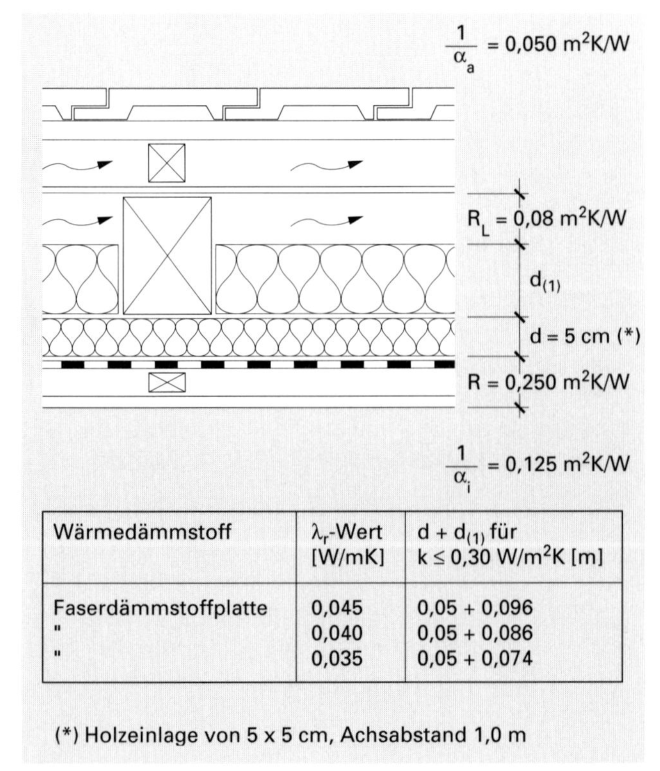

Wärmedämmstoff	λ_r-Wert [W/mK]	d + $d_{(1)}$ für k ≤ 0,30 W/m^2K [m]
Faserdämmstoffplatte	0,045	0,05 + 0,096
"	0,040	0,05 + 0,086
"	0,035	0,05 + 0,074

(*) Holzeinlage von 5 x 5 cm, Achsabstand 1,0 m

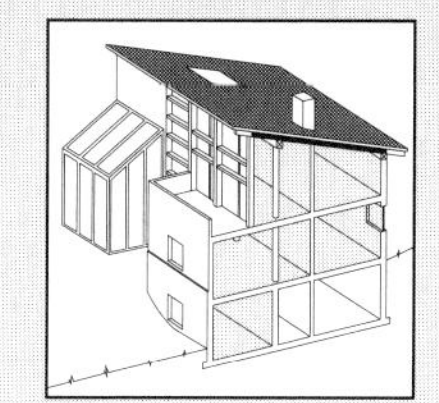

2.1.6 Wärmeschutz im Sommer

Für den sommerlichen Wärmeschutz sind die folgenden Einflussgrössen massgebend:
- Gutes instationäres Verhalten der Konstruktion, gekennzeichnet durch grosse Phasenverschiebung (Masse) und Temperaturamplitudendämpfung (Wärmedämmung).
- Genügend grosse, funktionierende Durchlüftungsräume über der Wärmedämmschicht.
- Hoher Wärmedurchgangswiderstand der Dämmschicht.
- Wirksamer Sonnenschutz bei den transparenten Bauteilen wie Dachflächenfenster.

Ein verbessertes instationäres Verhalten kann durch den Einbau von Materialien mit hoher thermischer Masse erreicht werden. Geeignete Materialien, die in üblichen Dachkonstruktionen relativ einfach eingebaut werden können, sind Holzspanplatten, Holzwolleleichtbau- bzw. Holzfaserdämmstoffplatten oder Gipskartonplatten. Diese Schichten sind raumseitig der Wärmedämmschicht oder, bei entsprechendem Wärmedämmvermögen, als Teil der Wärmedämmschicht einzubauen.

2.1.7 Luftdichtigkeit

Zur Begrenzung von Lüftungswärmeverlusten und zur Vermeidung von Bauschäden durch Kondensatausscheidung (Luftleck-Kondensat) innerhalb der Dachkonstruktion muss diese möglichst luftdicht sein. Diese Anforderung gilt gemäss Norm SIA 180 generell für die Gebäudehülle, wobei ein gewisser Grundluftwechsel, zur Vermeidung der Anreicherung von Schad- und Geruchsstoffen sowie einer zu hohen relativen Luftfeuchtigkeit bei fehlender Benützerlüftung, gewährleistet sein muss. Als Beurteilungswert für die Luftdichtigkeit bzw. Luftdurchlässigkeit der Gebäudehülle dient der $n_{L,50}$-Wert (siehe auch Kapitel 4.5 «Luftdurchlässigkeit»).

Luftdichtigkeit des Steildachs
Die meist als Leichtbaukonstruktionen ausgebildeten Steildächer beeinflussen massgebend die Luftdichtigkeit der Gebäudehülle. Damit die $n_{L,50}$-Grenzwerte eingehalten werden können, muss das Steildach möglichst luftdicht ausgebildet werden. Bedingt durch den konstruktiven Aufbau ist die Wahrscheinlichkeit von Undichtigkeiten und dadurch von Durchströmung des Steildachs mit feuchter Warmluft besonders gross. Die damit verbundene Kondensation innerhalb der Dachkonstruktion kann zu erheblicher Durchfeuchtung und zu entsprechenden Schäden führen. Eine ausreichende Luftdichtigkeit lässt sich durch separat verlegte Luftdichtigkeitsschichten mit sorgfältig abgedichteten An- und Abschlüssen erreichen.

2.2 Flachdachkonstruktion

Die Empfehlung SIA 271 «Flachdächer» [12] versteht den Begriff «Flachdach» als Oberbegriff für Dächer mit geringer oder «fehlender» Neigung und fugenloser Abdichtung. Und mit der «Flachbedachung» ist die Gesamtheit der Schichten des Flachdaches über der Unterkonstruktion (Tragkonstruktion) gemeint.

2.2.1 Flachdachsysteme/-nutzung

Das Warmdach ist das verbreitetste Konstruktionssystem für Flachdächer. Ausser dem Kaltdach, dem Umkehrdach und ähnlichen Systemen (Plusdach, Duodach) basieren alle Flachdächer auf der Warmdach-Konstruktionssystematik. So z.B. auch das Verbunddach.

Warmdach
Einschalige, wärmegedämmte und nicht durchlüftete Flachbedachung, bei der die Abdichtung über der wärmedämmenden Schicht liegt.
Dieses Konstruktionssystem eignet sich für vielfältige Nutzungsvarianten.

- Flachdach ohne Schutz- und Nutzschicht (Nacktdach), mit kraftschlüssig verklebter oder mechanisch befestigter Flachbedachung (beschränkt begehbar).
- Flachdach mit Schutz- und Beschwerungsschicht aus Rundkies bzw. Sand/Kies (beschränkt begehbar).
- Flachdach mit begehbaren Nutzschichten
- Flachdach begrünt (Intensiv- oder Extensivbegrünung).
- Flachdach mit befahrbaren Nutzschichten.

1 Unterkonstruktion mit Gefälle
2 Dampfsperre
3 Wärmedämmschicht, evtl. Wärme- und Trittschalldämmschicht
4 Abdichtung
5 Schutz- und Beschwerungsschicht (z.B. Rundkies)
6 Begehbare Nutzschicht über Schutz- und Dränageschicht
7 Begrünung (Schutzschicht, Dränage- und Wasserspeicherschicht, Filterlage, Erdsubstrat, Vegetation)
8 Befahrbare Nutzschicht über Schutzschicht

Verbunddach
Warmdachsystem, bei dem alle Schichten (ausser der Schutz- und Nutzschichten) vollflächig miteinander und mit der Unterkonstruktion verbunden sind.
Dieses Konstruktionssystem wird vor allem bei Flachdächern mit schwer abtragbaren Nutzschichten oder bei hohen Belastungen eingesetzt.

- Flachdach mit begehbaren Nutzschichten
- Flachdach begrünt (Intensiv- oder Extensivbegrünung) bzw. mit Erdüberdeckung.
- Flachdach mit befahrbaren Nutzschichten.

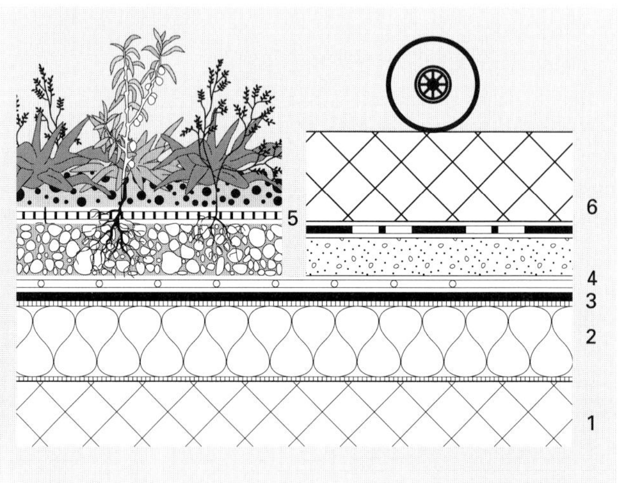

1 Stahlbeton-Unterkonstruktion
2 Wärmedämmschicht aus Schaumglas, mit Heissbitumen aufgeklebt
3 Bituminöse Abdichtung aufgeklebt
4 Schutz-/Trennlagen und Schutzschichten
5 Begrünung (Schutzschicht, Dränage- und Wasserspeicherschicht, Filterlage, Erdsubstrat, Vegetation)
6 Befahrbare Nutzschicht

Umkehrdach
Dachsystem, bei dem die Wärmedämmschicht über der Abdichtung angeordnet ist.
Dieses Konstruktionssystem wird vor allem bei beschränkt begehbaren Flachdächern mit Rundkies-Beschwerungsschicht eingesetzt.

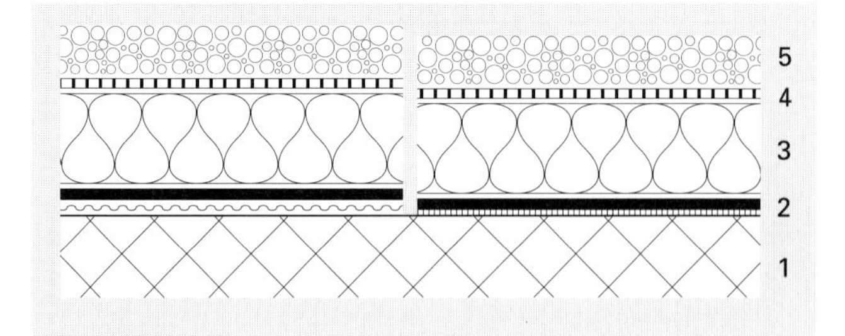

1 Unterkonstruktion mit hohem Flächengewicht
2 Abdichtung aufgeklebt oder lose über Ausgleichslage verlegt
3 Wärmedämmschicht aus extrudiertem Polystyrolhartschaum, einlagig und lose verlegt
4 Filterlagen
5 Schutz- und Beschwerungsschicht (z.B. Rundkies)

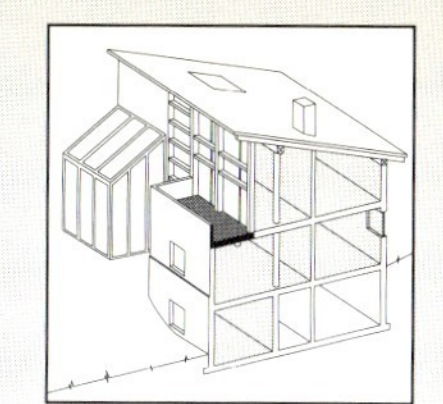

Duodach
Dachsystem mit Wärmedämmschichten unterhalb und oberhalb der Abdichtung. Die untere Wärmedämmschicht dient als Verlegehilfe und erbringt einen Teil des erforderlichen Wärmedurchgangswiderstandes. Die obere Wärmedämmschicht entspricht der Wärmedämmschicht eines Umkehrdaches.
Das Duodach ist also eine Kombination aus Warmdach und Umkehrdach.

Kaltdach
Dachsystem, bestehend aus einer raumabschliessenden Innenschale, einer Aussenschale mit Abdichtung und einem dazwischenliegenden Belüftungsraum.
Das Kaltdachsystem für Flachdächer ist vergleichbar mit demjenigen für Steildächer. Es wird nicht sehr häufig angewendet, kann aber ebenfalls vielfältig genutzt werden.

- Flachdach ohne Schutz- und Nutzschicht, mit kraftschlüssig verklebter oder mechanisch befestigter Flachbedachung (beschränkt begehbar).
- Flachdach mit Schutz- und Beschwerungsschicht aus Rundkies (beschränkt begehbar).
- Flachdach mit begehbaren Nutzschichten
- Flachdach begrünt (Intensiv- oder Extensivbegrünung).

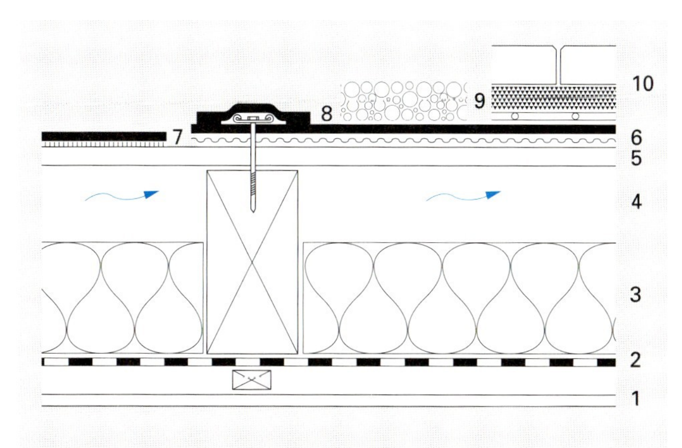

1 Deckenverkleidung/Schiftlattung
2 Dampfbremse und Luftdichtigkeitsschicht
3 Wärmedämmschicht, z.B. zwischen der Tragkonstruktion verlegt
4 Durchlüftungshohlraum
5 Verlegeunterlage
6 Evtl. Ausgleichslage
7 Abdichtung vollflächig aufgeklebt (Nacktdach)
8 Abdichtung mechanisch befestigt (Nacktdach)
9 Abdichtung lose verlegt, unter Schutz- und Beschwerungsschicht (z.B. Rundkies)
10 Abdichtung lose verlegt, unter Schutz- und Nutzschichten (z.B. begehbares Flachdach)

2.2.2 Baukonstruktive Anforderungen/Normen

Die baukonstruktiven Anforderungen gehen aus Vorschriften und Empfehlungen von Fachverbänden und Material- bzw. Systemlieferanten hervor. Die Normen und Empfehlungen des SIA sind von primärer Bedeutung, sie stellen den Stand der Technik sowie die Regel der Baukunde dar. Aus technischer Sicht ist für das Flachdach die Empfehlung SIA 271 «Flachdächer», Ausgabe 1986 [12] massgebend.
Von besonderer Wichtigkeit sind die Gesetze und Verordnungen der kantonalen Feuerpolizei, welche die rechtliche Grundlage des Brandschutzes bilden. Brandschutztechnische Anforderungen stellt auch die VKF (Vereinigung Kantonaler Feuerversicherungen), deren Wegleitung sich materiell in irgendeiner Form praktisch in allen Kantonen durchgesetzt hat.
Empfehlenswert ist in jedem Fall, sich vor Inangriffnahme eines Bauprojektes über die örtlichen Auflagen zu erkundigen.

2.2.3 Flachdachschichten: Funktion und Anforderung am Beispiel des Warmdaches

Im folgenden wird auf die wichtigsten Schichten der Flachdachkonstruktion und, basierend auf Empfehlung SIA 271, auf die schichtspezifischen Anforderungen eingegangen. Die Aussagen beziehen sich hauptsächlich auf das Warmdachsystem.

Unterkonstruktion/Gefällsschicht/Gefälle

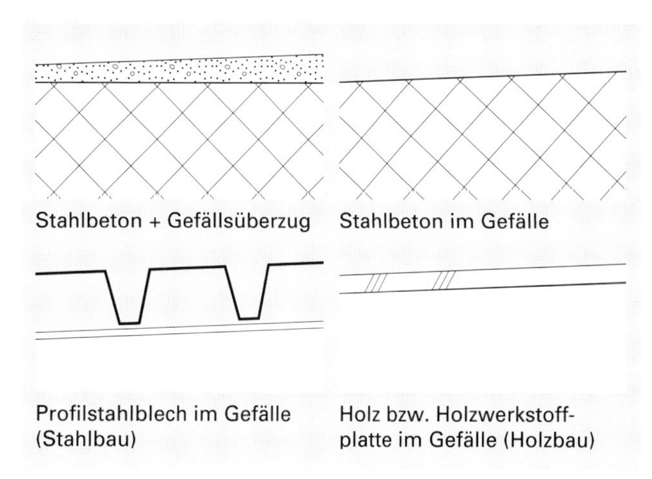

Flachbedachungen werden über Unterkonstruktionen aus Stahl- oder Leichtbeton, Holzschalungen und Holzwerkstoffplatten, Profilstahlblech u.ä. aufgebaut. Die Unterkonstruktion gehört per Definition nicht zur Flachbedachung. Im Gebrauchszustand hat die Unterkonstruktion ein durchgehendes Gefälle von in der Regel 1,5% aufzuweisen. Zur Erreichung des verlangten Gefälles wird über der Unterkonstruktion eventuell eine Gefällsschicht aufgebracht.

Bei Unterkonstruktionen aus Profilblech ist eine zusätzliche Verlegehilfe erforderlich, wenn der oben offene Rippenabstand mehr als 90 mm beträgt.
Die Oberflächen der Unterkonstruktion müssen sauber, eben, genügend glatt und frei von Überzähnen, trocken und trittfest sein.

Wichtig ist das Einhalten des Minimalgefälles von 1,5% in der Unterkonstruktion bzw. durch Aufbringen einer Gefällsschicht.

- Schnelle Entwässerung und dadurch verbesserte Gebrauchstüchtigkeit (kein stehendes Wasser, trokkene Oberflächen, geringerer Schmutzanfall).
- Geringerer Feuchtigkeitsgehalt der Überkonstruktion.
- Reduktion von Salzausblühungen an der Oberfläche (z.B. bei keramischen Bodenplatten auf Zementüberzügen)
- Geringere Kalkausscheidung, Verringerung der Verstopfungsgefahr von Regenwasserabläufen und -leitungen.
- Vorteile bei der Ausführung (Trocknungsarbeiten)

Bei begrünten Flachdächern, mit Speicherung des Regen- und Giesswassers, wird auf ein Gefälle verzichtet, wodurch ein gleichmässiger Wasserstand erreicht wird (Regenwassereinläufe mit Staustutzen).

Dampfsperre

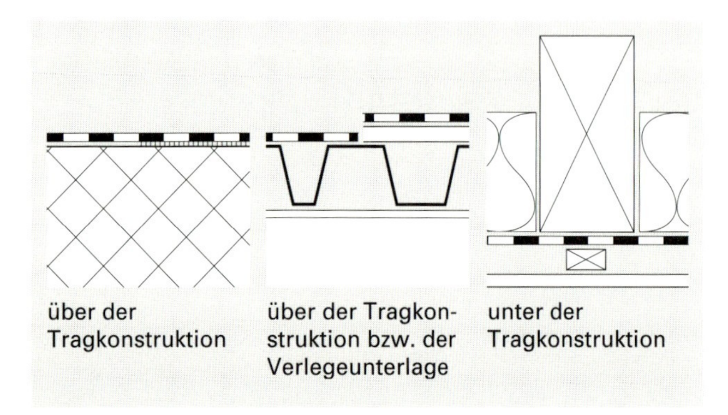

Dampfsperren sind Schichten mit definierter Wasserdampfdurchlässigkeit von $R_D \geq 200$ m²hPa/mg. Bei normaler Beanspruchung genügt eine Bitumen-Dichtungsbahn V60 oder ein gleichwertiges Produkt.
Bei hohem Feuchtigkeitsgehalt der Raumluft und bei Flachdächern mit stehendem Wasserstand, insbesondere bei begrünten Dächern, ist das Diffusionsverhalten fallweise zu beurteilen.
Die Dampfsperre muss im ganzen Bereich der Wärmedämmschicht bis unter die Anschlussbleche und Aufbordungen lückenlos geführt und in allen Bahnenüberlappungen verklebt oder verschweisst werden. Bei Aufbordungen ist die Dampfsperre bis mindestens oberkant der Wärmedämmschicht hochzuführen.
Es wird also nicht, wie in SIA 238 für das Steildach, zwischen Dampfbremse, Dampfsperre und Luftdichtigkeitsschicht unterschieden, obwohl diese Unterscheidung auch beim Flachdach angebracht wäre. Eine Dampfbremse und Luftdichtigkeitsschicht hat z.B. bei Kaltdachkonstruktionen generell – ob Flach- oder Steildach – dieselben Anforderungen zu erfüllen (eine Dampfsperre ist nicht zwingend).

Die Dampfsperre hat folgende Funktionen zu erfüllen:

- Vermeidung übermässiger Kondensatbildung.
- Unterbrechung einer kapillaren Wasseraufnahme der Wärmedämmschicht aus angrenzenden, durchfeuchteten Bauteilen.
- Provisorische Abdichtung im Bauzustand durch Bildung einer «wasserdichten Wanne».
- Wenn die Unterkonstruktion bzw. Verlegeunterlage nicht luftdicht ist (z.B. Holzschalung, Profilstahlblech o.ä.), muss die Dampfsperre auch die Funktion einer Luftdichtigkeitsschicht übernehmen. Bei solchen Systemen muss die Dampfsperre warmseitig luftdicht an angrenzende und durchdringende Bauteile angeschlossen werden.

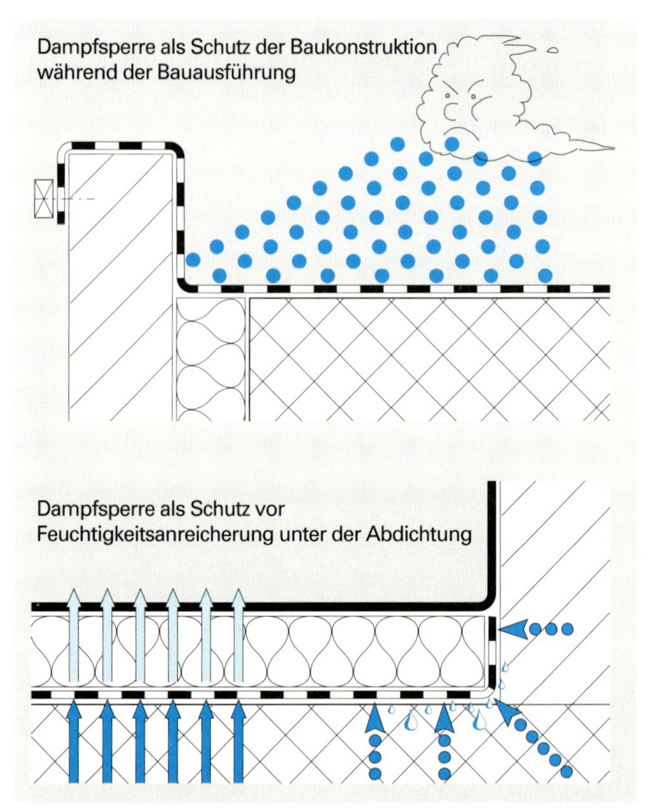

Über Unterkonstruktionen aus Stahl- und Leichtbeton werden vornehmlich bituminöse Dampfsperren eingesetzt. Über Verlegeunterlagen aus Profilblech, Holzschalungen und Holzwerkstoffplatten werden häufig Kunststoffdampfsperren auf Polyäthylenbasis eingesetzt, die einfach zu bearbeiten sind und das Ausbilden von luftdichten Anschlüssen ohne Materialwechsel erlauben.

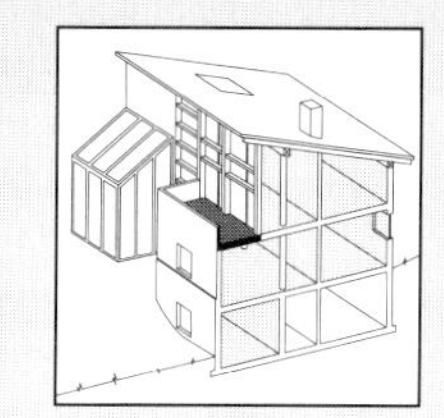

Wärmedämmschicht

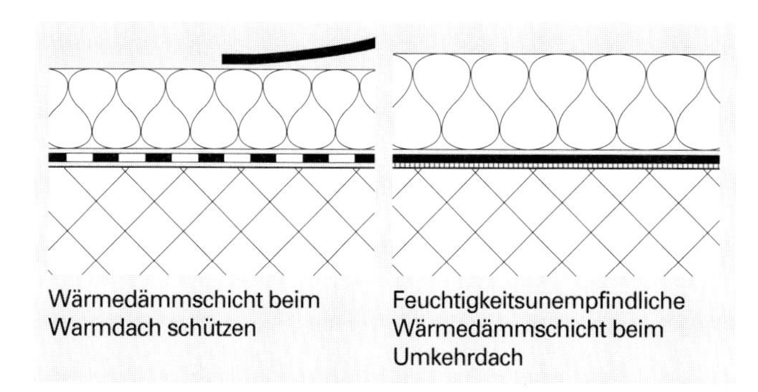

Als Schicht aus wärmedämmenden Baustoffen mit definierter Wärmeleitfähigkeit trägt die Wärmedämmschicht massgebend zur Reduktion der Transmissionswärmeverluste bei.

Wärmedämmplatten sind trocken einzubauen, satt zu stossen und rutschfest zu verlegen. Gleichzeitig mit der Wärmedämmschicht ist mindestens eine Lage der Abdichtung zu verlegen. Letztere ist nach jeder Tagesetappe sowie bei Witterungsumschlägen als Tagesabschluss mit der Dampfsperre zusammenzuschliessen (dichte Verbindung beim Warmdach von Abdichtung und Dampfsperre bei Arbeitsunterbrüchen) .

Abschottungen und Kontrollelemente
Abschottungen (dichte Verbindung beim Warmdach von Abdichtung und Unterkonstruktion zum Zweck der Schadenbegrenzung im Falle einer Undichtheit) sind nach folgenden Feldgrössen vorzusehen:
- 100 bis 300 m² bei schwer entfernbaren Nutzschichten.
- 400 bis 600 m² bei leicht entfernbaren Nutzschichten.

Abschottungen sind wichtige Sicherheitselemente in der heutigen Flachdachtechnik. Obwohl die Abdichtungstechnik auf hohem Niveau steht, sind nachträgliche Verletzungen der Abdichtung und damit verbundene Wasserinfiltrationen – vor allem während der Bauphase – nicht auszuschliessen. Durch die Abschottung wird das Dach in einzelne, für sich dichte Teilflächen abgegrenzt. Folgeschäden aus Wasserinfiltrationen bleiben so lokal begrenzt. Je kleiner die Feldgrösse gewählt wird, desto grösser ist die Sicherheit. Abschottungen sind auch sinnvolle Elemente zur Abgrenzung von Spezialbereichen (z.B. Druckverteilplatten o.ä.) gegenüber der übrigen Dachfläche. Auch die Ausführung von An- und Abschlüssen vor der eigentlichen Flachbedachung kann durch Abschottungen ermöglicht werden.

Als zusätzliche Elemente zur Erhöhung der Sicherheit von Flachdächern werden heute auch Kontrollvorrichtungen eingebaut. Es sind dies Elemente, mit denen infiltriertes Wasser festgestellt werden kann, bevor daraus ein grösserer Schaden resultiert. Mit solchen Kontrollstutzen lässt sich die Flachbedachung zudem nach der Bauausführung qualifiziert kontrollieren und von der Bauleitung abnehmen.

Abschottungen sind über Unterkonstruktionshochpunkten und die Kontrollelemente über Unterkonstruktionstiefpunkten, z.B. im Bereich der Regenwassereinläufe, anzuordnen.

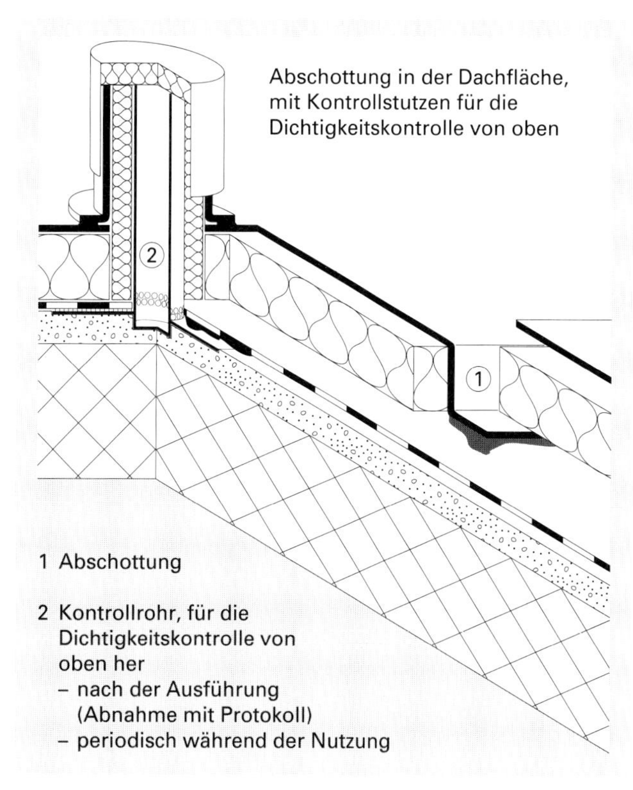

Abschottung in der Dachfläche, mit Kontrollstutzen für die Dichtigkeitskontrolle von oben

1 Abschottung

2 Kontrollrohr, für die Dichtigkeitskontrolle von oben her
- nach der Ausführung (Abnahme mit Protokoll)
- periodisch während der Nutzung

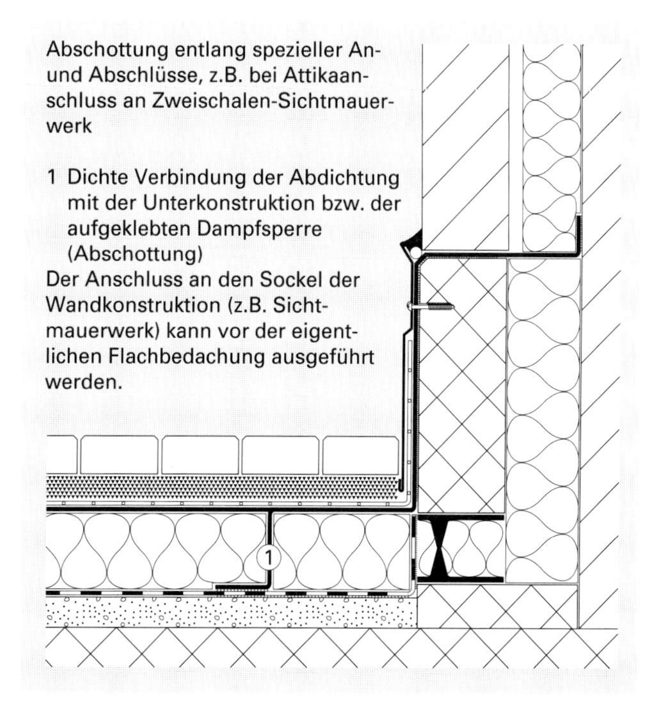

Abschottung entlang spezieller An- und Abschlüsse, z.B. bei Attikaanschluss an Zweischalen-Sichtmauerwerk

1 Dichte Verbindung der Abdichtung mit der Unterkonstruktion bzw. der aufgeklebten Dampfsperre (Abschottung)

Der Anschluss an den Sockel der Wandkonstruktion (z.B. Sichtmauerwerk) kann vor der eigentlichen Flachbedachung ausgeführt werden.

Abdichtung

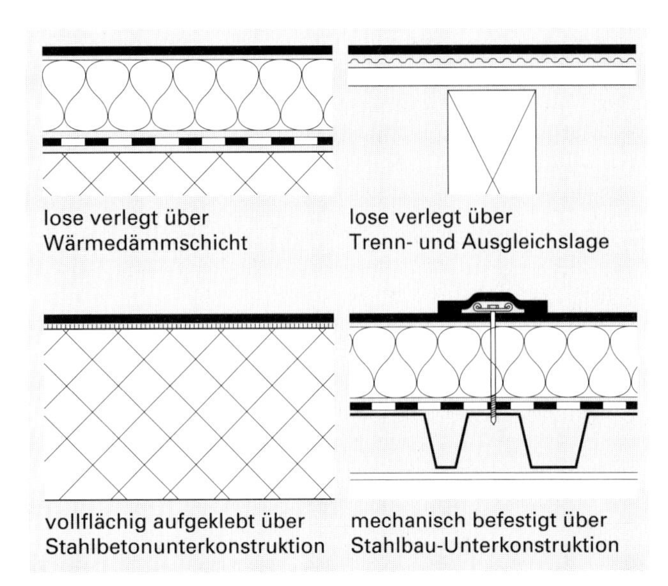

Unter Abdichtung wird eine ein- oder mehrlagige Schicht zur Abdichtung des Bauwerks gegen Regen, Schnee und Schmelzwasser verstanden.
Abdichtungen müssen die materialspezifischen Anforderungen erfüllen, wie sie in der Norm SIA 281 [10] für Polymerbitumen- und Bitumendichtungsbahnen und in der Norm SIA 280 [9] für Kunststoffdichtungsbahnen definiert sind.

Bitumen-Dichtungsbahnen (BDB)
BDB über Wärmedämmschichten sind dreilagig zu verlegen, wobei die unterste Bahn lose auf der Wärmedämmschicht liegt. BDB können zweilagig verlegt werden, wenn sie hochreissfest sind und unter Terrain vollflächig auf eine starre Unterkonstruktion aufgeklebt werden. Für genutzte Dächer (begehbar, befahrbar, begrünt, erdüberschüttet) müssen die oberste Lage und eine weitere Lage aus hochreissfesten BDB bestehen.
Die einzelnen Bahnen sind unter sich mit Heissbitumen vollflächig zu verkleben oder zu verschweissen.
Die Überlappungsbreite der Stösse beträgt nominal 100 mm.
Die Abdichtung muss in allen Fällen eine Gesamtdicke von mindestens 7 mm aufweisen.

Polymer-Bitumen-Dichtungsbahnen (PBD)
PBD sind über Wärmedämmschichten zweilagig zu verlegen, wobei die unterste Bahn lose auf der Wärmedämmschicht liegt. PBD können einlagig verlegt werden, wenn sie vollflächig auf eine starre Unterkonstruktion aufgeklebt oder aufgeschweisst werden und entweder durch schwere Nutzschichten oder durch eine Wärmedämmschicht vor grossen Temperaturschwankungen geschützt sind.
Die einzelnen Bahnen sind unter sich mit Heissbitumen vollflächig zu verkleben oder zu verschweissen.
Die Überlappungsbreite der Stösse beträgt nominal 100 mm.
Die Abdichtung muss in allen Fällen eine Gesamtdicke von mindestens 5 mm aufweisen.

Kunststoff-Dichtungsbahnen (KDB)
KDB werden in der Regel einlagig verlegt. Die Verträglichkeit mit benachbarten Materialien muss gewährleistet sein oder es ist eine geeignete Trennlage zu verlegen.
Der Einbau erfolgt in Planen oder Rollen. Die Überlappungsbreite der Stösse beträgt mindestens 40 mm, ausgenommen sind Werksnähte. Die hauptsächlich eingesetzten Kunststoffdichtungsbahnen werden mittels Heissluft verschweisst.

Anwendung/Eignung von BDB/PBD
Es werden heute vorwiegend Abdichtungen mit PBD ausgeführt. Sie eignen sich insbesondere dort, wo sie vollflächig auf die Unterkonstruktion aufgeklebt werden können, so z.B. bei Unterterrainabdichtungen über massiven Stahlbetonkonstruktionen und beim Verbunddach über Schaumglas.

Anwendung/Eignung von KDB
Es werden heute vorwiegend KDB auf der Basis von PVC-P (Sarnafil, Sikaplan, Sucoflex ...) und von PE/Polyolefine (Sarnafil T) eingesetzt.
KDB auf der Basis von PE/Polyolefine weisen interessante Öko-Eigenschaften auf.

Neben dem Einsatz beim Flachdach mit verschiedenen Nutzschichten eignen sich KDB auch für Flachdächer ohne Schutz- und Nutzschichten, sogenannte Nacktdächer. Mit KDB können auch geometrisch komplizierte Anschlüsse ohne Materialwechsel wannenförmig ausgebildet werden.

Ausgleichs-, Trenn-, Schutz-, Gleitlage

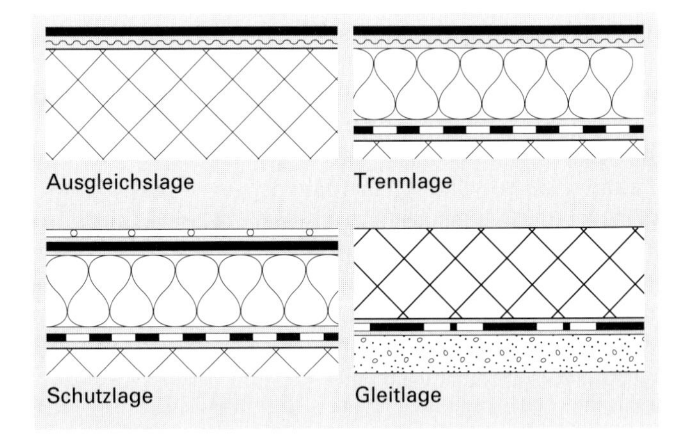

Ausgleichslagen gleichen rauhe oder unebene Stellen und Überzähne der Unterkonstruktion aus.

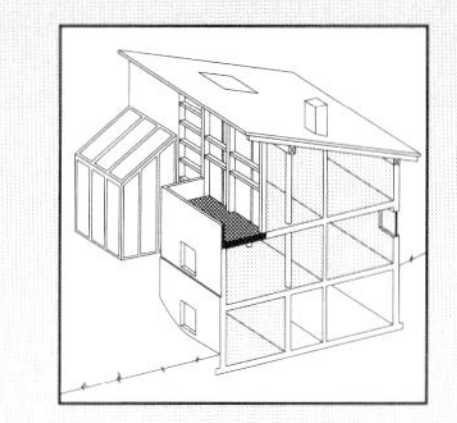

Trennlagen dienen als Zwischenlage zur dauernden Trennung von zwei untereinander nicht verträglichen Materialien.
Bahnenförmige *Schutzlagen*, direkt über der Abdichtung verlegt, schützen diese vor mechanischer Beanspruchung, z.B. beim Aufbringen von Schutz- und Nutzschichten.
Gleitlagen ermöglichen voneinander unabhängige Bewegungen einzelner Schichten der Flachbedachung.

Der Einfluss von Schutz-, Trenn- und Gleitlagen auf das Diffusionsverhalten der Flachdachkonstruktion ist zu beachten.

Schutz- und Nutzschichten

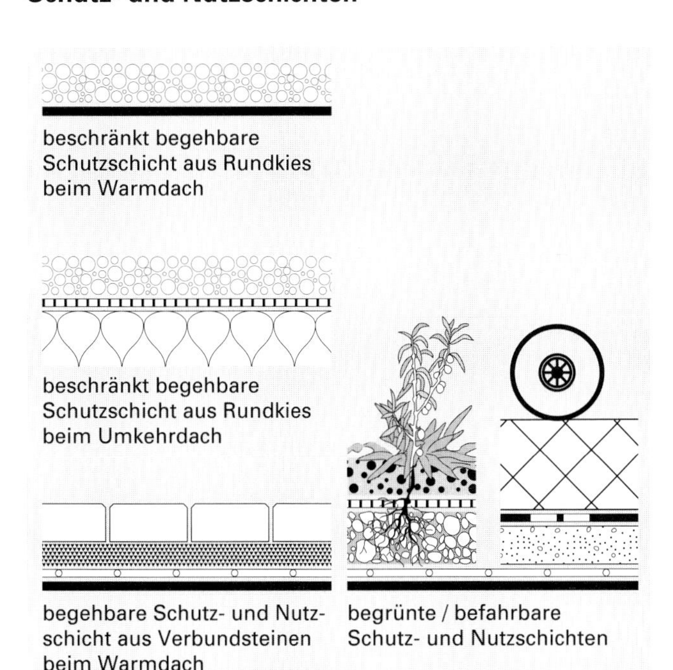

Die *Schutzschicht* schützt und beschwert die Abdichtung, bzw. die Wärmedämmschicht beim Umkehrdach.
Schutzschichten aus Kies und Sand müssen sauber gewaschen sein. Wird Kies direkt über der Abdichtung aufgebracht, ist Rundkies mit einem gleichmässig über die Korngrösse verteilten Brechkornanteil von max. 15 Zahl-% zu verwenden. Bei grösserem Brechkornanteil muss eine Schutzlage verlegt werden.
Als Schutzlage sind mindestens die in der Tabelle aufgeführten vorzusehen.

Verlegung über	KDB	BDB	PBD
50 mm Rundkies 8/16 oder 16/32	●		●
20 mm Sand + 40 mm Kies 16/32		●	●
Schutzlage + 50 mm Kies 8/16 oder 16/32		●	

Wird die Dachfläche für Kontroll- und Wartungsarbeiten regelmässig begangen, sind dafür Wege, z.B. aus Zementschrittplatten, vorzusehen. Bei Dächern von besonders sturmexponierten Gebäuden muss die Schutzschicht in den Randzonen verfestigt (Kieskleber) oder mit Zementschrittplatten ausgeführt werden.

Unter *Nutzschichten* versteht man als Gehbelag, Fahrbelag oder Vegetationsschicht ausgebildete, oberste Schicht(en) der Flachbedachung.

Aufgegossene Schutz- und Nutzschichten
müssen aus minimal kalkabscheidendem Feinbeton oder Beton mit dichtem Gefüge hergestellt werden und eine Minimaldicke von 50 mm aufweisen.
Unter befahrbaren und stark belasteten Nutzschichten ist in der Regel eine aufgegossene, tragfähige Schutzschicht anzuordnen.
Bei unmittelbarer Temperatureinwirkung müssen solche Schutz- und Nutzschichten mit durchgehenden Fugen in Felder von höchstens 4 m Seitenlänge aufgeteilt werden.
Beim Anschluss an aufgehende Bauteile ist eine durchgehende Fuge von mindestens 20 mm Breite auszubilden.

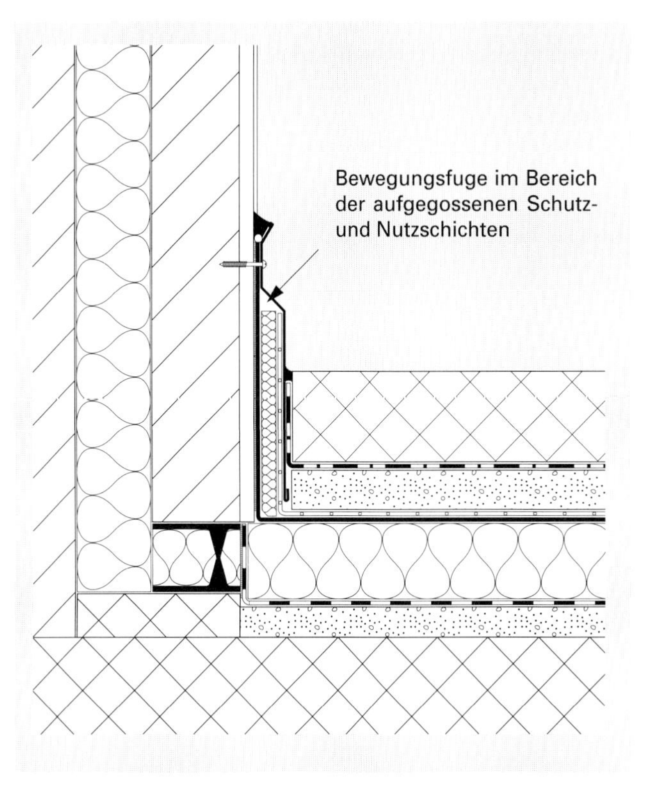

An- und Abschlüsse

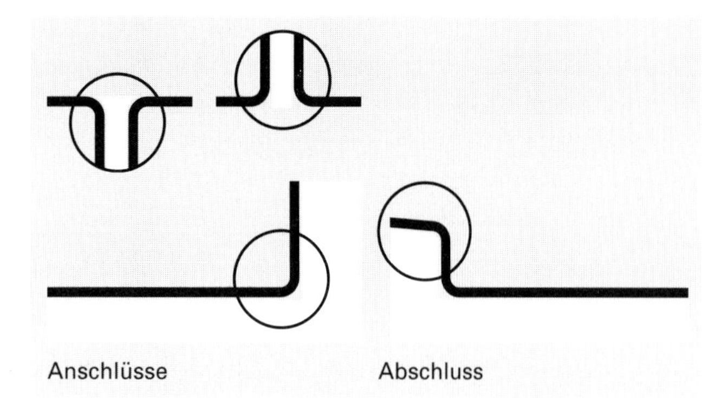

Der *Anschluss* ist als Verbindung der Abdichtung mit andersartigen, an die Dachfläche angrenzenden oder diese durchdringenden Bauteile und der *Abschluss* als Verbindung der Flachbedachung mit dem Dachrand definiert.
Blechprofile müssen korrosions- und alterungsbeständig oder entsprechend geschützt sein, ausreichende Beständigkeit gegen mechanische Beschädigungen aufweisen, untereinander und mit angrenzenden Materialien verträglich sein.

Wandanschlüsse mit Putz- und Deckstreifen
Putzstreifen dürfen maximal 2,0 m, Deckstreifen maximal 3,0 m lang sein.
Die oben offene Begrenzung muss über einer möglichen Stauhöhe, jedoch mindestens 120 mm über oberkant Schutz- oder Nutzschicht liegen. Dieser obere Rand ist so zu planen, dass kein Wasser aus Regen, Schlagregen oder schmelzendem Schnee hinter die Anschlüsse gelangen kann.

Dachrandausbildung
Mauer- und Brüstungskronen sind abzudecken; die Abdeckung ist mit Gefälle zur Dachfläche oder mit äusserem Stehbord auszubilden.
Abdeckungen sind aussen mindestens 50 mm, bei Hochhäusern und exponierten Lagen mindestens 100 mm ab OK Mauerwerk herunterzuführen. Von der Fassade sind mindestens 30 mm Abstand einzuhalten. Bei exponierten Gebäuden ist eine Abdichtung

Für Spenglerarbeiten bei sämtlichen Flachdächern von Bedeutung								Für Spenglerarbeiten bei bituminöser Abdichtung von Bedeutung		
Material	übliche Dicke in mm	Ausdehnung bei 100 K Temperaturdifferenz. Länge in mm pro m	Verbindungsarten	Korrosionsschutz				Dilatationen		
				Bleche der Atmosphäre ausgesetzt	Bleche im Bereich Sand und Kies	Bleche im Bereich zementgebundener Baustoffe	Bleche im Humus	Abstand zwischen zwei Dila-Vorrichtungen (L [m])	Abstand von äusseren Ecken (L/2 [m])	Abstand von inneren Ecken (L/4 [m])
Verzinktes Stahlblech	0,62	1,2	falzen, nieten und weichlöten	(+)	⊕	○	○	8,00	4,00	2,00
Chromnickelstahl 18/8	0,50	1,8	nieten oder punktschweissen und weichlöten, schweissen	●	●	●	⊕	6,00	3,00	1,50
Kupfer	0,55	1,7	falzen, nieten oder punktschweissen und weichlöten, hartlöten	●	●	(+)	⊕	6,00	3,00	1,50
Aluminium (Aluman)	1,00	2,4	schweissen	●	(+)	○	○	4,00	2,00	1,00
Titanzink	0,70	2,1	weichlöten	●	(+)	⊕	○	5,00	2,50	1,25

Aus Gründen der Dauerhaftigkeit werden vorwiegend Chromnickelstahl- und Kupferbleche verwendet.

○ Blech für diese Beanspruchung nicht geeignet
⊕ Korrosionsschutz erforderlich
(+) Korrosionsschutz empfehlenswert
● Korrosionsschutz nicht notwendig

Blech- und Verbindungsarten für Spenglerarbeiten bei Flachdächern; Korrosionsschutz und Dilatationsabstände [12], [34].

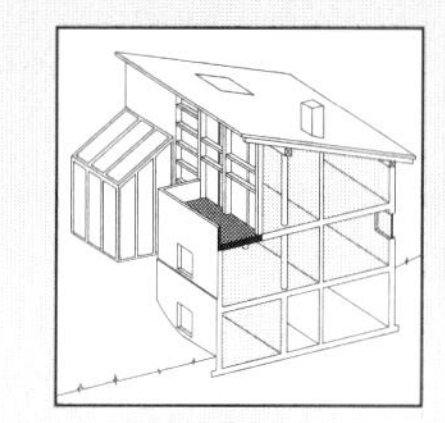

gegen aufsteigenden Sturmregen vorzusehen.
Bei Dachrandausbildungen mit oben offenen Begrenzungen müssen diese über einer möglichen Stauhöhe, jedoch mindestens 120 mm über oberkant Schutz- oder Nutzschicht liegen; der obere Rand ist so zu planen, dass kein Wasser aus Regen, Schlagregen oder schmelzendem Schnee hinter die Anschlüsse gelangen kann.

Schwellenausbildung
Für Türschwellen gilt eine minimale Höhe von 60 mm über OK Schutz- bzw. Nutzschicht.
Das Gefälle soll immer so geplant und ausgeführt werden, dass das Wasser von oben offenen Begrenzungen, wie z.B. der Türschwelle, wegfliessen kann.

Abbordungen
Abbordungen sind mindestens 100 mm unter die Arbeitsfuge Decke/Wand zu führen und mit allfälliger Grundwasser- oder Wandabdichtung wasserdicht zusammenzuschliessen. Der untere Abbordungsrand ist gegen das Eindringen von Stauwasser zu schützen.

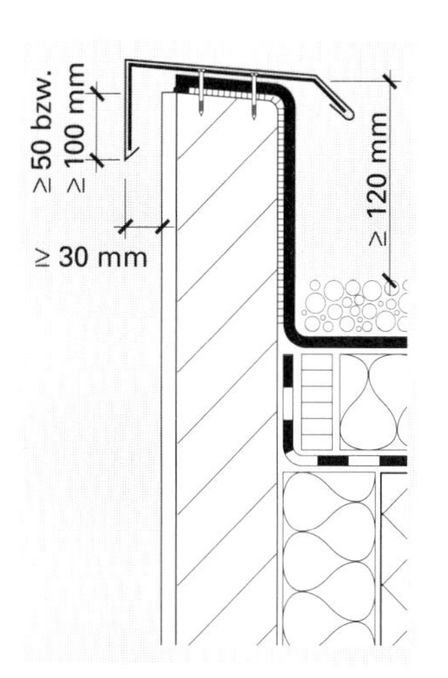

Dachrand mit oben offener Begrenzung

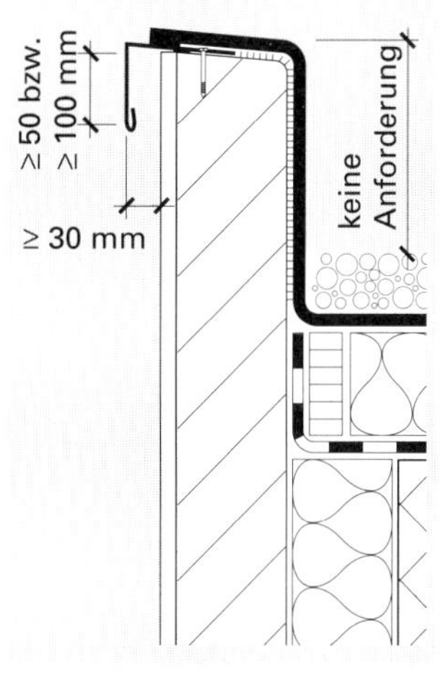

Dachrand ohne obere offene Begrenzung

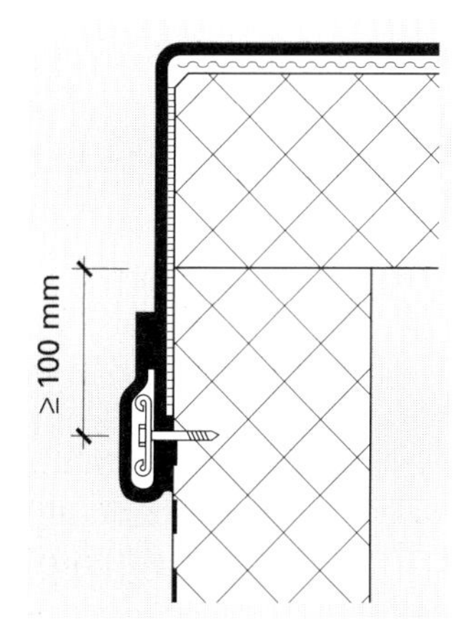

Abbordung

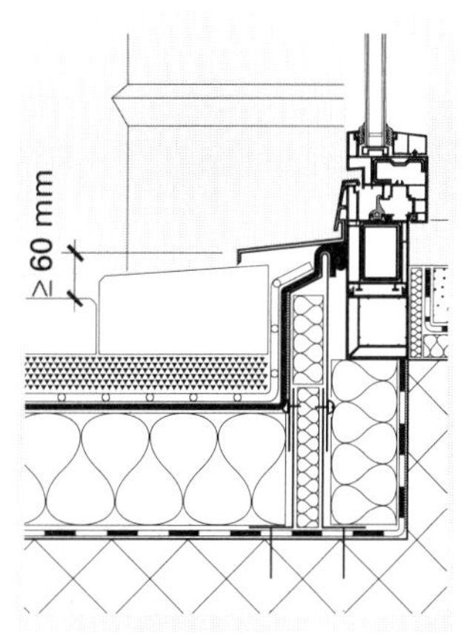

Schwellenausbildung bei Fenstertüre

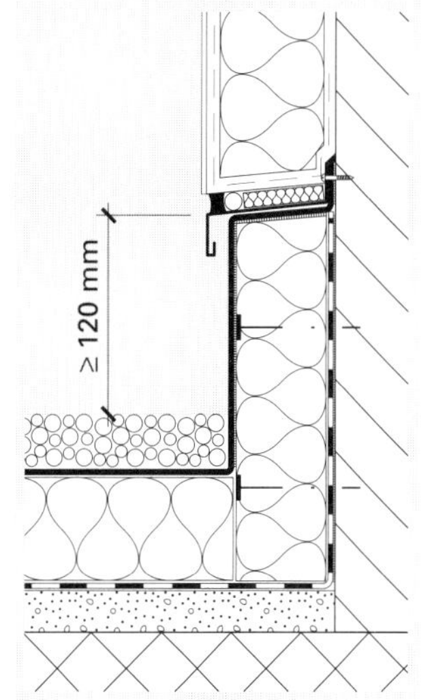

Wand-Anschluss mit Putzstreifen

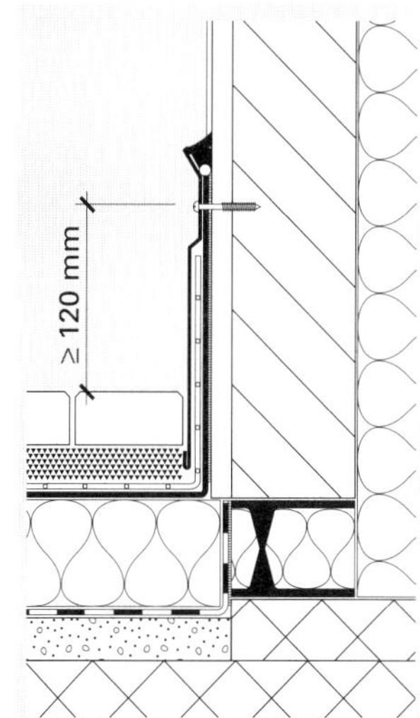

Wand-Anschluss mit Deckstreifen

Dachentwässerung

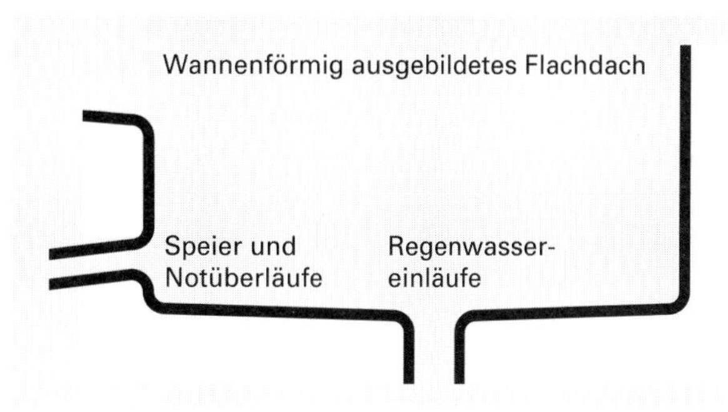

Die Dachentwässerung ist nach SN 565010 [17] zu planen und auszuführen, wobei die Durchmesser in begründeten Fällen grösser zu wählen sind.
Es gelten folgende Minimaldimensionen:
- LW = 57 mm für Loggien und Balkone mit Überdachung der Grundfläche.
- LW = 80 mm für Dach-, Terrassen- und Balkonflächen ohne Überdachung.

Die in der Empfehlung SIA 271 (Ausgabe 1976) verankerte minimale lichte Weite LW von 100 mm hat sich als zweckmässig erwiesen und sollte bei konventionellen Entwässerungssystemen nicht unterschritten werden. Das Verstopfungsrisiko kann dadurch erheblich reduziert werden.
Bei wannenförmigen Dächern sind mindestens zwei Regenwassereinläufe je Dacheinheit vorzusehen; die Möglichkeit des Überfliessens von Einlauf zu Einlauf ist zu gewährleisten oder es sind Notüberläufe am Dachrand vorzusehen.
Notüberläufe haben in der Regel dem Querschnitt der Regenwasserabläufe zu entsprechen.
Die Versinterung von Regenwasserleitungen bei zementhaltigen Nutz- oder Schutzschichten ist durch konstruktive Massnahmen wie Kiesstreifen im Bereich der Regenwassereinläufe zu reduzieren.

2.2.4 Umkehrdach und ähnliche Systeme

Unterkonstruktion

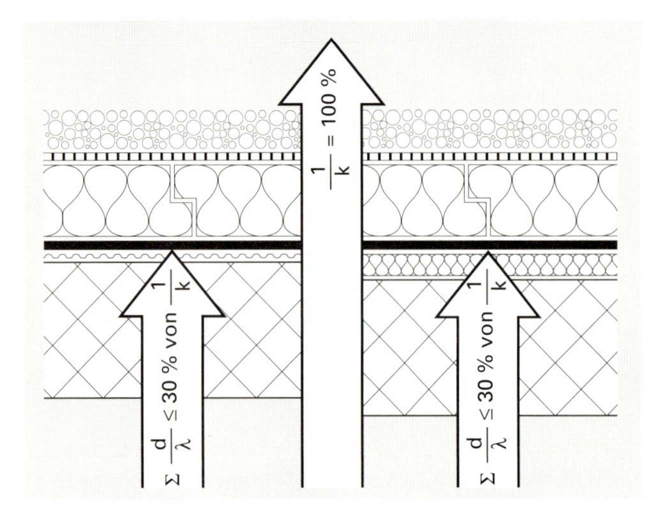

Unterkonstruktionen sollen eine Masse von mindestens 300 kg/m² aufweisen (etwa 12,5 cm Stahlbeton), um dem Kondensatrisiko wegen kaltem Regenwasser vorzubeugen.
Die Summe der Wärmedurchlasswiderstände d/λ der unter der Abdichtung liegenden Schichten darf 30 % des Wärmedurchgangswiderstandes 1/k nicht übersteigen.
Für Duo- und Plusdächer (siehe Kapitel 7 «Instandhaltung/Renovation/Umnutzung» und Umkehrdächer über wärmedämmender Unterkonstruktion (z.B. Leichtbeton) sowie bei erhöhten innenklimatischen Bedingungen ist die Kondenswasserfreiheit unter der Abdichtung bzw. die Eisfreiheit unter der Wärmedämmschicht rechnerisch nachzuweisen.

Wärmedämmschicht

Es sind gefälzte Wärmedämmplatten aus extrudiertem Polystyrolhartschaum einlagig zu verwenden.
Die zur Erreichung des k-Wertes erforderliche Wärmedämmschicht-Dicke ist mit einem Zuschlag von 20% zu wählen (Energieverlust durch Wasserabfluss unter der Wärmedämmschicht). Dieser Zuschlag gilt nur für die über der Abdichtung verlegte Wärmedämmschicht. Für den Wärmeleistungsbedarf und dampfdiffusionstechnische Berechnungen wird die Wärmedämmschicht mit der effektiv eingebauten Schichtdikke berücksichtigt.

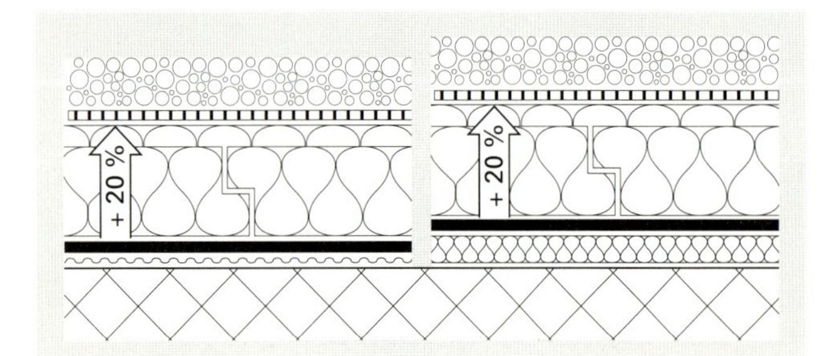

Bei einer zweilagigen Verlegung von extrudierten Schaumpolystyrolplatten würde zwischen den beiden Platten ein Wasserfilm entstehen, der als Dampfsperre wirkt. Die untere Platte würde dadurch auf dem Diffusionsweg durchfeuchtet.
Analoge Probleme, d.h. erhöhte Feuchtigkeitsaufnahme der Wärmedämmschicht, treten auch dann auf, wenn die Filterlage sowie die Schutz- und Nutzschichten nicht diffusionsoffen sind.

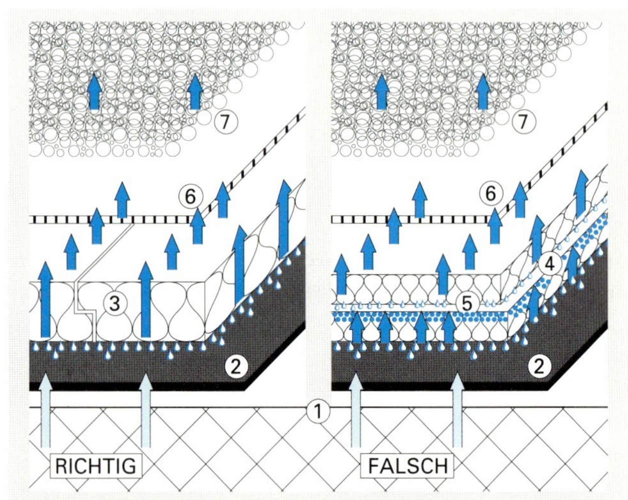

1 Unterkonstruktion mit Gefälle
2 Abdichtung, evtl. über Ausgleichslage verlegt
3 Extr. Polystyrolhartschaumplatte mit Stufenfalz, einlagig und somit regelkonform verlegt
4 Extr. Polystyrolhartschaumplatten zweilagig verlegt, wodurch die untere Platte durchfeuchtet wird
5 Wasserfilm als dampfsperrende Ebene
6 Filterlage
7 Rundkies-Schutzschicht oder evtl. Nutzschicht

Filterlage

Über der Wärmedämmschicht ist eine Filterlage mit einem minimalen Flächengewicht von 120 g/m² einzubauen. Sie soll im Gebrauchszustand diffusionsoffen, wasserfilmbrechend, wenig wasserrückhaltend, witterungsbeständig und verrottungsfest sein.

Schutz-, Beschwerungs- und Nutzschichten

Als Schutzschicht ist mindestens 50 mm Rundkies 16/32 vorzusehen. Gegen das Aufschwimmen sind die lose verlegten Wärmedämmplatten mit mindestens 12 kg/m² pro 10 mm Wärmedämmstoffdicke oder durch andere Massnahmen zu sichern.
Unter Nutzschichten ist eine drainierende, diffusionsoffene Splitt- oder Feinkiesschicht von mind. 20 mm Dicke anzuordnen. Bei aufgegossenen Belägen darf keine Zementmilch in die darunterliegende Splitt- oder Feinkiesschicht eindringen.
Bei Stelzlagern dürfen lokale, diffusionsbedingte Feuchtigkeitsanreicherungen die Wärmedämmschicht nicht wesentlich beeinträchtigen.
Umkehrdächer mit Vegetationsschichten sind bauphysikalisch zu überprüfen.

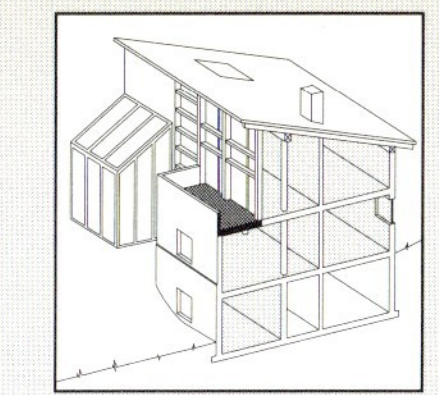

2.2.5 Verbunddach

Unterkonstruktion
Die Unterkonstruktion muss aus ortgegossenem Stahlbeton mit ebener Oberfläche bestehen.

Wärmedämmschicht
Es sind dampfdicht verlegte Schaumglasplatten in Kombination mit Heissbitumen zu verwenden. Eine separate Dampfsperre entfällt.

Abdichtung
Die Abdichtung (BDB, PBD) ist im vollflächigen Klebeverbund auf die Schaumglasplatten aufzubringen.

Weil die Wärmedämmschicht aus Schaumglas dampfdicht ist, kann generell auf eine Dampfsperre verzichtet werden. Verbunddächer sind in dampfdiffusionstechnischer Hinsicht auch unter extremen klimatischen Beanspruchungen funktionstüchtig.

Währenddem beim konventionellen Warmdach, mit lose verlegter Abdichtung, die Sicherheit durch Unterteilung der Dachfläche mittels Abschottung in kleinere Teilflächen erreicht wird, basiert der Sicherheitsgedanke beim Verbunddach auf dem Grundsatz des «nicht Unterlaufens» der feuchtigkeitsunempfindlichen Schaumglasplatten. Unter der Voraussetzung, dass sämtliche Schichten vollflächig miteinander und mit der Unterkonstruktion verklebt sind, wird bei einer Verletzung der Abdichtung ein Unterwandern der Flachbedachung mit Wasser vermieden.

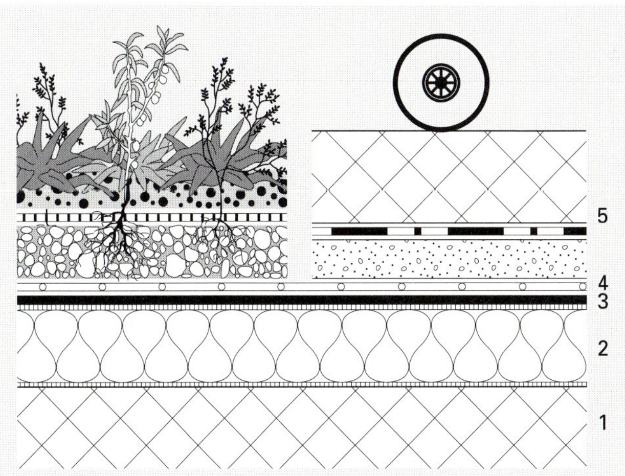

1 Stahlbeton-Unterkonstruktion
2 Wärmedämmschicht aus Schaumglas, mit Heissbitumen aufgeklebt
3 Bituminöse Abdichtung aufgeklebt
4 Schutz- und Trennlagen
5 Schutz- und Nutzschichten

Mit Schaumglas werden auch Flachbedachungen über anderen Unterkonstruktionen als dem ortgegossenen Stahlbeton ausgeführt (z.B. Beton-Elementbau und Profilblech-Unterkonstruktion). Diese Flachdächer entsprechen dann aber nicht der SIA-Definition für das Verbunddach, sie werden unter dem Begriff *Kompaktdach* angeboten.

2.2.6 Kaltdach

Wärmedämmschutz und Luftdichtigkeit
Die Innenschale bzw. die unter dem Durchlüftungsraum angeordnete(n) Schicht(en) muss den verlangten Wärmeschutz erbringen, luftdicht sein und einen Diffusionswiderstand R_D von mind. 19 m^2hPa/mg aufweisen.
Wenn die Innenschale nicht luftdicht ist, muss warmseitig der Wärmedämmschicht eine separate Luftdichtung mit einem Diffusionswiderstand R_D von mind. 19 m^2hPa/mg angeordnet werden.
Über der Wärmedämmschicht liegende Entwässerungsleitungen sind vor Vereisung und Schwitzwasserbildung zu schützen.

Belüftungsquerschnitte
Der Querschnitt des Belüftungsraumes muss mindestens 1/150 der Dachfläche, die Höhe des Belüftungsraumes jedoch mindestens 100 mm betragen.
Die Summe der Flächen aller Lufteintritts- bzw. Luftaustrittsöffnungen muss je mindestens halb so gross sein wie der minimal erforderliche Querschnitt des Belüftungsraumes. Das minimale Lichtmass einer Öffnung beträgt 35 mm. Zu- und Abluftschlitze oder -öffnungen sind zum Schutz gegen Insekten mit einem feinmaschigen Drahtgitter abzudecken.

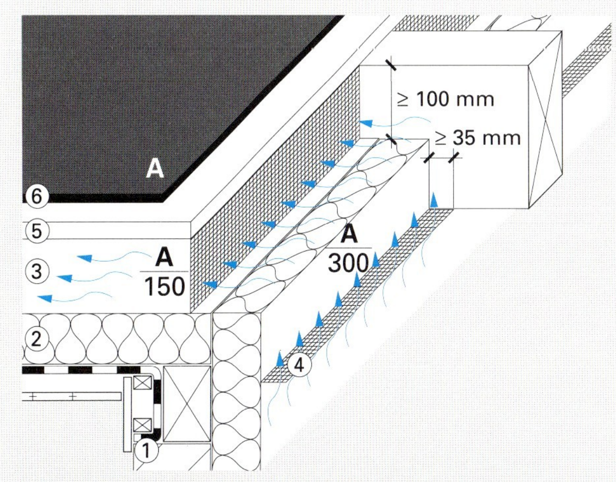

1 Dampfbremse und Luftdichtigkeitsschicht
2 Wärmedämmschicht, z.B. zwischen einer Balkenlage verlegt
3 Belüftungsraum zwischen Wärmedämmschicht und Verlegeunterlage
4 Luftein- oder austrittsöffnung mit Insektenschutzgitter
5 Verlegeunterlage
6 Abdichtung, Schutz- und Nutzschichten

2.2.7 Wärmeschutz im Winter

Massgebende Kriterien für den Wärmeschutz im Winter sind ein genügend hoher Wärmedurchlasswiderstand der Dämmschicht und eine luftdichte Konstruktion.

Anforderungen
Die Anforderungen an den Wärmeschutz von Flachdachkonstruktionen sind in den Normen und Empfehlungen des SIA (180, 380/1, 271) und in den einschlägigen Verordnungen der Kantone definiert.
Es müssen k-Werte zwischen 0,30 W/m²K (Zielwert aus SIA 380/1) und 0,50 W/m²K (max. k-Wert für Einzelbauteile aus SIA 180) erzielt werden.
Zur Erreichung von k-Werten um 0,30 W/m²K sind Wärmedämmschichten in Dicken von mindestens 10 cm erforderlich.

Nachweis und Berechnung
Bei Flachbedachungen kann die Wärmedämmschicht in der Regel lückenlos verlegt werden (Warmdach-, Umkehrdach-, Verbunddachsystem) ohne systematische, das Wärmedämmvermögen beeinträchtigenden Unterbrechungen. Der k-Wert solcher Konstruktionen kann mit dem «normalen» Rechenverfahren nachgewiesen werden.
Kaltdachkonstruktionen hingegen, mit Anordnung der Wärmedämmschicht zwischen der Tragkonstruktion, sind als inhomogene Konstruktionen mit dem in Norm SIA 180 definierten Rechenverfahren nachzuweisen.

Beispiele für k-Werte von 0,30 W/m²K
Die nebenstehenden Beispiele zeigen den Einfluss des Flachdachsystems und der Wärmedämmschicht (Wärmeleitfähigkeit λ_r) auf die erforderliche theoretische Dicke derselben (in der Baupraxis sind diese auf gängige Dicken aufzurunden), zur Erreichung eines k-Wertes von 0,30 W/m²K.

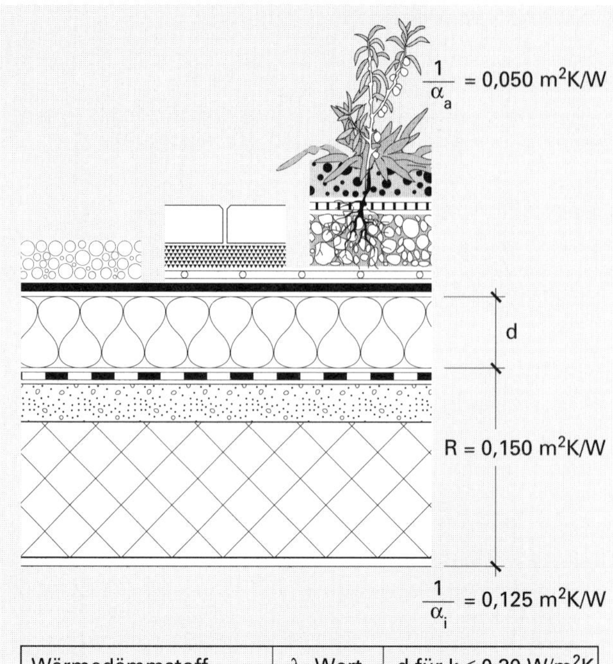

Wärmedämmstoff	λ_r-Wert [W/mK]	d für k ≤ 0,30 W/m²K [m]
Korkplatten	0,042	0,126
Faserdämmstoffplatten	0,040	0,120
Polystyrol (EPS) exp.	0,038	0,114
	0,036	0,108
Polystyrol (XPS) extr.	0,032	0,096
Polyurethan (PUR)	0,028	0,084

k-Wert 0,30 W/m²K bei Warmdachkonstruktion.

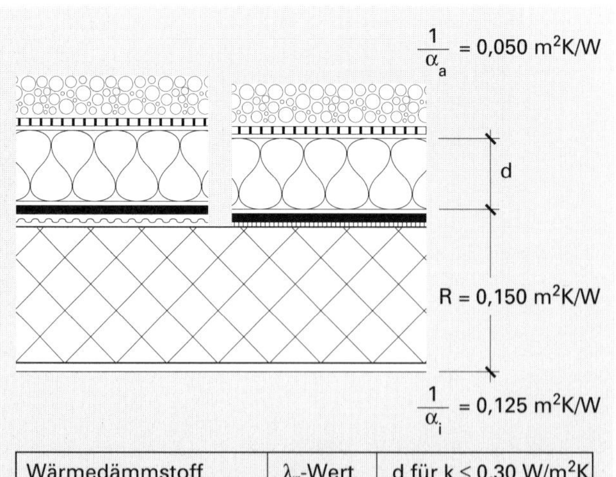

Wärmedämmstoff	λ_r-Wert [W/mK]	d für k ≤ 0,30 W/m²K [m] (*)
Polystyrol (XPS) extr.	0,032	0,116
	0,028	0,101
(*) Unter Berücksichtigung eines Zuschlages von 20 % auf die Dicke der Wärmedämmschicht		

k-Wert 0,30 W/m²K bei Umkehrdachkonstruktion.

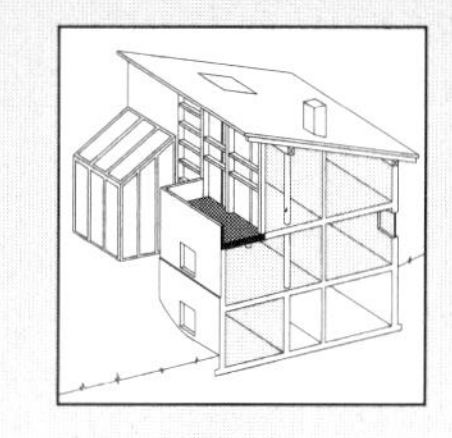

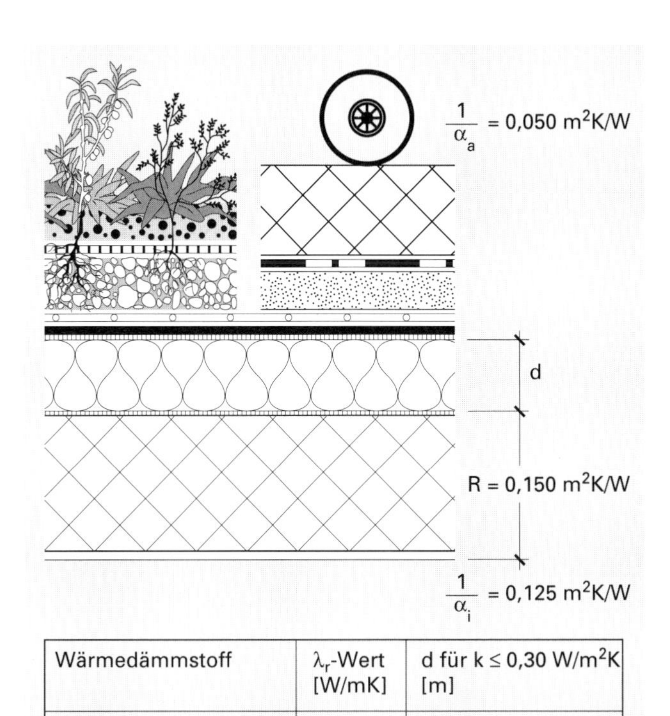

Wärmedämmstoff	λ_r-Wert [W/mK]	d für k ≤ 0,30 W/m²K [m]
Schaumglas	0,048 0,044 0,040	0,144 0,132 0,120

k-Wert 0,30 W/m²K bei Verbunddachkonstruktion.

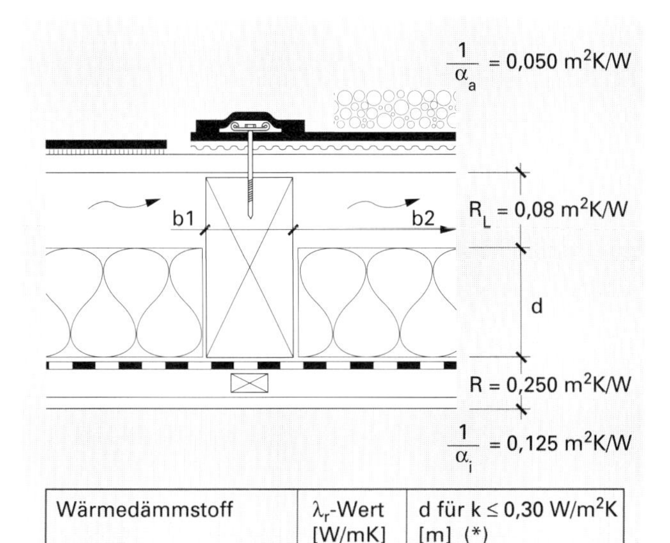

Wärmedämmstoff	λ_r-Wert [W/mK]	d für k ≤ 0,30 W/m²K [m] (*)
Faserdämmstoffplatte	0,045 0,040 0,035	0,165 0,150 0,136
(*) k-Wert-Berechnung unter Berücksichtigung des Holzbalkens (b1 = 0,12 m), als wärmetechnische Schwachstelle innerhalb der Wärmedämmschicht (b2 = 0,65 m)		

k-Wert 0,30 W/m²K bei Kaltdachkonstruktion.

2.2.8 Wärmeschutz im Sommer

Für den sommerlichen Wärmeschutz sind die folgenden Einflussgrössen massgebend:

- Gutes instationäres Verhalten der Konstruktion, gekennzeichnet durch grosse Phasenverschiebung und Temperaturamplitudendämpfung.
- Hoher Wärmedurchgangswiderstand der Dämmschicht.
- Wirksamer Sonnenschutz bei den transparenten Bauteilen wie Oberlichter.

Bei Flachbedachungen über massiven Unterkonstruktionen stellt der sommerliche Wärmeschutz im allgemeinen kein Problem dar. Bei Leichtbaukonstruktionen (Holz- oder Stahlbau) stellen sich hingegen dieselben Probleme wie beim Steildach. Ein gutes instationäres Verhalten kann durch den Einbau von Materialien, die eine hohe thermische Speichermasse aufweisen, erreicht werden.

2.2.9 Luftdichtigkeit

Das Flachdach über massiven, luftdichten Unterkonstruktionen stellt zur Erreichung der erforderlichen Luftdichtigkeit bzw. Luftdurchlässigkeit der Gebäudehülle ($n_{L,50}$-Wert) kein Problem dar.
Analog zum Steildach beeinflussen aber Flachbedachungen über nicht luftdichten Unterkonstruktionen bzw. Verlegeunterlagen die Luftdichtigkeit der Gebäudehülle massgebend. Damit die $n_{L,50}$-Grenzwerte eingehalten werden können, muss bei solchen Flachdachsystemen die luftdichte Ausbildung der Dampfsperre (Fläche, An- und Abschlüsse) gewährleistet sein.

2.3 Deckenkonstruktion

2.3.1 Definition

Als Decke definieren wir Bauteile über beheizten Räumen, mit der Aufgabe, den Wärmefluss von unten nach oben zu begrenzen. Decken dienen also unter anderem der thermischen Abgrenzung gegenüber kälteren Räumen. Kalträume können belüftete, nicht ausgebaute Dach- bzw. Estrichräume unter nicht wärmegedämmten Dachkonstruktionen sein, also Pufferzonen zwischen beheizten Räumen und dem Aussenklima. Kalträume können aber auch Räume sein, die von ihrer Nutzung her nicht beheizt (z.B. Abstellräume) oder gekühlt (z.B. Kühl- und Tiefkühlräume) werden.

2.3.2 Anforderungen

Vom beheizten Raum her sind insbesondere zu beachten:
- Die generellen Bauteilanforderungen (Tragen von Lasten und Eigengewicht, Trennen von Räumen, Aufnehmen von Belägen und Untersichten).
- Der Wärmeschutz (vermeiden erhöhter Transmissionswärmeverluste) und damit verbundene Anforderungen an die warmseitige Luftdichtigkeit.
- Die dampfdiffusionstechnische Funktionstüchtigkeit.
- Der Schallschutz (Luft- und Trittschallschutz).

Vom darüber befindlichen, kalten Raum her betrachtet, resultieren die Anforderungen aus der vorgesehenen Raumnutzung. Im wesentlichen sind zu unterscheiden:

Nutzungsvariante 1
Kaltraum als nicht oder beschränkt begeh-/bekriechbare wärmetechnische Pufferzone unter Dächern.
- Keine speziellen Anforderungen.
- Evtl. vereinzelte «Gehbereiche» für Kontroll- und Unterhaltsarbeiten.

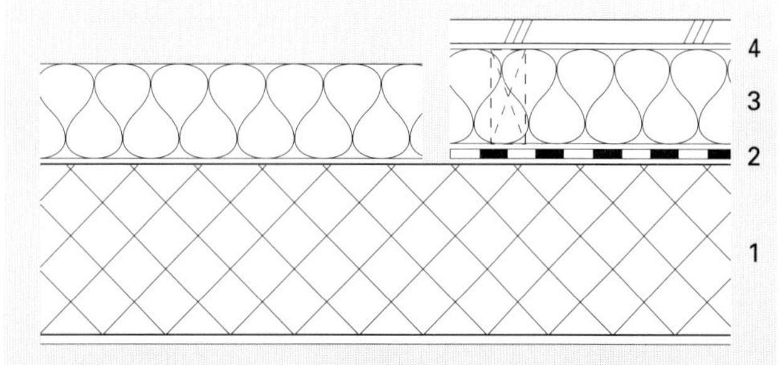

1 Tragkonstruktion, z.B. Stahlbetondecke
2 Evtl. Dampfbremse
3 Wärmedämmschicht, evtl. mit einzelnen oder streifenförmigen Lagern
4 Evtl. partiell Holzwerkstoffplatte als Gehbelag

Deckenkonstruktion in Massivbauweise zur Nutzungsvariante 1

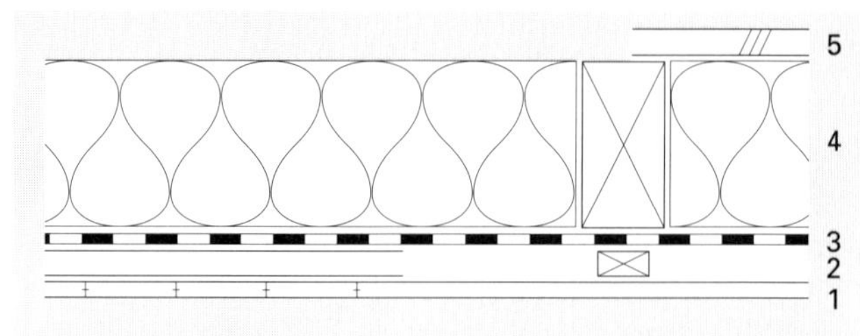

1 Deckenverkleidung (z.B. Holzschalung, Gipskartonplatte mit Abrieb o.ä.)
2 Schiftlattung und Installationshohlraum
3 Dampfbremse und Luftdichtigkeitsschicht
4 Wärmedämmschicht zwischen der Balkenlage verlegt
5 Evtl. partiell Holzwerkstoffplatte als Gehbelag

Deckenkonstruktion in Leichtbauweise zur Nutzungsvariante 1

Nutzungsvariante 2
Kaltraum als nutzbarer Raum.
- Funktionstüchtige Nutzschicht (Bodenbelag).
- Schalltechnische Anforderungen je nach Raumnutzung (Luft- und Trittschalldämmung).

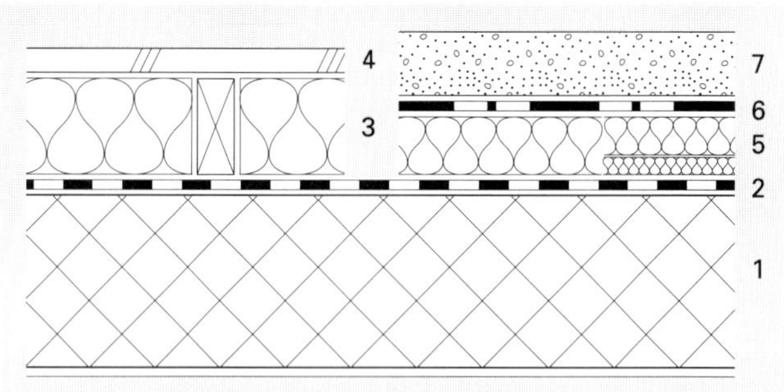

1 Tragkonstruktion, z.B. Stahlbetondecke
2 Evtl. Dampfsperre, je nach Feuchtigkeitsgehalt der Stahlbetondecke (Restfeuchtigkeit), klimatischen Randbedingungen und Bodenüberkonstruktion
3 Wärmedämmschicht, evtl. mit einzelnen oder streifenförmigen Lagern
4 Holzwerkstoffplatte als Geh- und Nutzbelag
5 Wärmedämmschicht und evtl. Trittschalldämmschicht
6 Trenn-, Gleit- und Abdecklage
7 Schwimmende Bodenüberkonstruktion

Deckenkonstruktion in Massivbauweise zur Nutzungsvariante 2

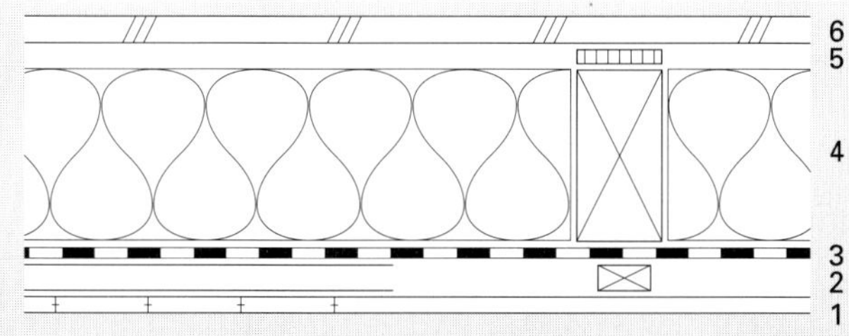

1 Deckenverkleidung (z.B. Holzschalung, Gipskartonplatte mit Abrieb o.ä.)
2 Schiftlattung und Installationshohlraum
3 Dampfbremse und Luftdichtigkeitsschicht
4 Wärmedämmschicht zwischen der Balkenlage verlegt
5 Körperschalldämmendes Lager (z.B. Weichfaserplatte)
6 Holzwerkstoffplatte als Geh- und Nutzbelag

Deckenkonstruktion in Leichtbauweise zur Nutzungsvariante 2

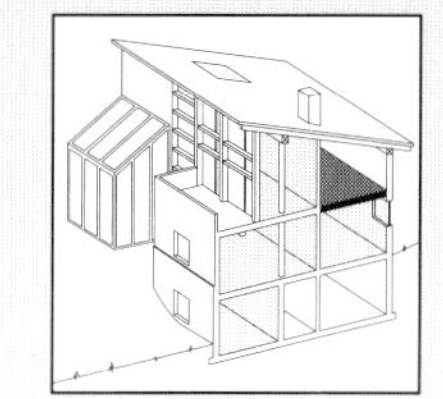

Nutzungsvariante 3
Kaltraum als Kühl- oder Tiefkühlraum.
Je nach Kühlgut müssen solche Räume periodisch mit Wasser, evtl. unter Hochdruck, gereinigt werden. Bodenkonstruktionen solcher Nassräume sind im Gefälle aufzubringen und sie verfügen über Bodenwasserabläufe und Nassraumabdichtungen.
- Funktionstüchtige Nutzschicht (Bodenbelag).
- Nassraumabdichtung (Flachdachabdichtungs-Technik) an unteres Einlauftablett der Bodenwasserabläufe angeschlossen.
- Schalltechnische Anforderungen (Luft- und Trittschalldämmung).

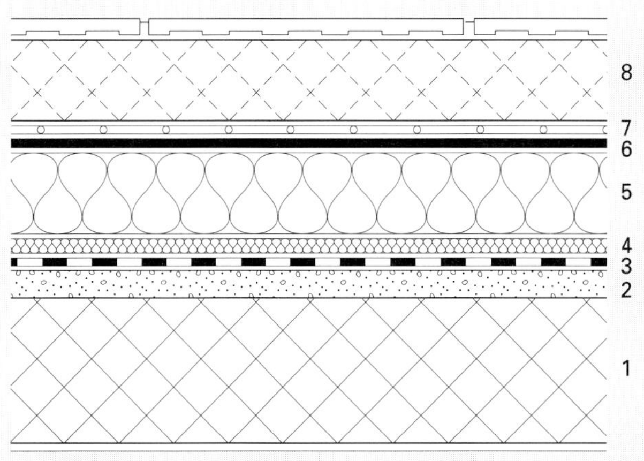

1 Tragkonstruktion, z.B. Stahlbetondecke
2 Evtl. Gefällsüberzug (Nassraum)
3 Dampfsperre
4 Evtl. Trittschalldämmschicht
5 Wärmedämmschicht (Druckfestigkeit je nach Belastung)
6 Nassraumabdichtung, an unteres Einlauftablett des Bodenwasserablaufes angeschlossen
7 Schutzlage
8 Schwimmende Bodenüberkonstruktion mit der Nutzung entsprechendem Bodenbelag

Deckenkonstruktion in Massivbauweise zur Nutzungsvariante 3

2.3.3 Wärmeschutz

In der Norm SIA 180 [1] und der Empfehlung SIA 380/1 [3] wird das Bauteil «Decke» nicht erwähnt. Analog zu Boden und Wandkonstruktionen zu unbeheizten Räumen gilt ein Anforderungswert von $k \leq 0{,}8$ W/m^{2}K (SIA 180) bzw. ein Grenzwert von 0,5 W/m^{2}K und ein Zielwert von 0,4 W/m^{2}K (SIA 380/1).
In einzelnen Wärmeschutzverordnungen der Kantone werden Decken gegen belüftete Estriche wie Dächer behandelt und es gelten k-Werte $\leq 0{,}4$ W/m^{2}K. Decken gegen unbeheizte Räume (ohne dauernde Belüftung) sollen einen k-Wert von $\leq 0{,}8$ W/m^{2}K aufweisen.
Zur Minimierung der Transmissionswärmeverluste sollten Deckenkonstruktionen gegen unbeheizte Räume generell k-Werte um 0,4 W/m^{2}K aufweisen. Dies erfordert in etwa Wärmedämmschichten von ≥ 8 cm Dicke. Insbesondere bei Decken der Nutzungsvariante 1 ist das An- bzw. Aufbringen von Wärmedämmschichten einfach und Mehrstärken erfordern meist keine konstruktiven Mehraufwendungen.
Bei Deckenkonstruktionen gegen Kühl- und Tiefkühlräume beeinflusst das Wärmedämmvermögen nicht nur die Grösse der Transmissionswärmeverluste sondern auch das Mass der Kühllast. Der k-Wert ist in Abhängigkeit der angestrebten Kühlraumtemperatur zu wählen (Beizug von Spezialisten).

2.3.4 Luftdichtigkeit

In Leichtbauweise ausgeführte Deckenkonstruktionen müssen über eine luftdicht ausgebildete (Fläche, An- und Abschlüsse), warmseitig angeordnete Dampfbremse verfügen, um Luftleck-Kondensat zu vermeiden.

2.3.5 Dampfdiffusion/Feuchtigkeitsverlagerung

Bei Deckenkonstruktionen in Massivbauweise hat die Dampfbremse/-sperre die Aufgabe, die Durchfeuchtung und die Schädigung von über der Stahlbetondekke angeordneten Schichten zu verhindern.
Deckenkonstruktionen der Nutzungsvariante 1, ohne durchgehende Nutzschicht über der Wärmedämmschicht, sind diesbezüglich nicht kritisch, die Wasserdampfdiffusion und das Austrocknen der Betondecke werden nicht behindert.
Bei Deckenkonstruktionen der Nutzungsvarianten 2 und 3 wird die Wasserdampfdiffusion durch über der Wärmedämmschicht angeordnete Schichten behindert. Je nach klimatischen Randbedingungen (unten/oben), Feuchtigkeitsgehalt der Betondecke (Einbaufeuchtigkeit), Schichtaufbau über der Wärmedämmschicht und Feuchtigkeitsempfindlichkeit von Geh- bzw. Nutzbelägen (z.B. Holzwerkstoffplatten) ist eine Dampfbremse/-sperre einzubauen.

2.3.6 Schallschutz

Angaben zum Schallschutz finden Sie unter Kapitel 3.1 «Geschossdecken».

2.4 Bodenkonstruktion

2.4.1 Definition

Bodenkonstruktionen begrenzen den Wärmefluss von oben nach unten, sie grenzen beheizte Räume gegen darunter sich befindende nicht beheizte Räume, gegen Aussenklima und gegen das Erdreich ab. Bodenkonstruktionen über Erdreich werden durch aufsteigende Feuchtigkeit aus dem Erdreich, in speziellen Fällen durch drückendes Wasser (Grundwasser) belastet.

2.4.2 Anforderungen

Vom beheizten Raum her betrachtet ergeben sich folgende Anforderungen:
- Wärmeschutz zur Reduktion der Transmissionswärmeverluste.
- Dampfdiffusions- und feuchteschutztechnische Funktionstüchtigkeit.
- Nutzungstechnische Anforderungen
  - mechanische Beanspruchung
  - Hygiene (z.B. Reinigung)
  - Trockenraum/Nassraum
  - Trittschallschutz (indirekte Übertragung)
- Heizungstechnische Anforderungen
  - mit/ohne Bodenheizung
- Behaglichkeit
  - Wärmeableitung (Bodenbeläge)
  - Oberflächentemperatur

Überlagernd ergeben sich weitere Anforderungen aus der Situierung der Bodenkonstruktion.

Bodenkonstruktion über Aussenluft und nicht beheizten Räumen
- Tragkonstruktion
- Deckenuntersicht nutzungsentsprechend bzw. je nach Dämmkonzept

Bodenkonstruktion über Erdreich
- Gebäudefundation/Bodenplatte
- Isolation gegen kapillar aufsteigende Feuchtigkeit

Bodenkonstruktion im Grundwasser
- Gebäudefundation/Bodenplatte
- Abdichtung gegen drückendes Wasser

2.4.3 Wärmeschutz

Die Anforderungen an den Wärmeschutz von Bodenkonstruktionen sind in den Normen und Empfehlungen des SIA (180, 380/1) und in Verordnungen der Kantone definiert.
Empfehlung SIA 380/1 [3] definiert die Einzelbauteilanforderungen aus energetischer Sicht. Es wird nicht nur die Situierung (Aussenklima, unbeheizte Räume, Erdreich) sondern auch das Vorhandensein einer Flächenheizung (Bodenheizung) mitberücksichtigt. Gerade letzteres wirkt sich entscheidend auf den Transmissionswärmeverlust und damit auf die anzustrebenden k-Werte aus.

Situierung der Bodenkonstruktion	k-Wert Anforderung [W/m²K] Grenzwert	Zielwert
über Aussenklima	0,4	0,3
über unbeheizten Räumen und Erdreich	0,5	0,4
Bei Flächenheizung (über Aussenklima, unbeheizten Räumen und Erdreich	0,3	0,25

k-Wert-Einzelanforderungen aus Empfehlung SIA 380/1 [3]

Damit diese k-Wert-Anforderungen erfüllt werden können sind Wärmedämmschichten von etwa 6 bis 16 cm Dicke erforderlich.

Hinweise zu verschiedenen Bodenbelägen
Bodenbeläge werden aus der Sicht der Nutzung gewählt, haben jedoch auch massgebenden Einfluss auf die Behaglichkeit (Wärmeableitung von Bodenbelägen) und das Trittschalldämmvermögen (Trittschallverbesserungsmass ΔL_w).
Normen des SIA (248 «Platten-Arbeiten», 252 «Fugenlose Industriebodenbeläge und Zementüberzüge», 253 «Bodenbeläge aus Linoleum, Kunststoff, Gummi, Kork und Textilien» und 254 «Bodenbeläge aus Holz») gehen detailliert auf die Planung und Ausführung der Bodenbeläge ein. Ausser bei Bodenkonstruktionen mit Plattenbelägen ist jeweils eine Anforderung sinngemäss gleich:
- Über direkt auf dem Erdreich liegenden Bodenplatten dürfen dampfdichte Böden nur über einer Dampf- und Feuchtigkeitssperre verlegt werden.
- Über Hohlräumen oder über Räumen mit hoher Luftfeuchtigkeit oder hoher Raumlufttemperatur muss die Notwendigkeit einer Dampfsperre oder -bremse aufgrund des Diffusions- und Feuchtigkeitsverhaltens überprüft werden. Dabei sind die Verhältnisse vor und nach der Austrocknungszeit zu berücksichtigen.

Hinweise zu schwimmenden Unterlagsböden
Die Norm SIA 251 «Schwimmende Unterlagsböden» [15] unterscheidet zwischen zement- und anhydridgebundenen Unterlagsböden (Mörtel) und Unterlagsböden aus anhydridgebundenem Fliessmörtel.
- Über direkt auf dem Erdreich liegenden Bodenplatten muss eine Feuchtigkeitssperre verlegt werden.

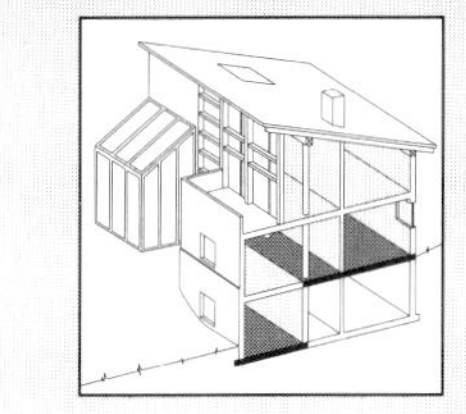

Die Notwendigkeit einer Dampfsperre zwischen Unterlagsboden und Wärmedämmschicht ist abzuklären (Glaserverfahren mit angepassten Randbedingungen).
- Über Hohlräumen oder über Räumen mit hoher Luftfeuchtigkeit oder hoher Raumlufttemperatur muss die Notwendigkeit und Anordnung einer Dampfsperre oder Dampfbremse aufgrund des Diffusions- und Feuchtigkeitsverhaltens überprüft werden.

2.4.4 Bodenkonstruktionen über Aussenluft und nicht beheizten Räumen

Bei Bodenkonstruktionen über Aussenluft und nicht beheizten Räumen kann die Wärmedämmschicht sowohl über, zwischen (Balkendecken) als auch unter der Tragkonstruktion angebracht werden. Es sind auch Kombinationen möglich. Bei Bodenheizungen ist mindestens ein Teil der Wärmedämmschicht über der Tragkonstruktion anzuordnen. Im folgenden beschränken wir uns auf Bodenkonstruktionen in Massivbauweise.

Bei Bodenkonstruktionen mit schwimmenden Unterlagsböden können Flächenheizungen eingebaut werden und die Bodenkonstruktion wird durch Wärmedämmschichten über und/oder unter der Tragkonstruktion dem Wärmedämmkonzept sowie den k-Wert-Anforderungen angepasst. Durch das Einbauen von Trittschalldämmschichten und die Verwendung trittschalldämmender Bodenbeläge können die geforderten Trittschalldämmwerte erfüllt werden.
Bodenkonstruktionen ohne schwimmende Unterlagsböden sind durch Wärmedämmschichten unter der Tragkonstruktion den Wärmeschutzanforderungen und, falls erforderlich, durch trittschalldämmende Bodenbeläge den Anforderungen an den Trittschall anzupassen.

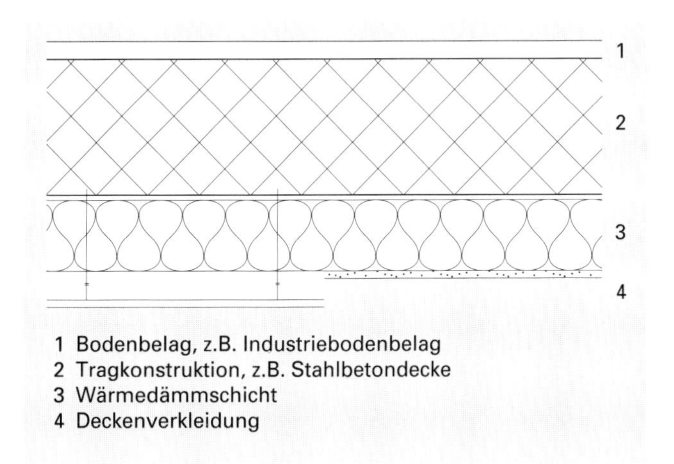

Bodenkonstruktion über Aussenluft und nicht beheizten Räumen, ohne schwimmendem Unterlagsboden

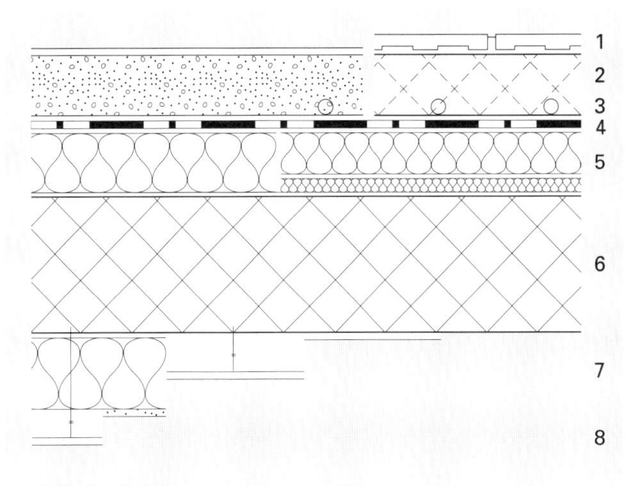

Bodenkonstruktion über Aussenluft und nicht beheizten Räumen, mit schwimmendem Unterlagsboden

2.4.5 Bodenkonstruktionen über Erdreich

Bei Bodenkonstruktionen über Erdreich wird die Wärmedämmschicht meist über der Bodenplatte angeordnet. Es entsteht ein Konstruktionssystem mit schwimmender Bodenüberkonstruktion.
In Spezialfällen, z.B. bei Industrie- und Gewerberäumen mit hohen Bodenlasten und wärmespeichernden Kieskofferungen bei Solarhäusern, wird die Wärmedämmschicht auch unter der Bodenplatte angeordnet (Verwendung hochdruckfester Wärmedämmplatten aus Schaumglas oder extrudiertem Polystyrolhartschaum).
Vor allem bei über der Bodenplatte wärmegedämmten Konstruktionen ist der Kapillarwasser-Sperre grosse Aufmerksamkeit beizumessen.

Bei Nassräumen wird die Wärmedämmschicht durch wasserdichtes Verbinden der Nassraumabdichtung mit der Kapillarwasser-Sperre vor Feuchtigkeit bzw. Wasser geschützt. Die Nassraumabdichtung ist nach den Grundsätzen einer Flachdachabdichtung auszuführen.

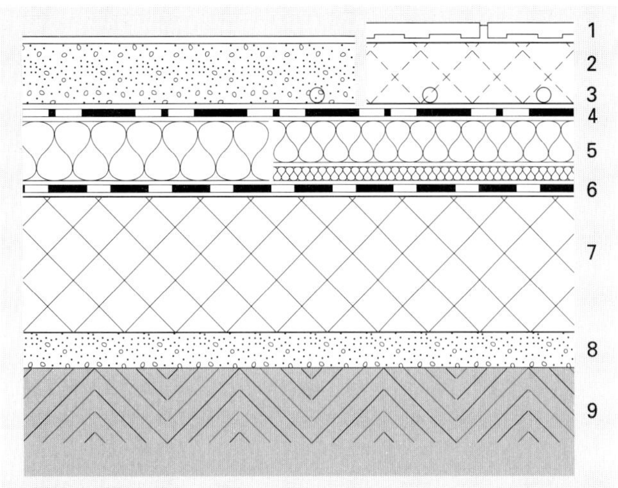

1 Bodenbelag
2 Unterlagsboden, evtl. mit Armierung
3 Evtl. Bodenheizung
4 Trenn- und Gleitlage
5 Wärmedämmschicht und evtl. Trittschalldämmschicht
6 Kapillarwasser-Sperre
7 Bodenplatte
8 Magerbeton
9 Erdreich bzw. Baugrund

Bodenkonstruktion mit schwimmendem Unterlagsboden

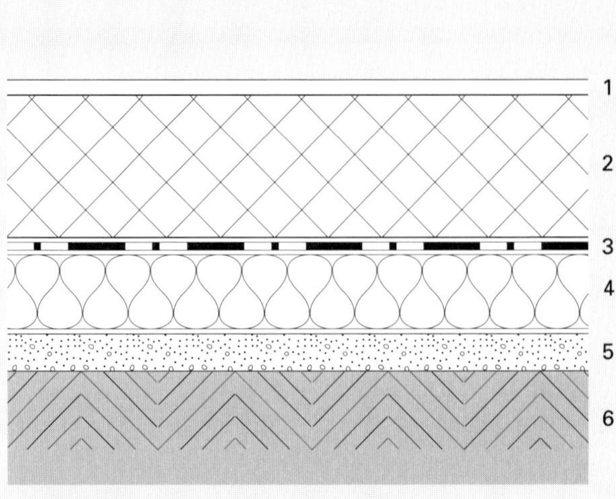

1 Bodenbelag, z.B. Industriebodenbelag
2 Bodenplatte
3 Trenn- und Gleitlage
4 Wärmedämmschicht, z.B. Schaumglasplatten oder extrudierte Polystyrolhartschaumplatten
5 Magerbeton oder Ausgleichsschichten aus Kies und Sand
6 Erdreich bzw. Baugrund

Bodenkonstruktion mit Wärmedämmschicht unter der Bodenplatte, z.B. für Industrie- und Gewerbebauten

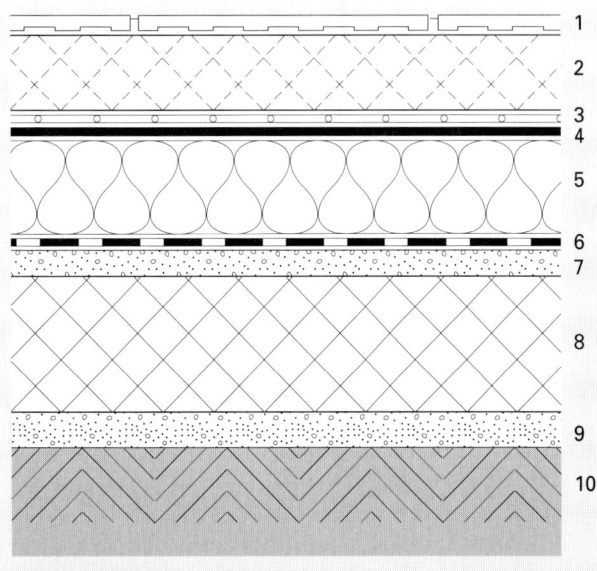

1 Bodenbelag
2 Unterlagsboden mit Armierung und evtl. Bodenheizung
3 Schutz- und Trennlage
4 Nassraumabdichtung, an unteres Einlauftablett des Bodenwasserablaufes angeschlossen
5 Wärmedämmschicht und evtl. Trittschalldämmschicht
6 Kapillarwasser-Sperre
7 Gefällsüberzug
8 Bodenplatte
9 Magerbeton
10 Erdreich bzw. Baugrund

Bodenkonstruktion mit Nassraumabdichtung

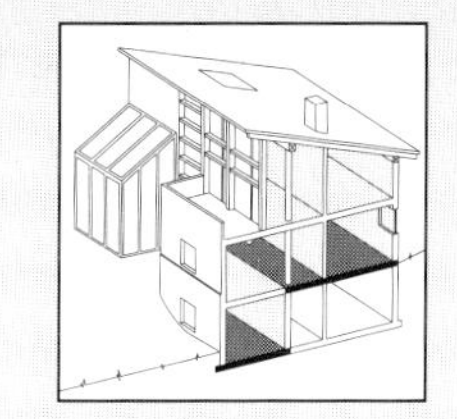

Hinweise zur Ausbildung der Kapillarwasser-Sperre
Die Kapillarwasser-Sperre hat die Durchfeuchtung der Baukonstruktion infolge kapillar aufsteigender Feuchtigkeit aus dem Erdreich bzw. aus der Bodenplatte zu verhindern. Gegen drückendes Wasser und vor Wasser, das infolge Mängeln an der äusseren Entwässerung und dem äusseren Feuchtigkeitsschutz in das Gebäude eindringt, bieten Kapillarwasser-Sperren keinen Schutz. Bei Bodenkonstruktionen muss also die Bodenplatte und insbesondere die Arbeitsfuge Boden/Wand «wasserdicht» sein.
Kapillarwasser-Sperren sind lückenlos, das heisst auch unter aufgehenden Mauerwerken zu verlegen, denn insbesondere Mauerwerke und Putzschichten neigen zur kapillaren Aufnahme von Wasser.

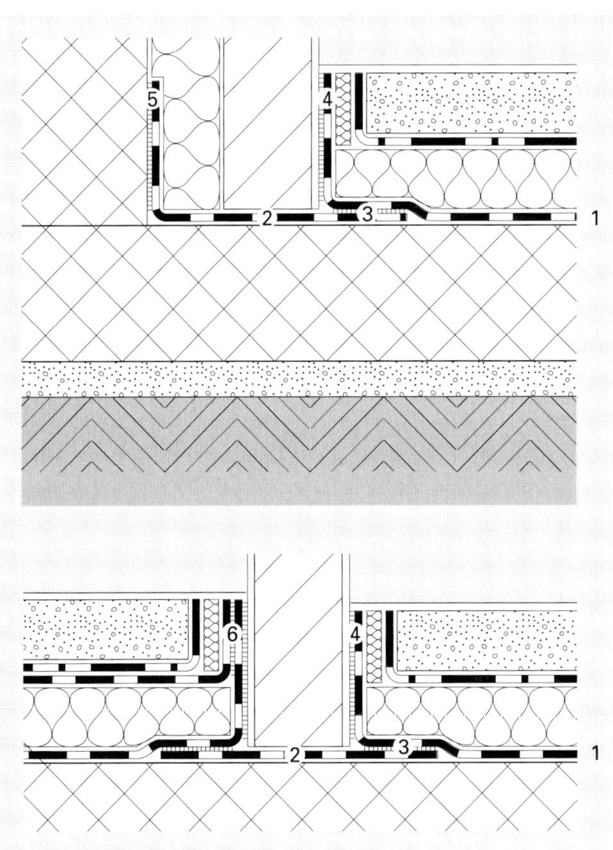

1 Kapillarwasser-Sperre
2 Vorgängig verlegte, reissfeste und mechanisch widerstandsfähige Kapillarwasser-Sperre unter Zwischenwänden, Vormauerungen u.ä.
3 Verklebung oder Verschweissung der beiden Kapillarwasser-Sperren
4 Kapillarwasser-Sperre aufgebordet und evtl. am Mauerwerk bzw. am Grundputz aufgeklebt
5 Kapillarwasser-Sperre an äusserer Stahlbetonkonstruktion aufgebordet und aufgeklebt
6 Variante mit «wasserdichter» Abdecklage/Dampfsperre (als Schutz der Wärmedämmschicht bei Feuchtigkeitsbelastung von oben her, im Falle eines aussergewöhnlichen Ereignisses), die mit der Kapillarwasser-Sperre verklebt wird

Feuchtigkeitsisolation im Anschlussbereich an Vormauerungen bzw. innere Mauerwerkschalen und an Zwischenwände

2.4.6 Bodenkonstruktionen im Grundwasser

Bauwerke, die in das Grundwasser reichen, sind allseitig vom Wasser umschlossen. Massnahmen, die ein Eindringen von Grundwasser in das Gebäudeinnere verhindern, müssen frühzeitig eingeplant werden und der Empfehlung SIA 272 «Grundwasserabdichtungen» [13] entsprechen.
Spezielle bauliche Vorkehrungen, wie z.B. Grundwasserabsenkungen, Baugrubenumschliessungen usw., sind für die Werkerstellung unerlässlich. Für die Planung der Grundwasserabdichtung sind die Berücksichtigung des Höchstwasserstandes (Grundwasser unterliegt Höhenschwankungen) und die vorgesehene Raumnutzung (Anforderungsprofil) von grosser Wichtigkeit.

Bei Grundwasserabdichtungen wird zwischen plastischen Abdichtungen (Bitumendichtungsbahnen), elastischen Abdichtungen (Kunststoffdichtungsbahnen) und starren Abdichtungen aus wasserundurchlässigem Zementmörtel oder wasserdichtem Beton (Sperrbeton, Beton mit Dichtungszusätzen) unterschieden. Bei der System-Evaluation ist gedanklich immer auch der Fall einer Undichtheit zu berücksichtigen. Die Grundwasserabdichtung ist so zu projektieren und auszuführen, dass auch nachträglich Massnahmen zur Gewährleistung der Wasserdichtigkeit getroffen bzw. Leckstellen nachgedichtet werden können. Bei allen Abdichtungssystemen sind evtl. Wasserableitungssysteme vorzusehen (PE-Rohr/Rigolen). Grosse Beachtung ist den Hausanschlüssen beizumessen (Leitungsdurchführungen).
Grundwasserabdichtungen sind keine thermischen Massnahmen, je nach Anforderung sind Wärmedämmschichten in den Konstruktionsaufbau zu integrieren.

Systeme für Grundwasserabdichtungen
Das System der Grundwasserabdichtung resultiert meist aus den nutzungsspezifisch definierten Anforderungen, mit dem Hauptziel die Räume trocken zu halten.
Grundwasserabdichtungen werden bei plastisch/elastischer Abdichtung mit Doppelwannenkonstruktionen ausgeführt, wobei die äussere Wanne Isolationsträger ist. Diese Systeme können sowohl bei offener als auch bei geschlossener Baugrube angewendet werden.
Bei Grundwasserabdichtungen mit Sperrbeton ist der Konstruktionsbeton selber dicht und bei speziellen, starren Verputzen dient der Konstruktionsbeton als Träger.
Zwischen der Grundwasserabdichtung und der Art der Baugrube besteht ein Zusammenhang, wobei in der Praxis meist das erforderliche Abdichtungssystem die Art der Baugrube bestimmt. Die geschlosse-

ne Baugrube (Schlitzwand oder «Betonitwand») kann zusätzlich Funktionen der Gründung und der Aussenwand übernehmen. Siehe auch Kapitel 2.5.6 «Aussenwand im Grundwasser».

Doppelwannenkonstruktionen mit plastisch/elastischer Abdichtung
Die Abdichtung wird auf die äussere Wanne aufgebracht und mit der inneren Wanne bzw. der eigentlichen Bodenplatte des Gebäudes überbetoniert. Die mittels Dichtungsbahnen erstellte Grundwasserabdichtung soll nach Möglichkeit so ausgeführt werden, dass sie nachträglich überprüft und evtl. durch Injektionen o.ä. nachgedichtet werden kann.

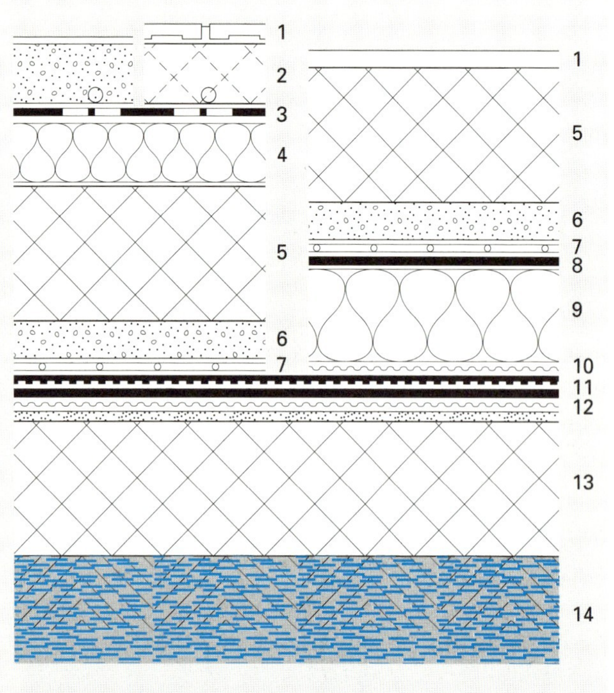

1 Bodenbelag, je nach Nutzung
2 Unterlagsboden, evtl. mit Armierung und Bodenheizung
3 Trenn- und Gleitlage
4 Wärmedämmschicht und evtl. Trittschalldämmschicht
5 Bodenplatte
6 Schutzmörtel
7 Schutz- und Trennlage
8 Feuchtigkeitsschutzschicht (Bauausführung) und Dampfsperre
9 Wärmedämmschicht, evtl. hochdruckfest
10 Evtl. Trennlage
11 Zweilagige Grundwasserabdichtung mit Injektionshohlraum (durch Abschottungen entstehen einzelne Prüf- und Injektionsfelder)
12 Evtl. Ausgleichslage
13 Unterlagsbeton abtaloschiert oder mit Ausgleichsmörtel
14 Erdreich bzw. Baugrube im Grundwasser

Grundwasserabdichtung mit elastisch/plastischer Abdichtung

Bodenkonstruktion mit Sperrbeton oder wasserdichtem Mörtel
Stahlbeton erhält durch den Zusatz von Dichtungsmitteln eine erhöhte Wasserdichtigkeit. Beton ist ein starrer Bauteil, der zur Rissbildung neigt. Dieser Gefahr kann durch entsprechende Bewehrung, das Ausbilden von Trennfugen und durch Kontrollen der Betonverarbeitung und -nachbehandlung begegnet werden. Treten später Rissbildungen auf, können diese mit verschiedenen Verfahren nachgedichtet werden. Für das Anbringen der starren Abdichtung braucht es eine geschlossene Betonhülle als Träger bzw. Untergrund. Wasserdichte, starre Abdichtungen werden mit speziellen Dünnschicht-Mörteln oder durch Zusatzmittel in Verputzen erreicht.
Bei einschaligem Bodenaufbau wird direkt das Hauptbauwerk bzw. die Bodenplatte wasserdicht ausgeführt, welche dadurch die Funktion der Grundwasserabdichtung übernimmt (Sperrbeton/innere Beschichtung mit wasserdichtem Mörtel). Ohne Bodenüberkonstruktionen bleiben solche Systeme augenscheinlich kontrollierbar, und sie können mittels Injektionen und Beschichtungen nachgebessert werden.
Es ist auch eine Grundwasserabdichtung in einer Doppelwannenkonstruktion denkbar, wobei die starre Abdichtung auf die Innenseite der äusseren Wanne aufgebracht und mit der eigentlichen Bodenplatte überbetoniert wird.

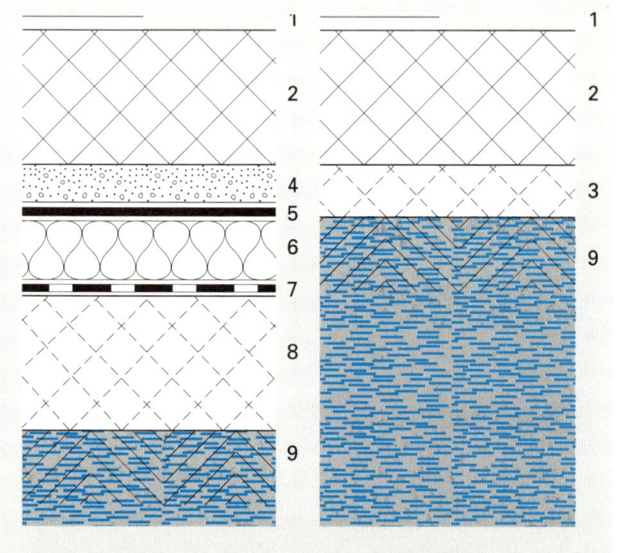

1 Starre Abdichtung mit wasserdichtem Mörtel
2 Bodenplatte, evtl. mit Sperrbeton ausgebildet
3 Magerbeton o.ä.
4 Schutzmörtel
5 Schutzschicht
6 Wärmedämmschicht aus Schaumglas
7 Evtl. Schutz- und Trennlage
8 Magerbeton abtaloschiert
9 Erdreich bzw. Baugrube im Grundwasser

Grundwasserabdichtung mit Sperrbeton bzw. starrer Abdichtung

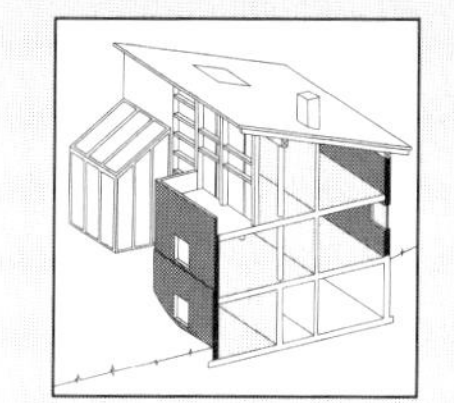

2.5 Aussenwandkonstruktion

2.5.1 Die Wand

Zusammen mit der Decke bzw. dem Dach und dem Boden bilden und definieren die Wände, als vertikale Bauteile, den architektonischen Raum. Als Raumbildner umhüllen und schützen sie diesen gegen Einflüsse wie:
- Temperaturdifferenzen (Wärmeschutz, Speicherfähigkeit)
- Feuchtigkeit (Feuchteschutz, Regen, Schlagregen, Dampfdiffusion, Luftleck-Kondensat)
- Schall (Schallschutz, Luftschall von Aussen oder von Innen, Körperschall)
- Feuer (Brandschutz)

Neben all diesen Trenn- und Schutzfunktionen kann die Wand, als wesentlicher Teil des Tragwerks eines Gebäudes, Lasten und Kräfte übernehmen und stabilisierend wirken.

Die Vielfältigkeit der Anforderungen hat über Jahrhunderte hinweg zu den verschiedenartigsten Wandtypen geführt. Der spezifischen Lage und Funktion entsprechend werden zwei hauptsächliche Wandkategorien unterschieden:
- Aussenwand gegen das Aussenklima oder im Erdreich
- Innenwand als Trag-, Trenn- oder Installationswand.

Als Teil der Gebäudehülle werden in den folgenden Abschnitten die Aussenwandtypen beschrieben und ihre verschiedenen konstruktiven Aufbaumöglichkeiten diskutiert.

Die Aussenwand prägt im wesentlichen das äussere architektonische Erscheinungsbild eines Gebäudes durch sein Öffnungsverhalten, seine Materialisierung (Textur, Farbe) und die Ausbildung an den Bauteilübergängen (Sockel, Öffnung, Dach).

2.5.2 Aussenwandsysteme

Für die Ausführung von Aussenwänden bestehen, im Gegensatz zu den Steil- und Flachdächern, in der Schweiz keine spezifischen Empfehlungen oder Normen. Verbindliche Bauteilanforderungen finden wir lediglich in tragwerks- und wärmetechnischen Richtlinien. Für einzelne Schichten der Aussenwand bestehen hingegen Normen, so z.B. die Norm SIA 243 für die verputzte Aussenwärmedämmung.

Abgesehen von den verschiedensten Baustoffen, welche für Aussenwandkonstruktionen Anwendung finden, können wir folgende prinzipielle Wandtypen bei den tragenden Aussenwänden unterscheiden:

- *Homogene* (einschichtige, einschalige) Wand. Sämtliche Funktionen (tragen, schützen, dämmen) werden durch den einen Wandbaustoff übernommen. Grundsätzlich kommen poröse oder porosierte Baustoffe zur Anwendung wie: Leichtbeton, Gasbeton, Backstein, Zementstein, usw. In der Regel müssen solche Aussenwände verputzt werden.

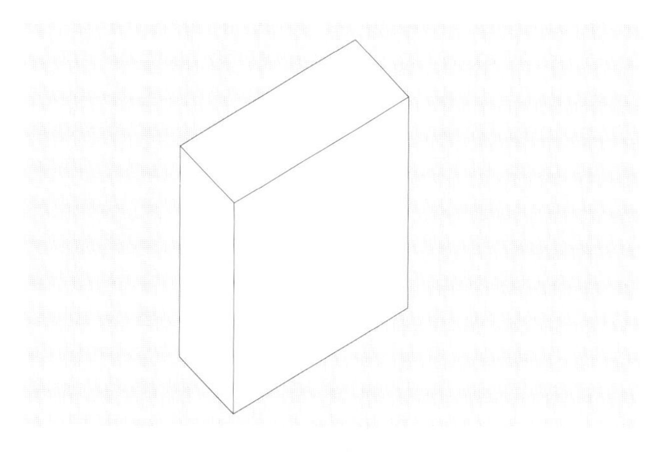

- *Heterogene* (mehrschichtige, mehrschalige) Wand. Die Hauptfunktionen werden durch die verschiedenen Schichten oder Schalen übernommen. Durch unterschiedliche Anordnung dieser Bauteilschichten ergibt sich eine Vielzahl von Wandtypen. Hier ist die Materialvielfalt auch entsprechend gross.
  Tragschicht: Beton, Mauerwerk (Backstein, Kalksandstein, Zementstein), Holz, Stahl
  Dämmschicht: Mineralfaserstoffe (Stein-, Glaswolle), Schaumkunststoffe, Schaumglas, Kork, Cellulosefaser
  Schutzschicht: Verputze (mineralische, kunststoffvergütete oder -gebundene), Faserzement (Platten, Schindeln), Tonprodukte (Ziegel), Holz (Schalungen), Metalle (Blechbahnen, -tafeln)

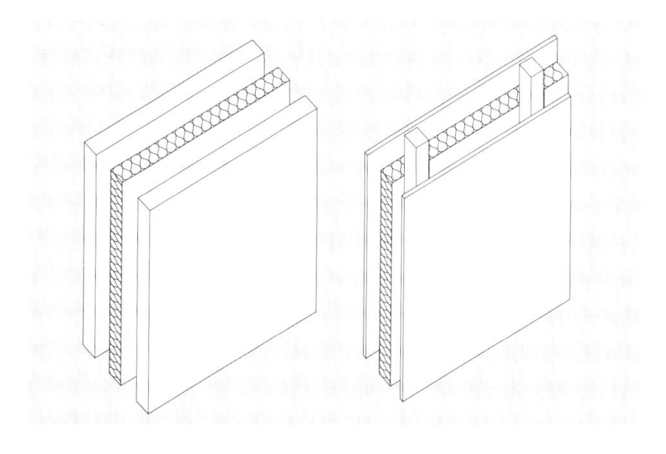

Anschliessend an den konstruktiven Anforderungskatalog an Aussenwände und deren Schichten werden die gebräuchlichsten Wandtypen besprochen, welche etwa den aktuellen «Stand der Baukunst» auf dem schweizerischen Bausektor repräsentieren.

2.5.3 Randbedingungen für die konstruktive Ausführung

Objektlage/Objektexposition
Neben der Höhenlage (m.ü.M.) bestimmt die Region (Jura, Mittelland, Seenähe, Alpen) entscheidend das zur Bauwerksauslegung massgebende Aussenklima. Als Faustregel wird bei etwa 800 m.ü.M. eine «Beanspruchungsgrenze» gelegt. Als wichtigste klimatische Einflüsse auf die Konstruktion sind die Aussenlufttemperaturen, die zugehörigen relativen Luftfeuchtigkeiten und die anfallenden Niederschlagsmengen (Regen, Schnee) zu erwähnen.
Die topographische Lage und die Stellung von Gebäuden zueinander sind massgebend für den Einfluss von auftretenden Windströmungen und somit auf die Schlagregenbelastung.

Statik
Die Aussenwand hat meist Lasten aufzunehmen und muss die daraus resultierenden Kräfte (Horizontal- und Vertikalkräfte) in die Fundation ableiten. Es sind dies Eigen-, Nutz- und Verkehrslasten; Schnee- und Windlasten; Kräfte aus Erschütterungen und Erdbeben. Das Schwinden, das Kriechen sowie die thermischen Einflüsse (Dehnung, Kontraktion) sind weitere Belastungskomponenten, welche die statischen Überlegungen beeinflussen.

Wärmeschutz
Die Anforderungen an den Wärmeschutz sind in den einschlägigen Normen und Empfehlungen des SIA (180/1, 380/1) und in Verordnungen und Gesetzen der Kantone definiert. Für Aussenwände gegen das Aussenklima müssen k-Werte zwischen 0,30 W/m^{2}K (Zielwert aus SIA 380/1) und 0,60 W/m^{2}K (max. k-Wert für Einzelbauteile nach SIA 180/1) erzielt werden.
Zur Erreichung von k-Werten um 0,30 W/m^{2}K sind Wärmedämmschichten von etwa 10 bis 12 cm Dicke erforderlich.
Zur Erreichung eines möglichst guten sommerlichen Wärmeschutzes sind Aussenwandkonstruktionen zu wählen, bei welchen sich die wärmespeichernde Masse auf der Innenseite befindet.

Temperatureinwirkungen
Durch Temperaturschwankungen ist die Aussenwand ständigen thermischen Spannungen ausgesetzt. Beim Erwärmen dehnen sich die Bauteile aus und beim Auskühlen ziehen sie sich zusammen. Werden diese Bewegungen behindert, z.B. durch fehlende Bewegungsfugen, treten entsprechende Riss- und Putzschäden auf.

Feuchtigkeits- und Wetterschutz
Die Aussenwand wird durch Niederschläge benetzt (Schlagregen, durch Winddruck vertikal aufsteigender Wasserfilm bei Sturmregen). Je nach Feuchtigkeitsempfindlichkeit der äussersten Materialschichten sind geeignete Wetterschutzmassnahmen wie Verputze, Verkleidungen oder Vordächer erforderlich.
Die Aussenwände im Massivbau bilden in der Regel in sich geschlossene, winddichte Flächen. Bei Wandöffnungen und bei Übergangs- und Nahtstellen zu angrenzenden Bauteilen entstehen Material- und Systemwechsel, welche auf Undichtigkeiten anfällig sind (Luft, Wind, Schlagregen).
Im Bereich von Fassenvorsprüngen (Erker, Balkone) oder bei Terrainübergängen entsteht durch Spritzwasser eine zusätzliche Feuchtigkeitsbelastung.
Unter Terrain gelangen Boden-Feuchtigkeit und Wasser aus der Oberflächenentwässerung an die Aussenwand. Übliche Schutzmassnahmen auf der Aussenseite von erdberührten Bauteilen sind: Schutzanstriche/-beschichtungen, Sickerplatten/Filterplatten, Sikkerleitung.
Steht ein Gebäudeteil im Grundwasser, ist die Ausbildung einer Grundwasserabdichtung erforderlich, welche gegen das Eindringen von drückendem Wasser schützt.

Verputze:
Verputze können eine Aussenwand wirkungsvoll vor Durchnässung schützen. Bei der Verwendung von Verputzen als Oberflächenschutz ist einerseits die Verträglichkeit mit dem Putzträger (Haftgrund) zu prüfen und andererseits ein einwandfreier bauphysikalischer Wandaufbau zu gewährleisten (Dampfdiffusion).

Hinterlüftete Verkleidungen:
Sie erbringen ein Höchstmass an Witterungsschutz. Der bauphysikalische Aufbau (Dampfdiffusion) ist durch die kaltseitige Hinterlüftung ebenfalls als ideal anzusehen.

Dampfdiffusion
Zur Vermeidung von schädlichen Kondensatausscheidungen im Wandquerschnitt infolge Dampfdiffusion in einem Temperatur- bzw. Dampfdruckgefälle, ist bei Wandkonstruktionen mit dampfdichteren äusseren Schichten (z.B. Betonaussenwände, Metallverkleidungen, dichte kunststoffgebundene Verputze und Anstriche) die Notwendigkeit von warmseitigen Dampfbremsen zu prüfen.

Luftdichtigkeit
Massive Aussenwandkonstruktionen mit verputzten Mauerwerken (ein- oder mehrschalig) sind innerhalb der Fläche luftdicht. Dichtigkeitsprobleme entstehen, wie unter Feuchtigkeits- und Wetterschutz geschildert, an den Bauteilübergängen. Bei Sichtmauerwerken mit porösen Bauteilschichten ist der Luftdichtigkeit erhöhte Beachtung zu schenken (Lager- und Stossfugen).

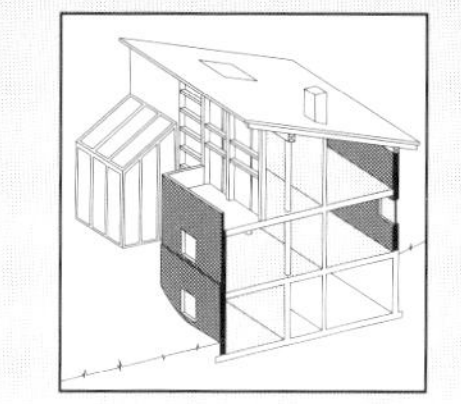

Bei Leichtbau-Aussenwandkonstruktionen, z.B. Ständerkonstruktionen in Holz oder Stahl, ist die Luftdichtigkeit durch den Einbau einer separaten Luftdichtigkeitsschicht (eventuell auch als Dampfbremse wirkend) zu gewährleisten. Bei Elementbauten werden dazu Dichtungsbänder bzw. Dichtungsprofile eingesetzt.

Brandschutz
Siehe Kapitel 3.4.4 «Brandschutz»

Integration von Installationen
Installationen (Elektro, Sanitär, Heizung) sind in separaten Bereichen (Installations-Steigzonen, -Schächte, -Kerne) im Gebäudeinneren zusammenzuführen. Aussparungen in Aussenwandbereichen sind zu vermeiden (Rissgefahr, Wärmebrücken, Schallbrücken).

2.5.4 Aussenwand gegen Aussenklima

Die Wahl der Aussenwandkonstruktion ist ein wichtiger Materialisierungsentscheid in der Ausführungsplanung. Dem Konstrukteur steht eine Reihe von verschiedenen Wandtypen und eine reichhaltige, fast unüberschaubare Palette von bewährten Materialien für den Wandaufbau zur Verfügung.
Die Wahl des geeigneten Wandaufbaus und dessen Materialisierung ergibt sich einerseits aus dem Projektkonzept (Bau- und Tragstruktur, ersichtlich aus Grundrissen, Schnitten, Fassaden); andererseits aus der Beziehung zu den angrenzenden Bauteilen, deren strukturellem und materiellem Aufbau. Die Wahl eines Wandtyps ist insofern eingeschränkt, als die Gebäudehülle als ganzes ein System darstellt, die verschieden Bauteiltypen (Dach, Wand, Fenster, Sockel) aufeinander abzustimmen und deren Schnittstellen zu planen sind.

Im folgenden Abschnitt werden die in der Schweiz gebräuchlichsten Aussenwandkonstruktionen vorgestellt, welche die aktuellen bauphysikalischen Anforderungen zu erfüllen vermögen.
Die vorgängig vorgeschlagene Typologisierung nach *homogenen* und *heterogenen* Aussenwandsystemen (Tragen, Dämmen, Schützen, bzw. nach Lage der Wärmedämmung) ermöglicht, die Vielfalt von branchenüblichen Aussenwandkonstruktionen zu überblicken und neue Systementwicklungen einzuordnen.

Homogene Aussenwandsysteme
Der tragende und dämmende Querschnitt einer homogenen Aussenwand besteht durchgehend aus demselben, möglichst feinporigen Material. Trotz einer hohen Porosität (gute Wärmedämmeigenschaft) weisen solche Wandsysteme grosse Wanddicken von 40 bis 50 cm auf. Die aufzuwendende Sorgfalt in der Planung (Schichtenpläne) und der Ausführung haben ihren Preis.
Beidseitig werden solche homogenen Einstein- oder Verbandmauerwerke durch geeignete Verputzschichten geschützt. Durch zusätzliche Dämmstoffeinlagen bei Verbandmauerwerken oder Schalungssteinen wird versucht, die Wärmedämmfähigkeit homogener Aussenwandsysteme zu verbessern; der Querschnitt ist dann eher als «quasi homogen» zu bezeichnen. Die Anbieter solcher Aussenwandsysteme schreiben meist wärmedämmende Leichtbaumörtel vor, um Wärmebrückeneffekte zu reduzieren.

Backstein-Verbandmauerwerk
Im Querschnitt werden solche Mauerwerke im Verband gemauert, mit unterschiedlichen Steinformaten. Die Spezialbacksteine weisen eine wärmetechnisch optimierte Schlitzlochung auf. Bei Wanddicken von 39 bis 47,5 cm werden rechnerische k-Werte von etwa 0,46 bis 0,39 W/m^{2}K erreicht. Die gute Speicherfähigkeit ist wärmetechnisch vorteilhaft.
Bei der Ausführung der Konstruktion ist auf eine saubere Verarbeitung (Unterbrechung der Lagerfugen; Einbundmasse von Innenwänden und Decken; Berücksichtigung der Steinformate, das Schroten von Steinen ist zu vermeiden) zu achten.
Den Bauteilübergängen ist besondere Beachtung zu schenken, um unzulässige Wärmebrücken vermeiden zu können. Die Rissanfälligkeit homogener Mauerwerke ist bei angemessener Bauweise (konsequente Anwendung von Lochöffnungen) gering. Bei zement-

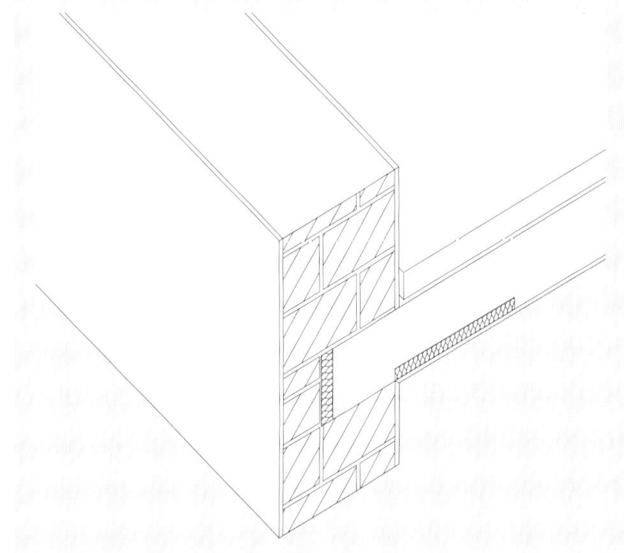

Backstein-Verbandmauerwerk
- Innenputz
- Backstein-Verbandmauerwerk mit wärmetechnisch optimierter Schlitzlochung
- Aussenputz (3-schichtig)

- Wärmedämmeinlagen an der Deckenstirne und der Deckenuntersicht zur Reduktion von Wärmebrücken, eventuell bis je eine Steinschicht über bzw. unter die Deckenstirne führen

gebundenen Steinen erfolgt das Abschwinden vor dem Aufmauern (sachgemässe Lagerung!), so dass die Rissanfälligkeit ebenfalls gering ist. Mit dem Verputzen soll möglichst lange zugewartet werden.
Der Baustoff Backstein ist reziklierbar (Backsteinschrot als Zuschlagstoff) und ist baubiologisch anerkannt.

Gasbetonmauerwerk
Das Gasbetonmauerwerk wird bei Aussenwänden in der Regel als Einsteinmauerwerk ausgeführt und mit dünnschichtigem Spezialklebemörtel vermauert. Die feinporigen Gasbetonblöcke haben ein geringes Raumgewicht und sind einfach zu be- und verarbeiten.
Bei einer Wanddicke von etwa 40 cm wird ein k-Wert um 0,4 W/m^{2}K erreicht.
Die Belastungsfähigkeit des Gasbetons kann durch eine Erhöhung der Dichte verbessert werden (Achtung: höhere Dichte bedeutet auch geringere Wärmedämm- bzw. höhere Wärmeleitfähigkeit!). Die Rissanfälligkeit ist entsprechend der geringen Belastbarkeit erhöht. Konstruktiv ist bei der Verwendung von Gasbeton auf eine möglichst gleichmässige Lastverteilung (Deckenauflager) zu achten. Die Wandflächen sollten zusammenhängend und möglichst ungestört (Wandöffnungen) ausgeführt werden. Die Mischbauweise ist zu vermeiden.

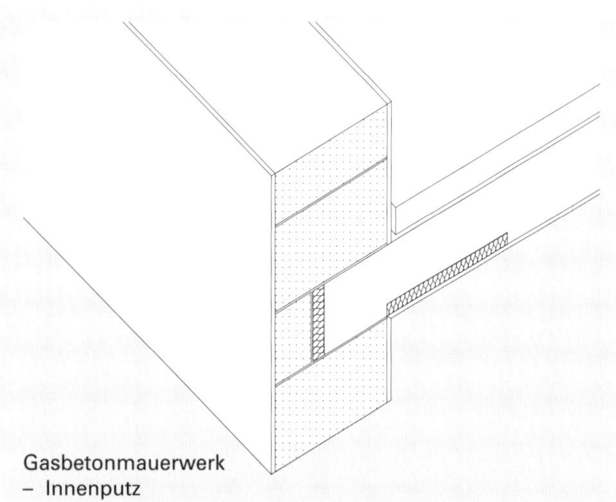

Gasbetonmauerwerk
- Innenputz
- Gasbetonblockstein mit Spezialkleber vermauert
- Aussenputz

- Wärmedämmeinlagen an der Deckenstirne und der Deckenuntersicht zur Reduktion von Wärmebrücken

Aussenwände mit Spezialsteinen
Neben den beiden verbreiteten Mauerwerkmaterialien Backstein und Gasbeton werden/wurden auf dem Baumarkt auch andere Wandbaustoffe bzw. Baustoffkombinationen zur Konstruktion von homogenen oder quasi homogenen Aussenwandsystemen eingesetzt. Streng genommen sind solche hybride Wandsysteme, eigentliche wärmetechnische «Züchtungen», nicht ganz typenkonform. Sie sind als Konstruktionsweiterentwicklungen von ehemals homogenen Wandsystemen anzusehen.

- *Zementgebundene Mauerwerkssteine mit Blähtonzuschlagsstoffen:*
  Diese Mauerwerke weisen ein oft unterschätztes baustofftypisches Schwundmass auf. Zur Verbesserung der Wärmedämmeigenschaften werden auf der Aussenseite sogenannte Dämmputze (z.T. auf mineralischer Basis) eingesetzt.

- *Schalungssteine:*
  Dies sind meistens grossformatige, zementgebundene Steine mit Dämmstoffeinlagen. Die bausteintypischen Verbundstege durchdringen allerdings die Wärmedämmebene. Die Steinmodule sind planungs- und ausführungsbestimmend. Die Verputzschichten sind auf den zementgebundenen Baustoffuntergrund abzustimmen.

- *Verbandmauerwerke aus Backstein und zementgebundenen Bausteinen mit Wärmedämmeinlagen oder mit Hohlraumausschäumungen:*
  Die Wärmedämmung ist teilweise nicht mehr in einer Ebene oder einer durchgehenden Schicht angeordnet, sondern wird alternierend (in Schnitt und Grundriss) oder in mehreren Schichten geführt. Die Wärme- und Schalldämmfähigkeit und die Risseanfälligkeit sind stark vom Systemaufbau abhängig. Die Verarbeitung ist entsprechend anspruchsvoll und aufwendig.

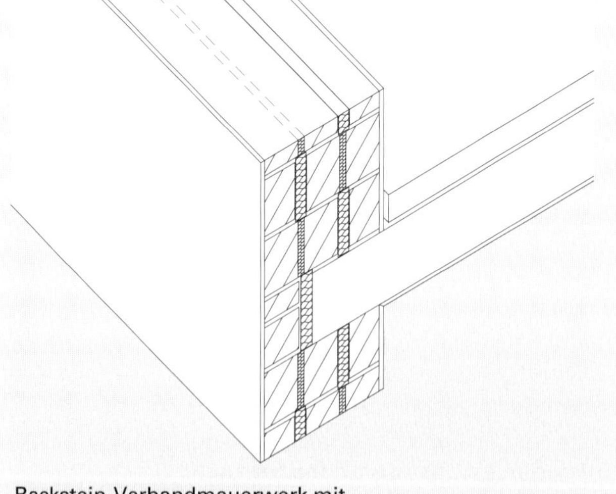

Backstein-Verbandmauerwerk mit Wärmedämmstoffeinlagen
- Innenputz
- Ausgeschäumter Backstein
- Wärmedämmstoffeinlage
- Backstein
- Aussenputz (3-schichtig)

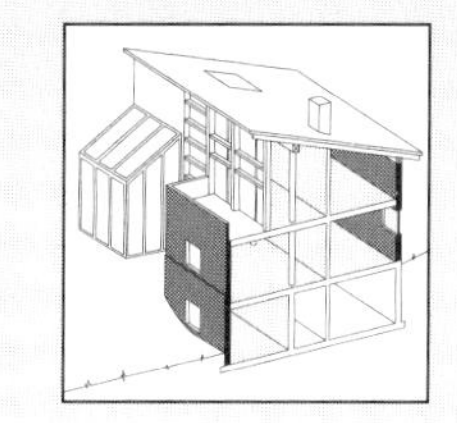

Heterogene Aussenwandsysteme
Der mehrschichtige oder mehrschalige Aufbau bei Aussenwandkonstruktionen ermöglicht die Optimierung der Leistung (tragen, dämmen, schützen) jeder einzelnen Schicht.

Bei Aussenwänden in Leichtbauweise (Ständerkonstruktionen in Holz oder Stahltragwerke) wird die Wärmedämmschicht oft in der Tragebene verlegt und entspricht im prinzipiellen Aufbau der Kaltdachkonstruktion (Steil- und Flachdach).

Die heterogenen Aussenwandkonstruktionen in Massivbauweise können nach der Lage der Wärmedämmschicht (aussen- oder innenseitig der Tragebene) typologisiert werden:

Wärmedämmschicht aussen – Tragschicht innen
Die Lage der Wärmedämmschicht auf der Aussenseite schützt die Tragschicht vor grossen Temperaturschwankungen und ist in der Regel bauphysikalisch unproblematisch (Dampfdiffusion, Wärmebrücken). Folgende Systeme werden nachstehend besprochen:
- Zweischalenmauerwerk
- Direkt verputzte Aussenwärmedämmung
- Aussenwärmedämmung mit hinterlüfteter Bekleidung

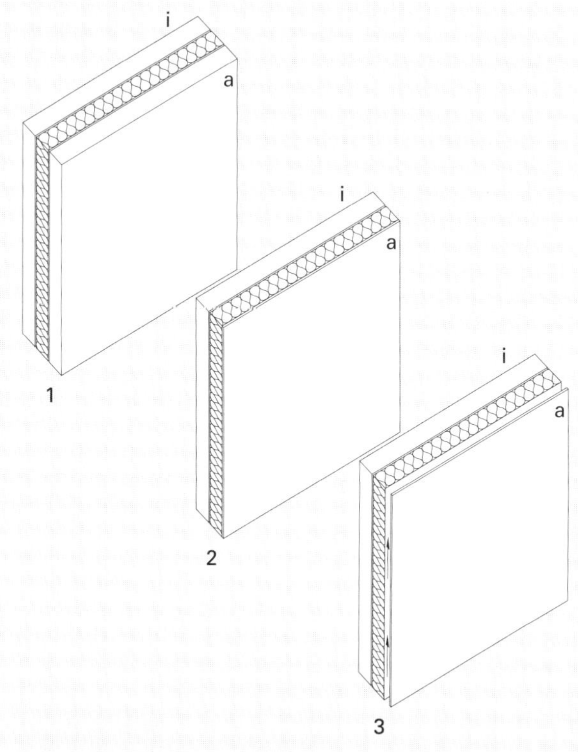

Heterogene Aussenwandsysteme
• Dämmschicht aussen – Tragschicht innen

1 Zweischalenmauerwerk
2 Direkt verputzte Aussenwärmedämmung
3 Aussenwärmedämmung mit hinterlüfteter Bekleidung

Zweischalenmauerwerk
Das sogenannte Zweischalenmauerwerk besteht aus:
- einem inneren, tragenden Mauerwerk,
- einem äusseren, schützenden Mauerwerk und
- einer dazwischenliegenden Wärmedämmschicht.

Die beiden Mauerwerksschalen sind konsequent voneinander zu trennen, wobei die statisch notwendige horizontale Stabilisierung der äusseren Schale (Winddruck bzw. -sog) mittels Bügel- oder Gelenkanker auf die Tragschale erfolgt. Die der Bewitterung ausgesetzte, äussere Schale unterliegt, je nach Orientierung der Wandfläche, extrem unterschiedlichen Einflüssen (Wind, Regen, Temperaturschwankungen). Die Anordnung von Bewegungsfugen (Dilatationen), der relativ grosse Abstand von der inneren Schale (Wärmedämmschicht-Dicken von mindestens 10 cm) und die Ausbildung komplexerer Bauteilübergänge (Dachrand, Fenster, Balkone, Erker, Sockel, usw.) führen zu einer in Planung und Ausführung aufwendigen Konstruktion.
Für die Mauerwerksschalen stehen verschiedene Materialien, mit allerdings sehr unterschiedlichen Eigenschaften, zur Verfügung (Backstein, Kalksandstein, zementgebundene Steine). Deren Eignung und Einsatz sind genauestens abzuklären. Sie können verputzt oder unverputzt (als Sichtmauerwerk bezeichnet) ausgeführt werden. In Anbetracht der Aufwendigkeit der Konstruktion drängt sich für die Gestaltung der Aussenschale meist eine sichtbare Ausführung auf. Die Rissanfälligkeit kann durch grössere Dicke der äusseren Wandschale (mindestens 12 cm, besser mehr) und einfache, geordnete Öffnungsbildung eingeschränkt werden. Grundsätzlich ist die äussere Mauerwerksschale separat, nach Erstellung der Tragwände, aufzuziehen. Das Anschlagen der Fenster hat auf die innere, tragende Schale zu erfolgen.

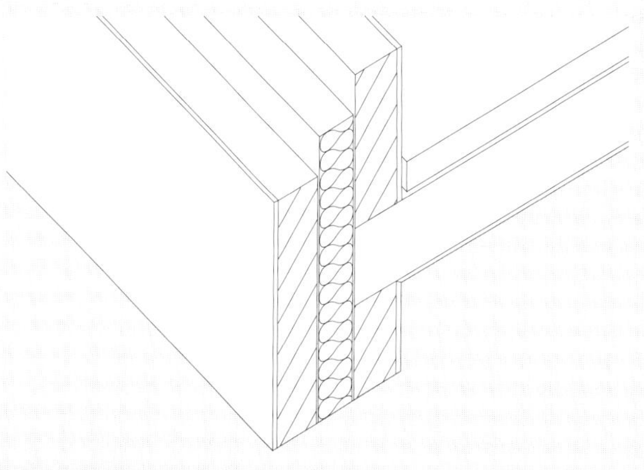

Zweischalenmauerwerk, verputzt
- Innenputz
- Tragschale (mindestens 12 cm dick)
- Wärmedämmplatte
- Schutzschale (mindestens 12 cm dick)
- Aussenputz (3-schichtig)

Die Wärmedämmschicht wird in Form von Platten eingebracht. Sie wird vorteilhafterweise mechanisch auf die Tragschale befestigt. Bei Aussenschalen aus Sichtmauerwerken ist zwischen der Wärmedämmschicht und dem äusseren Mauerwerk ein Abstand (Lufthohlraum) von 2 bis 3 cm einzuhalten, um eindringendes Wasser von der Wärmedämmschicht fernzuhalten. Dem Feuchtigkeitsschutz ist an den Bauteilübergängen Beachtung zu schenken (Dämmstoffwechsel in Feuchtbereichen, wasserdichte Abdichtungen). Die Möglichkeit des lückenlosen Verlegens einer gut geschützten Wärmedämmschicht führt zu einer weitgehend wärmebrückenfreien Aussenwandkonstruktion.

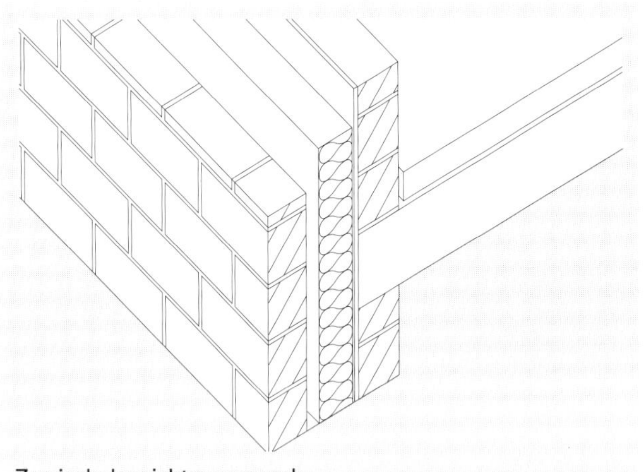

Zweischalensichtmauerwerk
- Eventuell Innenputz
- Tragschale, sicht (mindestens 12 cm dick)
- Eventuell Putzschicht (Schalldämmung)
- Wärmedämmstoffplatten
- Lufthohlraum (2 bis 3 cm)
- Schutzschale, sicht (mindestens 12 cm dick)

Direkt verputzte Aussenwärmedämmung

Bei diesen Aussenwandkonstruktionen wird die äussere Schutzschicht direkt als Verputz auf eine geeignete Wärmedämmschicht aufgebracht. Die Wärmedämmschicht und der glasfasergewebearmierte, dünnschichtige (etwa 7 mm) oder dickschichtige (etwa 2 cm) Verputz bilden zusammen ein System.

Dünnschichtige, kunststoffvergütete oder -gebundene Verputze werden auf expandierte Polystyrolhartschaumplatten aufgebracht. Die Wärmedämmplatten sind aufzukleben (vollflächig oder Randverklebung) und bei kritischen Untergründen eventuell zusätzlich mechanisch zu befestigen. Das tragende Mauerwerk soll eine Dicke von mindestens 17,5 cm aufweisen.

Seltener werden Systeme mit mineralischen Faserdämmstoffplatten und/oder dickschichtigen mineralisch gebundenen Verputzen eingesetzt.

Die thermische Beanspruchung der Verputzschicht ist gross, weil sie, direkt auf der Wärmedämmschicht liegend, extreme temperaturbedingte Spannungen aufnehmen muss (insbesondere Zugspannungen bei der Abkühlung). Gegen mechanische Einwirkungen sind entsprechende Schutzvorkehrungen zu treffen. Der Einsatz solcher Aussendämmsysteme bedingt eine sorgfältige Planung der Bauteilübergänge, unter Berücksichtigung konfliktfreier Arbeitsabläufe. Durchdringungen (Beschläge von Sonnenschutzeinrichtungen, Installationen) sind zu vermeiden. Die Ausführung hat gewissenhaft und den Systemvorschriften entsprechend zu erfolgen (bewährte Systeme), damit Bauschäden vermieden werden können.

Die Umweltverträglichkeit solcher Verbundsysteme, z.B. betreffend eine spätere Entsorgung, ist bei der Systemwahl zu berücksichtigen.

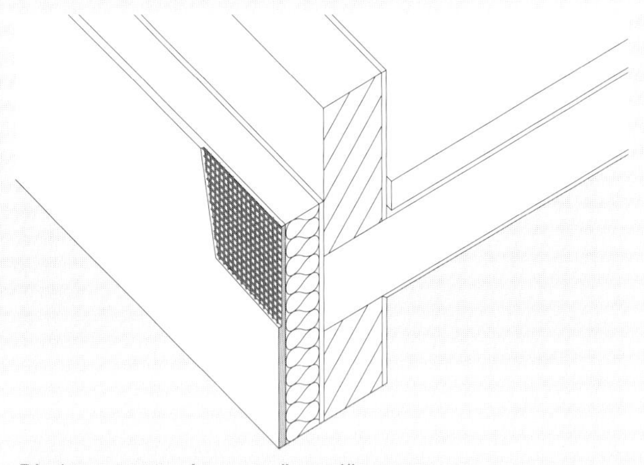

Direkt verputzte Aussenwärmedämmung (dünnschichtiger Verputz)
- Innenputz
- Mauerwerk (mindestens 17,5 cm dick)
- Wärmedämmschicht
- Aussenputz, dünnschichtig (etwa 7 mm dick) mit Glasfasergewebearmierung

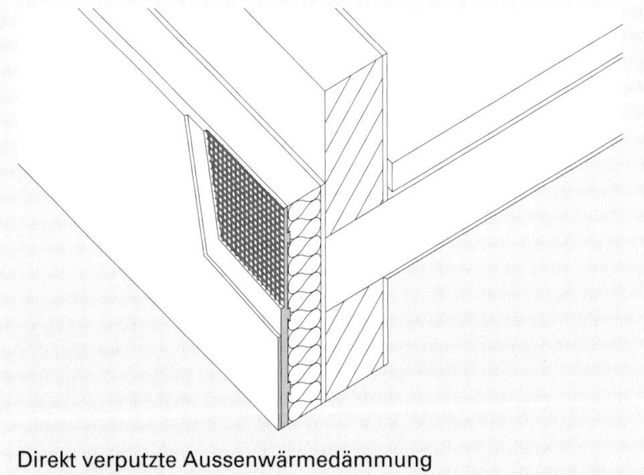

Direkt verputzte Aussenwärmedämmung (dickschichtiger Verputz)
- Innenputz
- Mauerwerk (mindestens 17,5 cm dick)
- Dämmplatten mit Verzahnung
- Aussenputz, dickschichtig (etwa 2 bis 3 cm dick) mit Glasfasergewebearmierung

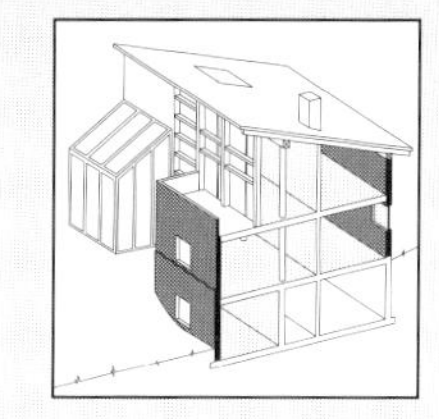

Aussenwärmedämmung mit hinterlüfteter Bekleidung

Die ausserhalb der Tragschale aufgebrachte Wärmedämmschicht wird mit einem möglichst wetterfesten, dauerhaften Material verkleidet. Die Verkleidung ist über einen Lüftungshohlraum (3 bis 4 cm) von der Wärmedämmschicht abgesetzt. Dadurch kann diese vor eindringendem Schlagregenwasser geschützt und auftretende Feuchtigkeit (Dampfdiffusion) durch die Hinterlüftung mit Aussenluft abgeführt werden.
Für die äussere Bekleidungsschicht finden eine Reihe von mehr oder weniger alterungsbeständigen Materialien Anwendung, welche wiederum auf die Wahl der Unterkonstruktion wesentlichen Einfluss haben.

- Holzrostunterkonstruktion:
  Holzschalungen, Holz-/Faserzementschindeln, Faserzementplatten, Blechbahnen auf Holzschalung.
- Metallrostunterkonstruktion:
  Faserzementplatten, Keramikplatten, Metallpanele.
- Einzelanker aus rostfreiem Stahl:
  Natursteinplatten, Kunststeinplatten.

Für die Tragschicht sind alle gängigen Mauerwerke (mindestens 17,5 cm dick) einsetzbar. Sichtmauerwerke müssen aus schall- bzw. lärmschutztechnischen Gründen mindestens auf der Aussenseite verputzt werden.
Dieses Aussenwandsystem ist bauphysikalisch unproblematisch und weist eine hohe Bauschadensicherheit auf. Bei klarem Nachthimmel kann sich die Wetterhaut unter die Lufttemperatur abkühlen und es kann beidseitig Kondensat ausgeschieden werden, das sicher abzuleiten ist. Der planerische, ausführungstechnische und damit auch der finanzielle Aufwand ist hauptsächlich von der Wahl des Bekleidungsmaterials abhängig.

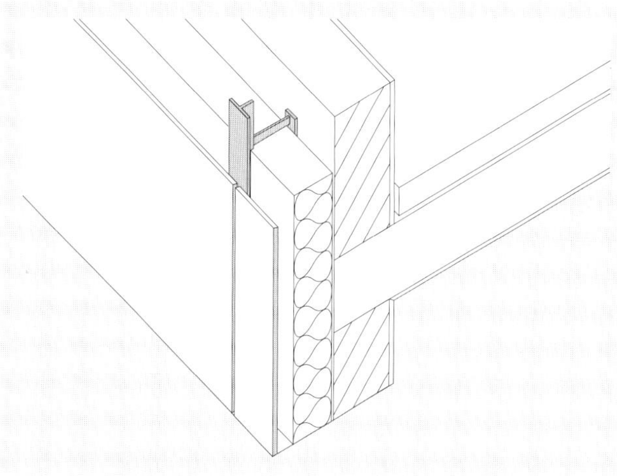

Aussenwärmedämmung mit hinterlüfteter Bekleidung
- Innenputz
- Mauerwerk (mindestens 17,5 cm dick)
- Wärmedämmschicht
- Hinterlüftung (3 bis 4 cm)
- Verkleidung auf Metallunterkonstruktion

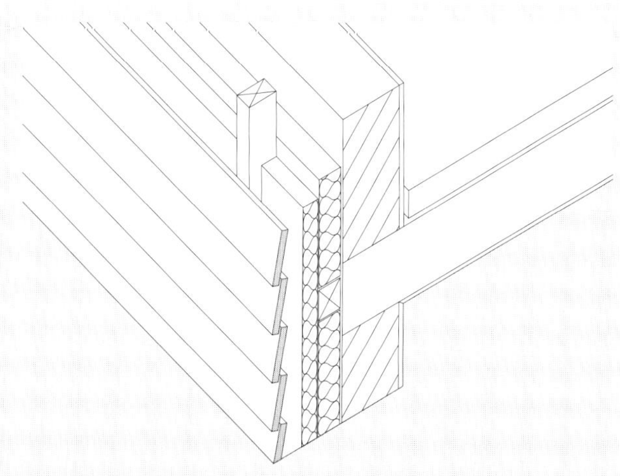

Aussenwärmedämmung mit hinterlüfteter Bekleidung
- Innenputz
- Mauerwerk (mindestens 17,5 cm dick)
- Wärmedämmschicht (2-lagig)
- Hinterlüftung (3 bis 4 cm)
- Verkleidung auf Holzrostunterkonstruktion

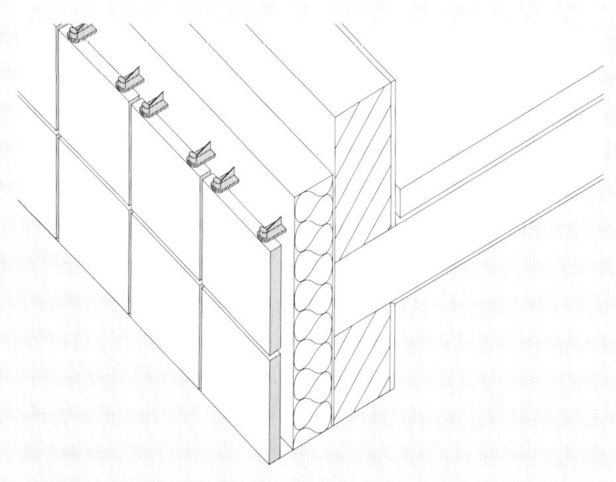

Aussenwärmedämmung mit hinterlüfteter Bekleidung
- Innenputz
- Mauerwerk (mindestens 17,5 cm dick) oder Stahlbeton
- Wärmedämmschicht
- Hinterlüftung (3 bis 4 cm)
- Plattenverkleidung mit Einzelanker

Wärmedämmschicht innen – Tragschicht aussen

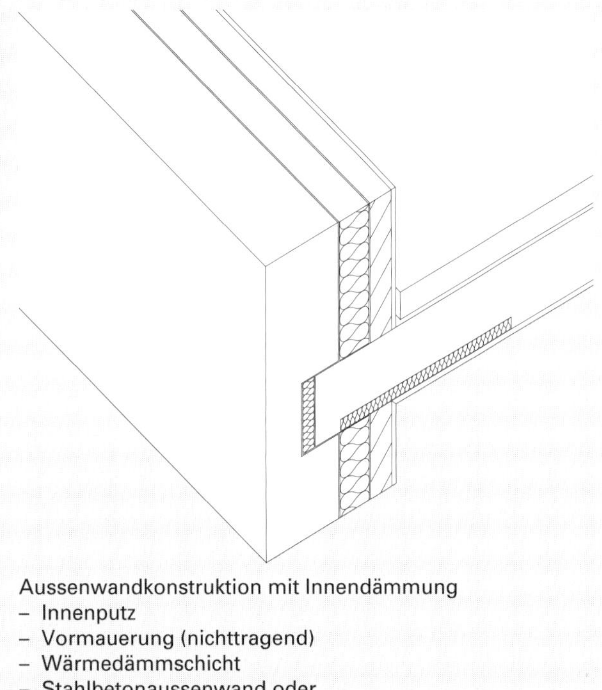

Aussenwandkonstruktion mit Innendämmung
- Innenputz
- Vormauerung (nichttragend)
- Wärmedämmschicht
- Stahlbetonaussenwand oder verputztes Verbandmauerwerk
- Wärmedämmstoff-Einlagen an der Deckenstirne und der Deckenuntersicht zur Reduktion von Wärmebrücken

Dieser Aussenwandaufbau wird hier diskutiert, weil er prinzipiell möglich ist; bei Neubauten ist er jedoch zu vermeiden. Häufig kommt dieser Aussenwandtyp beim Übergang (Systemwechsel) auf beheizte Untergeschossräume vor.

Bei wärmetechnischen Sanierungen ist die Verwendung dieses Aussenwandsystems sorgfältig auf alle bauphysikalischen Risiken (Rissanfälligkeit bei nachträglicher Auskühlung der Tragwand, Dampfdiffusion, Wärmebrücken) zu untersuchen (siehe auch Kapitel 7.5.5 «Wärmetechnische Massnahmen bei Aussenwandkonstruktionen»).

Aussenwände mit Innenwärmedämmung sind aus bauphysikalischer Sicht sehr problematisch. Systembedingt liegt die Tragkonstruktion auf der Kaltseite und übernimmt damit auch den Witterungsschutz.

Die Wärmedämmschicht wird auf der Innenseite entweder verputzt, verkleidet oder durch eine Vormauerung geschützt. Dadurch liegen die dampfdichteren Schichten auf der Kaltseite und erhöhen die Gefahr von Diffusionskondensat. Der Dampfdiffusionsnachweis ist bei solchen Systemen in jedem Fall zu erbringen.

Die Tragwerksdurchdringungen bei den Decken- und inneren Tragwandanschlüssen sind gravierende wärmetechnische Schwachstellen. Diese linienförmigen Wärmebrücken führen unter Umständen zur Ausscheidung von Oberflächenkondensat und zu Schimmelpilzbildungen. Durch Wärmedämmstoffeinlagen entlang dieser Schwachstellen können wohl Folgeschäden vermieden, aber erhöhte Wärmeverluste nicht verhindert werden.

Das Speichervermögen der tragenden Aussenwand ist für den Innenraum nicht nutzbar.

Die tragende Aussenschale – ein verputztes Verbandmauerwerk oder eine Sichtbetonscheibe – hat neben der statischen Funktion auch den Witterungsschutz zu übernehmen, sie muss frostbeständig sein.

Leichtbaukonstruktionen

Das Tragsystem der Wände wird primär durch Ständer (vertikale Stützen) aus Holz oder Stahl gebildet. Die Stabilisierung der Horizontalkräfte wird durch die Riegel (horizontale Stäbe) und die Windverbände (diagonale Stäbe) übernommen.

Die Tragstruktur wird entweder ausgefacht oder mit einer aussenliegenden Bekleidung versehen.

Bei der Ausfachung (gemeint ist das Fach zwischen Ständer und Riegel) werden die Zwischenräume mit geeigneten Schichten ausgefüllt (Mauerwerk, Wärmedämmschicht).

Für Bekleidungen finden in sich geschlossene Fassaden-Elemente (Panele) Anwendung oder die einzelnen Schichten werden mit Hilfe einer Sekundär-Konstruktion auf dem Tragsystem aufgebaut.

Die Frage nach der Sichtbarmachung oder der Verkleidung der Tragkonstruktion ist eine immer wiederkehrende gestalterische Auseinandersetzung. Betreffend Wärmeschutz ist die Verkleidung bzw. das Einhüllen der Tragstruktur optimaler, wobei oftmals die Lesbarkeit des eigentlichen strukturellen Aufbaus eines Gebäudes verloren geht. «Konstruktive Ehrlichkeit contra Bauphysik ?» ist jeweils die provokative Fragestellung. Wie auch immer, in jedem Falle sind sowohl architektonisch als auch bauphysikalisch ausgewogene Lösungen anzustreben.

Bei der Anwendung einer solchen Leichtbauweise stehen mehrere taugliche Holz- und Stahlbau-Fassadensysteme zur Verfügung, welche systembedingt ähnliche wärmetechnische Schwachstellen aufweisen. Durch den inhomogenen Wandaufbau sind im Bereich der Tragkonstruktion bzw. bei durchgehenden Sekundärtragelementen (Metallstege bei Sandwichpanelen) lineare Wärmebrücken auszumachen. Die Luftdichtigkeit in der Wandfläche ist durch eine separate Dampfbremse und Luftdichtigkeitsschicht zu gewährleisten. Bei Wandelementen sind die Fugen mit Dichtungsbändern warmseitig luftdicht abzuschliessen. Bei der Leichtbauweise kann die geringe Wärmespeicherfähigkeit sommerliche Überhitzungsprobleme (Komforteinbusse) verursachen.

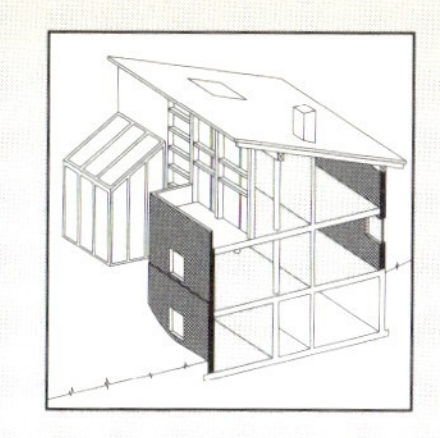

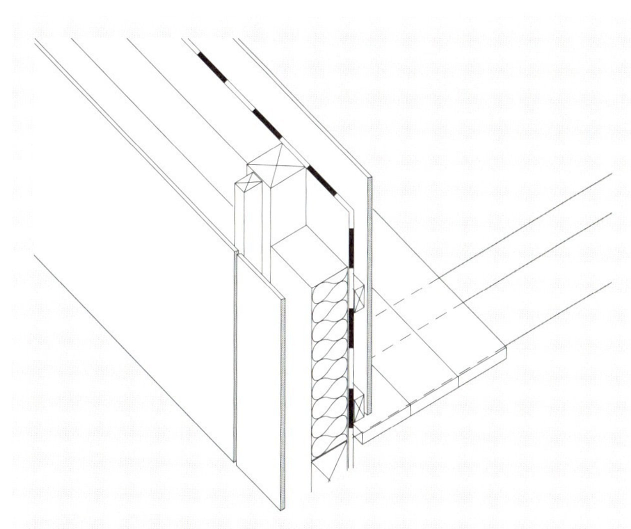

Ständerkonstruktion in Holz
- Innenverkleidung
- Lattenrost
- Luftdichtigkeitsschicht/Dampfbremse
- Tragstruktur in Holz (Pfosten und Riegel) und dazwischenliegender Wärmedämmschicht
- Hinterlüftung (3 bis 4 cm)
- Fassadenbekleidung

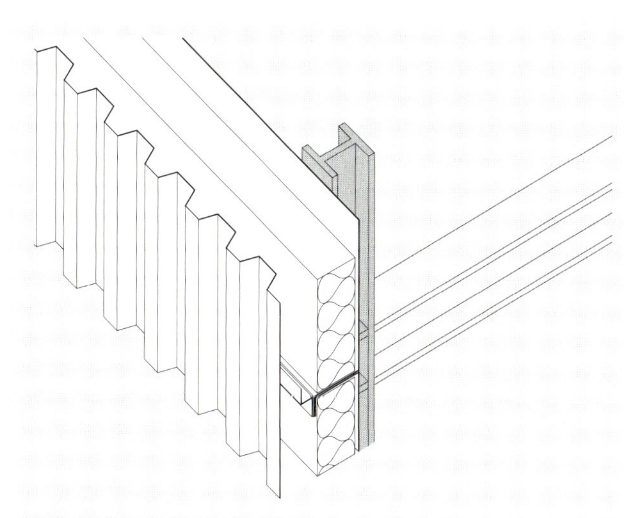

Ständerkonstruktion in Stahl
- Tragkonstruktion in Stahl (Stützen und Riegel)
- Metallverkleidung bzw. Metallpanelen (luftdicht)
- Wärmedämmschicht (evtl. 2-lagig)
- Hinterlüftung
- Fassadenbekleidung auf Metallunterkonstruktion

2.5.5 Aussenwand im Erdreich

Als tragendes Material wird im Erdreich mehrheitlich Stahlbeton eingesetzt, der erdreichseitig mittels Feuchtigkeitsschutz-Anstrich oder -Spachtelung geschützt wird. Durch den Einbau von Sickerpackungen, Sickerplatten und Sickerleitungen (unter der Arbeitsfuge Bodenplatte/Aussenwand) ist eine funktionstüchtige äussere Entwässerung zu gewährleisten, damit das Entstehen von drückendem Wasser vermieden werden kann.

Bei beheizten Untergeschossräumen (Raumlufttemperaturen $\geq +10$ °C) ist auch bei Aussenwänden im Erdreich eine Wärmedämmschicht erforderlich. Es müssen k-Werte zwischen 0,40 W/m^{2}K (Zielwert aus SIA 380/1) und 0,60 W/m^{2}K (max. k-Wert für Einzelbauteile aus SIA 180) erzielt werden. Zur Erreichung solcher k-Werte sind Wärmedämmschichten in Dicken von etwa 5 bis 8 cm erforderlich. Je nach Aussenwandsystem gegen Aussenklima (über Terrain) und Konzeption der Untergeschosse (vollständig oder nur teilweise beheizt) ist unter den folgenden drei Systemen die am besten geeignete Aussenwandkonstruktion zu evaluieren.

Innenwärmedämmung

Auch bei Aussenwänden im Erdreich gilt betreffend Innenwärmedämmung grundsätzlich dasselbe wie bei der Aussenwand über Terrain. Die Wärmedämmschicht befindet sich auf der bauphysikalisch eher ungünstigen Seite, bei Deckenauflagern (Sockelanschluss) und Innenwänden sind wärmetechnische Schwachstellen unvermeidbar. Dieses System hat allenfalls dann seine Berechtigung, wenn nur einzelne Räume beheizt und wärmegedämmt werden oder wenn ein Raum nur sporadisch beheizt wird.

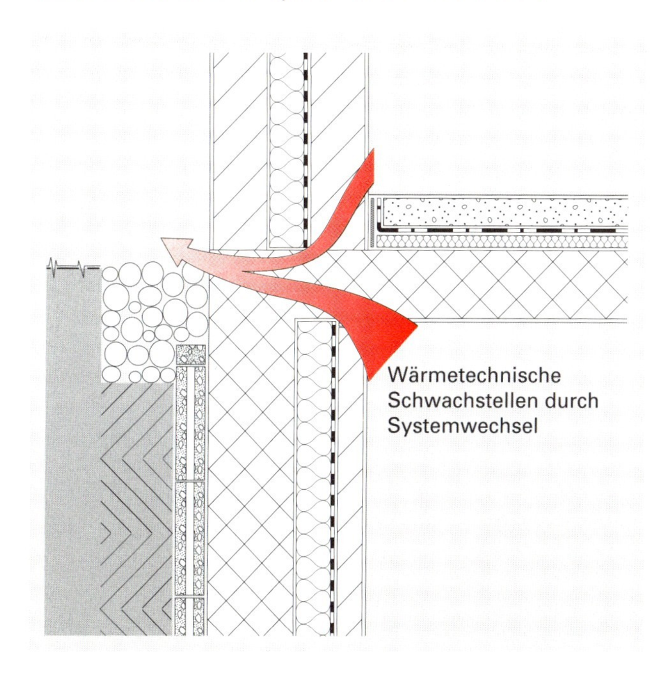

Zweischalenmauerwerk
Auch unter Terrain lässt sich das Zweischalenmauerwerk weiterführen, wobei die äussere Schale meist in Stahlbeton ausgebildet wird. Die Wärmedämmschicht lässt sich dadurch auch im Sockelbereich (Übergang Aussenwand gegen Aussenklima/Aussenwand gegen Erdreich) meist lückenlos verlegen, so z.B. bei Zweischalenmauerwerken oder Aussendämmsystemen über Terrain.

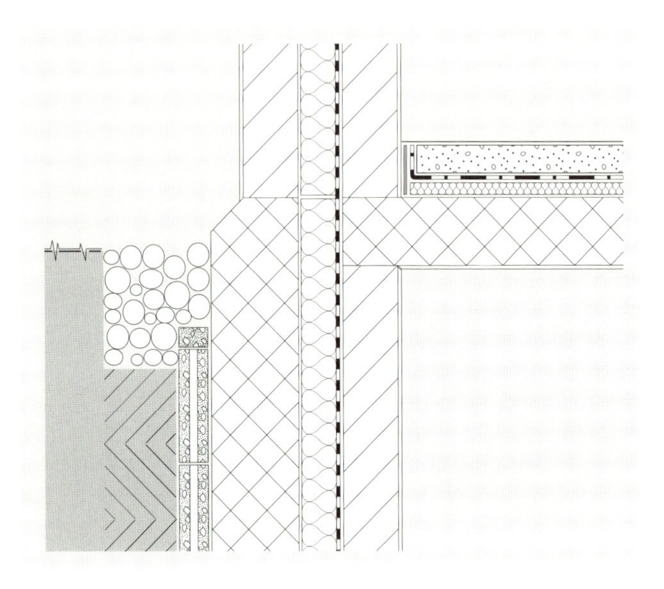

Aussen- bzw. sogenannte Perimeterdämmung
Analog zum Flachdach im Umkehrdachsystem lassen sich auch Aussenwände im Erdreich, mit feuchtigkeitsunempfindlichen Schaumkunststoffen (Polystyrolhartschaum extrudiert) oder mit Schaumglas, auf der Aussenseite wärmedämmen. Mit dem System der Perimeterdämmung kann eine Aussendämmung über Terrain (verputzt oder mit hinterlüfteter Fassadenbekleidung) lückenlos weitergeführt werden.

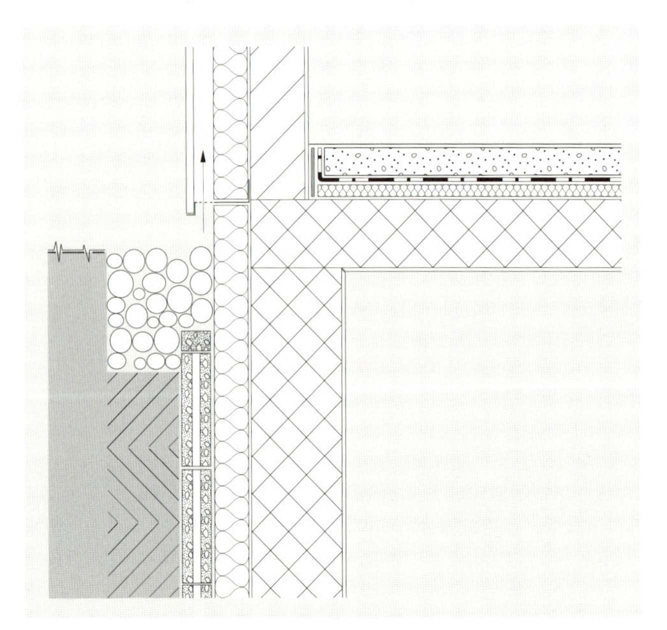

2.5.6 Aussenwand im Grundwasser

Siehe auch 2.4.6 «Bodenkonstruktionen im Grundwasser».

Systeme für Grundwasserabdichtungen
Grundwasserabdichtungen werden bei plastisch/elastischer Abdichtung in der Regel mit Doppelwannenkonstruktionen ausgeführt, wobei die äussere Wanne Isolationsträger ist. Diese Systeme können sowohl bei offener (angeböschter Aushub), als auch bei geschlossener Baugrube (Schlitzwand o.ä.) angewendet werden. Bei offener Baugrube kann die Wandkonstruktion auch einschalig ausgebildet werden, mit der Wannenkonstruktion als Isolationsträger.
Bei Grundwasserabdichtungen mit Sperrbeton ist der Konstruktionsbeton selber dicht und bei Mörtel bzw. starren Verputzen dient der Konstruktionsbeton als Träger. Bei Aussenwänden wird wasserdichter Mörtel innen (geschlossene Baugrube) oder aussen (geschlossene oder offene Baugrube) aufgebracht.

Geschlossene Baugrube und «Innenabdichtung»
Die Abdichtung wird zwischen der geschlossenen Baugrube und dem «anbetonierten» Hauptbauwerk eingebracht, das Bauwerk bildet mit der Schlitzwand eine Einheit. Die mittels Dichtungsbahnen erstellte Grundwasserabdichtung soll nach Möglichkeit so ausgeführt werden, dass sie nachträglich geprüft und evtl. durch Injektionen o.ä. nachgedichtet werden kann.

Variante ohne Wärmedämmschicht

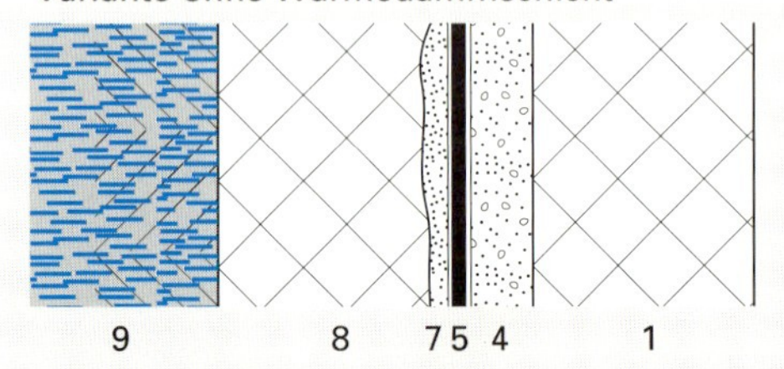

Variante mit Wärmedämmschicht

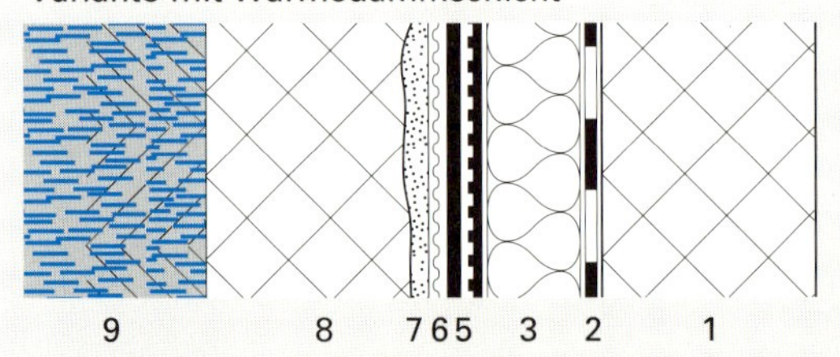

1 Tragende Wandkonstruktion
2 Feuchtigkeitsschutzschicht (Bauausführung) und Dampfsperre
3 Wärmedämmschicht
4 Schutzmörtel
5 Grundwasserabdichtung, evtl. zweilagig mit Injektionshohlraum
6 Evtl. Ausgleichslage
7 Sauberkeitsschicht
8 Schlitzwand als Baugrubenabschluss
9 Erdreich bzw. Baugrube im Grundwasser

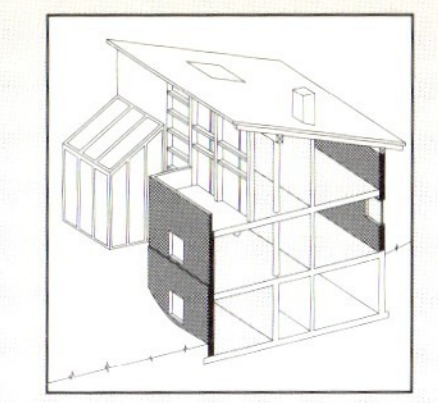

Geschlossene Baugrube und Sperrbeton oder wasserdichter Mörtel
Bei nicht wärmegedämmten Konstruktionen kann das wasserdicht ausgeführte Hauptbauwerk die Funktion der Grundwasserabdichtung übernehmen (Sperrbeton/innere Beschichtung mit wasserdichtem Mörtel). Solche Systeme bleiben augenscheinlich kontrollierbar und können mittels Injektionen und Beschichtungen nachgebessert werden.

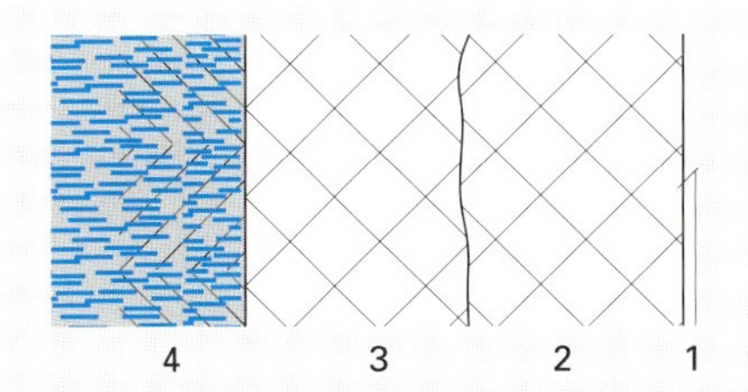

1 Grundwasserabdichtung mit wasserdichtem Mörtel
2 Tragende Wandkonstruktion, evtl. mit Sperrbeton als Grundwasserabdichtung ausgebildet
3 Schlitzwand als Baugrubenabschluss
4 Erdreich bzw. Baugrube im Grundwasser

Offene Baugrube und «Innenabdichtung»
Die Abdichtung ist zwischen einer äusseren Betonwanne, die Teil des Gebäudetragsystems ist, und dem Hauptbauwerk eingebaut. Auch bei diesem, durch hohe Erstellungskosten geprägten System ist zu gewährleisten, dass die Abdichtung nachträglich kontrolliert und nachgedichtet werden kann.

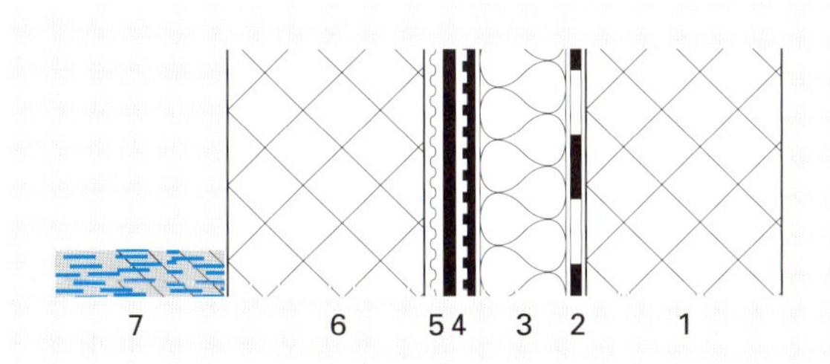

1 Tragende Wandkonstruktion
2 Dampfsperre
3 Wärmedämmschicht
4 Grundwasserabdichtung, evtl. zweilagig mit Injektionshohlraum
5 Evtl. Ausgleichslage
6 Äussere Betonwanne
7 Offene Baugrube bzw. Hinterfüllung im Grundwasser

Offene Baugrube und Aussenabdichtung
Die Abdichtung wird an der Aussenfläche des Bauwerkes angebracht. Die Aussenabdichtung hat direkte Berührung mit der Hinterfüllung, ist dadurch den Gefahren von möglichen Setzungen ausgesetzt und dementsprechend zu schützen. Es ist mit Vorteil ein System zu wählen, das im Falle einer Undichtheit nachgebessert werden kann.

7 65 4 3 2 1

1 Tragende Wandkonstruktion
2 Dampfsperre
3 Wärmedämmschicht
4 Grundwasserabdichtung, evtl. zweilagig mit Injektionshohlraum
5 Schutzschicht
6 Schutz- und Gleitlage
7 Offene Baugrube bzw. Hinterfüllung im Grundwasser

Offene Baugrube und Sperrbeton oder wasserdichte Mörtel
Die Abdichtung erfolgt in der Ebene des tragenden Bauteils, der Betonwand. Der Stahlbeton erhält durch den Zusatz von Dichtungsmitteln eine erhöhte Wasserdichtigkeit oder die Wasserdichtigkeit wird durch das Aufbringen von wasserdichtem Mörtel erreicht.

Variante ohne Wärmedämmschicht

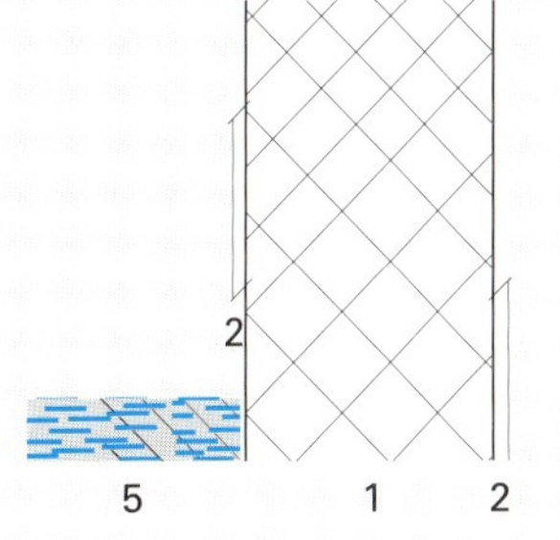

Variante mit Wärmedämmschicht

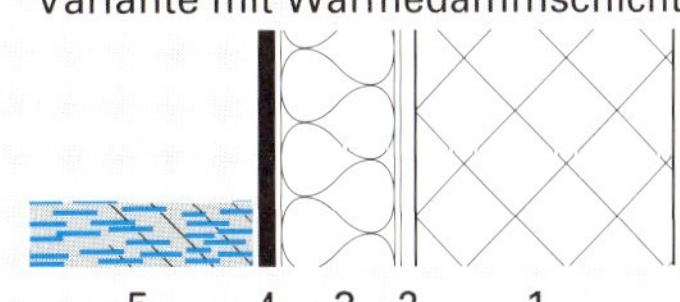

1 Tragende Wandkonstruktion, evtl. mit Sperrbeton als Grundwasserabdichtung ausgebildet
2 Grundwasserabdichtung mit wasserdichtem Mörtel
3 Wärmedämmschicht (z.B. Schaumglas)
4 Schutz- und Gleitlage
5 Offene Baugrube bzw. Hinterfüllung im Grundwasser

Die Zugänglichkeit der evtl. nachzudichtenden Aussenwände, sei es mittels Injektionen oder Zusatzbeschichtungen, muss in der Planung berücksichtigt werden (Innenausbau). Im Idealfall wird eine innere, evtl. wärmegedämmte Gebäudehülle durch einen Kontrollgang bzw. einen belüfteten Hohlraum von der äusseren wasserdichten Gebäudehülle abgetrennt.

2.6 Fenster (*)

(*) Bearbeitet durch R. Spörri

Das Fenster ist ein komplexes Bauteil. Es muss die verschiedensten, z.T. widersprüchlichsten Anforderungen erfüllen; dazu gehören Schall- und Wärmeschutz, Luft- und Schlagregendichtheit, Belüftung und Belichtung eines Raumes, die Kommunikation nach aussen sowie die Wahrung der Intimsphäre. Bei all diesen Leistungen soll es unterhaltsarm sein und eine lange Lebensdauer aufweisen. Dies sind Anforderungen, die selbst hochwertige Werkstoffe sowie moderne Konstruktions- und Fertigungstechniken nur beschränkt und vor allen Dingen nicht ohne regelmässige Instandhaltung erfüllen können.

2.6.1 Anforderungen und konstruktive Lösungen

Je nach den zu erwartenden Beanspruchungen sind bei Fenstern die entsprechenden Bauteil-Anforderungen festzulegen und konstruktive Massnahmen beim Einbau zu treffen. Nachfolgend die wichtigsten Grundlagen und Techniken im Bereich des Fensterbaus.

Fugendurchlässigkeit/Schlagregendichtheit

Massgebende Normen und Richtlinien:
- Norm SIA 331 «Fenster» [14]
- SZFF 42.01 «Fugendurchlässigkeit und Schlagregendichtheit» [16]
- SZFF 42.02 «Bestimmung der Fugenlänge, Fensterfläche und Besprühungsfläche» [16]

Im Labor werden bezüglich Fugendurchlässigkeit und Schlagregendichtheit die beiden Dichtungsebenen zwischen Glas und Rahmen bzw. zwischen Flügelrahmen und Blendrahmen geprüft. Für eine sorgfältige, bauphysikalisch taugliche Abdichtung ist jedoch die Trennstelle zwischen Fenster und Fremdbauteilen oft wesentlich entscheidender (Bild 1).

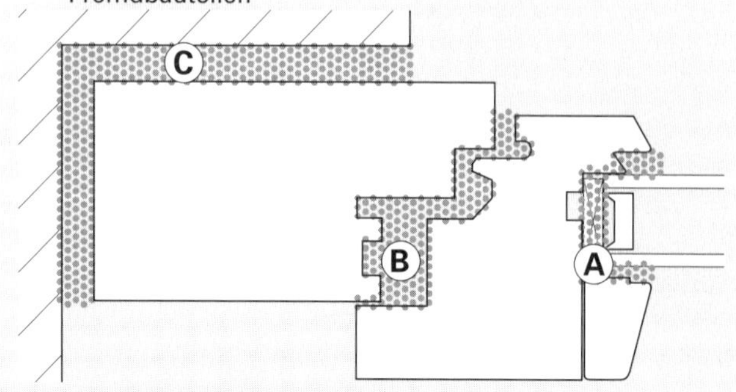

Bild 1: Die Dichtungszonen beim Fenster

Verglasungsfalz

Massgebende Richtlinie:
- SZFF 42.04 «Richtlinie für Einbau von Füllelementen» [16]

Heute wird praktisch nur noch der dichtstofffreie Falzgrund praktiziert. Dabei sind folgende Punkte wichtig:
- Der verbleibende Falzhohlraum zwischen Glasrand und Flügelrahmen muss «umlüftet» sein.
- Die Dampfentspannung bzw. Belüftung (Bild 2) muss zur kalten Seite hin erfolgen können.
- Bei dieser Verglasungstechnik ist nicht nur die Abdichtung zwischen Glas und Flügelrahmen bzw. Glashalteleiste, sondern auch diejenige zwischen raumseitiger Glashalteleiste und Flügelrahmen wichtig. Es muss verhindert werden, dass im Winter warme, feuchte Raumluft über diese Stellen in den Glasfalz transportiert wird.

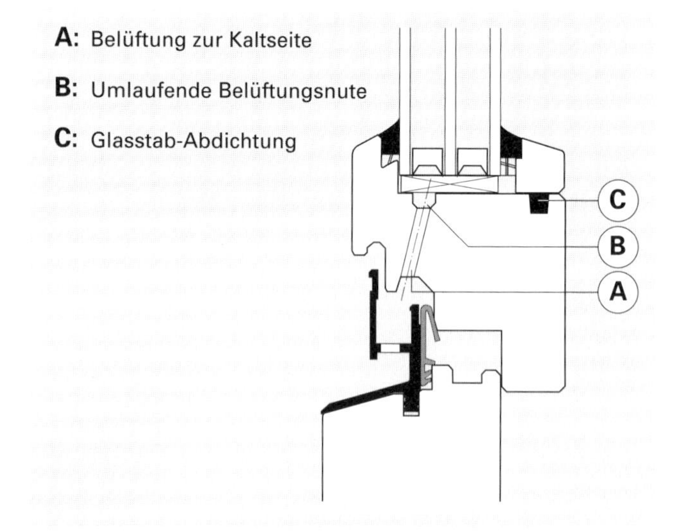

Bild 2: Dichtstofffreier Falzgrund

Falz zwischen Flügel und Blendrahmen

Typische Merkmale einer modernen Fensterkonstruktion sind die druckausgeglichene äusserste Falzzone, die Mitteldichtung und der raumseitige Beschlägefalz. Ihre Funktionen sind (Bild 3):
- Der Druckausgleich der äussersten Falzzone sorgt dafür, dass das durch Schlagregen eingedrungene Wasser – trotz vorhandenem äusserem Staudruck – aus der Regenschiene abgeführt werden kann.
- Die Mitteldichtung trennt den äusseren, der Witterung ausgesetzten Falzbereich vom inneren Beschlägebereich. Diese muss rundumlaufend in einer Ebene liegen.
- Der Beschlägefalz ist so dimensioniert, dass die heute handelsüblichen Beschläge ohne ausfräsen zusätzlicher Aussparungen montiert werden können. Damit ist die zweite, rauminnere Dichtungsebene rundumlaufend – ohne Unterbruch bei den Schliessstellen – sichergestellt.

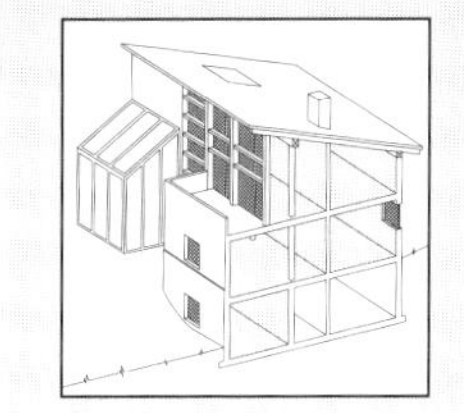

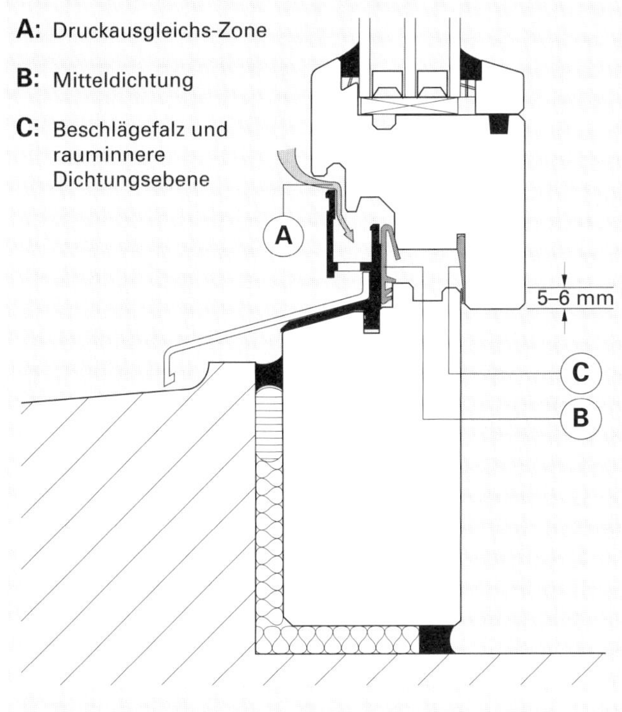

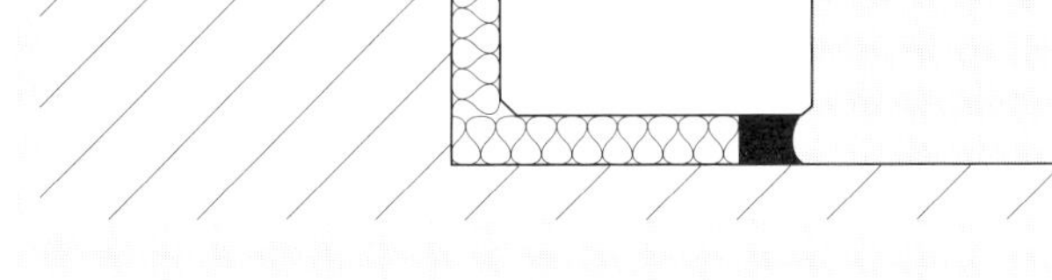

Bild 3: Beschläge/Falz

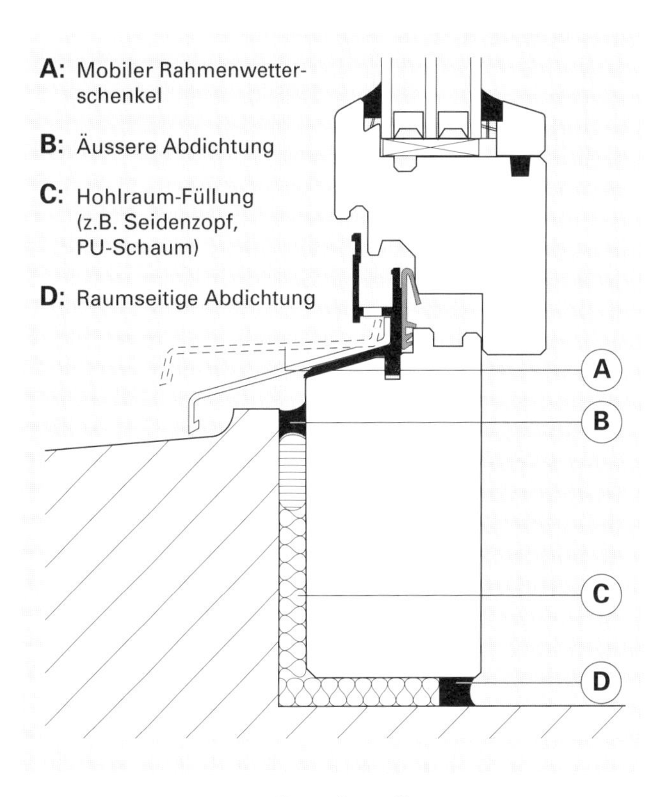

Bild 4: Abdichtung Fenster/Fremdbauteil

Fenstermontage/Fremdbauteil
Massgebende Richtlinie:
- SZFF 41.05 «Dichtheit und Feuchtigkeitsschutz bei Fenstern und Fassaden und deren Anschluss» [16]

Eine qualitativ einwandfreie Abdichtung zwischen Fenstern und Fremdbauteilen ist – wie bereits erwähnt – wesentlich schwieriger. Hier muss sich der Fensterbauer bezüglich Konstruktion und Ausführung den auf dem Bau vorhandenen Anschlussbauteilen anpassen. Dabei ist folgendes entscheidend:
- Auch hier sollte die Abdichtung rundumlaufend in einer Ebene liegen und gut zugänglich sein.
- Aus bauphysikalischen Gründen sind zwei Abdichtungsebenen sinnvoll, nämlich (Bild 4):
  - *eine äussere* zur Sicherstellung der Schlagregendichtheit und
  - *eine innere*, um zu vermeiden, dass feuchte Raumluft bis an die kalten äusseren Anschlussbauteile gelangen kann. Letztere sollte korrekterweise an keinem Fenster fehlen; ist aber dort unabdingbar, wo durch äussere oder innere Gegebenheiten (z.B. Überdruck bei Klimaanlagen) mit einem regelmässigen Luftaustausch durch Bauteilfugen von innen nach aussen gerechnet werden muss.

Um die äussere Abdichtung einwandfrei ausführen zu können, ist ein mobiler Rahmen-Wetterschenkel (Bild 4) Voraussetzung.

2.6.2 Wärmeschutz, k-Wert

Massgebende Normen und Richtlinien:
- Norm SIA 180 «Wärmeschutz im Hochbau» [1]
- SZFF 42.06 «Thermische Eigenschaften von Fenster-Konstruktionen» [16]

Berechnung des Wärmedurchlass-Koeffizienten
Für die Berechnung des effektiven Fenster-k-Wertes sind neben dem Flächenanteil und Wärmedurchlass-Koeffizient der einzelnen Bauteile (Glas, Rahmen, Rahmenverbreiterung usw.) auch die zusätzlichen Wärmeverluste über konstruktive Wärmebrücken (Glasrand, Falzausbildung zwischen Flügel und Rahmen usw.) zu berücksichtigen. Man spricht hier von einem Linien-Zuschlag k_{lin}. Die für den Glasrand-Verbund einzusetzenden Zuschläge sind in Tabelle 1 festgehalten. Die im Handel erhältlichen wärmegedämmten Distanzstege sind, gemessen an ihrer Wirkung, verhältnismässig teuer.

Die Berechnung des k-Wertes, bezogen auf eine bestimmte Fenstergrösse/-teilung und einer gewählten Verglasungsart kann nach dem in [1] definierten Verfahren durchgeführt werden (siehe auch BEW-Merkblatt «k-Werte und g-Werte von Fenstern» [29].

Wärmedurchgang über das Glas
Durch drei Massnahmen kann der Wärmedurchgang über Isoliergläser erheblich reduziert werden:

- Anzahl Scheiben oder Folien
- Reduktion der Emission im Infrarot-Bereich an der Glasoberfläche (Verminderung des Wärmetransportes durch Strahlung)
- Ersatz der konventionellen Luftfüllung durch eine Gasfüllung mit wärmetechnisch besseren Eigenschaften (geringeres Wärmeleitvermögen).

In Tabelle 2 sind die k-Werte verschiedener Verglasungen dargestellt. Zu beachten ist, dass das Schwergas SF_6, welches vielfach für die Verbesserung des Schalldämmwertes eingesetzt wird, zu einer Erhöhung des Wärmedurchganges führt. Heute werden deshalb oft auch Gasgemische zur Optimierung der Wärme- und Schalldämmeigenschaften verwendet.

Wärmedurchgang beim Rahmen

Während bisher der k-Wert des Rahmens ohnehin besser als derjenige einer konventionellen 2-fach- oder 3-fach-Verglasung war, ist heute, beim Einsatz wärmetechnisch guter Isoliergläser, der Fensterrahmen das schwächste Glied in der Kette.

Tabelle 3 zeigt, welche Rahmen-k-Werte heute üblich sind.

Verschiedene konstruktive Massnahmen (z.B. Einsatz von Isolier-Zwischenschichten in ausreichender Grösse) führen bei allen Rahmenmaterialien zu Lösungen mit tieferen Wärmeverlusten. Heute werden bereits Elemente angeboten, deren Fensterrahmen einen Wärmedurchgangs-Koeffizienten um 1 W/m²K haben.

Typ/Bezeichnung	k-Wert [W/m²K]	Randverbund	k_{lin} für Glasrand [W/mK]
Isolierglas 2-fach, Normal-Ausführung	2,6 – 3.0	Alu-Distanzsteg	0,05
Isolierglas 2-fach, Wärmeschutz-Ausführung	1,3 – 1,8	Alu-Distanzsteg	0,06
Isolierglas 2-fach, Wärmeschutz-Ausführung	1,3 – 1,8	wärmeged. Distanzsteg	0,04
Isolierglas 3-fach, Normal-Ausführung	2,0 – 2,2	Alu-Distanzsteg	0,04
Isolierglas 3-fach, Wärmeschutz-Ausführung	1,1 – 1,4	Alu-Distanzsteg	0,05
Isolierglas 3-fach, Wärmeschutz-Ausführung	0,6 – 1,0	Alu-Distanzsteg	0,06
Isolierglas 3-fach, Wärmeschutz-Ausführung	1,1 – 1,4	wärmeged. Distanzsteg	0,03
Isolierglas 3-fach, Wärmeschutz-Ausführung	0,6 – 1,0	wärmeged. Distanzsteg	0,04

Tabelle 1: k_{lin}-Zuschläge verschiedener Isolier-Verglasungen, nur für den Glasrand. Entspricht nicht dem k_{lin}-Zuschlag des eingebauten Fensters!

Typ/Beschrieb	Aufbau [mm]	k-Wert in Abhängigkeit der Gasfüllung [W/m²K]			
		Luft	Argon	SF_6	Krypton
Isolierglas 2-fach	4/12/4	2,9	2,7	3,1	(2,7)
dito, 1 x ir-Beschichtung	4/12/ir4	1,6	1,4	2,3	1,2
Isolierglas 3-fach, Normal-Ausführung	4/12/4/12/4	2,0	1,9	2,1	(1,7)
dito, 1 x ir-Beschichtung	4/12/4/12/ir4	1,4	1,1	1,6	0,9
dito, 2 x ir-Beschichtung	4/12/ir4/12/ir4	1,1	0,8	1,3	0,6
Isolierglas 4-fach, mit 2 Kunststoff-Folien	4/12/0,2/3/0,2/12/4	1,7	1,6	1,7	1,4
dito, Folien mit eins. ir-Beschichtung	4/12/ir0,2/3/ir0,2/12/4	1,0	0,7	1,1	0,6
EV-IV-Verglasung	4/25/4/12/4	2,0	1,9 (1)	2,0 (1)	1,8 (1)
dito, IV mit ir-Beschichtung	4/25/4/12/ir4	1,3	1,1 (1)	1,5 (1)	0,9 (1)
		(1) bei Scheiben-Abstand 25 mm nur Luftfüllung			

Tabelle 2: k-Werte von Verglasungen mit verschiedener Gasfüllung und emissionsreduzierender IR-Beschichtung; berechnet für eine Temperatur-Differenz von 20°C und ohne Einfluss des Randverbundes

Rahmenmaterial	Konstruktions-Stärke Rahmen/Flügel [mm]	k-Wert des Rahmens [W/m²K]
Holz	45/55	1,6 – 1,8
	55/65	1,5 – 1,7
	65/75	1,3 – 1,5
Holz/Aluminium	55/65 (1)	1,5 – 1,8
(1) Dimension Holzrahmen	65/75 (1)	1,4 – 1,6
Aluminium isoliert	50/50	2,8 – 3,5
	55/55	2,6 – 3,3
	60/60	2,3 – 3,0
Kunststoff (PVC, inklusive Stahlverstärkung)	55/55	2,2 – 2,5
	55/75	2,0 – 2,3
	60/60	2,1 – 2,4
	60/80	1,8 – 2,2

Tabelle 3: k-Werte verschiedener Rahmenmaterialien für den Fensterbau

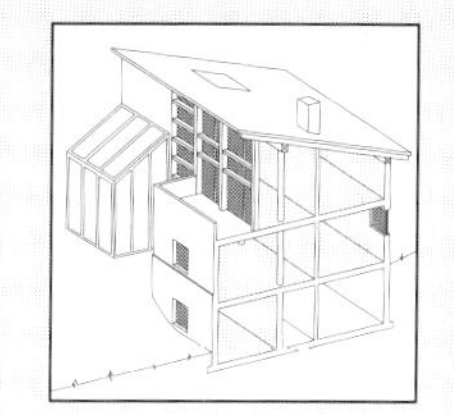

2.6.3 Schallschutz

Massgebende Richtlinien und Normen:
- Norm SIA 181 «Schallschutz im Hochbau» [6]
- SZFF 41.01 «Schallschutz bei Fenstern» [16]
- Lärmschutzverordnung (LSV) [5]

Der notwendige Schalldämmwert R'_w eines Fensters ist entweder in der Lärmschutzverordnung festgelegt oder lässt sich anhand der durch Lärmbelastung und Raumnutzung bestimmten Schallschutzanforderungen der Norm errechnen.
Aufgrund der gemachten Erfahrungen in der Praxis sind die folgenden Punkte zur Erreichung einer guten Schalldämmqualität zu beachten:
- Das *gesamte Schalldämm-Mass* setzt sich aus den Teil-Schalldämmwerten von Fenster, Brüstung, Rolladenkasten usw., gewichtet mit den zugehörigen Flächenanteilen zusammen. Ist eines dieser Bauelemente schalltechnisch «schwach», so ist das Gesamtergebnis unbefriedigend. Fensterrahmen mit geringem Schalldämm-Wert bringen auch mit einer schalltechnisch guten Verglasung kaum eine genügende Gesamtwirkung.
- Mit zunehmendem *Flächengewicht* und/oder *Scheibenabstand* steigt im Prinzip die Schalldämmqualität einer *Verglasung*. Diesem Trend stehen jedoch einerseits die Nachteile der erhöhten Biegesteifigkeit und tieferen Eigenfrequenz und andererseits die beschränkte Möglichkeit der Erhöhung des Scheibenabstandes gegenüber, welche die Wirkung einer besseren Schalldämmung teilweise wieder zunichte machen bzw. einschränken. Das Überschreiten einer oberen Grenze von etwa 20 bis 25 mm Scheibenabstand ist unerwünscht, da das hermetisch eingeschlossene Gas je nach Temperatur- und Druckverhältnissen zu hoher Belastung des Glasrandverbundes und damit zu rascher Alterung führen würde. Deshalb werden für höhere Anforderungen mit Vorteil Verbundflügel-Systeme (Doppelverglasung) oder sogar Kastenfenster eingesetzt (Tabelle 4).
- Inbezug auf die *Gasfüllung* ist eine mögliche Verbesserung der Schalldämmung durch Ersatz der Luft im Scheibenzwischenraum durch Leichtgase gegenüber der damit verbundenen Verschlechterung der Wärmedämmung abzuwägen.
- Auch bei den *Fensterrahmen* sind Flächengewicht und Biegesteifigkeit von Bedeutung. Im allgemeinen lassen sich heute mit allen bekannten Rahmenwerkstoffen (Holz, Holz/Aluminium, Kunststoff und Kombinationen dieser Werkstoffe) gute Schalldämmwerte erzielen. Daneben ist aber vor allem eine gute und dauerhaft wirksame *Dichtheit* in allen drei Dichtungszonen (Bild 1) von ausschlaggebender Bedeutung. Der in der Norm SIA 331 festgelegte a_F-Wert genügt für Schalldämm-Fenster nicht; 3 bis 10mal dichtere Fugen sind notwendig. Deshalb ist es angezeigt, bei Fenstern mit $R'_w > 36$ dB zwei umlaufende Dichtungen zwischen Flügel- und Blendrahmen einzubauen. Diese Erhöhung der Dichtigkeit, verbunden mit einer Reduktion des Luftwechsels, ist aber im Rahmen eines *«integralen» Luftaustausches* (d.h. inklusive Feuchtigkeits- und Schadstoffaustausch) zu überprüfen. Die mit der Reduktion des Luftaustausches verbundene Zunahme der Raumluftfeuchte ist speziell im Falle von wärmetechnischen Teilsanierungen (Fenster saniert, Aussenwand nicht saniert) zu beachten (erhöhte Gefahr von Schimmelpilzbildung bzw. Oberflächenkondensat im Bereich kritischer Bauteilanschlüsse/-übergänge!).
- Dem *sorgfältigen und korrekten Einbau* des Fensters in die Aussenwand ist besondere Aufmerksamkeit zu schenken. Aus dem Winkel angeschlagene und gegenüber Anschlussbauteilen unsorgfältig abgedichtete Fenster können keine Spitzenresultate erwarten lassen. Auch hier sind zwei umlaufende Dichtungsebenen – eine äussere für Schlagregendichtheit und eine innere für Fugendichtheit – zweckmässig. Dazwischenliegende Hohlräume sind am besten mit offenporigen Isoliermaterialien auszustopfen.

Konstruktionsbeschrieb	Gesamtglasdicke [mm]	Scheibenabstand [mm]	Anzahl Falzdichtungen	Bereich der Schalldämmung R'_w [dB]
Isolierglas-Fenster	6 – 10	≥ 15	1	30 – 35
Isolierglas-Fenster	10 – 15	≥ 15	2	36 – 40
Doppelverglasungs-Fenster	6 – 8	≥ 25	1	30 – 35
Doppelverglasungs-Fenster	10 – 16	≥ 40	2	36 – 42
Doppelverglasungs-Fenster	18 – 20	≥ 60	2	43 – 45
Verbund-Fenster EV-IV	9 – 16	≥ 30 / ≥ 12	1	30 – 35
Verbund-Fenster EV-IV	16 – 20	≥ 40 / ≥ 12	2	36 – 42
Verbund-Fenster EV-IV	20 – 24	≥ 50 / ≥ 12	2	43 – 45
Kasten-Fenster EV-IV	14 – 16	≥ 100 / ≥ 12	2	40 – 42
Kasten-Fenster EV-IV	18 – 20	≥ 100 / ≥ 12	2	43 – 46
Kasten-Fenster EV-IV	18 – 22	≥ 100 / ≥ 12	2	46 – 50

Tabelle 4: Schalldämm-Werte von verschiedenen Fenster-Konstruktionen bzw. Isolierglas-Aufbauten

2.6.4 Rahmen-Werkstoffe

Marktsituation

Die durch immer exponiertere Bauweisen gestiegenen Beanspruchungen auf die Fassade einerseits und die zunehmenden Ansprüche des Raumnutzers an das Fenster andererseits, haben dazu geführt, dass neben dem traditionellen Werkstoff Holz auch Metalle (vor allem Aluminium) sowie Kunststoffe als Rahmen-Materialien eingesetzt werden. Bild 5 zeigt, dass in der Schweiz Holz nach wie vor den grössten Marktanteil hat. Zusammen mit der Werkstoff-Kombination Holz/Aluminium kann es sogar als dominierendes Material bezeichnet werden.

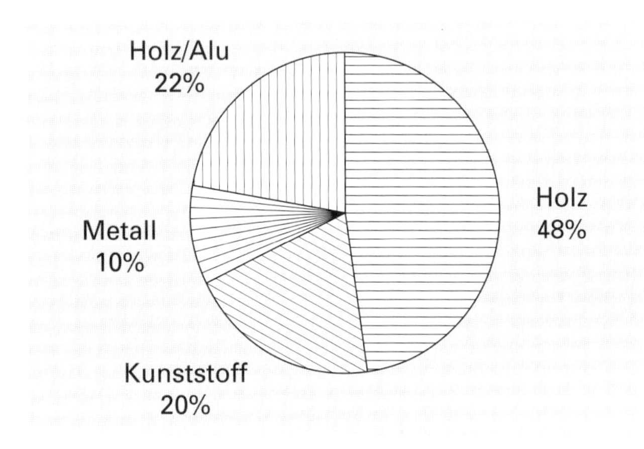

Bild 5: Ungefähre Markt-Anteile 1990 für verschiedene Fensterrahmen-Werkstoffe in der Schweiz

Eignung der Werkstoffe

Holz

Die Eigenschaften des Werkstoffes Holz sind geradezu ideal für den Fensterbau. Neben geringer Wärmeleitfähigkeit und ausreichender Steifigkeit sind es Eigenschaften wie die leichte Bearbeitung und Formgebung zu Profilen und der Preis des stets nachwachsenden Rohstoffes, welche Holz attraktiv machen. Dennoch weist dieses Material zwei schwerwiegende Nachteile auf:

- Die Schwind- und Quellbewegungen sind relativ gross, das Material ist hygroskopisch.
- Seine Resistenz gegenüber Pilzen ist gering (dies gilt insbesondere für einheimische Nadelhölzer, wie sie zur Hauptsache in der Schweiz eingesetzt werden).

Holz muss deshalb unbedingt ausreichend und dauerhaft geschützt werden. Aus diesen Gründen ist folgendes wichtig:

- Der konstruktive und bauliche Schutz vor der Bewitterung ist die erste Voraussetzung für die Langlebigkeit des Holz-Fensters.
- Breite, der Witterung ausgesetzte Rahmenteile sind zu vermeiden oder sollen mindestens durch witterungsbeständige Materialien abgedeckt werden.
- Fensterteile aus Holz müssen – um masshaltig zu bleiben – vor hoher Feuchtigkeit zuverlässig und dauerhaft geschützt werden; dies ist nur durch einen allseitig aufgebrachten zweiten Anstrich, und zwar vor der Auslieferung auf die Baustelle, möglich. Die Farbfilmstärke des Vorlackes soll dabei 30–40 µ bei Lasur und 50–60 µ bei deckenden Anstrichen nicht unterschreiten.
- Dunkle Farbtöne absorbieren unter Sonneneinwirkung mehr Energie und führen zu grösseren Dimensions-Veränderungen des darunterliegenden Holzes. Helle Farbtöne sind daher vorzuziehen.
- Lasuranstriche haben eine geringere Lebensdauer; sie müssen daher häufiger erneuert werden. Um das darunterliegende Holz vor UV-Strahlen zu schützen, sollten sie stark pigmentiert, das heisst möglichst dunkelfarbig sein. Damit ist aber die Absorption der Sonnenstrahlung wiederum grösser.
- Je nach Beanspruchung ist ein entsprechender Unterhalts-Zyklus (in der Regel 3–6 Jahre) für den Anstrich notwendig.

Lassen Bauweise, Exposition des Gebäudes, schwere Zugänglichkeit für Unterhaltsarbeiten oder extreme innere Klimaverhältnisse besonders hohe Beanspruchungen des Fensters erwarten oder werden hohe technische Anforderungen (Luftdichtheit, Schallschutz usw.) an ein solches Element gestellt, so ist der Werkstoff Holz vielfach überfordert. In diesen Fällen sind Alternativen wie Metall, Holz/Metall oder Kunststoff zu erwägen.

Metall

Metall, insbesondere Aluminium mit entsprechender Oberflächen-Behandlung (Anodisieren oder Lackieren) bietet vielseitige Möglichkeiten im Fensterbau. Die hohe Wärmeleitung des Materials macht Verbundkonstruktionen mit Kunststoff-Distanzstegen notwendig.

Die grosse Wärmedehnung des Materials muss, speziell bei gut isolierenden Verbundkonstruktionen, sei es durch freie Bewegungsmöglichkeiten zwischen äusserer und innerer Metallschale oder durch entsprechende Dimensionierung des äusseren und inneren Metallprofiles berücksichtigt werden.

Die zwischen innerer und äusserer Schale sich bildenden grossen Hohlräume (im Bereich der Isolierstege) tragen besonders stark zu Wärmeverlusten bei und sollten deshalb ausgeschäumt sein.

Kunststoffe

Im Einsatz sind heute für den Fensterbau nahezu ausschliesslich Polyvinylchlorid (PVC) oder Polyurethan (PUR). 95% aller Kunststoff-Fenster in der Schweiz sind heute aus PVC.

Die Schwächen des Kunststoffes liegen in seinem

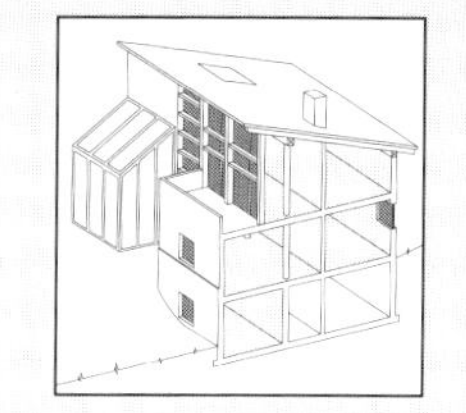

geringen Elastizitäts-Modul (geringe Steifigkeit) und in seiner hohen Wärmedehnung.
Beide Probleme sind durch konsequentes Einziehen von Stahlprofilen in den Griff zu bekommen. Dabei ist sehr wichtig, dass diese Stahlteile kraftschlüssig mit den Kunststoff-Profilen verbunden werden. Dieser Stahl kann auch gleichzeitig eine dauerhafte Verankerung aller schwer beanspruchten Beschlägeteile ermöglichen.
Auch bei Kunststoff-Fenstern sind farbige Oberflächen möglich. Verschiedene, seit vielen Jahren bewährte Verfahren (Koextrosion, Lackierung, Folienbeschichtung) beweisen, dass Kunststoff-Fenster nicht unbedingt weiss sein müssen.

Werkstoff-Kombinationen
Kombinationen der Werkstoffe sind dann sinnvoll, wenn gewisse Nachteile – beispielsweise die Witterungsempfindlichkeit des Holzes – durch die Vorteile, wie die hohe Witterungsbeständigkeit des Metalles, im wörtlichsten Sinne «überdeckt» werden. Allerdings sind die unterschiedlichen physikalischen Eigenschaften (Wärmedehnung, Warmeleitung usw.) durch entsprechende Massnahmen zu berücksichtigen.

Werkstoff-Beurteilung
Wer die verschiedenen Werkstoffe und ihre Eigenschaften objektiv gegeneinander abwägt, wird erkennen, dass es den idealen Werkstoff für den Fensterbau kaum gibt.
Je nach Einbausituation, Exposition, Ansprüchen an Unterhalt und Wartung ist der eine oder andere Werkstoff besser geeignet.
Mit all diesen Werkstoffen lassen sich die wichtigen technischen Werte wie Luft- und Schlagregendichtheit, Wärme- und Schalldämmung in gefordertem Ausmass erreichen. Allerdings sind für die Beibehaltung dieser Werte auf die Dauer auch entsprechende, mehr oder weniger häufige Unterhaltsmassnahmen notwendig.

2.6.5 Zukunftsperspektiven im Fensterbau

Die Entwicklung des Fensters als Bauelement ist keineswegs abgeschlossen. Fachleute sehen noch eine ganze Anzahl ungelöster Probleme. Einige davon sind nachfolgend angesprochen.

Wärmebrücke «Glasrand»
Die Anstrengungen der Isolierglas-Industrie zur Verbesserung des k-Wertes der Isoliergläser sind sehr lobenswert. Allerdings wird dadurch der Einfluss der bereits bei konventionellen Isoliergläsern bekannten Schwachstelle «Glasrand» nur noch verschärft. Hier muss in den nächsten Jahren ein entscheidender Fortschritt erzielt werden, weil k-Wert-Unterschiede am gleichen Bauelement von mehr als 1:3 auf Dauer nicht akzeptabel sind.

k-Wert Fensterrahmen
Abgesehen vom schlechten k-Wert des Glasrandes ist der heutige geringe Wärmedurchgang durch Isoliergläser (k-Werte von 1,1 bis 0,7 W/m²K sind möglich) Anlass genug, sich auch über eine Verbesserung der Wärmedämmung im Rahmenbereich Gedanken zu machen. Ziel sollte es sein, Rahmen-k-Werte von 1 W/m²K bei einem vom Markt akzeptierten Preis zu erreichen (Kosten/Nutzen-Verhältnis muss stimmen!).

Fenstereinbau optimieren
Gegenwärtig laufende Untersuchungen (NEFF-Projekt 262.3) zeigen auf, dass, je nach Art und Aufbau der nicht transparenten Aussenwände, der wärmetechnisch optimale Einbau von Fenstern recht unterschiedlich ist. In der vorerwähnten Studie werden dabei nur Mauerwerk-Fassaden untersucht. Die Ergebnisse lassen sich teilweise auch auf Metallfassaden übertragen.

Gezielt undichte Fenster
Die heute durch sorgfältige Bauausführung, Einsatz besserer Dichtungsmittel und Anwendung bewährterer Konstruktionen erreichbare Dichtheit von Gebäudehüllen führt vielerorts zu bauphysikalischen Schwierigkeiten und gibt zu Sorgen Anlass. Es kann deshalb sinnvoll sein, Fenster zu entwickeln, welche auch einen nach unten begrenzten Fugendurchlass-Koeffizienten aufweisen, d.h. nicht zu dicht sind.

Ökologische Fragen
Ökologische Fragen nehmen immer mehr Raum ein. Dazu gehören nicht nur die Hauptwerkstoffe wie Glas und Rahmen sondern ebensosehr alle anderen, heute im Fensterbau eingesetzten Hilfs-Werkstoffe (Gummidichtungen, Versiegelungen, Füll- und Montage-Schäume, Dichtungsbänder usw.).
Unter Beschuss geraten ist vor allem das Kunststoff-Fenster; ähnliche Probleme bringt aber auch der Einsatz von Aluminium mit sich, für dessen Erzeugung grosse Energiemengen benötigt werden.
Aber auch der Baustoff Holz ist – insbesondere wegen der notwendigen Anstriche – ökologisch nicht problemlos zu entsorgen.
Vertiefte Ökologie-Studien sollen in Zukunft aufzeigen, wo Ansatzpunkte für ein ökologisch angemessenes Verhalten zu finden sind. Bevor solche Studien vorliegen, sind Diskussionen über die Umweltverträglichkeit dieser Werkstoffe noch verfrüht.

2.6.6 Sonnen-/Wetter-/Blendschutz

Wie vorgängig dargelegt ist das Fenster ein sehr komplexes Bauteil, das vielfältigen Anforderungen genügen muss. Die gestellten Anforderungen können teilweise vom Fenster nicht alleine erfüllt werden, zusätzliche Bauelemente sind erforderlich, die z.B. gegen übermässige Sonneneinstrahlung und vor Witterungseinflüssen schützen. Durch solche Bauteile können Blendeffekte eliminiert werden, die natürliche Beleuchtung der Räume wird reguliert oder der Raum verdunkelt, und es werden Beiträge zum Wärme- und Lärmschutz geleistet. Bei der Bauteil-Evaluation sind die Komponenten Fenster und Sonnenschutz zusammen, als System, zu betrachten.

Sonnenschutzvorrichtungen können folgendermassen unterteilt werden:
- starre Sonnenschutzvorrichtungen
- bewegliche Sonnenschutzvorrichtungen

Zu den starren Sonnenschutzvorrichtungen gehören Vordächer, Blenden und spezielle Sonnenschutzgläser. Das Vordach über einem nach Süden orientierten Fenster beschattet dieses im Sommer bei hochstehender Sonne, währenddem im Winter die tiefstehende Sonne unbehindert den Raum mitbeheizen hilft. Sonnenschutzgläser können keine Blendschutzfunktion erfüllen und sie reduzieren den Licht- und Wärmeanfall auch dann, wenn dies nicht erwünscht ist. Bewegliche Sonnenschutzvorrichtungen wie Lamellenstoren, Rolladen und Fassaden-Markisen lassen sich dem jeweiligen Bedarf an Sonnen- und Lichteinfall anpassen.
Innenstoren sind jedoch betreffend Wärmeschutz nur wenig wirksam, weil sie sich aufheizen und die Wärme an den Raum abgeben. Sie dienen in erster Linie als Blendschutz und werden im Normalfall nur mit zusätzlichen Sonnenschutzmassnahmen, wie z.B. Sonnenschutzgläsern (Reflexionsgläser o.ä.), verwendet.
Storen zwischen den Fenstern werden in Spezialfällen wie zwangsbelüfteten Klimafenstern eingesetzt.
Die gebräuchlichste und wirksamste Plazierung als Sonnenschutz ist auf der Fensteraussenseite. Neben dem Sonnenschutz bringen sie je nach System noch mehr oder weniger grosse Dämm- und Schutzleistungen (Wetter, Schall und Wärme, Einbruch). Sonnenschutzvorrichtungen beeinflussen jedoch auch die Nutzung des Tageslichtes.

Sonnenschutz «im Sommer» durch Vordach

Sonnenschutz «im Winter» durch Storen

Sonnenschutz beim EFH Hodel, Meggen
(Architekturbüro Marques + Zurkirchen, Luzern)

Schutzvorrichtungen
Im folgenden beschränken wir uns auf äussere Schutzvorrichtungen.

Storenarten
Ganzmetallstoren, Metallverbund-Raffstoren, Verbund-Raffstoren und Rafflamellenstoren sind alles Systeme mit seitlich geführten Lamellen, die vertikal absenkbar und drehbar sind. Neben dem Sonnen- und Wetterschutz lassen sich auch der Lichteinfall und die Luftzirkulation optimal regulieren. Der Einbau erfolgt in äusseren, etwa 13 cm tiefen Sturznischen, deren Höhe von der lichten Fensterhöhe abhängt. Ausser einzelnen Durchführungen für die Kurbel oder den Motorantrieb sind keinerlei Montage- und Serviceöffnungen erforderlich, was das konstruktive Ausbilden einer luftdichten, wärme- und schalltechnisch optimierten Fenster- bzw. Gebäudehüllenkonstruktion erleichtert.

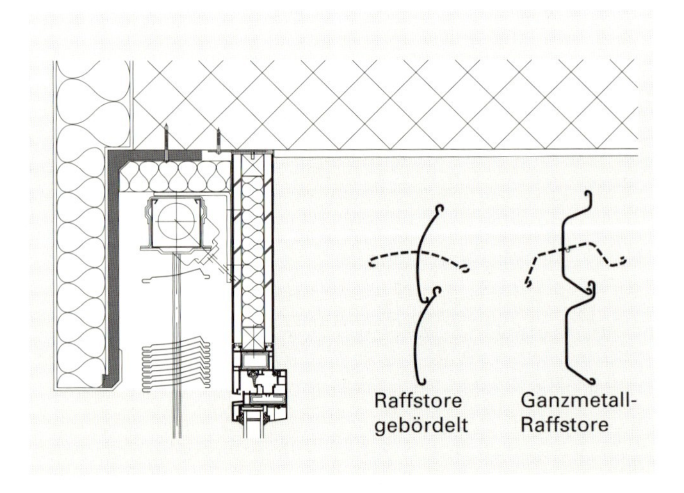

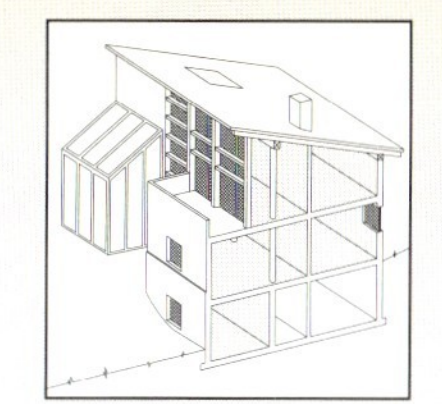

Rolladenarten

Es werden Faltrolladen, Leichtmetall-Rolladen und Holzrolladen angeboten die sich, seitlich geführt, vertikal absenken lassen. Sonnenschutz, Lichteinfall und Luftzirkulation lassen sich bei Rolladen nicht derart fein regulieren, wie dies bei Storen der Fall ist.

Der Einbau von Faltrolladen erfolgt wie bei den Storen in äusseren, etwa 13 cm tiefen Sturznischen – optimale Voraussetzungen auch hier für die konstruktive Ausbildung der Gebäudehülle.

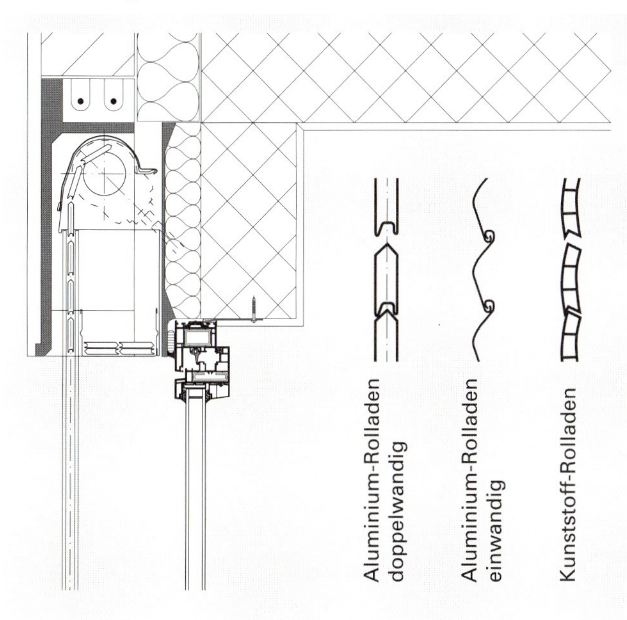

Bei herkömmlichen Rolladen sind meist über den Fenstern angeordnete Rolladenkästen erforderlich, mit Abmessungen von etwa 18 x 18 bis 26 x 26 cm (je nach Öffungshöhe) und teilweise inneren Montage- und Serviceöffnungen. Solche Systeme bringen erhebliche baukonstruktive Probleme mit sich, so z.B. erhöhte Transmissions- und Lüftungswärmeverluste über die mehrheitlich ungenügenden Montageöffnungen (Wärmedämmvermögen, Luftdichtigkeit) und eine Reduktion des Schalldämmvermögens. Solche Rolladen sollten deshalb nur mit äusseren Montageöffnungen (Sturznische analog Faltrolladen) und als Ersatz für bestehenden Systeme eingesetzt werden.

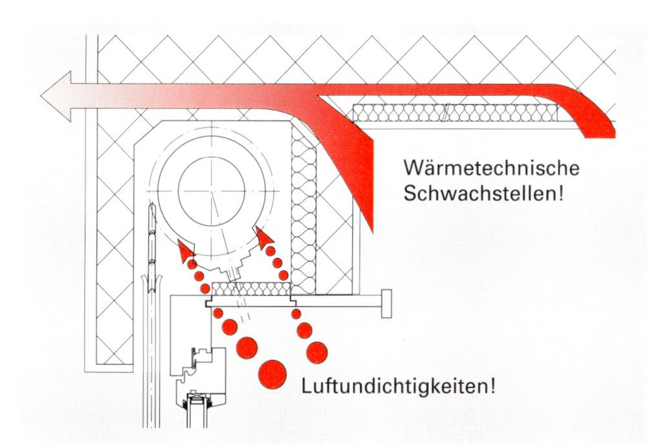

Fassaden-Markisen

Fassaden-Markisen sind textile Sonnenschutzanlagen, die ganze Fassadenflächen beschatten. Vor allem die «Glasarchitektur» – mit dem Wintergarten als gebräuchlichstem Element – erfordert solche Markisen, die nicht nur vertikal sondern auch schräg und horizontal einsetzbar sind.

Das Markisentuch wird am horizontalen Fallrohr befestigt, welches beidseitig rollengelagert in Führungen läuft. Bei einer Neigung von mindestens 30° von der Horizontalen fährt die Anlage mittels Schwerkraft nach unten. Bei einem niedrigeren Fallwinkel wird eine Gegenzugvorrichtung eingebaut.

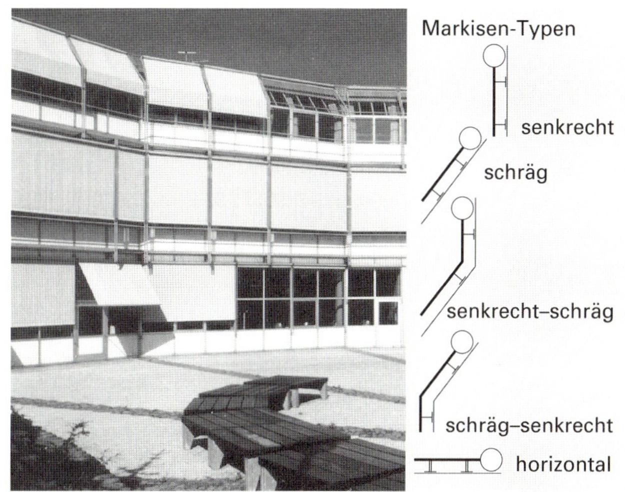

Foto: Griesser AG, Aadorf

Verminderungsfaktor für Sonnenstrahlung [18]

	Richtwerte für Verminderungsfaktor f_F
IV 4/12/4 (Normalausführung)	0,72
dito mit äusseren Lamellenstoren	0,12
dito mit äusseren Gitterstoffstoren	0,18 bis 0,22
dito mit Innenlamellenstoren	0,46 bis 0,59
dito mit inneren Reflexionsvorhängen	0,40 bis 0,50
Absorptionsglas ohne zus. Blendschutz	0,50 bis 0,65
Reflexionsglas ohne zus. Blendschutz	0,25 bis 0,50

Verminderungsfaktor f_F für die Sonnenstrahlung bei Kombination von IV 4/12/4 (Normalausführung) mit Sonnenschutzvorrichtung

Temporärer Wärmeschutz

k-Wert von Fenstern (Isolierverglasungen)	0,8 bis 3,0 W/m²K
Zusatzwiderstände durch temporären Wärmeschutz in m²K/W	
– dicht schliessende Vorhänge innen	0,13
– Kunststoffrolladen (Hohlprofile)	0,13 bis 0,20
– Alu Rolladen (Hohlprofile)	0,15
– Alu Rolladen (Einfach-Lamellen)	0,05
– Alu Rolladen (Einfach-Lamellen, perforiert)	0
– Raffstoren	0,03

Temporärer Wärmeschutz: Die zusätzlichen Wärmedämmeffekte sind meist nur in der Nacht wirksam

2.7 Weiterführende Literatur

Zu Themen des Kapitels 2 «Gebäudehülle beim Neubau» geben dem interessierten Leser unter anderem die folgenden Publikationen weitere Hinweise:

- BEW: Merkblatt k-Werte und g-Werte von Fenstern, Bern 1991
- Braun W.: Hochisolierte Gebäude: Ein Beitrag zur Lösung des Energieproblems, Schweiz. Ing. & Arch. 14, 372-377, 1990
- Brunner C.U., Nänni J.: Wärmeverluste von Fenstern, Schweiz. Ing. & Arch. 43, 799-802, 1992
- Diverse Autoren: zum Thema Steildach vollgedämmt, belüftet/nicht belüftet, wksb, 27, 1989
- Diverse Autoren: Zur Bedeutung des Fensters, Schweiz. Ing. & Arch. 35, 993-1017, 1987
- Durnow R.: Ausführungsrichtlinien für Flachdachabdichtungen, Hrsg. VERAS, 1989
- Element 27 (Preisig HR.): Ziegeldach, Planung und Ausführung, Schweiz. Ziegelindustrie, Zürich1987
- Element 28 (Martinelli R.): «Backstein-Aussenwände», Schweiz. Ziegelindustrie, Zürich1989
- EMPA, SHIV, SIA, SZV, LIGNUM: Trocknung von Konstruktionsholz, Merkblatt 1989
- Humm 0.: Hochisolierende Fenster (HIT), Schweiz. Ing. & Arch. 14, 367-371, 1990
- IP Holz 806/7: Wärmegedämmte Steildachsysteme, 1988
- Kropf F. et al.: Der korrekte Einbau des Dachflächenfensters, Schweiz. Ing. & Arch. 14, 360-363, 1987
- Liersch K.W.: Belüftete Dach- und Wandkonstruktionen, Bd. 1-4, Bauverlag, Wiesbaden, 1981-1990
- Morath H.: Handbuch für Spenglerarbeiten, 1983
- Preisig H., Michel D.: Fragen der Luftdurchlässigkeit bei einer Holzkonstruktion, Schweiz. Ing. & Arch. 6, 131-134, 1987
- Ronner, H.: Baukonstruktion im Kontext des architektonischen Entwerfens, Haus-Sockel, Birkhäuser Verlag, Basel, 1991
- Ronner, H.: Baukonstruktion im Kontext des architektonischen Entwerfens, Wand + Mauer, Birkhäuser Verlag, Basel, 1991
- Ronner, H.: Baukonstruktion im Kontext des architektonischen Entwerfens, Haus-Dächer, Birkhäuser Verlag, Basel, 1991
- Ronner, H.: Baukonstruktion im Kontext des architektonischen Entwerfens, Decke + Boden, Birkhäuser Verlag, Basel, 1991
- Ronner, H.: Baukonstruktion im Kontext des architektonischen Entwerfens, Öffnungen, Birkhäuser Verlag, Basel, 1991
- Sarnafil AG: Wegleitung zur Norm SIA 238, 1989
- Sarnafil AG: Wegleitung zur Empfehlung SIA 271, 1990
- SIA Dokumentation 25, Aussenwände, Konstruktive und bauphysikalische Probleme, zweite überarbeitete Auflage, Zürich, 1983
- SIA Dokumentation 60, Dächer, Konstruktive und bauphysikalische Probleme bei Flach- und Steildächern, Zürich, 1983
- Tanner Ch.: Hinterlüftete Fassaden, Schlussbericht, Abt. Bauphysik, EMPA Dübendorf, 1992
- VSR (Verband Schweizerischer Rolladen- und Storenfabriken): Untersuchungen über wärme-, licht-, wind- und schalltechnisches Verhalten von Sonnen- und Wetterschutzanlagen,1979

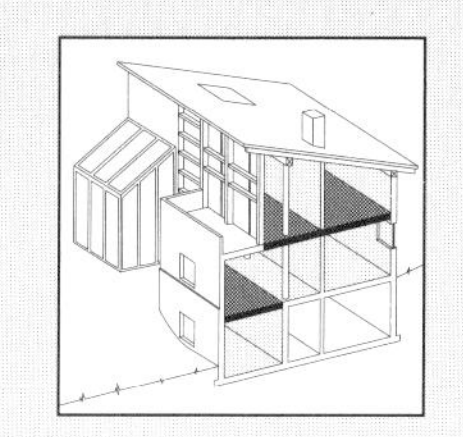

3.1 Geschossdecken

Die Geschossdecken stellen in den meisten Fällen das Trennelement zwischen unterschiedlichen Nutzungseinheiten dar. Die primären Funktionen der Geschossdecken sind Tragen und Trennen. Je nach Art der angrenzenden Nutzungseinheiten resultiert aus der Funktion «Trennen» eine Vielzahl von unterschiedlichen Einzelanforderungen. Als Innenbauteile sind Geschossdecken keiner Witterungsbeanspruchung ausgesetzt.

3.1.1 Anforderungen

Die wichtigsten Anforderungen im Falle einer Wohnungstrenndecke sind:

- Statische und tragwerkstechnische Anforderungen
- Luftschall- und Trittschalldämmung
- Brandschutz (abhängig von der Stockwerkzahl)
- Wärmeschutz (nur bei Flächenheizungen)
- Behaglichkeitsanforderungen (Wärmeableitung des Bodenbelags)

Bei andern Nutzungen können noch weitere Randbedingungen von Bedeutung sein:

- Hygienische Anforderungen (z.B. Reinigung)
- Aufnahme von Installationsebenen (z.B. Elektro, Lüftung, Sprinkler)
- Spezielle mechanische Beanspruchung
- Anforderungen bezüglich elektrostatischem Verhalten des Bodenbelags
- Abdichtung gegen Wasser (Nassräume)
- Resistenz des Bodenbelags gegen spezielle chemische Einflüsse (Öle, Fette, Säuren oder Laugen)
- Schallabsorbierende Ausbildung der Deckenuntersicht (Raumakustische Anforderungen)
- Aktive oder passive Nutzung der Geschossdecke für thermische Speicherfunktionen
- Gestalterische Funktionen (Textur und Tektonik der Oberfläche)

3.1.2 Wärmeschutz

Bei einer Bodenheizung wird ein Teil der zugeführten Wärme an die Unterkonstruktion und somit an den sich darunter befindenden Raum abgegeben. Deshalb muss unter einer Bodenheizung in jedem Fall eine Wärmedämmschicht angeordnet werden. Kantonale Vorschriften, die im Zusammenhang mit der individuellen Heizkostenabrechnung stehen, verlangen bei Geschossdecken mit Flächenheizungen die Einhaltung eines Mindestwärmeschutzes von $k \leq 0{,}7$ bis 0,8 W/m²K (je nach Kanton).

(1) bewertete Standardschallpegeldiffferenz
(2) bewerteter Standardtrittschallpegel
(3) bewertetes Bauschalldämmass
(4) bewerteter Normtrittschallpegel

3.1.3 Schallschutz

Die schalltechnischen Anforderungen einer Geschossdecke betreffen die Trittschall- und die Luftschalldämmung. Diese werden in der Norm SIA 181 «Schallschutz im Hochbau» [6], in Abhängigkeit der Lärmempfindlichkeit und des Störgrades der jeweiligen Nutzungen der übereinander liegenden Räume, festgelegt.

Schutz gegen Luftschall bei Wohnungstrenndecken
Je höher der Wert von $D_{nT,w}$ (1), desto besser ist die Luftschalldämmung.

- Mindestanforderung: $D_{nT,w} \geq 52$ dB
- Erhöhte Anforderung: $D_{nT,w} \geq 57$ dB

Die Anforderung an die einzelne Deckenkonstruktion hängt auch vom Verhältnis der Trennbauteilfläche zum Volumen des Empfangsraumes ab. Die erforderliche Luftschalldämmung R'_w (3) von Geschossdecken muss in der Regel bei wohnungsüblichen Raumdimensionen 1 bis 2 dB höhere Werte als die geforderte Standardschallpegeldifferenz $D_{nT,w}$ aufweisen. Nebst der Schalldämmung des Trennbauteils, welche durch Masse und Aufbau bestimmt wird, müssen auch Schallnebenwegübertragungen über flankierende Bauteile berücksichtigt werden. Wandkonstruktionen oder Vormauerungen mit einer Dicke von 60 bis 120 mm, welche starr in Verbindung zur Betondecke stehen, führen durch Nebenwegübertragung zum Teil zu erheblichen Reduktionen der Schalldämmung von Geschoss zu Geschoss.

Schutz gegen Trittschall bei Wohnungstrenndecken
Je tiefer der Wert von $L'_{nT,w}$ (2), desto besser ist die Trittschalldämmung.

- Mindestanforderung: $L'_{nT,w} \leq 55$ dB
- Erhöhte Anforderung: $L'_{nT,w} \leq 50$ dB

Bei der Trittschalldämmung hängt die Korrektur der raumbezogenen Anforderung ($L'_{nT,w}$) zur bauteilbezogenen Anforderung ($L'_{n,w}$) nur vom Volumen des Empfangsraumes ab. Bei kleinen Räumen (< 30 m³ Raumvolumen) reduziert sich z.B. $L'_{n,w}$ (4) um 1 bis 2 dB gegenüber $L'_{nT,w}$ (Erhöhung der Anforderung). Bei Räumen mit 200 bis 300 m³ Volumen liegt der Sollwert für $L'_{nT,w}$ z.B. 5 bis 7 dB über dem Anforderungswert von $L'_{nT,w}$ (Verringerung der Anforderung).
Die erforderliche Trittschalldämmung von Geschossdecken wird im Wohnungsbau meist durch schwimmend verlegte Unterlagsböden erreicht. Nebst der flächig einwandfreien Auflagerung des Unterlagsbodens ist auch auf die körperschalldämmende Trennung zwischen Unterlagsboden und aufgehenden Bauteilen zu achten. Eine andere Möglichkeit besteht darin, auf Massivkonstruktionen einen trittschalldämmenden Bodenbelag, mit auf die Anforderung abgestimmtem Trittschallverbesserungsmass, zu verlegen.

3.1.4 Konstruktionsbeispiele

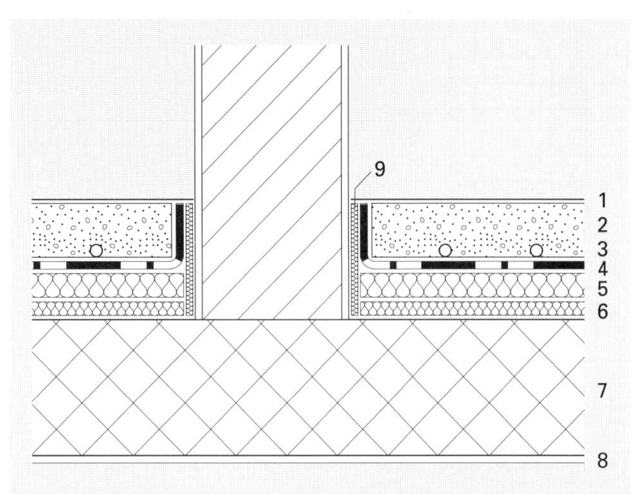

1 Bodenbelag (z.B. Parkett, Teppich, Plattenbelag)
2 Unterlagsboden evtl. mit Armierung (je nach Beanspruchung und Bodenbelag)
3 Bodenheizung
4 Trennlage (z.B. PE-Folie)
5 Wärmedämmschicht 30 mm
6 Trittschalldämmschicht 15 mm
7 Stahlbetondecke
8 Deckenputz
9 Trenn- bzw. Randanschlussfuge

Massive Wohnungstrenndecke mit Bodenheizung zur Erreichung der erhöhten Anforderungen im Wohnungsbau

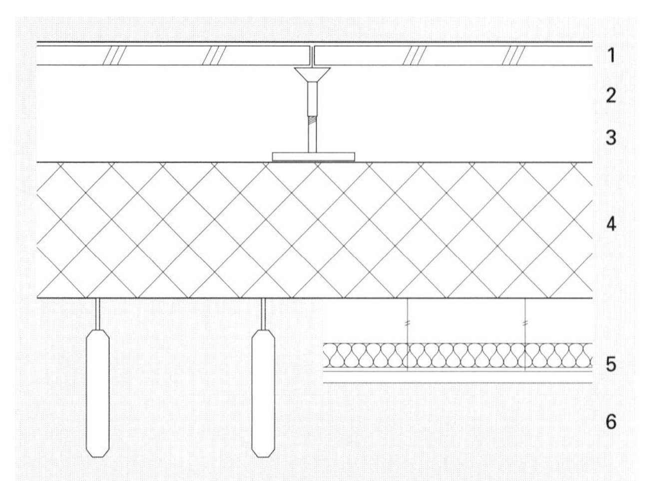

1 Bodenelemente mit Gehbelag
2 Ständer- bzw. Tragkontruktion, evtl. mit trittschalldämmender Einlage
3 Hohlraum für Installationsführung
4 Stahlbetondecke
5 Abgehängte, schallabsorbierende Deckenverkleidung (die Stahlbetondecke ist als wärmespeichernde Schicht für den sommerlichen Wärmeschutz nicht wirksam)
6 Abgehängte, schallabsorbierende Elemente (die Stahlbetondecke ist wirksam als wärmespeichernde Schicht für den sommerlichen Wärmeschutz)

Geschossdecke in Bürogebäude

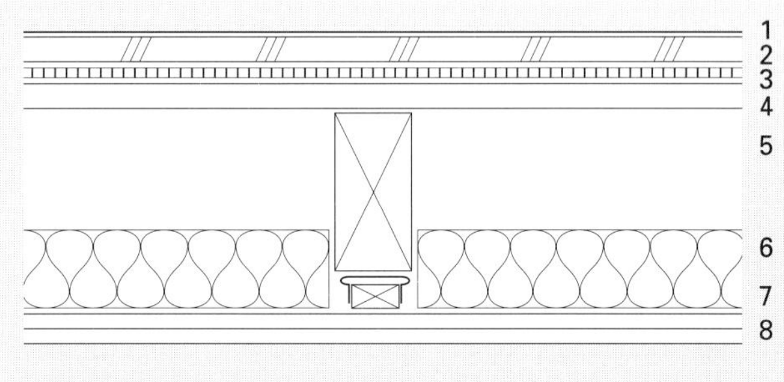

1 Bodenbelag (Parkett, Teppich o.ä.)
2 Holzspanplatte 25 mm
3 Trittschalldämmvlies 2 x 3 mm
4 Holzschalung mit Nut und Kamm
5 Balkenlage
6 Faserdämmstoffplatte 80 mm (Schalldämmvermögen)
7 Lattenrost mit Federbügel montiert (Schalldämmvermögen)
8 Deckenverkleidung mit 2 Lagen Gipskartonplatten

Holzbalkendecke als Wohnungstrenndecke zur Erreichung der erhöhten Anforderungen im Wohnungsbau

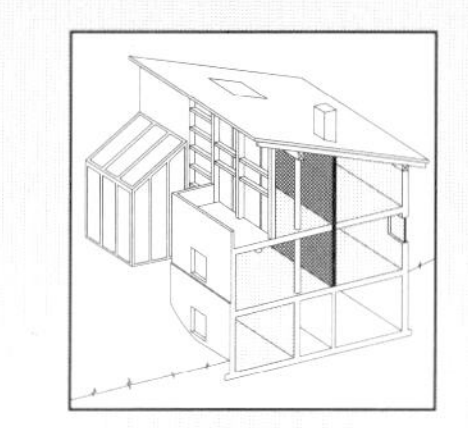

3.2 Trennwände

Unter Trennwänden werden vertikale Trennelemente zwischen Räumen innerhalb eines Gebäudes oder zwischen zwei angrenzenden Gebäuden verstanden. Die an Trennwände zu stellenden Anforderungen werden durch die Nutzungen der angrenzenden Räume und das statische Konzept des Gebäudes bestimmt.

3.2.1 Anforderungen

An gebäudeinterne Trennwände können je nach Fall folgende Anforderungen gestellt werden:
- Tragende und aussteifende Funktion (abhängig vom statischen Konzept)
- Mechanische Festigkeit und Befestigungsmöglichkeiten von Gegenständen (z.B. in Gewerberäumen)
- Wärmeschutz (falls Trennelement zwischen beheiztem und unbeheiztem Raum)
- Schallschutz (nutzungsabhängig)
- Brandschutz (z.B. Anordnung eines Brandabschnittes)
- Strahlenschutz (z.B. Röntgenräume)
- Schallabsorption der Oberfläche (raumakustische Anforderungen)

3.2.2 Wärmeschutz

Anforderungen an den Wärmeschutz von Trennwänden bestehen dort, wo beheizte Räume an nicht beheizte Bereiche grenzen. Massgebend sind die Normen und Empfehlungen des SIA (180, 380/1) sowie die entsprechenden Verordnungen der Kantone.

Einzelbauteilanforderung gemäss SIA 180 [1]
Mindestanforderung: $k \leq 0{,}8$ W/m²K

Einzelbauteilanforderungen gemäss SIA 380/1 [3]
Grenzwert: $k \leq 0{,}5$ W/m²K
Zielwert: $k \leq 0{,}4$ W/m²K

3.2.3 Schallschutz

Die Anforderungen der Luftschalldämmung zwischen unterschiedlichen Nutzungseinheiten sind, in Abhängigkeit der Lärmempfindlichkeit und des Störgrades der benachbarten Räume, in der Norm SIA 181 «Schallschutz im Hochbau» [6] definiert. Unterschieden wird zwischen Mindestanforderungen, die gemäss LSV [5] generell verbindlich sind, und erhöhten Anforderungen, die nur nach vertraglicher Vereinbarung geltend gemacht werden können.

Für die Schalldämmung innerhalb einer Nutzungseinheit (z.B. innerhalb eines Bürobetriebes) definiert die Norm SIA 181 keine Anforderungen. Entsprechende Angaben können z.B. der DIN 4109 «Schallschutz im Hochbau» [7] entnommen werden.
Nebst der Schalldämmung der Trennwandkonstruktion selbst kann auch die Schallnebenwegübertragung durch undichte Anschlüsse oder «leichte» flankierende Bauteile von Bedeutung sein. Zur Zeit sind Nebenwegübertragungen nach DIN 4109, Beiblatt 1, zu berücksichtigen.

Beispiel:
- Unter einer Trennwand in Leichtbauweise durchgehende Unterlagsböden, beschränken das Schalldämmvermögen der Trennwand auf R'_w-Werte von etwa 40 dB.

3.2.4 Konstruktionsbeispiele

Einschalige Wohnungstrennwand
(für Mindestanforderungen bezüglich Luftschalldämmung, mit einem R'_w-Wert von etwa 53 dB)

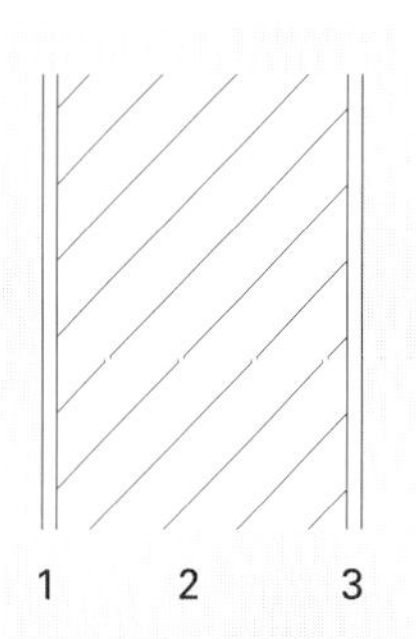

1 Putz ($d \geq 1{,}5$ cm)
2 Mauerwerk Backstein Calmo, 200 mm
3 Putz ($d \geq 1{,}5$ cm)

Zweischalige Wohnungstrennwand
(für erhöhte Anforderungen bezüglich Luftschalldämmung, mit einem R'_w-Wert von etwa 58 dB bei getrennter Deckenkonstruktion)

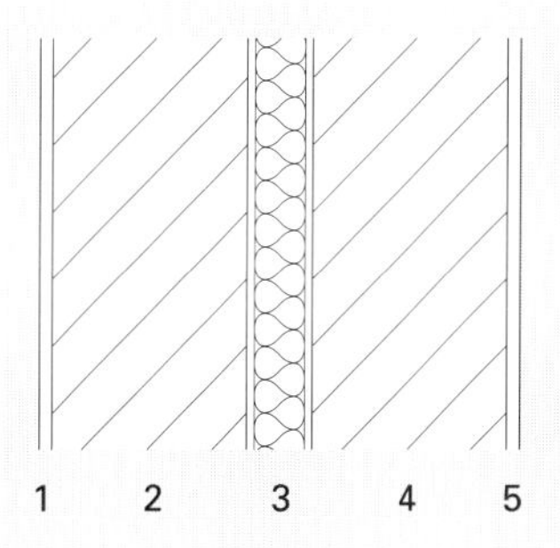

1 Putz
2 Mauerwerk Backstein 150 mm
3 Faserstoffschicht 40 mm
4 Mauerwerk Backstein 150 mm
5 Putz

3.2 Trennwände

Leichtbautrennwand
(z.B. als Trennung zwischen Büroräumen, mit einem R'w-Wert von etwa 45 dB)

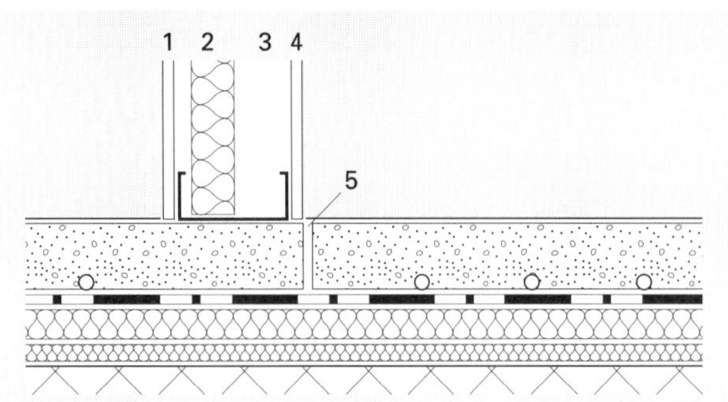

1 Gipskartonplatte
2 Metallständerkonstruktion
3 Faserstoffzwischenlage 50 mm
4 Gipskartonplatte
5 Trennfuge

Leichtbautrennwand
(z.B. als Trennung zwischen Büroräumen bei hoher Anforderung, mit einem R'w-Wert von etwa 55 dB)

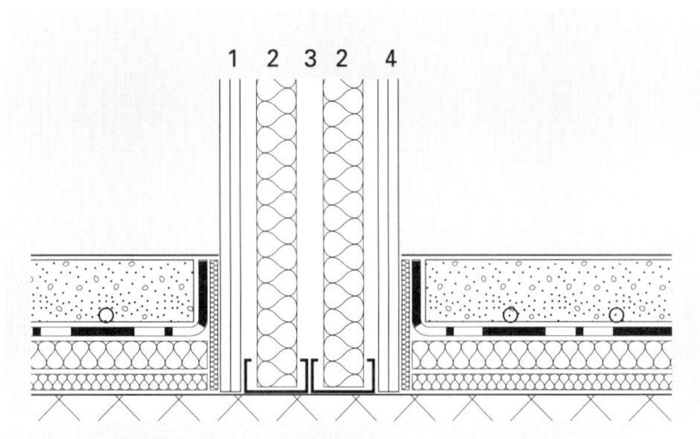

1 Gipskartonplatten zweilagig (z.B. 2 x 12 mm)
2 Metallständerkonstruktion getrennt
3 Faserstoffzwischenlage 50 mm
4 Gipskartonplatten zweilagig (z.B. 2 x 12 mm)

Trennwand zwischen beheiztem und unbeheiztem Raum der gleichen Nutzungseinheit
(z.B. zur Erfüllung des Grenzwertes von $k \leq 0{,}5$ W/m²K gemäss SIA 380/1)

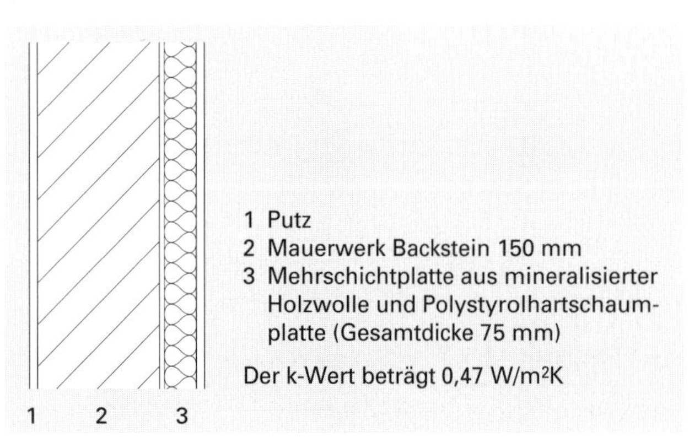

1 Putz
2 Mauerwerk Backstein 150 mm
3 Mehrschichtplatte aus mineralisierter Holzwolle und Polystyrolhartschaumplatte (Gesamtdicke 75 mm)

Der k-Wert beträgt 0,47 W/m²K

3.3 Türen

3.3.1 Anforderungen

Je nach Einsatzort der Türkonstruktion können folgende Anforderungen bestehen:
- Wärmeschutz
- Luftdichtigkeit
- Schallschutz
- Brandschutztechnische Anforderungen (Rauchdichtigkeit, Brandschutz)
- Schutz vor unbefugtem Zutritt und Einbruch
- Ästhetische Anforderungen

3.3.2 Wärmeschutz, Luftdichtigkeit

Türkonstruktionen, die beheizte Bereiche von unbeheizten Räumen oder Aussenklimabereichen trennen, müssen Wärmeschutzanforderungen erfüllen und genügend luftdicht sein.

Einzelbauteilanforderung gemäss SIA 180 [1]
Mindestanforderung: $k \leq 3{,}0$ W/m²K

Einzelbauteilanforderungen gemäss SIA 380/1 [3]
Türe gegen unbeheizten Raum:
Grenzwert: $k \leq 2{,}6$ W/m²K
Zielwert: $k \leq 2{,}0$ W/m²K
Türe gegen Aussenklima:
Grenzwert: $k \leq 2{,}0$ W/m²K
Zielwert: $k \leq 1{,}2$ W/m²K

Fugendurchlässigkeit für Aussentüren (a-Wert) gemäss SIA 380/1 [3]
Grenzwert 0,3 $m^3/h\ m\ Pa^{2/3}$
Zielwert 0,2 $m^3/h\ m\ Pa^{2/3}$

Um die geforderte Luftdichtigkeit von Aussentüren sicherzustellen, sind ununterbrochene, rundumlaufende Dichtungen einzusetzen. Ein Schliessystem mit mehreren Schliesspunkten kann die Dichtigkeit durch einen regelmässig verteilten Anpressdruck ebenfalls verbessern.
Eine weitere Voraussetzung für die Fugendichtigkeit ist ein formstabiler Aufbau des Türblattes. Einfache Türkonstruktionen aus Holz oder Holzwerkstoffen, ohne spezielle Beschichtungen, neigen bei grösseren Temperatur- oder Feuchtigkeitsdifferenzen zum Verziehen.

3.3.3 Schallschutz

Die Norm SIA 181 «Schallschutz im Hochbau» [6] fordert für die Trennung unterschiedlicher Nutzungseinheiten einen Mindestschallschutz in Abhängigkeit der Lärmempfindlichkeit und des Störgrades der benachbarten Räume. Es werden also keine Anforde-

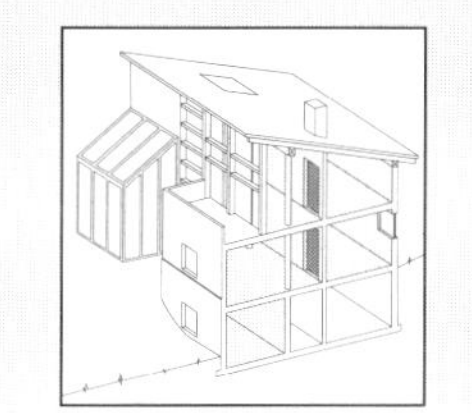

rungen an die Türe selbst, sondern an das Trennelement samt Türe gestellt. Wenn ein solches Trennelement einen direkt erschlossenen Raum gegenüber einer Erschliessungszone abgrenzt, die ausschliesslich dem Zugang zu gleichartigen oder bezüglich Lärmstörung gleich eingestuften Nutzungseinheiten dient (z.B. Treppenhaus in Mehrfamilienhaus), gelten um 10 dB reduzierte Anforderungswerte. Bei Wohnungsabschlusstüren zwischen Treppenhaus und Wohnbereich (ohne abgeschlossene Vorzone), muss die Türe zur Erreichung der Mindestanforderungen in der Regel ein Schalldämmass von etwa $R'_w \approx 35$ dB aufweisen.
An Türen innerhalb gleicher Nutzungszonen sind in SIA 181 keine Anforderungen definiert. DIN 4109 «Schallschutz im Hochbau» [7] beinhaltet in Bezug auf Türen in Geschaftshäusern folgende Anforderungen:

Türen von Räumen mit üblicher Bürotätigkeit:
- Empfehlung für normalen Schallschutz: $R'_w \geq 27$ dB
- Empfehlung für erhöhten Schallschutz: $R'_w \geq 32$ dB

Türen von Räumen für konzentrierte geistige Tätigkeit oder zur Behandlung vertraulicher Angelegenheiten:
- Empfehlung für normalen Schallschutz: $R'_w \geq 37$ dB

Bei Räumen mit hohen Anforderungen an die Diskretion, wie z.B. in Arzt- oder Anwaltspraxen, wird eine Schalldämmung der Türen von R'_w 40 bis 45 dB erforderlich.

Damit das geforderte Schalldämmass der Türe auch unter den bauüblichen Nebenwegübertragungen erreicht wird, muss der Laborwert des Türblattes etwa 2 bis 3 dB über dem Anforderungswert liegen. Hohe Schallschutzanforderungen können nur mit Türkonstruktionen erreicht werden, bei welchen Türblatt, Rahmen oder Zarge und Dichtungssysteme optimal auf die schalltechnischen Anforderungen abgestimmt sind. Bereits kleine Mängel führen zu ungenügenden Ergebnissen.

3.3.4 Konstruktionsbeispiele

Hohltüre
(Schalldämmass R'_w 15 bis 20 dB, z.B. für wohnungsinterne Türen)

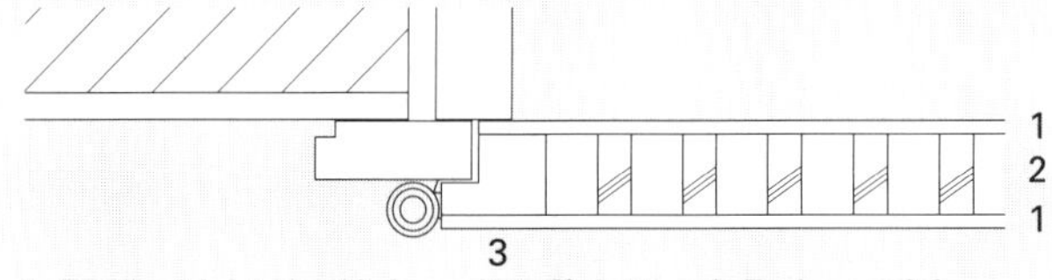

1 Deckschicht aus Holzwerkstoffplatte mit Farbanstrich, Fournierbeschichtung, Folienbeschichtung o.ä.
2 Füllung (Holzwerkstoffstreifen, Wabenstrukturen)
3 Umleimer aus Holz

Volltüre mit umlaufender Dichtung
(Schalldämmass R'_w etwa 30 dB, z.B. für Bürotüren, Klassenzimmertüren)

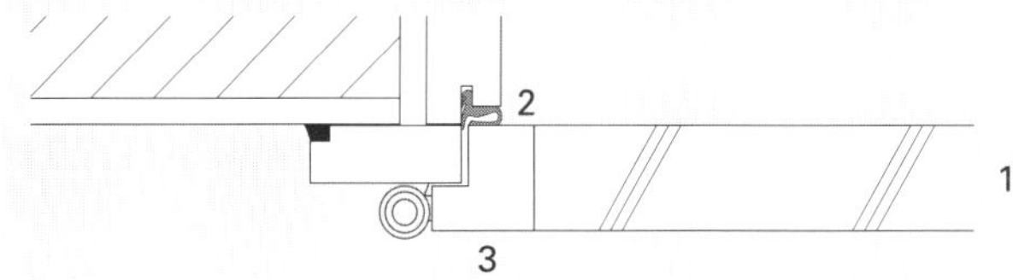

1 Spanplatten 40 mm mit Farbanstrich, Fournierbeschichtung, Folienbeschichtung o.ä.
2 Umleimer aus Holz
3 Umlaufendes Dichtungsprofil

Mehrschalige Türkonstruktion mit 1 oder 2 umlaufenden Dichtungen
(Schalldämmass R'_w etwa 35 dB, z.B. für Wohnungsabschlusstüren bei direkt erschlossenen Wohnräumen)

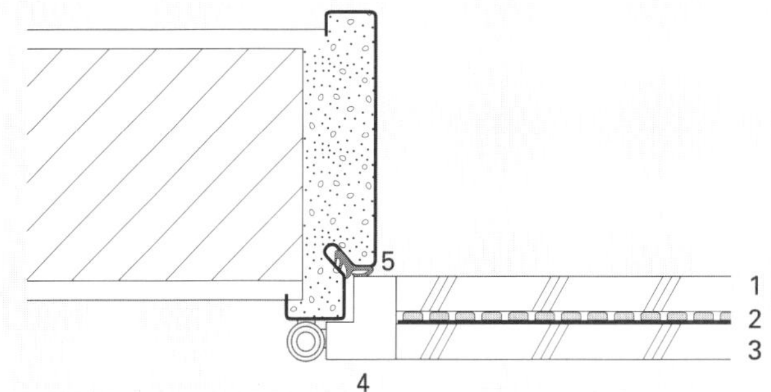

1 Spanplatten 19 mm mit Farbanstrich, Fournierbeschichtung, Folienbeschichtung o.ä.
2 Schwerfolie
3 Spanplatten 19 mm mit Farbanstrich, Fournierbeschichtung, Folienbeschichtung o.ä.
4 Umleimer aus Holz
5 Umlaufendes Dichtungsprofil

Mehrschalige Türkonstruktion mit 2 umlaufenden Dichtungen
(Schalldämmass R'_w etwa 42 dB, z.B. für Türen in Praxisräumen von Ärzten und Anwälten)

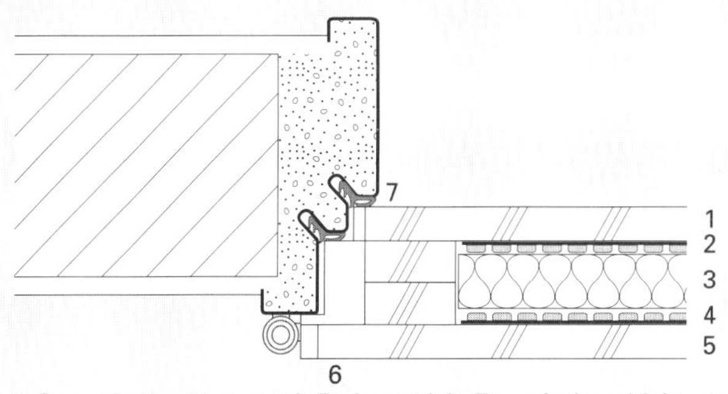

1 Spanplatten 19 mm mit Farbanstrich, Fournierbeschichtung, Folienbeschichtung o.ä.
2 Schwerfolie
3 Faserdämmstoffplatte 30 mm
4 Schwerfolie
5 Spanplatten 19 mm mit Farbanstrich o.ä.
6 Umleimer aus Holz
7 Umlaufende Dichtungsprofile

3.4 Erschliessungszonen

3.4.1 Problemstellung, Grundanforderung [32]

Ein Zirkulationssystem stellt die räumliche Beziehung zwischen Raumeinheiten her. Die Orientierung der Räume zum Licht und nach Himmelsrichtungen einerseits, und die Verbindungsmöglichkeiten von Raumzugängen, Horizontal- und Vertikalwegen andererseits sind ordnungsbildende Faktoren für die räumliche Organisation von Raumeinheiten und Gebäuden. Die Anzahl, Grösse und Form der zu erschliessenden Einheiten und deren nutzungsbedingte Beziehung zueinander bilden weitere systembestimmende Kriterien. Ein Zirkulationssystem kann nicht als Einzelteil entwickelt werden, sondern ist bedingt durch den Gesamtzusammenhang aller Räume und Raumgruppen. Funktionstüchtigkeit, Orientierung und Ökonomie sind in einer einfachen Systemgeometrie und einer angemessenen Direktheit der Erschliessungswege zu suchen. Die feuerpolizeiliche Fluchtdistanz kann die Abmessungen einer Erschliessungseinheit begrenzen oder die Distanzen der Vertikalverbindungen innerhalb einer grösseren Erschliessungsordnung bestimmen.

Folgende Anforderungen müssen im allgemeinen an die Leistung von Zirkulationssystemen gestellt werden.

Funktionstüchtigkeit
Erreichbarkeit der Ziele in der Direktheit, welche der Aufgabe angemessen ist. Unterscheidung (Abtrennung) von öffentlicher, halböffentlicher und privater Sphäre.

Leistungsfähigkeit
Angemessenheit von Dimensionen (von Länge, Breite, Steilheit bzw. Fahrgeschwindigkeit) an die auftretenden Zirkulationssituationen (Stosszeit, Normalverkehr usw.).

Sicherheit
Unfallsicherheit aller Teile für alle Arten von Benutzern (auch alte Leute, Kinder), Notfallsicherheit.

Bequemlichkeit
Angemessenheit der Elementeigenschaften an die ergonomischen, allgemein physiologischen und psychologischen Erfordernisse.

Orientierung
Lesbarkeit und Eindeutigkeit der Systemgeometrie. Verständlichkeit des Standortes im Gebäude in Bezug auf die natürlichen Orientierungselemente der Umgebung bzw. Natur.

Erlebnisträchtigkeit
Erschliessen des Erlebnisgehaltes des Gebäudeinnern und der Beziehung des Gebäudes zu seiner Umgebung.

Ökonomie
Angemessenheit des Mitteleinsatzes für die Erstellung, den Betrieb und den Unterhalt der Anlage.

3.4.2 Wärmeschutz

Bei Wohnbauten wird die Erschliessungszone bzw. das Treppenhaus in der Regel nicht aktiv beheizt. Je nach Disposition (Anteil der Bauteile die Wärme zuführen bzw. über die Wärme abgeführt wird) und Ausbildung der Bauteile (Wärmedämmvermögen) resultiert zwischen den effektiv beheizten Nutzräumen und der Erschliessungszone ein mehr oder weniger grosser Temperaturunterschied.
In diesem Zusammenhang stellt sich immer wieder die Frage: ob die Erschliessungszone, als nicht beheizter Raum, gegenüber den beheizten Räumen (Raumlufttemperatur $\vartheta_i \geq 10$ °C) thermisch abgetrennt werden muss. Wenn ja, haben die Trennwände den Anforderungen an Bauteile gegen nicht beheizte Räume zu genügen {$k \leq 0{,}8$ W/m²K gemäss SIA 180 bzw. $k \leq 0{,}5$ W/m²K (Grenzwert) und $k \leq 0{,}4$ W/m²K (Zielwert) gemäss SIA 380/1}. Durch zweischalige Ausbildung mit 3 bis 6 cm dicker Wärmedämmschicht aus Faserdämmstoff können sowohl solche Wärmeschutzanforderungen erfüllt als auch optimale Verhältnisse für die schalltechnische Trennung geschaffen werden.
In der Praxis wird die Erschliessungszone jedoch oft als nicht aktiv beheiztes Volumen mit einer Raumlufttemperatur $\vartheta_i \geq 10$ °C betrachtet. Die Innenbauteile werden nicht speziell wärmegedämmt, die Aussenbauteile müssen dann jedoch den geltenden Wärmeschutzanforderungen entsprechen.
Bei Erschliessungselementen in Form von Laubengängen werden oft konzeptionelle Lösungen gewählt, die selbst bei konstruktiv aufwendigen Massnahmen zu hohen Energieverlusten über wärmetechnische Schwachstellen führen. Durch geeignete Konzeption, z.B. mittels vollständiger Abtrennung vom übrigen Baukörper (eigenes Tragsystem), sollen energetisch sinnvolle Lösungen angestrebt werden.

3.4.3 Schallschutz

Die Norm SIA 181 «Schallschutz im Hochbau» [6] definiert Anforderungen an den Schutz gegen Innenlärm, in Form von Luft- und Trittschall sowie von Geräuschen haustechnischer Anlagen. Daraus resultieren verschiedene Anforderungen an die Erschliessungszone, jeweils in Abhängigkeit vom Grad der Störung und von der Lärmempfindlichkeit der angrenzenden Nutzungseinheiten:

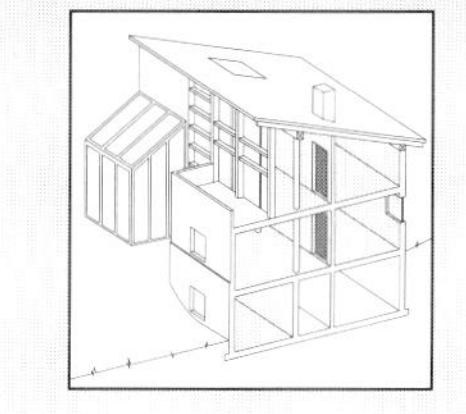

- Luftschalldämmvermögen der Trennelemente (Wände und Türen, evtl. Decken und Böden) zwischen Erschliessungszone und Nutzraum .
- Trittschalldämmvermögen der Elemente (Treppenläufe, Podeste, Korridore) bei direkter und indirekter Schallübertragung.
- Maximaler Störschallpegel aus Funktionsgeräuschen allfälliger mechanischer Förderanlagen wie z.B. einer Liftanlage.

Damit die gestellten Anforderungen bei Wohnbauten erfüllt werden können, sind spezielle Massnahmen erforderlich.

Im Idealfall wird der Erschliessungsbereich ab Bodenplatte (Fundament) mittels Zweischalenkonstruktion vom übrigen Baukörper vollständig getrennt. Sowohl betreffend Luft- und Trittschall sowie Geräusche aus haustechnischen Anlagen ist diese Konzeption ideal, was auch betreffend thermische Trennung zwischen beheiztem und unbeheiztem Raumvolumen zutrifft. Bei solcher Konzeption sind keine schwimmenden, trittschallgedämmten Bodenüberkonstruktionen, trittschalldämmenden Bodenbeläge, spezielle Auflagerung von Treppenläufen und dergleichen erforderlich. Durch das Betonieren der Podeste und Treppenläufe dürfen keine Schallbrücken entstehen!

Bei einschaliger Ausbildung der Trennwände zwischen Erschliessungsbereich und Nutzräumen sind zur Erreichung eines genügenden Schallschutzes verschiedene Einzelmassnahmen erforderlich, die aufeinander abzustimmen sind und teilweise hohe Anforderungen an die Ausführung stellen:
- Podeste und Treppenläufe über spezielle, körperschalldämmende Konsolen am übrigen Baukörper befestigen.
- Podeste mit dem Baukörper starr verbinden, jedoch mit schwimmender, trittschallgedämmter Bodenüberkonstruktion ausbilden. Treppenläufe über spezielle, körperschalldämmende Lager mit den Podesten verbinden.
- Podeste und Treppenläufe mit dem Baukörper starr verbinden, jedoch mit schwimmender, trittschallgedämmter Überkonstruktion (schwierig auszuführen) oder mit trittschalldämmenden, weichfedernden Bodenbelägen (Verschmutzung, Abnützung, Hygiene!) ausbilden.

Hinweis
Durch spezielle Schallabsorptionsmassnahmen, wie z.B. Akustikdecken an Podestuntersichten, soll in Treppenhäusern eine Nachhallzeit von etwa einer Sekunde angestrebt werden. Dadurch lässt sich die oftmals lästige Halligkeit von Treppenhäusern spürbar verringern.

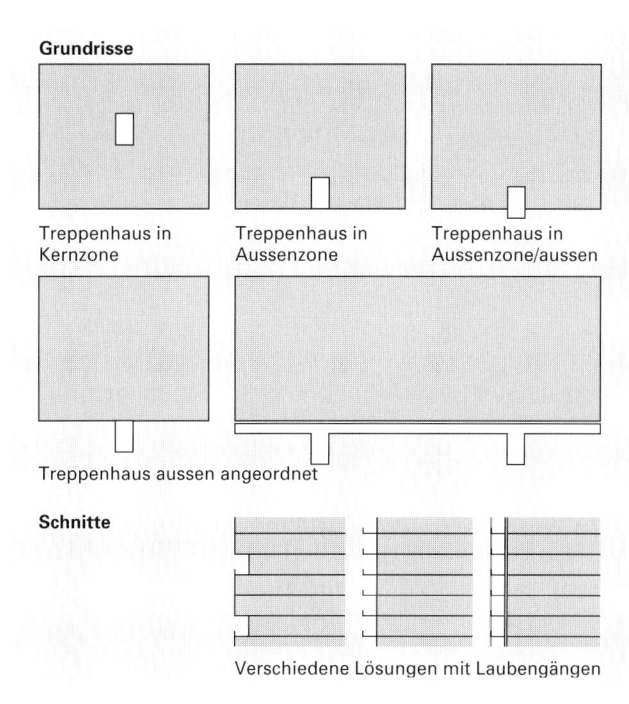

Schematische Darstellung der Anordnung von Erschliessungszonen

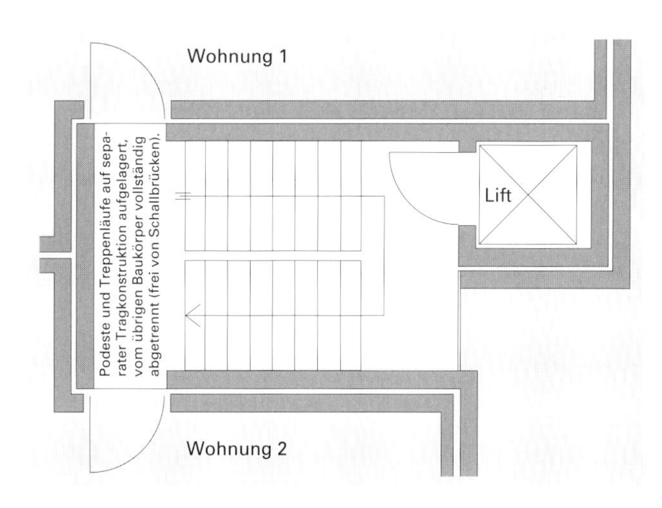

Erschliessungszone mit zweischaliger Trennwand, als Idealfall betreffend wärme- und schalltechnischer Trennung.

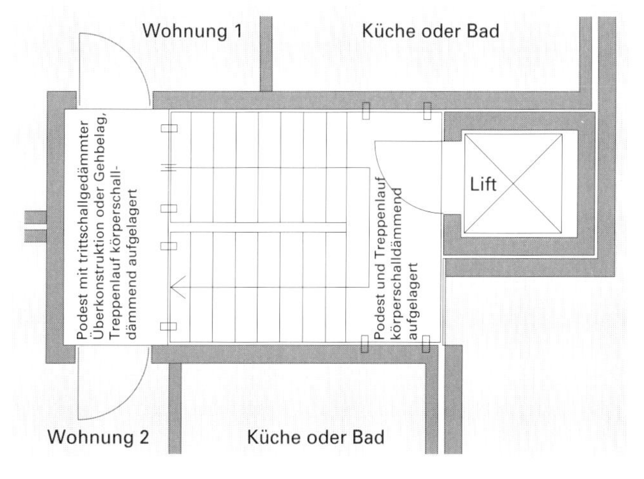

Erschliessungszone mit einschaliger Trennwand zwischen Treppenhaus und Wohnung

3.4.4 Brandschutz

Ihrer Bedeutung als Fluchtweg zufolge bieten sich die Erschliessungszonen als Anwendungsbeispiel zur Erläuterung brandschutztechnischer Massnahmen besonders an. Die nachstehenden Ausführungen gelten aber sinngemass auch für Bauteile im Gebäudeinnern und für die Gebäudehülle.

Ziel brandschutztechnischer Massnahmen ist der Schutz von Personen, Tieren und Sachwerten vor den Gefahren des Feuers. Erste Priorität hat dabei der Personenschutz. Sachwertschutz entspricht einem volkswirtschaftlichen Bedürfnis, unterliegt aber in höherem Masse auch ökonomischen Betrachtungsweisen.

Der Verlauf eines Brandereignisses wird im wesentlichen bestimmt durch die Baustoffwahl, Bauart und Geometrie des Brandraumes sowie durch den Heizwert (Brandbelastung) und das Brennverhalten der im Raum vorhandenen Stoffe und Waren. Zur Beurteilung der Brandgefährdung ist darüber hinaus auch die Aktivierungsgefahr (Eintretenswahrscheinlichkeit) eines Ereignisses zu berücksichtigen. Damit eine genügende Brandsicherheit gewahrt ist, sind entsprechende Schutzziele zu formulieren. Diese werden erreicht durch eine optimale Abstimmung der Brandschutzmassnahmen (geeignetes Schutzkonzept).

Während betrieblich-organisatorische Massnahmen überwiegend der Brandverhütung und dem richtigen Verhalten von Personen dienen, werden mit baulichen und technischen Massnahmen
- sichere Flucht- und Rettungswege geschaffen,
- die Ausweitung eines Ereignisses begrenzt und
- der Einsturz des Gebäudes verhindert.

Tragende Bauteile müssen der Beanspruchung des Feuers standhalten.
Sicherheitsabstände oder Brandmauern verhindern das Übergreifen des Brandes auf benachbarte Gebäude oder Gebäudeteile.
Das Gebäude wird durch feuerwiderstandsfähige Wände, Decken und Brandschutzabschlüsse (Türen, Tore) in Brandabschnitte und Brandzellen unterteilt. Wo Brandunterteilungen aus betrieblichen Gründen nicht realisiert werden können, müssen sie durch technische Massnahmen (Sprinkler/Brandmelder) kompensiert werden. Fluchtwege sind immer als selbständige Brandabschnitte auszubilden. Brennbare Ausbauten sind in Fluchtwegen nicht gestattet.

Baustoffe werden nach ihrer Brennbarkeit, Bauteile nach ihrem Feuerwiderstand klassiert.
Als Verzeichnis der Zulassungen dient das Brandschutzregister der Vereinigung Kantonaler Feuerversicherungen (VKF) in Bern.

3.5 Weiterführende Literatur

Zu Themen des Kapitels 3 «Bauteile im Gebäudeinnern» geben dem interessierten Leser unter anderem die folgenden Publikationen weitere Hinweise:

- BUK: IP Holz, Innenausbau, Bern 1990
- IP Holz 807/8: Schallschutz im Holzbau, 1988
- IP Holz 933 d: Schalldämmung von Geschossdecken aus Holz, 1990
- Kantonale Feuerschutz-Gesetzgebungen
- Ronner, H. Prof. ETHZ, Kontext 77, Material zu: Zirkulation und Kontext 78, Material zu: Baustruktur, 1990
- Ronner, H.: Baukonstruktion im Kontext des architektonischen Entwerfens, Wand + Mauer, Decke + Boden, Birkhäuser Verlag, Basel, 1991
- SIA Dokumentation D 032: Böden und Bodenbeläge, 1988
- VKF (Vereinigung kantonaler Feuerversicherungen): Wegleitung für Feuerpolizeivorschriften, Bern

Klassierung von Baustoffen: Brandkennziffer

Brandkennziffer (BKZ)

1. Zahl: Brandverhalten, Brennbarkeitsgrad

1 als Baustoff nicht zugelassen
2 als Baustoff nicht zugelassen
3 leichtbrennbar
4 mittelbrennbar
5 schwerbrennbar
6 nichtbrennbar

2. Zahl: Qualmverhalten, Lichtabsorption

1 stark, > 95 %
2 mittelstark, 50 bis 95 %
3 schwach, < 50 %

Beispiel: Tannenholz grobstückig
BKZ 4.3
schwach qualmend
mittelbrennbar

Klassierung von Bauteilen: Feuerwiderstand

Der *Feuerwiderstand* ist die Mindestdauer in Minuten, während der ein Bauteil die an ihn gestellten Anforderungen erfüllt.

Tragende Bauteile dürfen nicht entflammen (Ausnahme: F30-klassierte Stützen und Träger aus Holz) und unter ihrer Gebrauchslast nicht versagen.
Raumabschliessende Bauteile dürfen nicht entflammen (Ausnahme: T30 Türen) und ihre mechanische Widerstandsfähigkeit nicht verlieren (Stabilität). Sie müssen den Durchgang von Feuer, Wärme und Rauch verhindern.

Klassierungen:
F Tragende und raumabschliessende Bauteile
T Bewegliche Elemente (Türen, Tore, Deckel)
R Rauch- und flammendichte Abschlüsse
K Brandschutzklappen in lufttechnischen Anlagen
S Abschottungen (z.B. von Leitungstrassen)
A Aufzugschachttüren

4 Bauteilübergänge

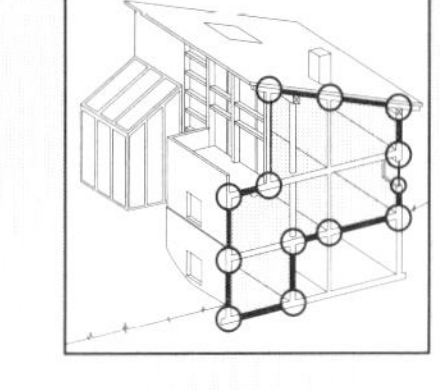

4.1 Vom Einzelbauteil zur Gebäudehülle

Konstruktive Auseinandersetzung mit der Gebäudehülle
Die konstruktive Durchbildung der Gebäudehülle (Sockel, Aussenwand, Fenster, Dach, usw.), muss in der heutigen Zeit vielfältigen Anforderungen gerecht werden (u. a. Wärme-, Feuchte-, Schallschutz).
Das heute übliche Verhalten der Architekten beim Planen von konstruktiven Dispositionen ist grundsätzlich geprägt durch die Verwendung von Lösungstypen. Diese baukonstruktiven Lösungstypen sind natürliche Resultate von jahrzehntelangem Umgang mit mehr oder weniger denselben Baustoffen, Komponenten und Subsystemen, im Rahmen eines bestimmten Standes der Technik, unter etwa gleichbleibenden Produktionsbedingungen (Land, Arbeitskraft, Kapital) und für mehr oder weniger gleichbleibende Bauaufgaben. Sie unterliegen zwar einer stetigen Modifikation. Die scheinbar geringfügigen Veränderungen und Anpassungen der einzelnen «Kataloglösungen», im Zeitraum der letzten Jahrzehnte beobachtet, zeigen bei näherer Betrachtung, wie eng und kurzfristig der Gültigkeitsbereich von solchen Lösungsangeboten letztlich ist. Allgemein gesteigerte Anforderungen an die Gebäudehülle, aus Gründen erhöhter Komfort- und Umweltansprüche, erforderten ein stetiges Nachführen und Optimieren.
Präparierte Details aus Produktekatalogen und «Konstruktionslehrbüchern» erhalten dadurch eine nur sehr beschränkte Anwendbarkeit und vermögen insbesondere weitergehenden Forderungen und Weiterentwicklungen nur selten standzuhalten.
Ziel wird es sein, eine neue *Methodik des Konstruktiven Entwerfens* als Grundlage für die zukünftige Entwurfsarbeit aktueller Bauaufgaben zu entwickeln [33].

Konstruieren von Bauteil, Übergang und Ganzem
Das Zusammenwirken der an der Problemlösung von Konstruktionen beteiligten Faktoren muss an den einzelnen Knotenpunkten untersucht und im Zusammenhang über den ganzen Fassadenschnitt betrachtet werden. Ein systematisches, stufenweises Vorgehen und Überprüfen beim Entwickeln und Konstruieren von *Bauteil, Übergang und Ganzem* wird unerlässlich sein.

Daneben entwickelte die Bauindustrie die einzelnen Bauteile, weitgehend unabhängig voneinander, zu hochwertigen Subsystemen. Die Detailausbildungen in den Bauteilübergängen sind weitgehend in der Kompetenz der Planer geblieben und sind heute nicht auf dem entsprechenden Stand der Bautechnik.

Neben den rein konstruktiven sind natürlich auch gestalterische Kriterien zu berücksichtigen. Die Veränderungen werden sich auch auf das Erscheinungsbild von Teil und Ganzem nachhaltig auswirken und bedingen ebenfalls eine neue Betrachtungsweise.

Anforderungen an Bauteilübergänge
Die einzelnen Schichten der Bauteile müssen bei den Übergängen bzw. den Details so zusammengeführt werden, dass die jeweiligen Bauteilanforderungen auch beim Übergang nicht in Frage gestellt sind, und sich so eine kontinuierliche Gesamtleistung der Baukonstruktion (z.B. Wärmeschutz, Luftdichtigkeit, Schall- und Feuchtigkeitsschutz ...) ergibt.

Wärmeschutz
Bereits aus der Geometrie des Bauteilüberganges (Ekken) entsteht meist ein unvermeidbarer, erhöhter Wärmestrom, der als Zuschlag zu den k-Werten der Einzelbauteile zu berücksichtigen ist. Durch lückenloses Verlegen der Wärmedämmschichten und das Vermeiden von Durchdringungen mit besser wärmeleitenden Materialien sind weitere, konstruktions- und materialtechnisch bedingte Wärmebrücken zu vermeiden. Im Idealfall kann durch eine Zusatzdämmung die geometrisch bedingte Wärmebrücke aufgehoben werden.

Luftdichtigkeit
Die beim Bauteilübergang zusammentreffenden Einzelbauteile sind entweder in ihrer Art luftdicht (Massivbau) oder ihre Luftdichtigkeit wird mit dem Einbau von Dampfbremsen/sperren und Luftdichtigkeitsschichten (Leichtbaukonstruktionen) erreicht. Luftdichtigkeitsschichten sind beim Bauteilübergang warmseitig luftdicht miteinander zu verbinden (zwei Leichtbaukonstruktionen) oder warmseitig luftdicht an das Massivbauteil anzuschliessen. Durchdringungen der Luftdichtigkeitsschicht sind auf ein Minimum zu begrenzen und luftdicht auszubilden.

Feuchtigkeitsschutz und Wasserdichtigkeit
Einzelbauteile werden ihrer Beanspruchung entsprechend gewählt bzw. aufgebaut, die Anforderungen gehen z.B. aus verschiedenen Bauteilnormen hervor. Ein «Sicherheitsvakuum» entsteht oft im Übergangsbereich von unterschiedlich beanspruchten Bauteilen (z.B. Dach/Wand); Arbeits- und Bewegungsfugen können mitunter auch Undichtigkeitsfaktoren sein. Durch entsprechendes Übergreifen der bezüglich Feuchtigkeitsschutz und Wasserdichtigkeit relevanten Schichten (Dichtungsbahnen, Sperrschichten, Abdeckungen) ist sicherzustellen, dass auch beim Bauteilübergang kein erhöhtes Sicherheitsrisiko besteht.

Schallschutz
Viele Bauteile erreichen ihr Schalldämmvermögen dank dem Masse/Feder/Masse-Prinzip ihres mehrschaligen Konstruktionsaufbaus. Durch geeignete Detailausbildung gilt es, die beiden Massen nicht «schallhart» miteinander zu verbinden und auch im Übergangsbereich durch entsprechende Masse und Luft- bzw. Schalldichtigkeit ein den Bauteilen adäquates Schalldämmvermögen sicherzustellen.

4.2 Schnittstelle mehrerer Bauteile

Konstruktionsdetail:
Folge von Problemtyp und Bauteilvariante
Das zu bewältigende Konstruktionsdetail resultiert im Wesentlichen aus dem Problemtyp, der als geometrische Aufgabenstellung aus dem Entwurf bzw. dem Projekt hervorgeht, und aus den materialisierten Einzelbauteilen, die den jeweiligen Bauteilanforderungen Rechnung zu tragen haben.
Unter Berücksichtigung der unter 4.1.3 «Anforderungen an Bauteilübergänge» erwähnten Konstruktions-Gesichtspunkten gilt es nun, den Konstruktionsknoten so zu lösen, dass er nicht nur anforderungs- sondern auch ausführungstechnisch einwandfrei funktioniert. Je nach Wahl der Einzelbauteile ist das Konstruktionsdetail einfacher oder schwieriger zu lösen oder es resultiert allenfalls ein mangelhafter Bauteilübergang. In letzterem Fall müssten Bauteile gewählt werden, die ein funktionstüchtiges Zusammenschliessen gewährleisten.

Beispiele verschiedener Konstruktionsdetails
Folgende Beispiele vermitteln eine Idee des Konstruierens von Bauteilübergängen, wobei die einzelnen Schichten nach statischen, baukonstruktiven und bauphysikalischen Prinzipien zusammenzufügen sind.
Es werden folgende Bauteile miteinbezogen:

Aussenwand über Terrain
A1 Aussenwärmedämmung verputzt (Kompaktfassade)
A2 Aussenwärmedämmung mit hinterlüfteter Bekleidung
A3 Zweischalen-Sichtmauerwerk
A4 Zweischalenmauerwerk verputzt
A5 Innenwärmedämmung mit Vormauerung
A6 Innenwärmedämmung mit Verkleidung
A7 Homogenes Mauerwerk (z.B. Backstein-Verbandmauerwerk, Gasbetonmauerwerk o. ä.)
A8 Leichtbaukonstruktion in Holzbauweise (z.B. Holzständer-Konstruktion)
A9 Leichtbaukonstruktion in Stahlbauweise

Aussenwand im Erdreich
E1 Innenwärmedämmung mit Verkleidung
E2 Innenwärmedämmung mit Vormauerung
E3 Zweischalenmauerwerk
E4 Aussen- bzw. Perimeterdämmung
E5 Stahlbetonwand ohne Wärmedämmschicht

Steildach
S1 Kaltdach mit Wärmedämmschicht zwischen der Tragkonstruktion
S2 Kaltdach mit Wärmedämmschicht zwischen und unter der Tragkonstruktion
S3 Warmdach mit sichtbarer Tragkonstruktion
S4 Warmdach mit verkleideter Tragkonstruktion
S5 Warmdach mit Blecheindeckung (z.B. Doppelfalz-Blechdach)
S6 Warmdach über Stahlbau-Unterkonstruktion
S7 Warmdach über Stahlbeton-Unterkonstruktion

Flachdach
F1 Warmdach mit begehbarer Nutzschicht (stellvertretend für Warmdächer mit/ohne Schutz- und Nutzschichten sowie Verbunddächer
F2 Duodach
F3 Umkehrdach
F4 Kaltdach mit Wärmedämmschicht zwischen der Tragkonstruktion

Decken bzw. Bodenkonstruktion
B1 Stahlbetondecke mit oben (Bodenüberkonstruktion) aufgebrachter Wärmedämmschicht
B2 Stahlbetondecke mit oben (Bodenüberkonstruktion) und unten (Deckenuntersicht) aufgebrachter Wärmedämmschicht
B3 Stahlbetondecke mit oben (Bodenüberkonstruktion) aufgebrachter Wärme- und Trittschalldämmschicht
B4 Holzbalkendecke mit Wärmedämmschicht zwischen den Holzbalken

Mit dieser Darstellung von drei Bauteilübergängen wird der Iterationsprozess des Konstruierens der Gebäudehülle ersichtlich. Letztlich stellt die Wahl von Bauteilen und Bauteilübergängen eine Kompromisslösung dar, welche den verschiedenen Abhängigkeiten wie Architektur, Materialisierung, bautechnisch/bauphysikalische Anforderungen an Einzelbauteile und Übergang, Möglichkeiten der Detaillösung, Dauerhaftigkeit und nicht zuletzt auch den Baukosten optimal Rechnung trägt.

Neben den auf den folgenden Seiten dargestellten Übergängen Steildach/Aussenwand, Flachdach/Aussenwand und dem Sockel lassen sich ähnliche Überlegungen auch auf weitere Konstruktions-Zusammenschlüsse übertragen wie:
- Steildach/Dachflächenfenster und andere Durchdringungen
- Flachdach/Oberlichter und andere Durchdringungen
- Aussenwand/Geschossdecke (Deckenauflager)
- Aussenwand/Fenster (seitlicher und unterer Anschlag)
- Aussenwand/Hohlsturz/Fenster (Sonnen- und Wetterschutzsysteme)
- Aussenwand/Auskragende Bauteile (Balkone, Vordächer bzw. Blendschutzvorrichtungen)
- Aussenwand im Erdreich/Bodenplatte bzw. Fundation
- Aussenwand/Boden im Grundwasser (Wannenkonstruktion)
- usw.

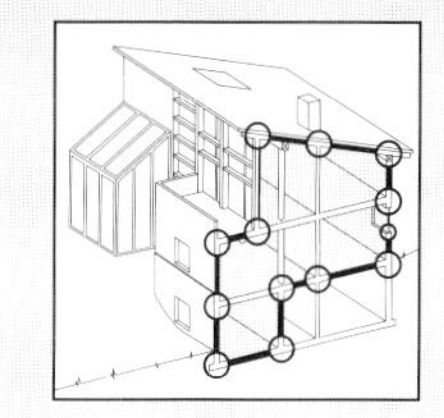

Übergang Steildach/Aussenwand

Problemtypen

Traufdetail

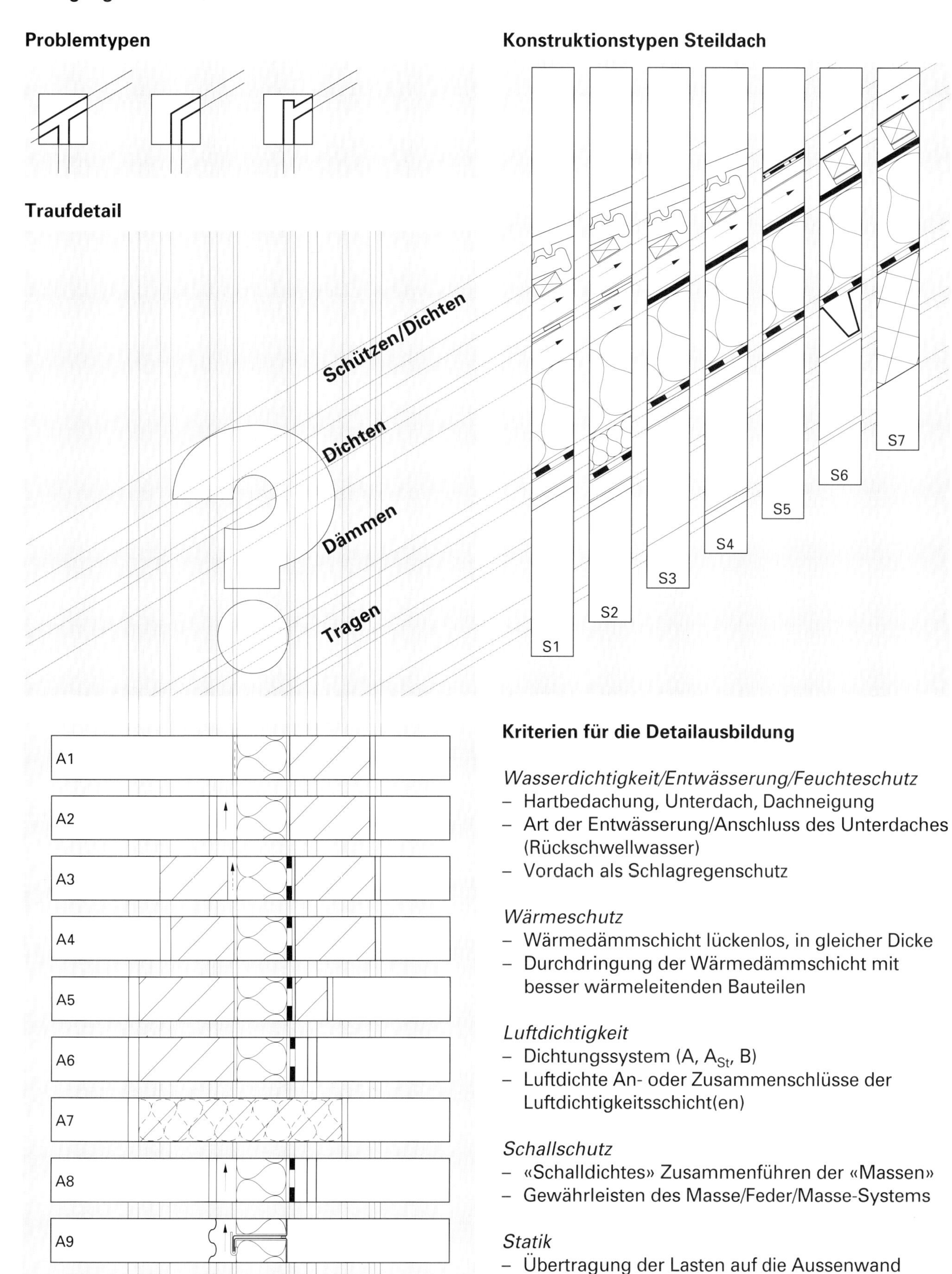

Konstruktionstypen Aussenwand

Konstruktionstypen Steildach

Kriterien für die Detailausbildung

Wasserdichtigkeit/Entwässerung/Feuchteschutz
- Hartbedachung, Unterdach, Dachneigung
- Art der Entwässerung/Anschluss des Unterdaches (Rückschwellwasser)
- Vordach als Schlagregenschutz

Wärmeschutz
- Wärmedämmschicht lückenlos, in gleicher Dicke
- Durchdringung der Wärmedämmschicht mit besser wärmeleitenden Bauteilen

Luftdichtigkeit
- Dichtungssystem (A, A_{St}, B)
- Luftdichte An- oder Zusammenschlüsse der Luftdichtigkeitsschicht(en)

Schallschutz
- «Schalldichtes» Zusammenführen der «Massen»
- Gewährleisten des Masse/Feder/Masse-Systems

Statik
- Übertragung der Lasten auf die Aussenwand

Übergang Flachdach/Aussenwand

Problemtypen

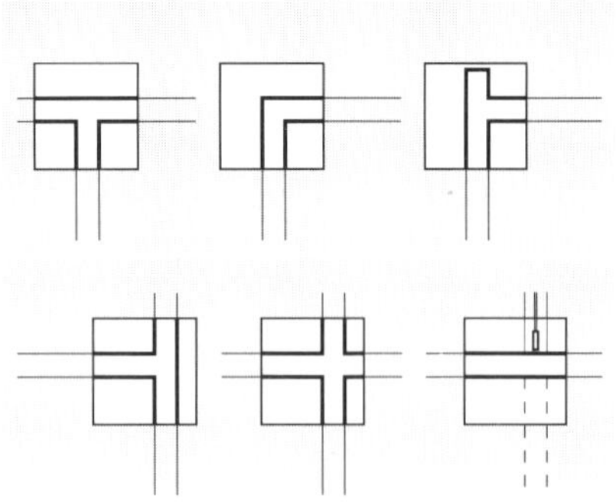

Konstruktionstypen Aussenwand

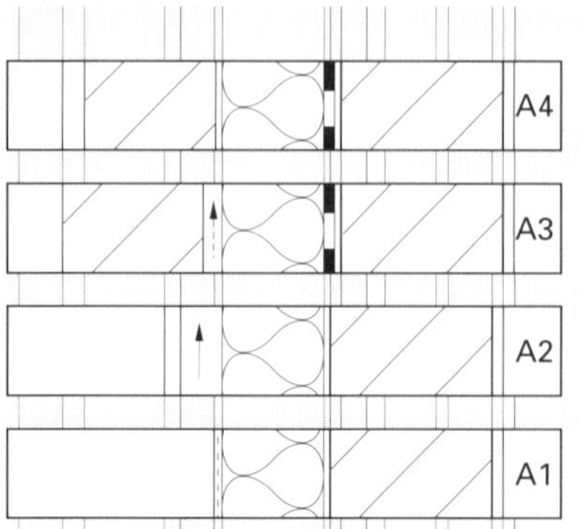

A4
A3
A2
A1

Dachranddetail

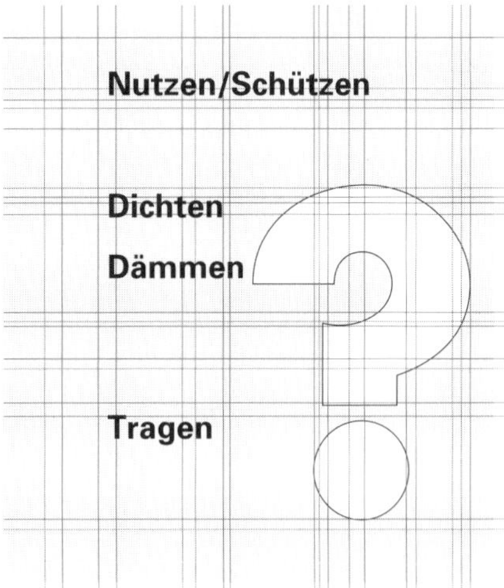

Nutzen/Schützen
Dichten
Dämmen
Tragen

Konstruktionstypen Flachdach

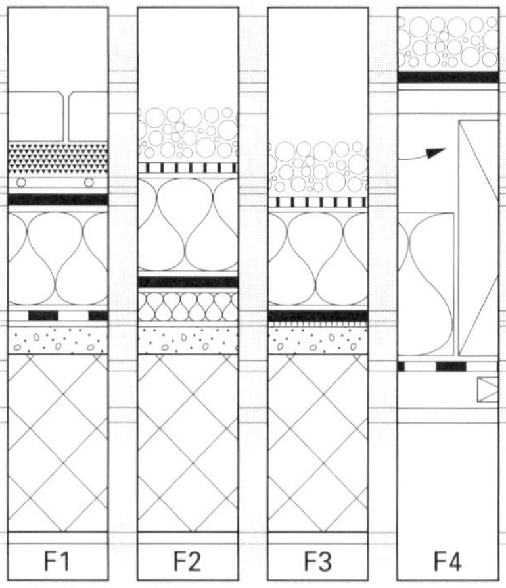

F1 F2 F3 F4

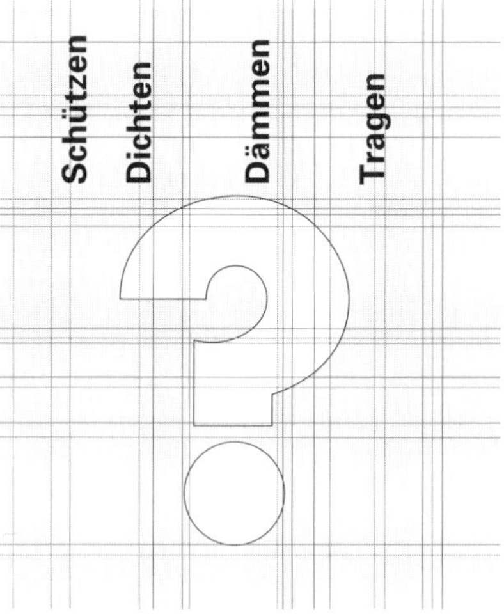

Schützen
Dichten
Dämmen
Tragen

Attikadetail

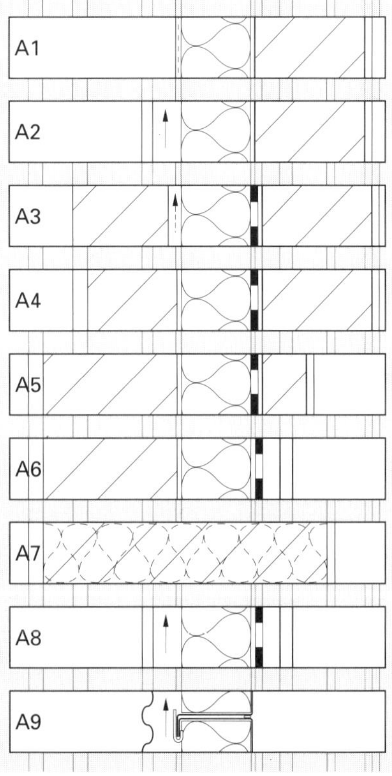

A1
A2
A3
A4
A5
A6
A7
A8
A9

Konstruktionstypen Aussenwand

Kriterien für die Detailausbildung

Wasserdichtigkeit/Entwässerung/Feuchteschutz

- Dichtigkeit der Flachbedachung in der Fläche und insbesondere bei den An- und Abschlüssen (Höhe der oben offenen Begrenzungen)
- Regenwasserabläufe und Notüberläufe (Anzahl, Querschnitte)

Wärmeschutz

- Wärmedämmschicht lückenlos, in gleicher Dicke
- Durchdringung der Wärmedämmschicht mit besser wärmeleitenden Bauteilen
- Wechsel in der Wärmedämmebene (z.B. Flachdach aussen, Aussenwand innen oder als Kerndämmung)

Luftdichtigkeit

- Luftdichte An- oder Zusammenschlüsse der Luftdichtigkeits-- schicht(en) bei Leichtbaukonstruktionen (Holz- und Stahlbauten)

Schallschutz

- Luftschalldämmvermögen durch hohe Flächengewichte
- Trittschalldämmung bei genutzten (begehbaren) Dachflächen

Statik

- Übertragung der Lasten auf die Aussenwand bzw. von der Aussenwand auf die Decke

Sockelausbildung

Problemtypen

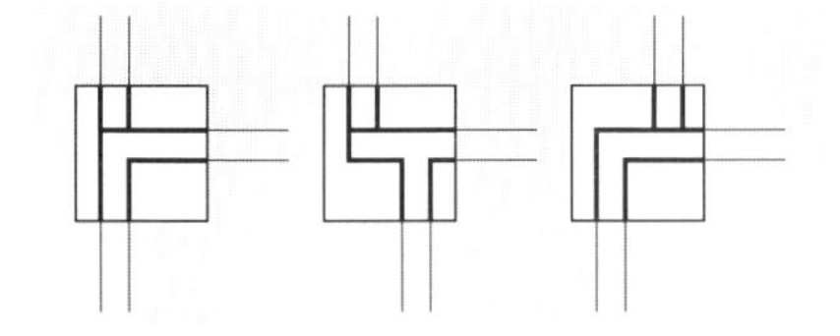

Konstruktionstypen Aussenwand

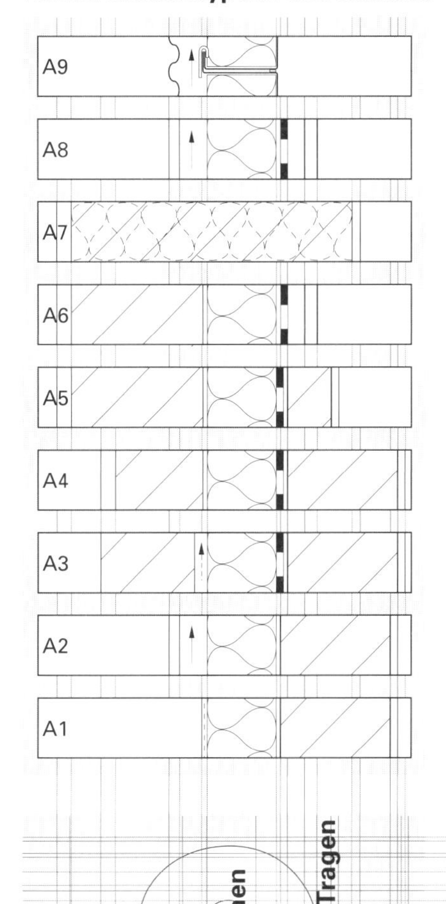

Kriterien für die Detailausbildung

Entwässerung/Feuchteschutz
- Spritzwasser, Wasserableitung
- Sockelausbildung (Materialien)
- Feuchtigkeitsschutz bzw. Wasserdichtigkeit (nicht drückendes/drückendes Wasser)

Wärmeschutz
- Wärmedämmkonzept Aussenwände/Decke (Wechsel der Wärmedämmebene)
- Durchdringung der Wärmedämmschicht mit besser wärmeleitenden Bauteilen

Schallschutz
- Schallängsleitung (dünne Vormauerungen)
- Körperschallübertragung (Randanschlussfuge)

Statik
- Übertragung der Lasten auf die Aussenwand im Erdreich

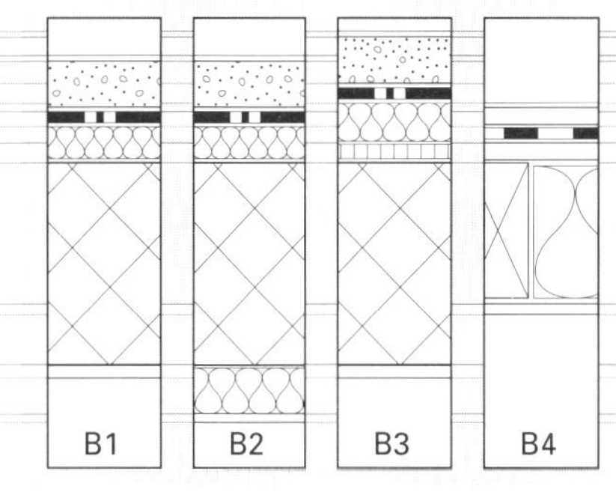

Konstruktionstypen Decke

Umgebungsgestaltung

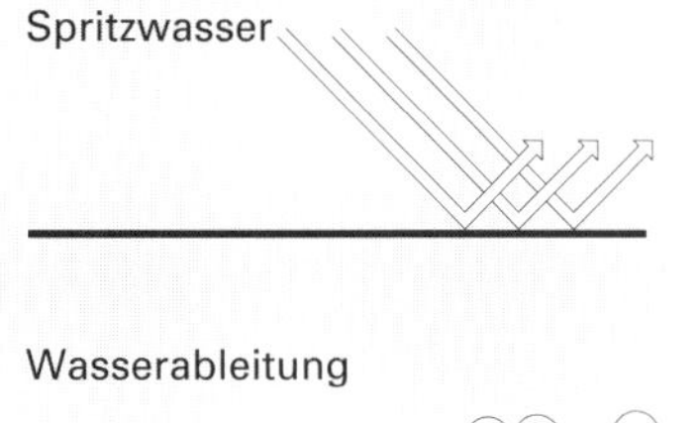

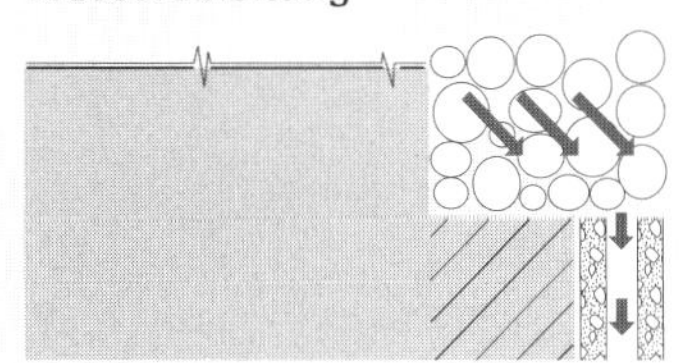

Nicht drückendes Wasser

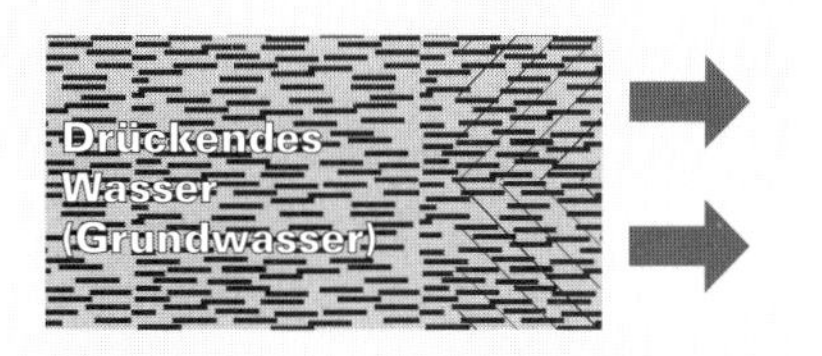

Feuchtigkeits-/Wasserbelastung

Konstruktionstypen Aussenwand

4.3 Umsetzungsbeispiele mit Schichtenriss

Bei der konstruktiven Problemlösung mittels Schichtenriss wird die Gebäudehülle als zusammenhängender Schnitt aufgerissen. Damit werden die Bauteil-Übergänge miteinander verknüpft und so in eine direkte Beziehung zueinander gesetzt. Dadurch entstehen an den Knotenpunkten die einzelnen Problemtypen wie sie in den Kapiteln 1.4 «Entwurf und Konstruktion» sowie 4.2 «Schnittstelle mehrerer Bauteile», geschildert wurden. Ohne den Bezug zum Ganzen zu verlieren, werden in diesen Aktionsräumen, entsprechend den konstruktiven Regeln und den gestalterischen Absichten, die Schichten gefügt.

Die folgenden Schnitte durch eine «Standard-Gebäudehülle» stellen mögliche Fassadenschnitte mit heute verbreiteten Aussenwand- und Dachkonstruktionen und den entsprechenden Anschlüssen und Übergängen dar.
Diese Schnitte wurden von Studenten der HTL Brugg-Windisch, Abteilung Architektur, im Fach «Konstruktionssystematik» bei F. Kölliker, erzeugt. Sie sind nicht ohne Fehler und entsprechen keiner endgültigen, optimierten Fassung. Die darin enthaltenen Hinweise und Korrekturen zeigen die noch zu bewältigenden Konfliktpunkte auf.

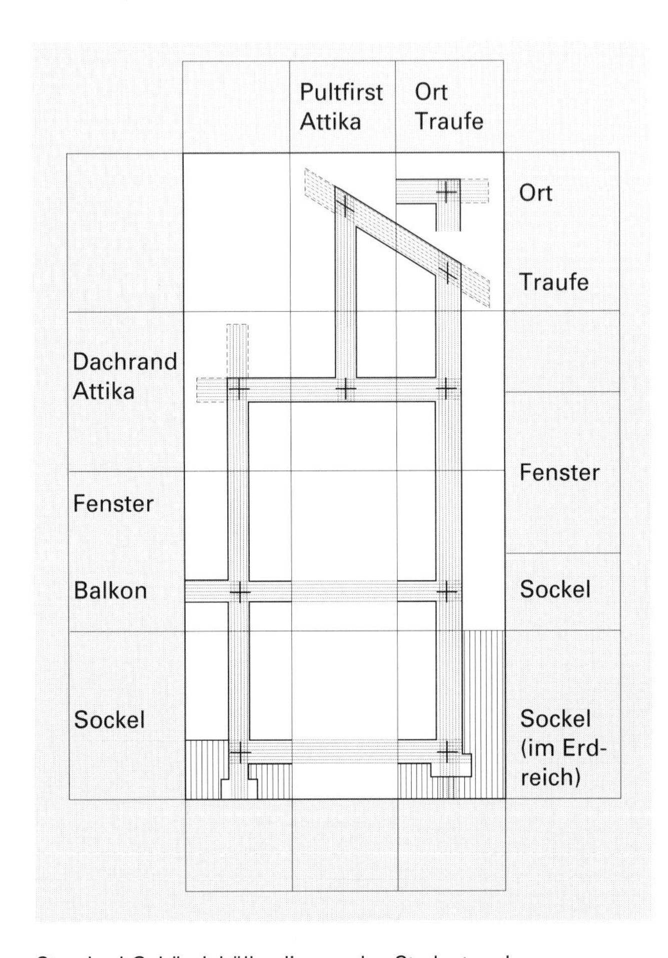

Standard-Gebäudehülle, die von den Studenten der HTL Brugg-Windisch als Fassadenschnitt durchkonstruiert werden musste

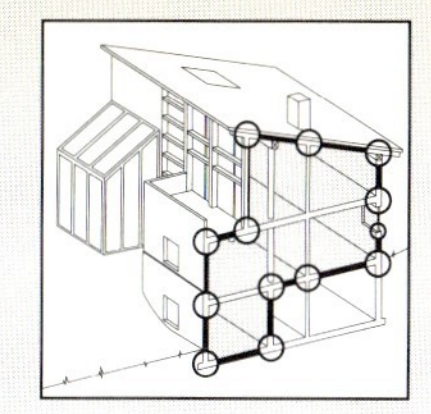

4.3.1 Lösungsvorschlag «Homogene Aussenwandkonstruktion»

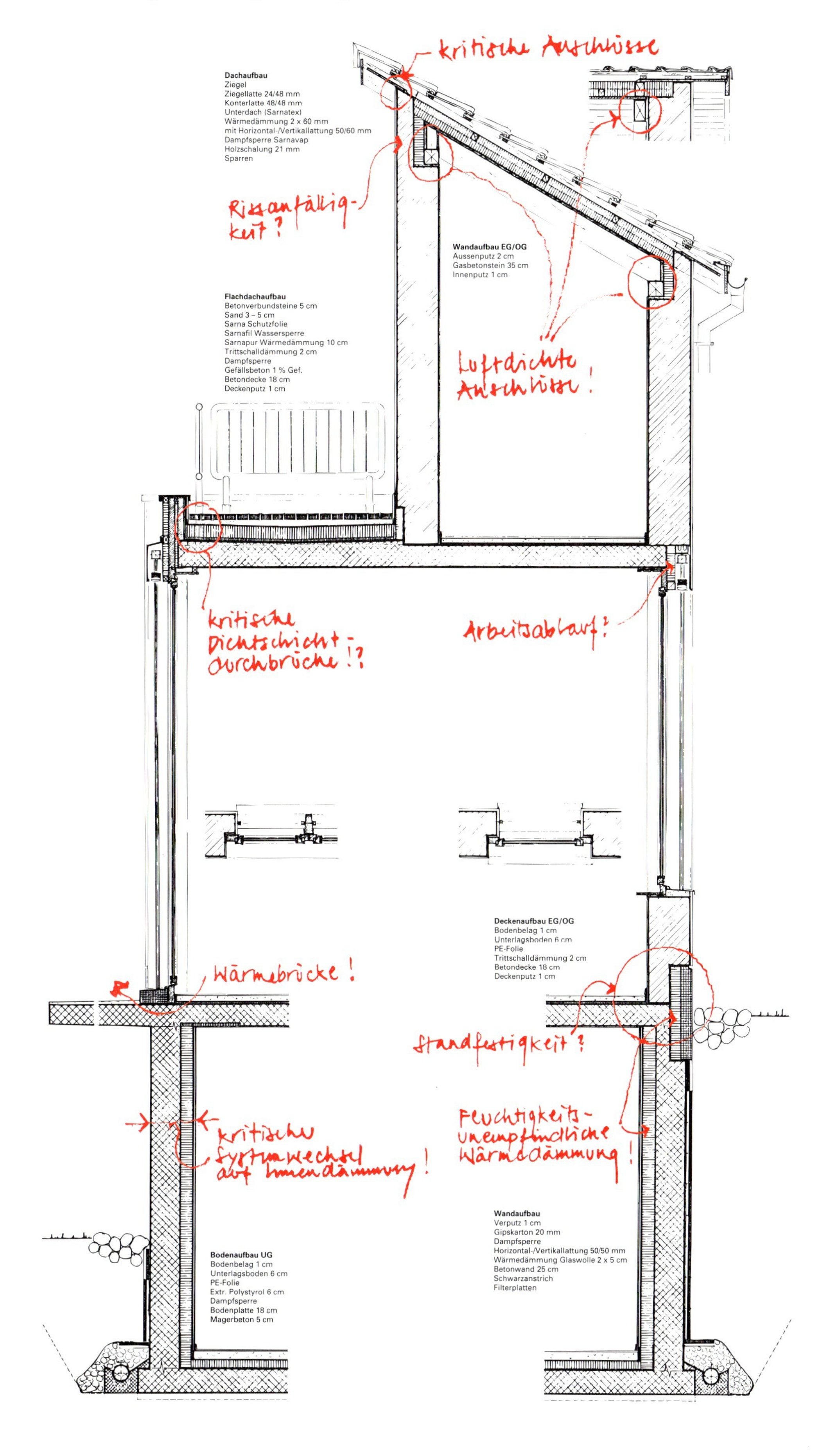

4.3.2 Lösungsvorschlag «Zweischalenmauerwerk»

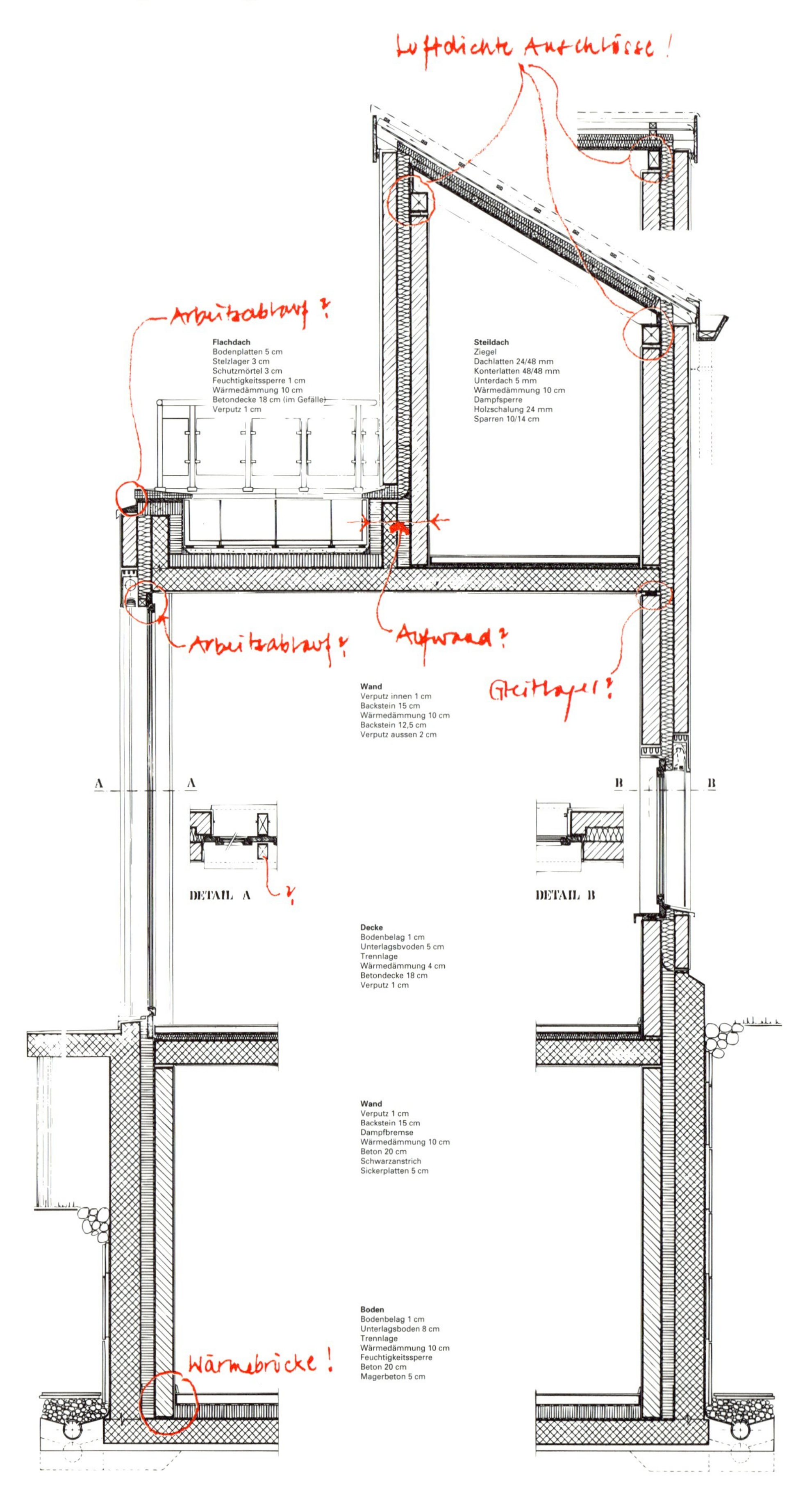

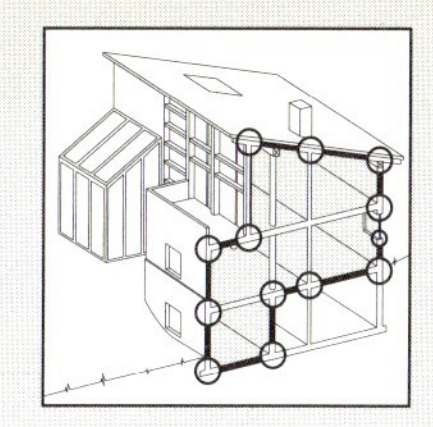

4.3.3 Lösungsvorschlag «Aussenwärmedämmung verputzt»

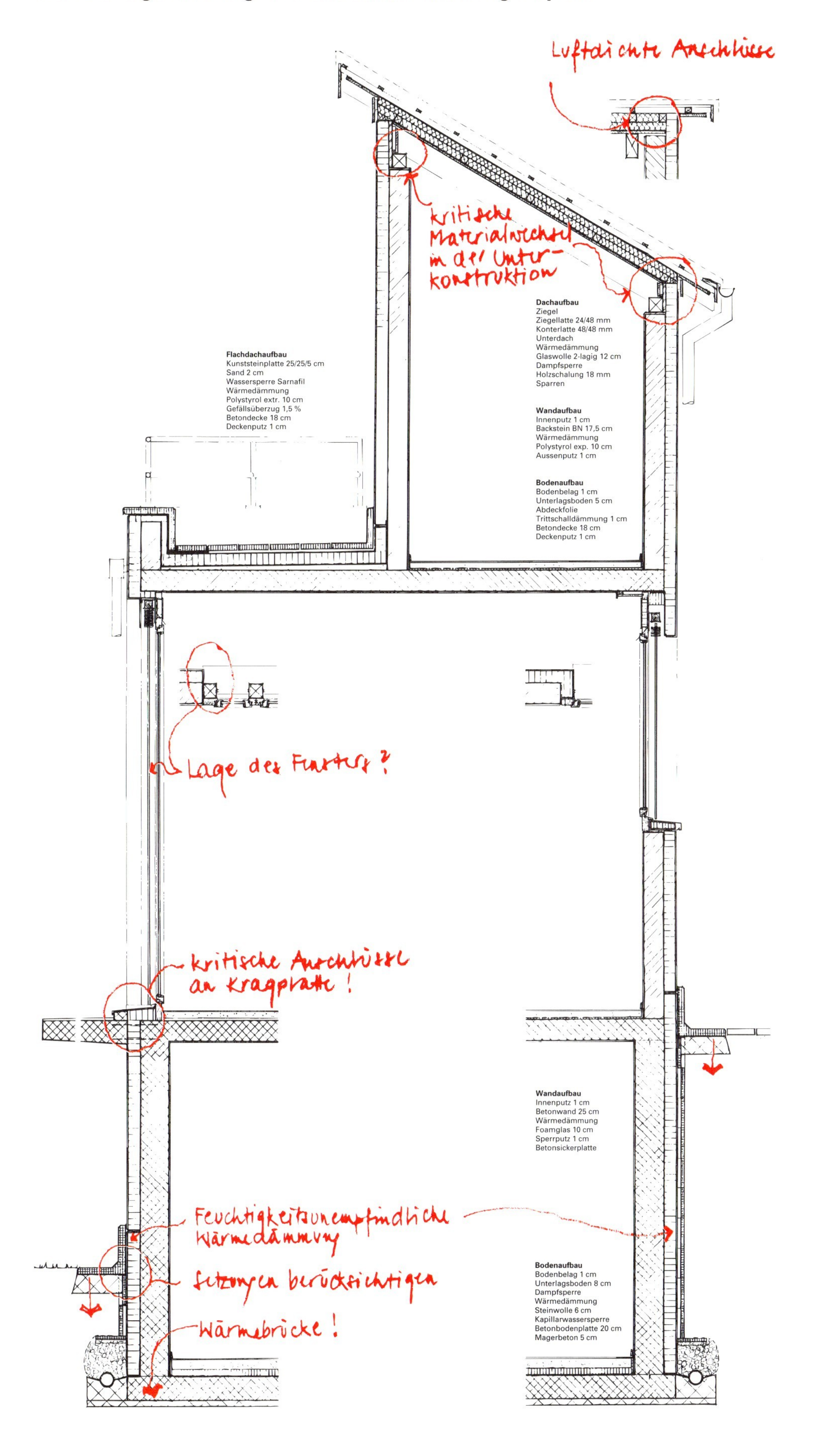

4.3.4 Lösungsvorschlag «Aussenwärmedämmung mit hinterlüfteter Fassadenbekleidung»

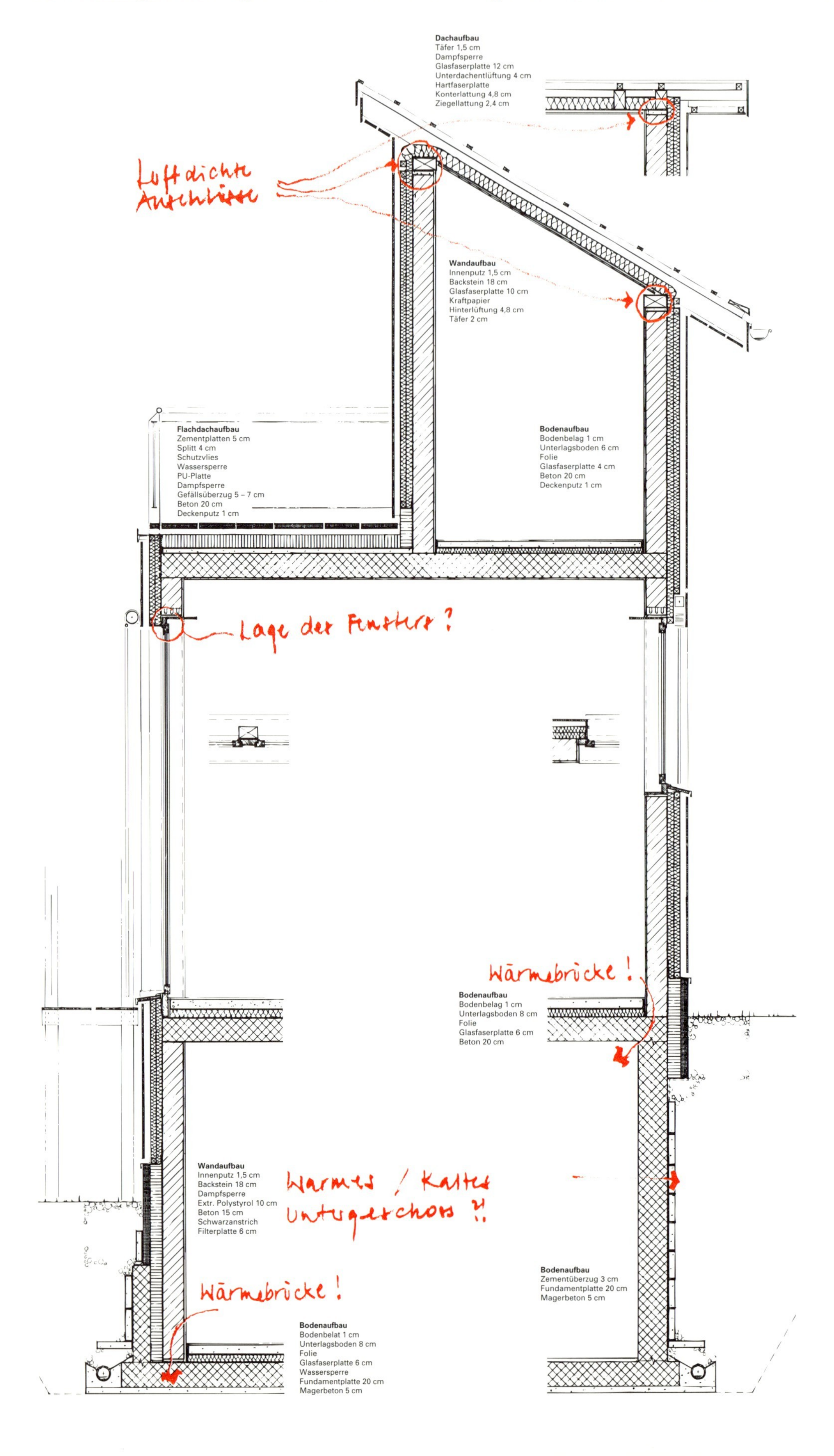

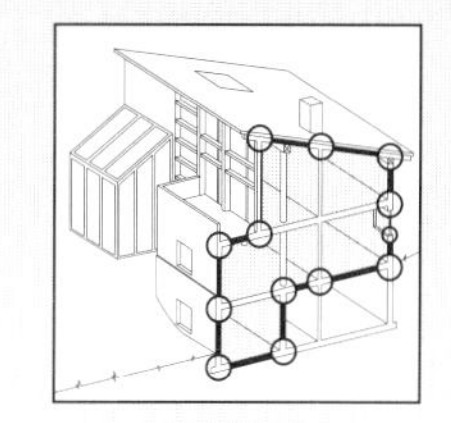

4.4.1 Die Bedeutung von Wärmebrücken

Wärmebrücken sind Schwachstellen des Gebäudes, die aufgrund vermeidbarer oder unvermeidbarer konstruktiver und geometrischer Voraussetzungen entstehen.
- Sie verändern lokal den Wärmedurchgang gegenüber den angrenzenden Regelquerschnitten.
- Sie vermindern in den meisten Fällen örtlich die innere Oberflächentemperatur.
- Wärmebrücken können durch kältere Oberflächen Kondensat- bzw. Schimmelpilzbildung auslösen.

Bei gut wärmegedämmten Gebäudehüllen kann der Anteil der Wärmebrücke am gesamten Transmissionsverlust bis zu 30 % betragen.

Unterschätzung des Wärmeleistungsbedarfes
Die Unkenntnis von Wärmebrücken kann zu einer Unterschätzung des Wärmeleistungsbedarfes und damit zu einer falschen Dimensionierung der Heizung (Wärmeerzeugung, -verteilung und Heizflächen) führen. Bei modernen Neubauten mit geringen spezifischen Heizleistungen (30 bis 40 W/m^2 Energiebezugsfläche bei tiefster Aussentemperatur) und den richtigerweise knapper dimensionierten Heizanlagen gewinnt die erhöhte Berechnungsgenauigkeit an Bedeutung (vergleiche Kapitel 1.5 «Energie und Haustechnik»).
Im Zuge einer energetischen Optimierung sind deshalb die gesamten Transmissionsüberlegungen für den ungestörten Fall und den durch Geometrie (Ekken, Kanten ...), Auflager, Auskragungen und Öffnungen gestörten Fall zu machen. Ziel ist eine richtig dimensionierte Heizanlage mit optimalem Wirkungsgrad, die in der kältesten Periode gerade noch die erforderlichen Raumtemperaturen gewährleistet, und ein den Planungswerten entsprechender Heizenergieverbrauch.

Hygienische und bautechnische Auswirkungen
Aus der Sicht der thermischen Behaglichkeit gilt es, möglichst gleichmässige innere Oberflächentemperaturen im Winter zu erhalten. Die Anforderungen der thermischen Behaglichkeit setzen hier relativ enge Grenzen: Allgemein werden max. 3 K Temperaturdifferenz zwischen Raumluft- und mittlerer innerer Oberflächentemperatur der begrenzenden Raumflächen verlangt (SIA 180).

Bei Wärmebrücken bildet sich einerseits beim Unterschreiten der Taupunkttemperatur der Raumluft Oberflächenkondensat. Andererseits kann bereits bei 75 bis 80 % relativer Feuchtigkeit im Bereich der zu besiedelnden Oberfläche, je nach Unterlage (Nährboden), Schimmelpilzwachstum auftreten. Schimmelpilze bilden Stoffe, die bei empfindlichen, allergischen Personen zu Infektionen der Schleimhäute im Nasen-Halstrakt führen können. Die Entstehung von Schimmelpilzen ist aus hygienischen Gründen zu vermeiden.

Kondensatausscheidung können auch zu Oberflächenschäden an Verputzen und Tapeten führen. Dies geschieht allerdings erst, wenn die Dauer der Flüssigkeitsablagerung und die Menge des eingelagerten Wassers das Speichervermögen der oft stark wasserdampfabsorbierenden, obersten Schichten (Gipsputz o.ä.) übersteigen und im Tagesrhythmus nicht mehr ausgetrocknet werden können. Sperrende Oberflächenbeschichtungen wie Plattenbeläge, Kunststofffolien oder dichte Ölfarbanstriche vermindern die Gefahr derartiger Oberflächenschäden auf Wänden und Fensterrahmen in Nassräumen (Bad, Küche, Waschküche) beträchtlich.
Wird allerdings Holz (z.B. Fensterrahmen) dauernd durch Kondensatbildung beansprucht, so sind durch die zu erwartenden grösseren Schwind- und Quellbewegungen Schäden an der Lackoberfläche nicht auszuschliessen. In der Folge treten je nach Feuchtigkeitsbeanspruchung Vermorschungsschäden auf.

In Extremfällen kann eine andauernde Schädigung der Oberflächenschichten, im Zusammenhang mit Frost, auch die tieferliegenden, tragenden Mauerwerksteile, bzw. deren Mörtelschichten in den Stossund Lagerfugen erreichen, und bei lang andauernder Wirkung eine Verminderung der Tragfähigkeit einer Konstruktion bewirken.

4.4.2 Verlagerung der Wärmebrückenprobleme

Die steigende Wärmedämmqualität seit 1975 führt zu einer Verlagerung der Wärmebrückenproblematik.
Während bei älteren Bauten, mit Aussenwänden aus Verbandmauerwerken mit einem k-Wert um 1 W/m^{2}K, im kalten Winter meist in Aussenecken und -kanten mit Oberflächenkondensat zu rechnen ist, so scheint bei Neubauten, mit k-Werten von Dächern und Wänden um 0,3 W/m^{2}K, diese Gefahr gebannt zu sein.

Bei heutigen, in der Regel gut wärmegedämmten und in hohem Mass luftdichten Neubauten, hat die Wärmebrücke entscheidende Auswirkungen: Gut gedämmte Flächen sind empfindlicher auf lokale Abminderung des Wärmedurchlasswiderstandes, z.B. bei Auflagern, Auskragungen, Öffnungen usw.
Die Einführung von Fensterrahmen mit besserer Falzdichtung und die in Norm SIA 180 definierten Anforderungen an die Luftdichtigkeit der Gebäudehülle ($n_{L,50}$-Wert) bewirken eine Reduktion des mittleren Luftwechsels, wodurch bei gleichbleibender Feuchtebelastung die Innenfeuchtigkeit steigt.
Im Vergleich zu Altbauten, mit tieferen Oberflä-

chentemperaturen, ist in Neubauten die Raumlufttemperatur bei gleichem Behaglichkeitsstandard um 1 bis 2 K tiefer. Der energiebewusste Benutzer senkt die Raumlufttemperaturen nochmals ein wenig, die Forderung nach verbrauchsabhängiger Heizkostenabrechnung wird diesen Trend nochmals verstärken. Die vermehrte Anwendung von grossflächigen Niedertemperatur-Heizungen, insbesondere von Bodenheizungen, hat den Trend zu tieferen Raumlufttemperaturen ebenfalls begünstigt und gleichzeitig den Trocknungseffekt der «Warmluftwalze» des heissen Radiators an der Aussenwand verdrängt. Vor allem schlecht angeströmte Flächen im Aussenwandbereich neigen bei tiefen Aussentemperaturen zu Kondensatbildung (z.B. Fenster).
Der Glasrandverbund bei Fenstern ist besonders gefährdet. Typisches Beispiel dafür ist die häufige Bildung von Kondensat am unteren Glasrand des Flügelrahmens. Auch Wärmebrücken mit geringem Flächenanteil können somit gravierende Kondensationsprobleme erzeugen.
Zusammenfassend ist festzuhalten, dass sich bei dichteren Neubauten und tendenziell tieferen Raumlufttemperaturen vor allem in Kombination mit grossflächigen Niedertemperatur-Heizungen die relative Luftfeuchtigkeit erhöht und somit Kondensationsprobleme auftreten, die im trockeneren Klima der Altbauten nicht vorgekommen sind.

4.4.3 Rechnerische Erfassung

Voraussetzung für die wärmetechnische Optimierung der Bauteile und Bauteilübergänge ist die rechnerische Beurteilung der vorgesehenen Konstruktion bzw. der Vergleich von Konstruktionsvarianten. Das Problem der Wärmebrücken ist nicht nur bei Bauteilübergängen aktuell, auch Einzelbauteile weisen zum Teil systematisch vorkommende wärmetechnische Schwachstellen auf (z.B. Sparren, Ständer, Anker, Tragprofile usw.).

Näherung für ebene Konstruktionen
Die Norm SIA 180 lässt in bestimmten Fällen die k-Wert-Berechnung von inhomogenen ebenen Konstruktionen zu. Für zwischen Holzkonstruktionen wärmegedämmte Bauteile liefert dieses einfach handhabbare Verfahren genügend genaue k-Werte.
Zwischen Stahlbauteilen wärmegedämmte Konstruktionen oder zwei- und dreidimensionale Probleme, wie sie bei Bauteilübergängen vorkommen, können mit dieser Methode jedoch nicht beurteilt werden.

Rechnerprogramme für mehrdimensionalen Wärmedurchgang
Mit Programmen zur Berechnung des 2- oder 3-dimensionalen Wärmedurchganges lassen sich Bauteilübergänge in wärmetechnischer Hinsicht beurteilen. Solche Programme, bekannt ist das ISO2, mit dem unter anderem die Details der Wärmebrückenkataloge beurteilt wurden, liefern zum bekannten k-Wert der Einzelbauteile bzw. des Regelquerschnittes folgende Zusatzinformationen:
- Isothermenfelder und Wärmestrombilder
- lokale Wärmestromdichten
- extreme Oberflächentemperaturen und kritische Raumluftfeuchten
- k-Wert-Zuschläge als Linienzuschlag (W/mK) oder Punktzuschlag (W/K)

Wärmetechnische Schwachstellen können somit bereits im Entwurfs- und Planungsstadium beurteilt und durch Konstruktionsänderungen eliminiert werden. Die Wärmeschutzqualität von komplexen Bauteilübergängen wird damit quantifizierbar.

4.4.4 Wärmebrücken bei Einzelbauteilen

Eine der häufigsten Wärmebrücken findet sich bei Holztragkonstruktionen, welche bei Kaltdächern (Flach- und Steildachkonstruktionen) und Aussenwänden (Holzständerkonstruktion) die Wärmedämmschicht durchdringen.

Eine durch sehr unterschiedliche Wärmeleitfähigkeiten hervorgerufene Wärmebrücke stellt die bei Industriebauten oft verwendete Metallkassette dar, dies selbst dann, wenn die Kassettenstege mit einer zusätzlichen Dämmschicht von etwa 2 cm überdeckt werden. Ohne Zusatzdämmung können die für beheizte Bauten (≥ 10 °C Raumlufttemperatur) geltenden Anforderungen nicht erfüllt werden.

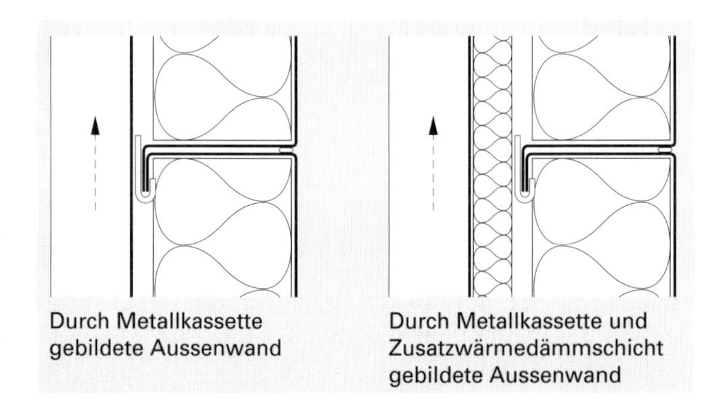
Durch Metallkassette gebildete Aussenwand

Durch Metallkassette und Zusatzwärmedämmschicht gebildete Aussenwand

Ein bis anhin wohl unterschätztes Problem stellen Fassadenanker bei Aussenwänden mit hinterlüfteter Bekleidung dar. Durch eine Aluminium-Konsole kann ein Wärmeverlust von bis etwa 0,1 W/K entstehen. Bei einem k-Wert von 0,3 W/m^{2}K ohne Berücksichtigung der Konsolen – eine heute noch übliche Betrachtungsweise – kann sich der tatsächlich vorhandene k-Wert je

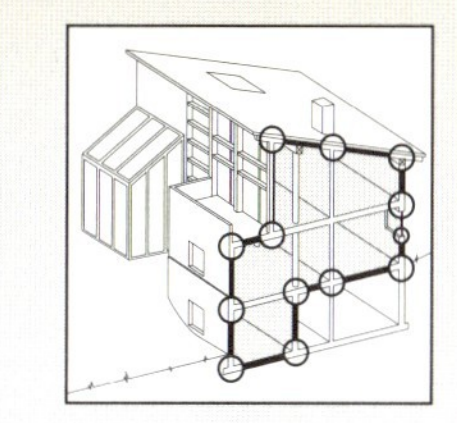

nach Konsolendichte zwischen 0,4 (1 Konsole/m²) und 0,6 W/m²K (3 Konsolen/m²) bewegen.
Orientiert man sich bei der k-Wert-Beurteilung an Grenz- (0,4 W/m²K) und Zielwerten (0,3 W/m²K) der Empfehlung SIA 380/1 [3], sind solche Konstruktionen je nach Konsolendichte nicht mehr zu verantworten.
Durch den Einbau von Kunststoffplatten (d = 20 mm) zwischen tragendem Mauerwerk und Aluminium-Konsole können die Verluste auf etwa 0,04 W/K reduziert werden.

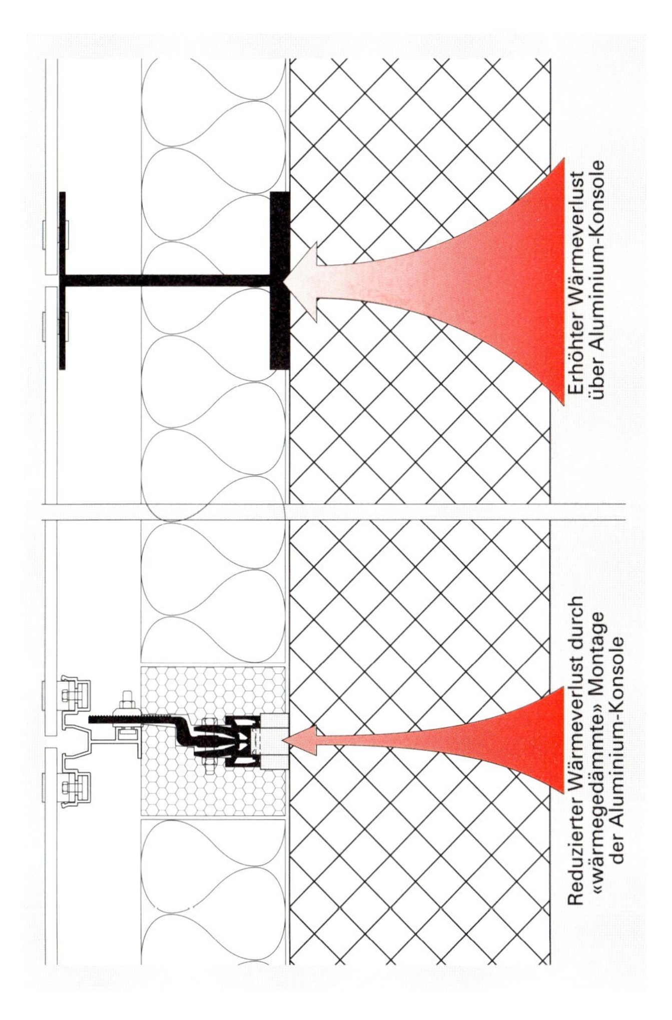

4.4.5 Wärmebrücken bei Bauteilübergängen

Bauteilübergänge sind meist mit einer Winkeländerung der Konstruktion, z.B. von der vertikalen Wand zum horizontalen Dach, verbunden. Es entstehen teilweise einspringende, meist aber ausspringende Ekken. Während sich einspringende Ecken infolge grosser «Erwärmungsfläche» und kleiner an die Aussenluft angrenzender «Abkühlungsfläche» wärmetechnisch günstig verhalten, resultiert bei ausspringenden Ecken im Winter eine Unterkühlung der Innenoberfläche (geometrische Wärmebrücke). Eindrücklich zeigt sich dies beim Übergang Flachdach/aufgehendes Mauerwerk (Attika) bzw. bei Aussenwandecken.

Basiskonstruktion

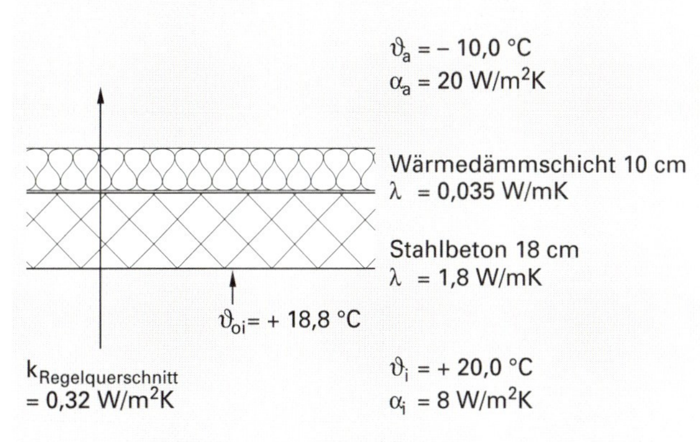

Einspringende Ecke bei Attikaanschluss

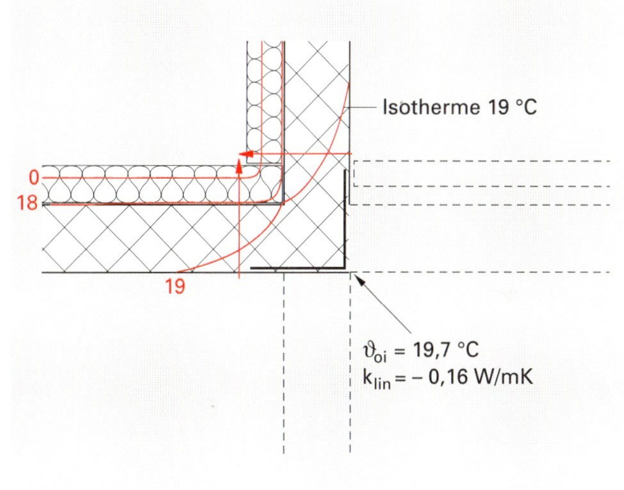

Ausspringende Ecke bei Aussenwandecke

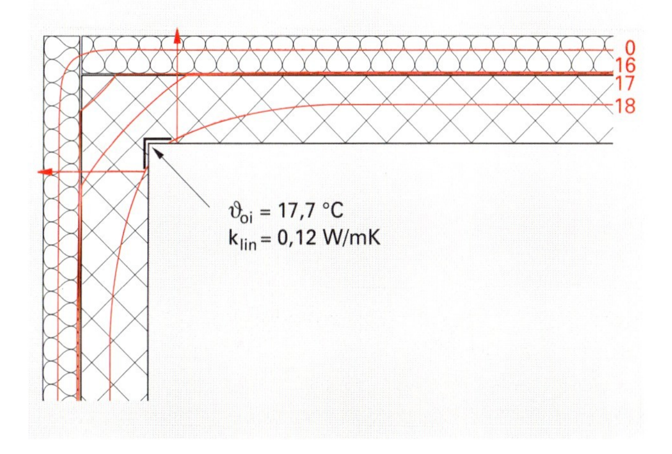

In Überlagerung zum reinen geometrischen Wärmebrückeneffekt beeinflussen bei Bauteilübergängen zusätzlich materialtechnisch oder konstruktiv bedingte Parameter das Wärmedämmvermögen.

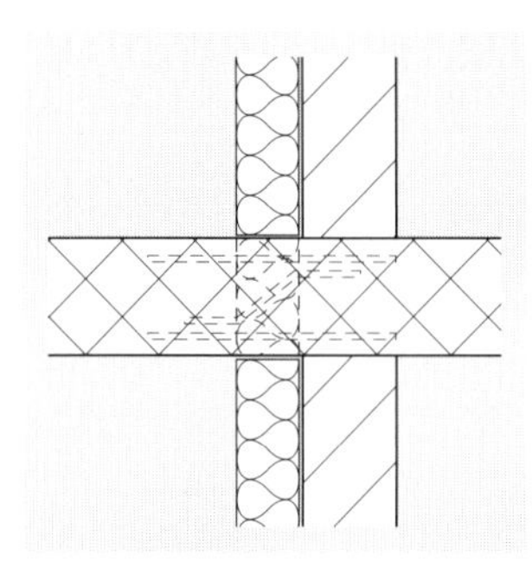

Gut wärmeleitende Bauteile, welche die Wärmedämmschicht durchdringen, wie z.B. auskragende Balkonplatten, mit oder ohne spezielle Kragplattenanschlüsse.

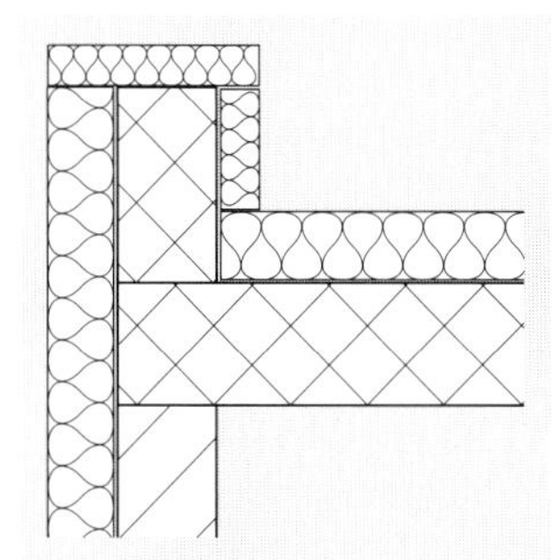

Auskragende Rippen, z.B. bei Vordächern oder Brüstungen, selbst wenn sie lückenlos wärmegedämmt sind.

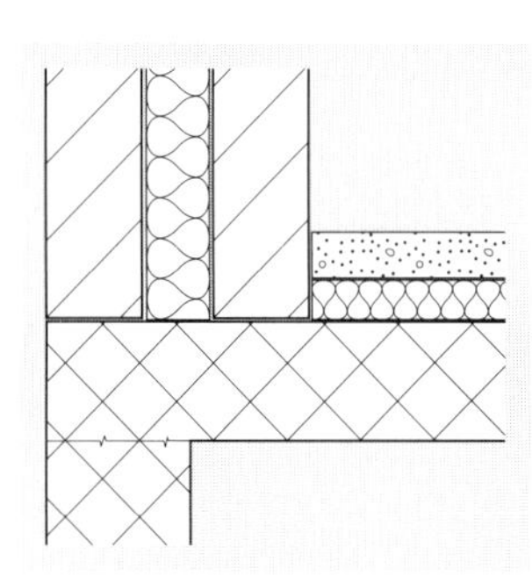

Wechsel der Wärmedämmebene im Bereich von tragenden Wänden, z.B. Sockelausbildung, selbst bei Verwendung von statisch belastbaren, wärmedämmenden Spezialelementen.

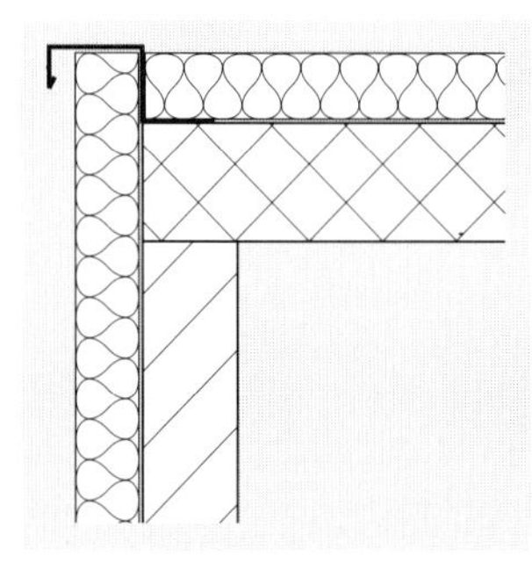

Beeinträchtigung bzw. Durchdringung der Wärmedämmschicht mit Befestigungsmitteln, insbesondere linienförmigen Elementen (z.B. Tragbleche) und punktförmigen Elementen (z.B. Metallkonsolen o.ä.).

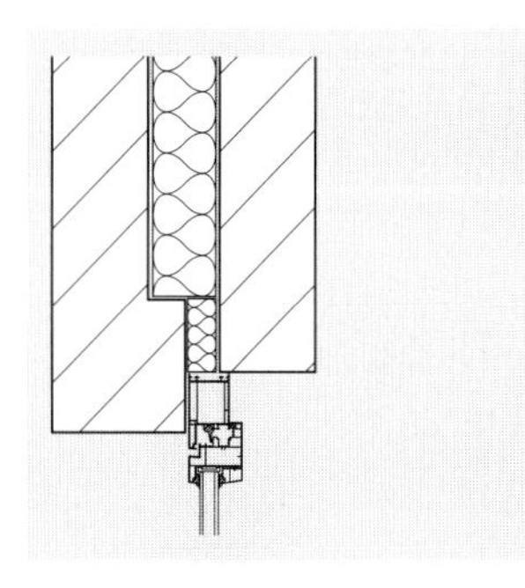

Reduktion der Wärmedämmschichtdicke im Bereich von Bauteilübergängen, z.B. Fensteranschlägen.

Optimierungsbeispiel Dachrandabschluss [22]

Wärmedämmkonzept
Im Flachdach-Randbereich gilt es, die Aussenwände mit dem Flachdach so zu verbinden, dass die Wärmedämmschichten möglichst lückenlos verlegt und die Auswirkungen von vertikal oder horizontal auskragenden Kühlrippen (Brüstung oder Vordach) möglichst gering sind. Im folgenden werden nur Brüstungskonstruktionen behandelt. Horizontal auskragende Elemente verhalten sich in wärmetechnischer Hinsicht analog.
Die einzelnen Details sind, um möglichst allgemeingültige Aussagen zu erhalten, auf ihre wärmetechnisch relevanten Schichten reduziert. Die verschiedenen Aussendämmsysteme und Zweischalenmauerwerke verhalten sich bei gleichen Dämmstärken analog.

Wärmetechnische Kenngrössen
Die Beurteilung des wärmetechnischen Verhaltens der Dachrandabschlüsse mit verschiedenen Dämmvarianten beruht auf folgenden Kennwerten:

ϑ_{oi} [°C] — *minimale* Innenoberflächentemperatur bei folgenden thermischen Randbedingungen
innen: $\vartheta_i = +20$ °C und $\alpha_i = 8$ W/m²K
aussen: $\vartheta_a = -10$ °C und $\alpha_a = 20$ W/m²K

k_{lin} [W/mK] — Linienzuschlag zur Quantifizierung des Wärmebrückeneffektes
Bezugsbasis: k-Werte der Regelquerschnitte von 0,30 W/m²K

E [Fr./ma] — Erhöhung der Energiekosten durch den Wärmebrückeneffekt pro Laufmeter und Heizperiode bei 3800 Heizgradtagen und einem Energiepreis von 0,2 Fr./kWh

W [Fr./m] — Verfügbarer Investitionsbeitrag bei 6% Kapitalzins, durch Kapitalisierung der Energieeinsparung im Vergleich zur Variante ohne zusätzliche Wärmedämmung

Bandbreite des Optimierungsspielraums
Die idealisierte Konstruktion links im Bild WB1 zeigt die Minimalvariante für verschiedene Brüstungshöhen mit den entsprechenden Bauteilkennwerten. Diese Lösungen sind aus hygrischen Gründen nicht zu empfehlen. Bei Innenluftfeuchten φ von etwa 60 % entsteht an der Innenkante Tauwasser.
Diese Stellen sind ferner bei Feuchten von etwa 45 % unter Standardbedingungen (+20 °C innen und −10 °C aussen) bereits pilzgefährdet.

Wärmetechnisch ideal wäre ein Dachrandabschluss ohne Kühlrippe, wenn möglich mit zusätzlicher Wär-

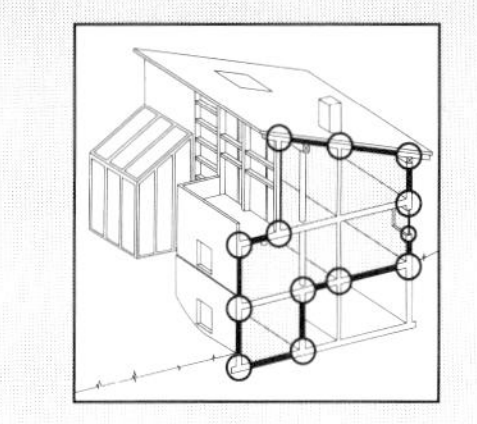

medämmschicht am Dachrand (rechts im Bild WB1). Brüstung und/oder Dachvorsprung müssen bei dieser Lösung als additive Konstruktionen punktförmig befestigt werden.
Die Punktzuschläge der entsprechenden lokalen Störungen dürfen, wie frühere Untersuchungen gezeigt haben [19], in der Wärmebilanz vernachlässigt werden.

Erkenntnisse

Brüstungshöhe und Material bei fehlender Wärmedämmung

- Die nicht wärmegedämmte Betonbrüstung hat im Vergleich zur Variante in Backstein etwa den doppelten Wärmebrückenverlust und weist an der Innenecke Pilz- und Taupunktprobleme auf.
- Die Brüstungshöhe hat keinen wesentlichen Einfluss.

Wärmedämmung auf der Brüstungsinnenseite

- Bei geringer Brüstungshöhe ist auch die Energiekosteneinsparung gering (etwa 15 %) und fast unabhängig von der Dicke der Wärmedämmschicht.
- Bei mittelhohen bis hohen Brüstungen verdoppeln sich diese Einsparungen und steigen mit wachsender Dicke der Wärmedämmschicht nur geringfügig an.
- Bei den Beton-Varianten sind die Effekte ausgeprägter als bei den Backstein-Varianten.

Wärmedämmung zusätzlich auf der Brüstungskrone

- Die Einsparung ist vor allem bei geringer Brüstungshöhe und bei der Beton-Variante ausgeprägt (über 50 %). Sie sinkt bei der Backstein-Variante ungefähr auf die Hälfte (etwa 25 %).
- Bei mittelhohen Brüstungen beträgt die Einsparung etwa 30 bis 40 %.

Zur Idealvariante ohne Kühlrippe

Eine gut dimensionierte Zusatzdämmung mindert die Wärmebrückenwirkung. Die Linienzuschläge werden infolge Materialkonzentration im Bereich der geometrischen Wärmebrücke sogar negativ. Die Energieeinsparungen bezüglich Minimalvariante sind wesentlich grösser als bei den besten «Kühlrippen-Varianten» mit umlaufender Wärmedämmschicht.
Der konstruktive Mehraufwand für aufgesetzte Brüstungen bzw. angehängte Vordächer dürfte den berechneten, verfügbaren Investitionsbeitrag W allerdings übertreffen.

MINIMA

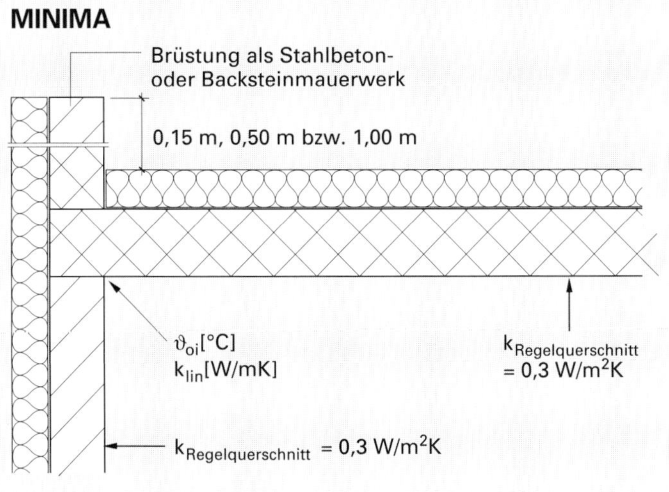

Brüstung aus:	Stahlbeton			Backstein		
Brüstungshöhe [m]	0,15	0,50	1,00	0,15	0,50	1,00
ϑ_{oi} [°C]	12,5	12,6	12,6	15,4	15,5	15,5
k_{lin} [W/mK]	0,53	0,53	0,52	0,28	0,27	0,27
E [Fr./ma]	9,7	9,6	9,6	5,0	5,0	4,9
W [Fr./m]	BASIS					
				BASIS		

Wärmetechnisch unbefriedigende Lösung mit hygrischen Problemen an der Innenoberfläche. Bezugsbasis für die Kenngrösse W der Dämmvarianten in Bild WB2 und WB3.

OPTIMA

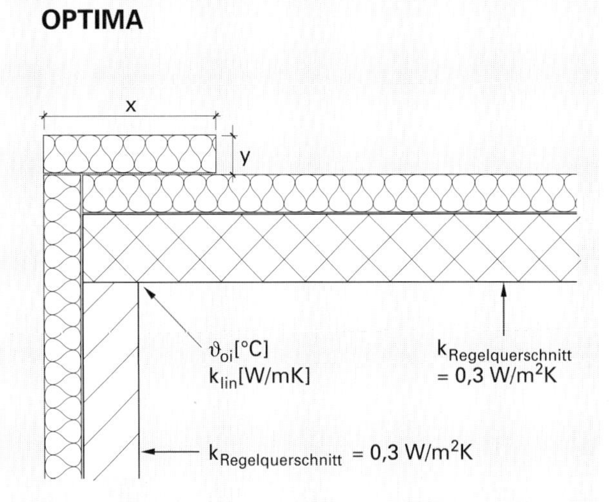

	x = 0 y = 0	x = 0,30 y = 0,10	x = 1,00 y = 0,15
ϑ_{oi} [°C]	17,4	17,6	18,0
k_{lin} [W/mK]	0,10	0,09	- 0,01
E [Fr./ma]	1,9	1,7	- 0,2
W [Fr./m]	≈130,0	≈135,0	≈165,0
	≈ 50,0	≈ 55,0	≈ 85,0

Thermisch-hygrische Idealvarianten ohne Kühlrippeneffekt der Brüstung.

Bild WB1: Vergleich zwischen Minimalvarianten mit verschiedenen Brüstungshöhen (in Stahlbeton oder Backstein ausgeführt) und Maximalvarianten (Vordach und/oder Brüstung als additive Elemente mit punktförmiger Befestigung).

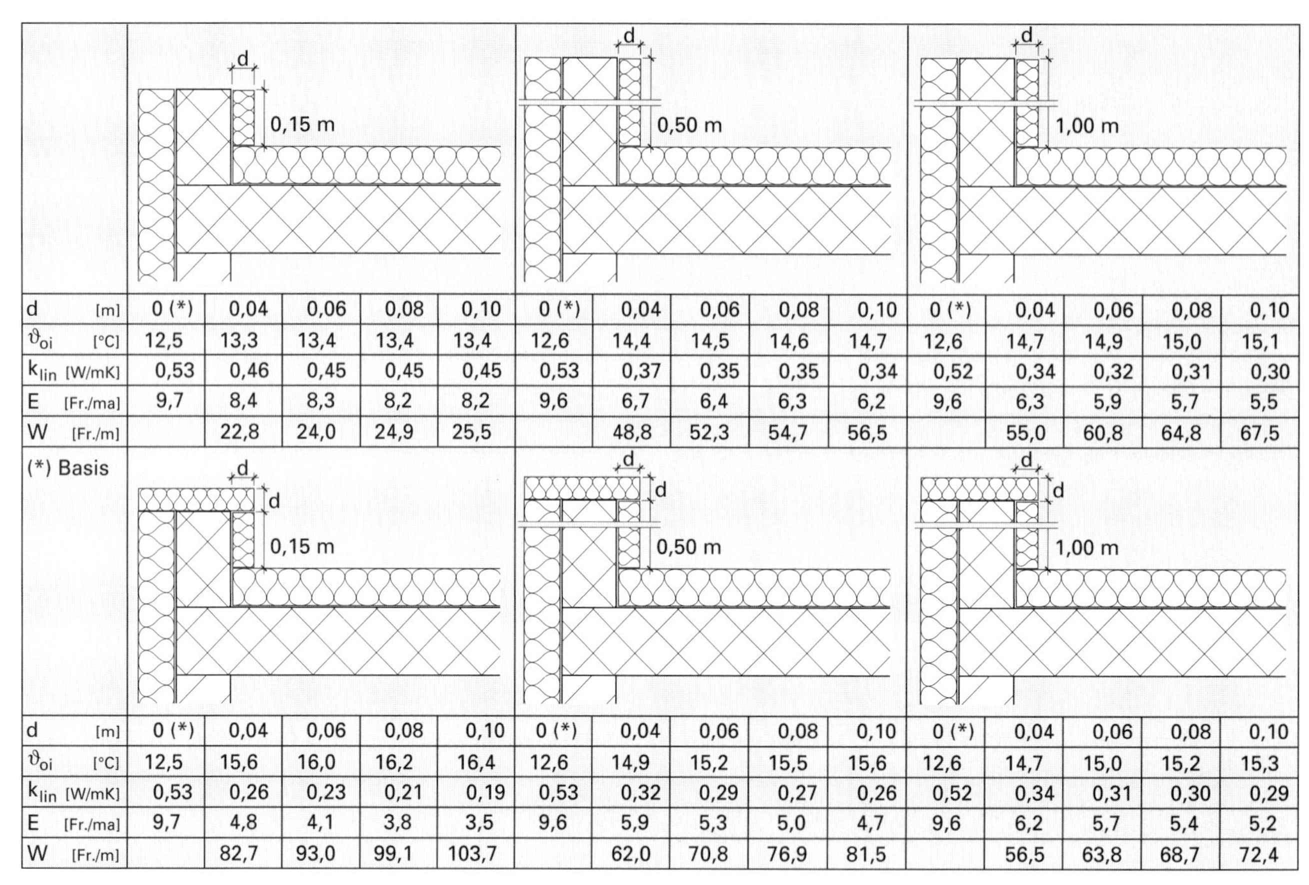

	0,15 m					0,50 m					1,00 m				
d [m]	0 (*)	0,04	0,06	0,08	0,10	0 (*)	0,04	0,06	0,08	0,10	0 (*)	0,04	0,06	0,08	0,10
ϑ_{oi} [°C]	12,5	13,3	13,4	13,4	13,4	12,6	14,4	14,5	14,6	14,7	12,6	14,7	14,9	15,0	15,1
k_{lin} [W/mK]	0,53	0,46	0,45	0,45	0,45	0,53	0,37	0,35	0,35	0,34	0,52	0,34	0,32	0,31	0,30
E [Fr./ma]	9,7	8,4	8,3	8,2	8,2	9,6	6,7	6,4	6,3	6,2	9,6	6,3	5,9	5,7	5,5
W [Fr./m]		22,8	24,0	24,9	25,5		48,8	52,3	54,7	56,5		55,0	60,8	64,8	67,5

(*) Basis

	0,15 m					0,50 m					1,00 m				
d [m]	0 (*)	0,04	0,06	0,08	0,10	0 (*)	0,04	0,06	0,08	0,10	0 (*)	0,04	0,06	0,08	0,10
ϑ_{oi} [°C]	12,5	15,6	16,0	16,2	16,4	12,6	14,9	15,2	15,5	15,6	12,6	14,7	15,0	15,2	15,3
k_{lin} [W/mK]	0,53	0,26	0,23	0,21	0,19	0,53	0,32	0,29	0,27	0,26	0,52	0,34	0,31	0,30	0,29
E [Fr./ma]	9,7	4,8	4,1	3,8	3,5	9,6	5,9	5,3	5,0	4,7	9,6	6,2	5,7	5,4	5,2
W [Fr./m]		82,7	93,0	99,1	103,7		62,0	70,8	76,9	81,5		56,5	63,8	68,7	72,4

Bild WB2: Brüstung aus Stahlbeton, Auswirkung des Wärmedämmkonzeptes.

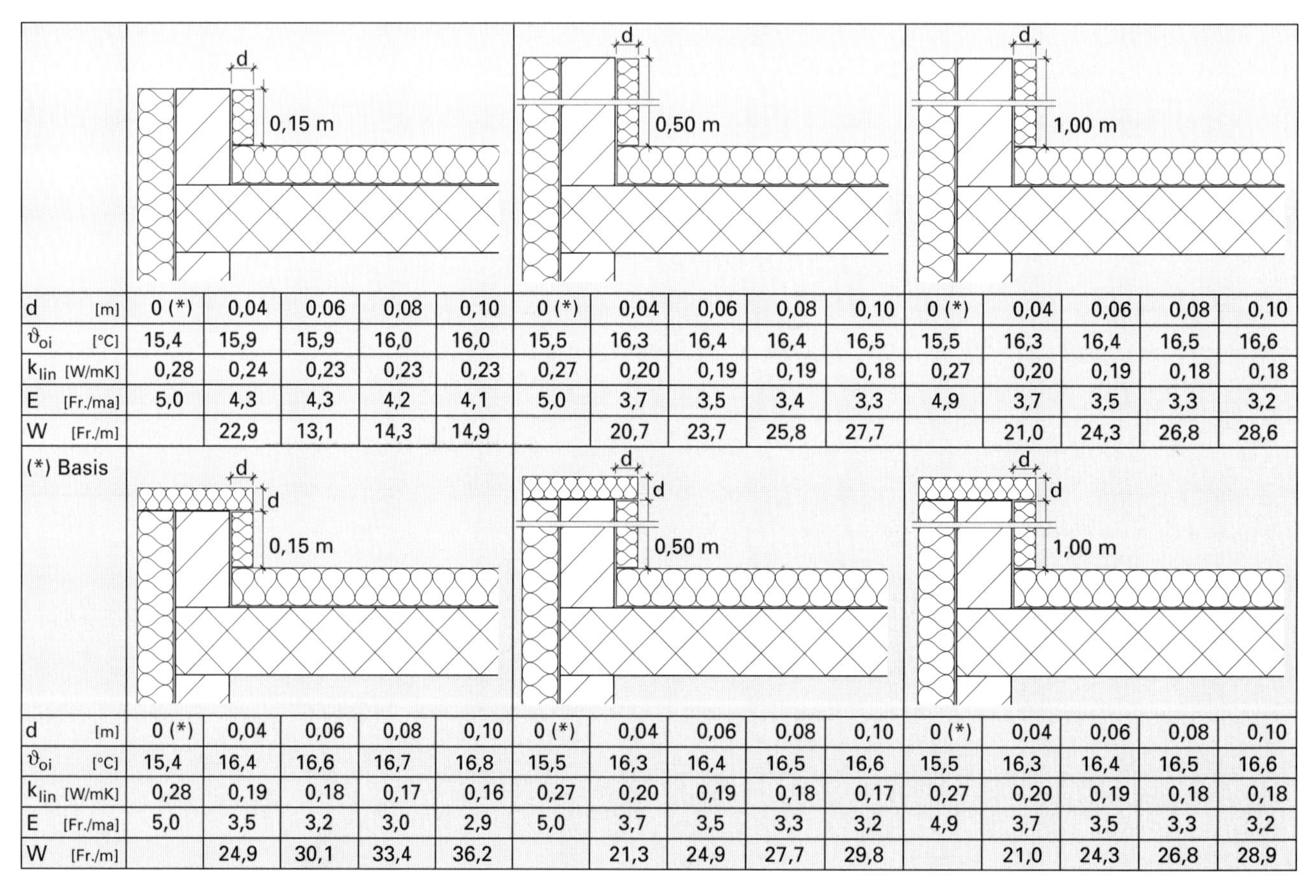

	0,15 m					0,50 m					1,00 m				
d [m]	0 (*)	0,04	0,06	0,08	0,10	0 (*)	0,04	0,06	0,08	0,10	0 (*)	0,04	0,06	0,08	0,10
ϑ_{oi} [°C]	15,4	15,9	15,9	16,0	16,0	15,5	16,3	16,4	16,4	16,5	15,5	16,3	16,4	16,5	16,6
k_{lin} [W/mK]	0,28	0,24	0,23	0,23	0,23	0,27	0,20	0,19	0,19	0,18	0,27	0,20	0,19	0,18	0,18
E [Fr./ma]	5,0	4,3	4,3	4,2	4,1	5,0	3,7	3,5	3,4	3,3	4,9	3,7	3,5	3,3	3,2
W [Fr./m]		22,9	13,1	14,3	14,9		20,7	23,7	25,8	27,7		21,0	24,3	26,8	28,6

(*) Basis

	0,15 m					0,50 m					1,00 m				
d [m]	0 (*)	0,04	0,06	0,08	0,10	0 (*)	0,04	0,06	0,08	0,10	0 (*)	0,04	0,06	0,08	0,10
ϑ_{oi} [°C]	15,4	16,4	16,6	16,7	16,8	15,5	16,3	16,4	16,5	16,6	15,5	16,3	16,4	16,5	16,6
k_{lin} [W/mK]	0,28	0,19	0,18	0,17	0,16	0,27	0,20	0,19	0,18	0,17	0,27	0,20	0,19	0,18	0,18
E [Fr./ma]	5,0	3,5	3,2	3,0	2,9	5,0	3,7	3,5	3,3	3,2	4,9	3,7	3,5	3,3	3,2
W [Fr./m]		24,9	30,1	33,4	36,2		21,3	24,9	27,7	29,8		21,0	24,3	26,8	28,9

Bild WB3: Brüstung aus Backstein, Auswirkung des Wärmedämmkonzeptes.

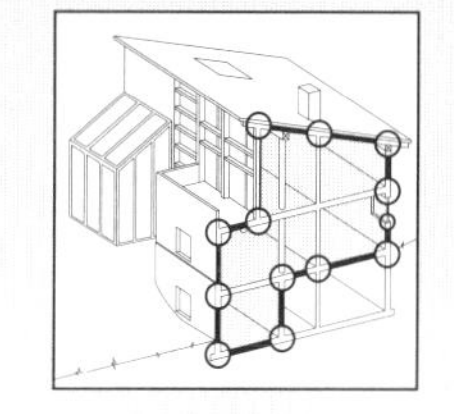

4.5.1 Geschichtliches

Die Luftdurchlässigkeit der Gebäudehülle war schon immer von Bedeutung. Über alle Bauepochen hinweg wurde versucht, eine möglichst geringe Luftdurchlässigkeit zu erreichen. Bekannt ist das Ausstopfen von Ritzen und Fugen mit Moos und Lehm im Holzbau, aber auch Verkleidungen aus Gips oder grossflächige, gestemmte Holztäfer dienten dem Zweck einer niedrigen Luftdurchlässigkeit. Als generell luftundicht sind die früheren Fenster zu bezeichnen, Falzdichtungen waren noch nicht bekannt.

Bis zur Erdölkrise im Jahre 1973 hatten die Massivbauten ein nach heutigen Kriterien schlechtes Wärmedämmvermögen mit k-Werten um 1 W/m²K, sowie undichte Fenster wegen fehlender Falzdichtungen. Solche Bauten wiesen eine eher hohe Luftdurchlässigkeit auf.

Nach der Energiekrise im Jahre 1973 stand bei der Gebäudehülle die Reduktion der Transmissions- und Lüftungswärmeverluste im Vordergrund. Die Wände und Dächer wurden besser wärmegedämmt, die Fenster gedichtet. Von diesen beiden Massnahmen bewirkte das Dichten der Fenster eine erhebliche Verringerung der Luftdurchlässigkeit der Gebäudehülle.

Heute wird vielfach auf den Estrich verzichtet und der darunterliegende Wohnraum bis unter das Dach erweitert. Dadurch entstehen ein- bis zweigeschossige Räume, häufig mit einem integrierten Galeriegeschoss. Die Gebäudehülle solcher Bauten besteht oft aus einem massiven Bereich bei Wänden und einem Holzleichtbau beim Dach. Häufige Beanstandungen bei diesen Bauten sind Zuglufterscheinungen und zu niedrige Raumlufttemperaturen bei Windeinwirkung von aussen und dies trotz Fenstern mit umlaufender Falzdichtung.

4.5.2 Begriffe

Luftdurchlässigkeit der Gebäudehülle
Zur Beschreibung der Luftdurchlässigkeit einer Gebäudehülle wird gemäss Norm SIA 180 [1] die genormte Kenngrösse $n_{L,50}$ verwendet. Gemessen wird der Luftwechsel eines Gebäudes, der infolge Leckstellen in der Gebäudehülle bei einer künstlich erzeugten Druckdifferenz zwischen Innen und Aussen von 50 Pa auftritt (siehe auch 4.5.5).

Aussenluftwechsel
Den Ersatz von «verbrauchter» Luft durch Aussenluft in einem bestimmten Raum oder Gebäude nennt man «Aussenluftwechsel». Der Aussenluftwechsel infolge «natürlicher» Triebkräfte (Wind, Temperaturdifferenzen) wird als «natürlicher Luftwechsel» bezeichnet. Der Luftwechsel bei geschlossenen oder offenen Fenstern und Türen ist unterschiedlich. Die Anforderung eines bestimmten Mindestluftwechsels wird vor allem von der Luftfeuchtigkeit und den Schadstoffen in der Innenluft bestimmt. Es werden Werte zwischen 0,3 und 0,5 Luftwechseln pro Stunde gefordert.

Luftdichtigkeitsschicht
Die Luftdichtigkeitsschicht wird warmseitig der Wärmedämmschicht verlegt. Sie ist grundsätzlich zu unterscheiden von der Dampfbremse/-sperre, obwohl beide Funktionen in der Regel von denselben Materialien erfüllt werden. Hinsichtlich der Dampfdiffusion wäre ein lückenloses Verlegen der Dampfbremse/-sperre nicht unbedingt erforderlich. Weil aber gleichzeitig der Luftdurchtritt verhindert werden soll, muss diese Schicht lückenlos verlegt und konsequent luftdicht angeschlossen werden.

Dämmschutzschicht (Winddichtung)
Mit der Dämmschutzschicht oder Winddichtung wird eine kaltseitig der Wärmedämmschicht verlegte Schicht aus Folien, Kraftpapieren oder Holzwerkstoffplatten bezeichnet. Sie soll unter anderem das Eindringen von kalter Aussenluft in die Wärmedämmschicht verhindern. Das Vermeiden von Zuglufterscheinungen (insbesondere bei starkem Wind) ist jedoch in erster Linie Aufgabe der Luftdichtigkeitsschicht. Insofern ist der Begriff «Winddichtung» irreführend und sollte nicht mehr verwendet werden.

4.5.3 Anforderung gemäss Norm SIA 180

Die in SIA 180 [1] provisorisch geforderten Grenzwerte bzw. Bereiche gehen von einer mittleren Windexposition der Gebäude aus. Bei speziell starker bzw. schwacher Windexposition sind bei den ersten 3 Kategorien sinngemäss die unteren bzw. oberen Grenzwerte anzustreben.

	$n_{L,50}$ [h^{-1}]	
	unterer Grenzwert	oberer Grenzwert
EFH-Neubauten (mit Fensterlüftung)	2	4,5
MFH-Neubauten (mit Fensterlüftung)	2,5	3,5
Wohn-Neubauten mit Abluftanlagen	2	3
Gebäude mit Zu-/Abluft-Anlagen oder Klimaanlagen	–	1

Provisorische $n_{L,50}$-Grenzwerte für Gesamtleckage (Gesamtluftdurchlässigkeit bei «geschlossener» Fassade) aus Norm SIA 180

Die Gebäudehülle muss gemäss Norm SIA 180 grundsätzlich möglichst dicht sein. Es muss aber gleichzeitig gewährleistet sein, dass bei «fehlender Benützerlüftung», d. h. bei geschlossener Fassade, ein gewisser Grundluftwechsel erreicht wird, um eine Anreicherung von Schad- und Geruchsstoffen sowie eine zu hohe relative Luftfeuchtigkeit zu vermeiden.

Der $n_{L,50}$-Wert ist nicht zu verwechseln mit dem effektiven Luftwechsel n_L unter «natürlichen Bedingungen», als Folge von Wind- und Temperaturdifferenzen sowie unter Berücksichtigung des Benutzerverhaltens. Es bestehen folgende Schwierigkeiten:

- Es ist nicht bekannt, mit welcher Konstruktion bzw. welchen Detailausbildungen die vorgegebenen $n_{L,50}$-Werte erreicht werden können.
- Es fehlen weitgehend Messungen und einfache Rechenmethoden, die den Bezug zwischen dem $n_{L,50}$-Wert und dem effektiven Luftwechsel n_L herstellen.

4.5.4 Luftdurchlässigkeit in Abhängigkeit der Bauweise

Im Rahmen des Impulsprogrammes Holz (IPH) wurde die Luftdurchlässigkeit der Gebäudehülle in Abhängigkeit der Bauweise untersucht [27]. Schwergewichtig hat man die Auswirkungen von verschiedenen Steildachkonstruktionen und Bauteilübergängen Steildach/Wand auf die Luftdichtigkeit überprüft und dabei folgende Erkenntnisse gewonnen.

Dichtungssysteme

Bei der Konzeption der Luftdichtigkeitsebene (und der Wärmedämmschicht) gibt es grundsätzlich zwei Anordnungsmöglichkeiten: innerhalb und ausserhalb der Tragkonstruktion. Welche Anordnung gewählt wird, hängt u.a. ab von der

- gewünschten gestalterischen Wirkung (z.B. Holzkonstruktion innen sichtbar oder verdeckt);
- Realisierbarkeit (besonders bei Sanierungen);
- Wirtschaftlichkeit (Arbeitsaufwand, Materialwahl);
- langfristigen Funktionstüchtigkeit (der gewählten Materialien, der Anschlässe und Durchdringungen).

Die Dichtungssysteme werden eingeteilt in

A Aussenanordnung,
A_{St} Aussenanordnung mit sogenannten Stichern oder Aufschieblingen,
B Innenanordnung.

Bei den Systemen A und A_{St} wird die gesamte Tragkonstruktion aussenseitig durch die Luftdichtigkeits- bzw. Dampfsperrschicht und die Wärmedämmschicht eingepackt. Dies erlaubt innen sichtbare Spar-

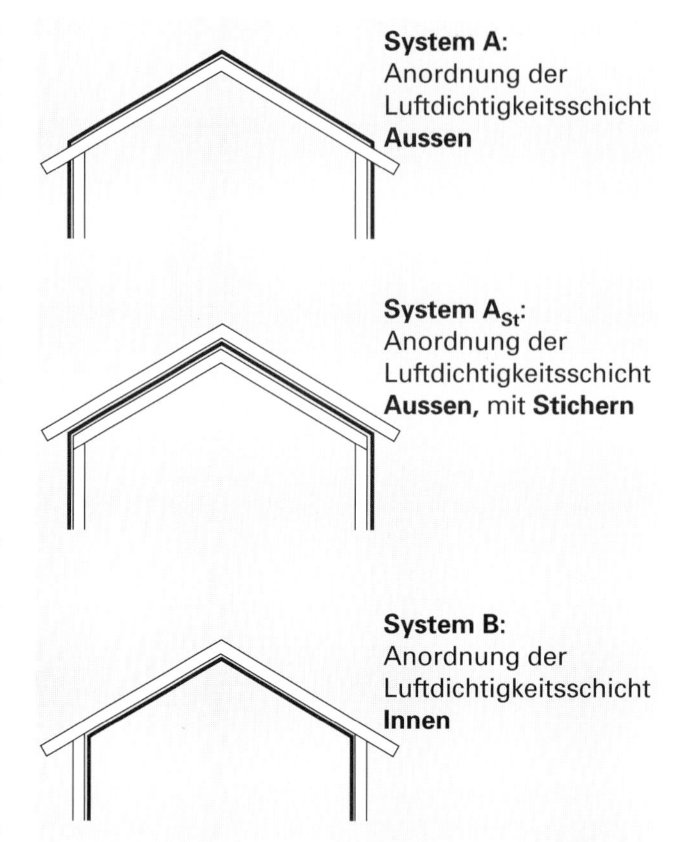

Schematische Darstellung der Dichtungssysteme

Dichtungssystem A: Durchdringung der Luftdichtigkeitsschicht

Dichtungssystem A_{St}: keine Durchdringungen (Fotos: Sarnafil AG)

ren und je nach Bauweise auch sichtbare Stützen und Streben in den Wänden. Der Bereich der Tragkonstruktion kann allerdings auch verkleidet als Installationsebene dienen, wobei die Zwischenräume unter Umständen auch Platz für eine zusätzliche Wärmedämmschicht bieten.

Beim System A ergeben sich Wärmebrücken und aufwendige Abdichtungsarbeiten bei den Sparren im Vordachbereich. Diese Durchdringungen können über die gesamte Gebäudehülle durch die sogenannte Sticherkonstruktion (System A_{St}) und separate Tragkonstruktionen bei Balkonen, Wintergärten usw. vermieden werden.

Die Anordnung der Luftdichtigkeitsschicht gemäss System B verursacht vor allem bei mehrgeschossigen Holzbauten aufwendige Abdichtungsarbeiten bei Durchdringungen und Anschlüssen.
Die Dichtungsarbeiten gemäss System B können wetterunabhängig ausgeführt werden, wobei das «Über-Kopf-Arbeiten» im Dachbereich eine sorgfältige Ausführung erschwert.

Dichtungsmaterialien
Bei Dichtungsmaterialien wird zwischen flächigen und linienförmigen Dichtungsstoffen unterschieden (Bahnen- bzw. Fugendichtungen). Es hat sich gezeigt, dass mit Fugendichtungen im allgemeinen nur beschränkte und kurzfristige Erfolge zu verzeichnen sind; die Wirkung solcher Dichtungen wurde im Rahmen des IPH-Projekts nicht weiter untersucht.

Flächige Dichtungsmaterialien werden häufig als Systeme mit aufeinander abgestimmten Komponenten (Dichtungsbahnen, Klebbänder) angeboten:

Bitumen (B)- und Polymerbitumenbahnen (PB)
- Verhältnismässig schwer, deshalb auch bei Windaufkommen gut verarbeitbar.
- Rutschfest.
- Anschlüsse in der Regel geschweisst, z.T. auch mit Heissklebemassen oder Butylkautschukbändern ausgeführt.
- Übliche Arbeitsweise von oben; «Über-Kopf-Arbeiten» nicht möglich.

Kunststoffolien aus Polyaethylen (PE)
- Für Dachneigungen über 30° sind aufgerauhte, rutschfeste Folien zu verwenden.
- Anschlüsse und Durchdringungen sind mit Butylkautschukbändern und -kitten abzudichten.
- Poröse Materialien sind zu grundieren («primern»).

Kraftpapiere (KP)
- Als Luftdichtigkeitsschicht meist beschichtet und durch Gewebe oder Vliese verstärkt.
- Anschlüsse und Durchdringungen sind mit Butylkautschukbändern abzudichten.
- Poröse Materialien sind zu grundieren («primern»).

Holz- und Gipswerkstoffplatten
- Plattenstösse, Anschlüsse und Durchdringungen sind mit Abdeckbändern abzukleben.
  Beispiele: Weichfaserplatten, Sperrholz-, Span- und Hartfaserplatten, Gipskarton- und Gipsspanplatten.

Für Anschlüsse an Bauteile (Mauerwerk, Sparren oder Deckenbalken usw.) sowie Stösse der Dichtungsbahnen kommen in der Schweiz in letzter Zeit fast nur noch Butylkautschukbänder zur Anwendung.
Klebbänder aus PVC und Alubänder werden von den Herstellern von Dichtungsbahnen im allgemeinen nicht mehr empfohlen.

4.5.5 Untersuchungs- und Messmethoden

Die Messung der Luftdurchlässigkeit der Gebäudehülle erfolgt ausschliesslich mit dem Differenzdruckverfahren. Sie bildet die Grundlage für die Berechnung des in der Norm SIA 180 [1] verwendeten $n_{L,50}$-Wertes.

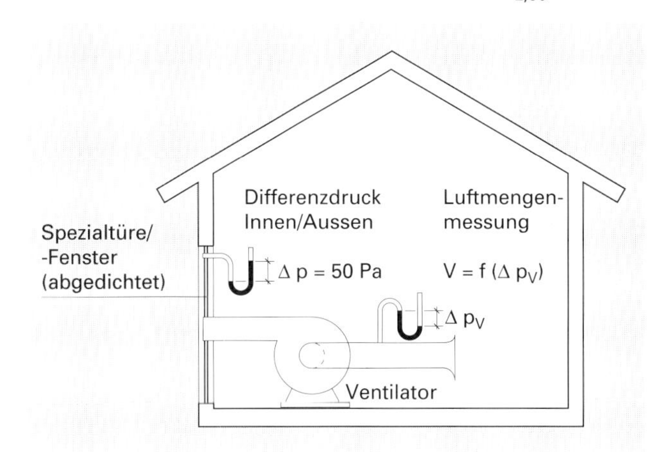

Beim Differenzdruckverfahren wird die Aussentüre oder das Fenster eines Gebäudes durch eine Platte mit eingebauter Messdüse und Ventilator ersetzt. Mit dem Ventilator werden im Gebäudeinnern Unterdrücke von etwa 10 bis 80 Pa erzeugt und die dazugehörigen Luftvolumenströme bestimmt.
Durch Regression wird der Volumenstrom bei 50 Pa Druckdifferenz berechnet.
Das durch die Düse nach aussen strömende Luftvolumen V entspricht der Luftmenge, die durch Leckstellen in der Gebäudehülle eindringt.

Mit dem $n_{L,50}$-Wert wird die «Dichtungsqualität» der gesamten Gebäudehülle beschrieben; er lässt aber keine Aussagen über Ort und Grösse der Leckstellen zu. Gut zugängliche Leckstellen lassen sich bei Unterdruck im Gebäude an Zuglufterscheinungen erkennen. Diese können unter anderem mittels Rauchstäbchen oder Wollfaden aufgespürt werden, lassen sich

damit aber nur ungenau lokalisieren. Die Leckstellensuche wird deshalb durch Infrarotaufnahmen ergänzt, welche qualitative, nicht aber quantitative Aussagen zu den Leckagen zulassen.
Für die Leckstellensuche mit Infrarotgeräten ist eine Temperaturdifferenz zwischen innen und aussen von mindestens 10 K und ein Unterdruck im Gebäude notwendig. Die einströmende Kaltluft kühlt die Innenoberfläche im Bereich der Leckstelle ab (dunkle, schlierenartige Stellen im Bild).

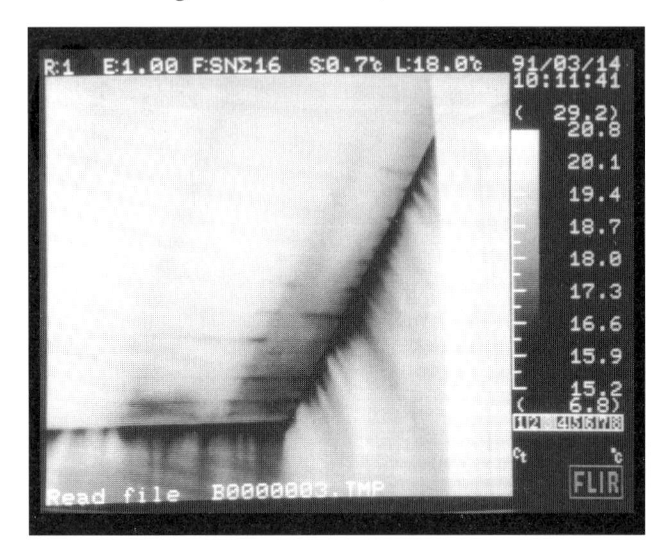

Luftundichtigkeiten im Trauf- und Ortbereich (Thermographie-Aufnahme)

4.5.6 Messergebnisse/Interpretation

Untersuchungen ergaben, aufgeteilt nach Dichtungskonzept und Dichtungsmaterial, folgende Ergebnisse:

Dichtungssysteme	A		B		A_{St}		
Dichtungs-material	PB	PE	PB (+HWS)	KP (+HWS)	PB	PB (+HWS)	PB/KP/HWS (2)
$n_{L,50} \leq 1,0$	–	–	–	–	2 (1)	1	1
$1,0 \leq n_{L,50} < 2,0$	–	–	4	–	1	1	1
$2,0 \leq n_{L,50} < 4,5$	5	–	3	3	–	–	–
$n_{L,50} \geq 4,5$	2	–	4	–	–	–	–
Total	7	–	11	3	3	2	2

(1) davon je 1 mit Zu-/ Abluftanlage
(2) Mehrfachbezeichnungen: Material Dach/Material Wände

PB: Polymerbitumenbahnen
PE: Polyäthylenfolien
KP: Kraftpapier
HWS: Holzwerkstoffplatten

Die beschränkte Anzahl von Untersuchungen lässt die folgenden tendenziellen Aussagen zu:

Dichtungssystem A
Die zugehörigen Luftdurchlässigkeitswerte liegen ausschliesslich über dem unteren Grenzwert von $n_{L,50} = 2,0\ h^{-1}$ und übersteigen zum Teil auch den oberen Wert von $4,5\ h^{-1}$. Infrarotaufnahmen zeigen, dass sich der Hauptanteil der Leckagen bei den Sparrendurchdringungen befindet. Untersuchungen des Systems A mit PE-Folien fehlen, da bei der Detailplanung der dafür vorgesehenen Bauten nachträglich das Dichtungskonzept A_{St} bevorzugt wurde.

Dichtungssystem B
Mit dem Dichtungssystem B ergaben sich Werte zwischen $n_{L,50} = 1,3\ h^{-1}$ und $17,5\ h^{-1}$. Die niedrigen Werte wurden bei umfassenden Sanierungen in Dach- und Maisonettewohnungen erreicht, wobei die Arbeiten von Schreinern unter zeitaufwendiger Anleitung durch den Architekten, teilweise auch mit Beratung durch Fachleute des Folienherstellers, ausgeführt wurden. Trotz sorgfältig ausgeführten Abklebearbeiten (inklusive Vorprimern) und zusätzlichen mechanischen Befestigungen waren Undichtigkeiten an schwer zugänglichen Stellen unvermeidlich. Besonders grosse Leckagen wurden in Dachwohnungen und Anbauten mit zum Teil komplizierten Anschlüssen sowie bei unzugänglichen und meist auch zahlreichen Durchdringungen der Luftdichtigkeitsschicht festgestellt. Die Durchdringungen und Anschlüsse an das Mauerwerk waren mit Butylkautschukbändern oder Butylkautschukkitt – grösserenteils ohne Voranstrich durch Primer und ohne mechanische Befestigung – abgeklebt.

Dichtungssystem A_{St}
Mit diesem System wurden ausschliesslich Werte unter $n_{L,50} = 2,0\ h^{-1}$ erreicht. Leckagen in der Gebäudehülle fanden sich allenfalls bei unsorgfältig ausgeführten Anschlussarbeiten im Anschlussbereich an die Fassade, insbesondere bei den Hausecken.

Grundsätzlich lassen sich mit allen untersuchten Materialien genügend niedrige Luftdurchlässigkeitswerte erreichen, wenn ein geeignetes Dichtungskonzept gewählt und dieses handwerklich sorgfältig durchgeführt wird. Der richtigen Konzeption der Dichtungsebene muss grosse Bedeutung beigemessen werden. Dazu ist der Einbau einer selbständigen, lückenlosen Luftdichtigkeits- bzw. Dampfsperrschicht, mit möglichst wenigen Durchdringungen, notwendig.

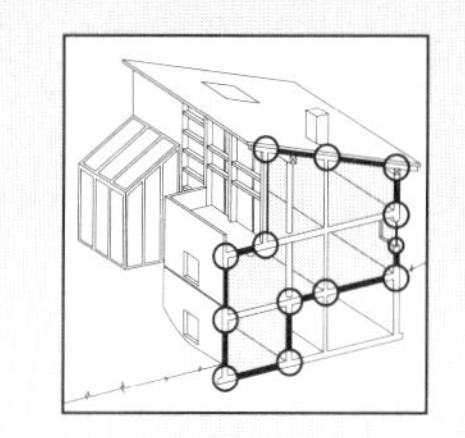

4.6 Weiterführende Literatur

Zu Themen des Kapitels 4 «Bauteilübergänge» geben dem interessierten Leser unter anderem die folgenden Publikationen weitere Hinweise:

- Brunner, C.U. und Nänni, J.: SIA Dokumentation D 078 Verbesserte Neubaudetails, 1992
- Diverse Autoren: Wärmebrücken, Schweiz. Ing. & Arch. 37, 293-305, 1989
- IP Holz 987: Luftdurchlässigkeit der Gebäudehülle, 1990
- Nänni J., Prof. Dr., HTL Brugg-Windisch; Ragonesi M.: Wärmetechnische Optimierung von Flachdachdetails, Dach & Wand 1/91
- Preisig H., Michel D: Fragen der Luftdurchlässigkeit bei einer Holzkonstruktion, Schweiz. Ing. & Arch. 6, 131-134, 1987
- Ronner, H. Prof. ETHZ: Zur Methodik des konstruktiven Entwerfens, Forschungsarbeit für die Stiftung zur Förderung des Bauwesens, ETH, Zürich 1991

5. Hochwärmedämmende Konstruktionen

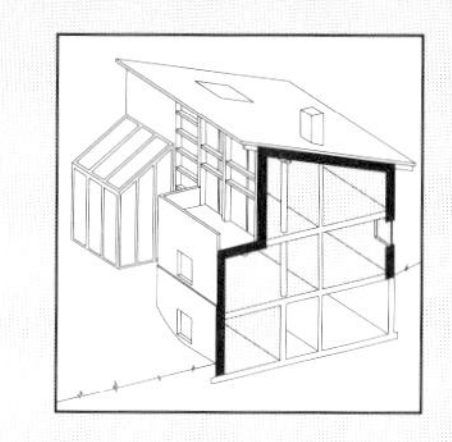

5.1 Ideenwettbewerb des BEW

Das Bundesamt für Energiewirtschaft (BEW) veranstaltete 1990 einen Ideenwettbewerb mit dem Ziel, neue Lösungen für hochwärmedämmende Wand- und Dachkonstruktionen zu erhalten. Es konnten Lösungen für *tragende und nichttragende Wandkonstruktionen mit Flachdach* oder mit *Steildach* eingereicht werden, sofern die vorgeschlagenen Bauteile in der Fläche einen k-Wert von höchstens 0,2 W/m^{2}K aufweisen. Der Wärmedurchgang durch die Anschlussdetails (Bauteilübergänge) musste nicht berechnet werden. Die Details sollten jedoch wärmetechnisch gelöst sein. Es waren Massiv- oder Leichtbaukonstruktionen zulässig. Wandkonstruktionen sollten eine Anwendung bis zu drei Geschossen zulassen. Die einschlägigen Normen und Empfehlungen des SIA waren einzuhalten.

5.1.1 Bewertung

Die Bewertung der Wettbewerbsresultate erfolgte aufgrund folgender Kriterien:

Ausführbarkeit: Die Konstruktion soll mit verfügbaren Materialien und den üblichen Arbeitsgattungen ausgeführt werden können und soweit möglich den normalen Arbeitsablauf berücksichtigen.

Bauphysik: Die Konstruktion soll bautechnisch einwandfrei sein, d.h. nebst dem geforderten Wärmeschutz sind auch die Anforderungen des Feuchteschutzes und der Luftdichtigkeit zu erfüllen.

Ökologie: Die umweltfreundliche Herstellung, Anwendung und Entsorgung der verwendeten Baustoffe sollte möglichst gewährleistet sein.

Wirtschaftlichkeit: Erstellungskosten, Unterhaltskosten und Lebensdauer der Konstruktion sollen gesamtheitlich betrachtet werden und mit herkömmlichen Lösungen möglichst konkurrieren können.

Formale Gestaltung: Eine Harmonie zwischen konstruktiver und gestalterischer Lösung ist anzustreben.

Aus 29 eingereichten Lösungsvorschlägen wurden fünf Preisträger ermittelt. Drei Lösungen wurden mit einem Ankauf gewürdigt. Die nachfolgend publizierten Beispiele können Schwachstellen aufweisen, diese wurden jedoch bewusst nicht korrigiert.

5.1.2 Zielsetzung

Energiesituation heute
Obwohl grosse Sparanstrengungen unternommen werden, ist der Energieverbrauch in der Schweiz immer noch zunehmend. Der Einsatz neuester Technologie

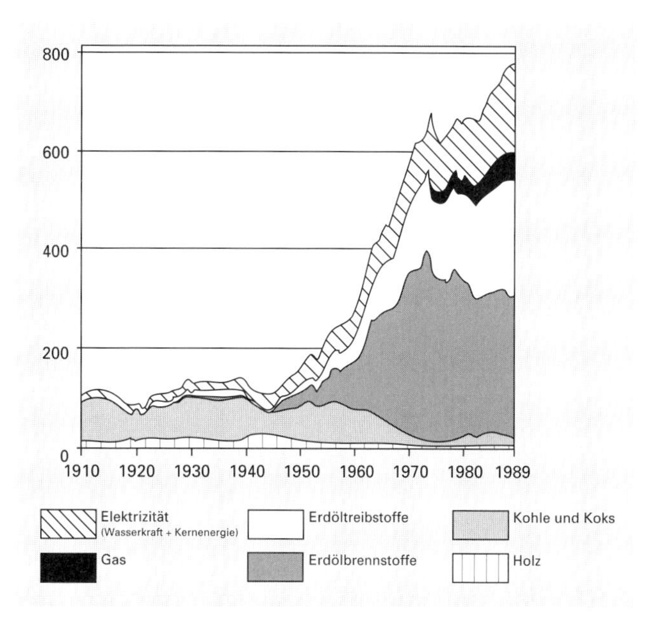

Energieverbrauch in der Schweiz, in 1000 TJ

und Wirkungsgradverbesserungen bei Energieerzeugern vermögen einen Anstieg des Energiekonsums nicht zu kompensieren. Vor allem beim Elektrizitätsverbrauch ist noch keine Tendenzwende abzusehen.

Sparpotential bei Gebäuden
Um weniger, meist fossile Heizenergie zu verbrauchen stehen zwei Wege offen:
- Verringerung der Verluste und
- Erhöhung der Nutzung freier Wärme.

Die Transmissionsverluste durch die Gebäudehülle sind beim heutigen Baustandard mit rund zwei Dritteln am Heizenergieverbrauch beteiligt. Rund ein Drittel fällt auf Wärmeverluste infolge Lüftung. Auf einen minimalen Luftwechsel kann aus hygienischen und Komfortgründen nicht verzichtet werden, gegebenenfalls kann der Wärmeverlust mit einer mechanischen Lüftungsanlage (Ersatzluftanlage) mit Wärmerückgewinnung reduziert werden.
Das grösste Sparpotential liegt demnach bei der Reduktion der Transmissionsverluste, der Wärmeschutz ist nach wie vor eine der wirtschaftlichsten Energiesparmassnahmen, selbst bei k-Werten unter 0,3 W/m^{2}K.
Heute werden in den Baugesetzen oft die maximal zulässigen k-Werte festgelegt oder es wird auf die SIA Normen und Empfehlungen verwiesen, welche Grenz- und Zielwerte für Bauteile vorgeben. Die gebräuchlichsten Konstruktionen werden im wesentlichen auf das Erreichen der heutigen Anforderungen hin entwickelt. Ob sie den Anforderungen der Zukunft – in 30 bis 40 Jahren – noch genügen werden, ist zu bezweifeln. Vielleicht sind es dann die heute noch als utopisch be- oder verurteilten, hochwärmedämmenden Konstruktionen mit k-Werten $\leq$ 0,2 W/m^{2}K, welche den Stand der Bautechnik repräsentieren.

5.2 Hochwärmedämmende Steildächer

5.2.1 Spektrum der eingereichten Lösungen

Steildachkonstruktionen werden als Warm- oder Kaltdach ausgeführt. Die Lage der Wärmedämmung spielt vor allem bei den Anschlussdetails (Fassade, Durchdringungen) eine Rolle. Eine durchgehend verlegte Wärmedämmschicht, z.B. über den Sparren, ermöglicht eine einfache Ausführungskontrolle. Die Ausbildung der Übergänge verlangt eine sorgfältige Planung und Ausführung, ganz besonders, wenn die Elemente vorfabriziert werden.

5.2.2 Beispiele

Die von Rud. Fraefel, Grüningen, vorgeschlagene Konstruktion für das Steildach wird mit drei Wärmedämmschichten ausgeführt. Auf die Schalung über den inneren Hilfssparren wird eine Polymerbitumenbahn als Luftdichtung und Dampfsperre lückenlos bis zum Fassadenmauerwerk geführt und dort luftdicht angeschlossen. Eine Lage aus 40 mm starken Polystyrolplatten trennt die äussere Sparrenlage thermisch von der inneren Dachkonstruktion. Im Bereich der Pfetten werden die äusseren Lasten über Lagerhölzer abgetragen. Eine Wärmedämmung aus Mineralwollplatten wird satt zwischen die äussere Sparrenlage eingebracht und mit einem diffusionsoffenen Unterdach abgedeckt. Die dritte Wärmedämmschicht aus 60 mm dicken Mineralwollplatten wird von unten zwischen die Hilfsparren verlegt und raumseitig mit einem Täfer abgedeckt.

Lösungsvorschlag von F.Sponagel, 8800 Thalwil, und F.Gloor, 8810 Horgen:
Die Steildachkonstruktion wird mit Celluloseflocken «Isofloc» aus rezykliertem Altpapier wärmegedämmt. Diese werden von innen durch kleine Öffnungen in die Hohlräume trocken eingeblasen. Die Hohlräume werden aussen durch das bituminöse Unterdach und innen durch die Luftdichtung über dem Täfer begrenzt Das Verfahren eignet sich auch sehr gut für Sanierungen bestehender Bauten. Voraussetzung für das Einbringen von Wärmedämmstoffen in Flockenform sind begrenzte Hohlräume, welche sich mit Wärmedämmmaterial füllen lassen.

5.2.3 Beurteilung

Hochwärmedämmende Steildächer mit einem k-Wert unter 0,2 W/m²K erfordern Wärmedämmstärken von etwa 20 cm. Ob diese über oder zwischen den Sparren eingebracht werden, hängt von den Platzverhältnissen, vom architektonischen Entwurf und von wirtschaftlichen Überlegungen ab.
Grosse Beachtung wird bei allen Vorschlägen der luftdichten Ausführung geschenkt. Unkontrollierte Wärmeverluste durch Luftwechsel oder die Gefahr von Feuchteschäden durch Luftleckkondensat können durch sorgfältige Planung und kontrollierte Ausführung vermieden werden.

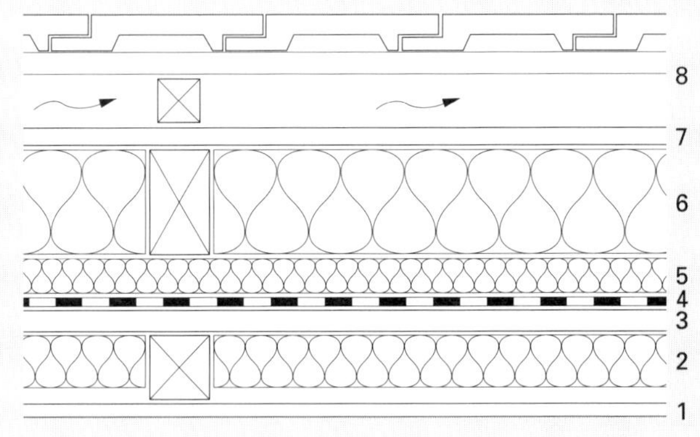

1 Holztäfer 13 mm
2 Mineralwollplatte 60 mm/unterer Sparren
3 Holzschalung/Verlegeunterlage
4 Dampfsperre (Polymerbitumenbahn 3 mm)
5 Roofmate SP 40 mm, gefälzt
6 Mineralwollplatte 120 mm/Sparren
7 GEA ROUGE-Unterdach
8 Hartbedachung, Lattung und Konterlattung

Lösungsvorschlag Rud. Fraefel

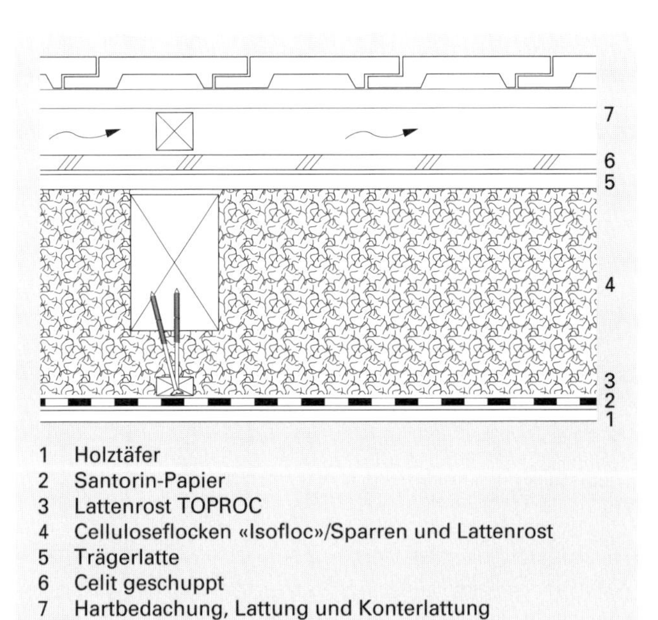

1 Holztäfer
2 Santorin-Papier
3 Lattenrost TOPROC
4 Celluloseflocken «Isofloc»/Sparren und Lattenrost
5 Trägerlatte
6 Celit geschuppt
7 Hartbedachung, Lattung und Konterlattung

Lösungsvorschlag F. Sponagel und F. Gloor

5.3 Hochwärmedämmende Flachdächer

5.3.1 Spektrum der eingereichten Lösungen

Hochwärmedämmende Flachdächer werden mit den gleichen Bauteilschichten aufgebaut wie konventionelle Flachdächer. Die Anforderungen an die Wärmedämmungen sind jedoch erhöht. Insbesondere sind einer erhöhten Druckfestigkeit und einer guten Formstabilität der Wärmedämmstoffe Beachtung zu schenken, da diese meistens Lasten übertragen. Angewendet werden daher vor allem Schaumstoffe in Plattenform sowie Kork oder Weichfaserplatten aus Holz.

5.3.2 Beispiele

Der Lösungsvorschlag der Firma Wancor, Regensdorf, zeigt ein Flachdach, welches als Duodach konzipiert ist. Über dem konventionellen Flachdachaufbau mit 6 cm dampfdichtem Schaumglas kommt die Dachhaut mit zwei Lagen Polymerbitumenbahnen zu liegen. Das darüber liegende Umkehrdach wird mit 12 cm extrudiertem Polystyrol «Roofmate» gegen Wärmeverluste gedämmt. Eine Nutz- und Schutzschicht schliesst die Dachkonstruktion wetterseitig ab.

«Puzzle» von M. Ragonesi, Luzern
Das Flachdach wird als Warmdach ausgeführt. Das innere Tragsystem der Decke überträgt die Kräfte auf ein ebenfalls innen liegendes Tragsystem der Aussenwände. Das innere Tragsystem ist praktisch frei wählbar. Die Wärmedämmung besteht aus zwei Lagen Polystyrolhartschaumplatten von 15 bis 17 cm Gesamtdicke. Eine Dampfsperre raumseitig der Wärmedämmung schützt vor Feuchteschäden durch Wasserdampf. Die Dachhaut besteht aus einer Kunststoffdichtungsbahn «Sarnafil», darüber liegen je nach Bedarf die Nutz- und Schutzschichten.

5.3.3 Beurteilung

Flachdachkonstruktionen in hochwärmedämmender Ausführung können heute analog konventionellen Flachdächern ausgeführt werden. Die geeignete Materialwahl ist eine wichtige Voraussetzung für eine bauschadenfreie Lösung.

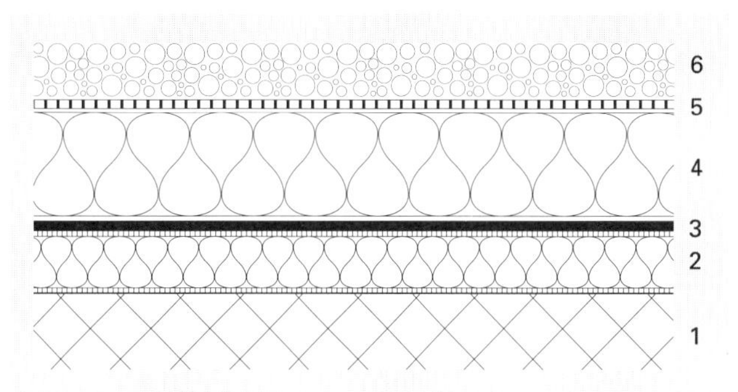

1 Stahlbeton im Gefälle
2 Schaumglas 60 mm, vollflächig aufgeklebt
3 Polymerbitumenbahn 2-lagig, vollflächig aufgeklebt
4 Extrudierte Polystyrolhartschaumplatte 120 mm
5 Filtervlies
6 Rundkies bzw. Beschwerungs- und Nutzschichten

Lösungsvorschlag Firma Wancor

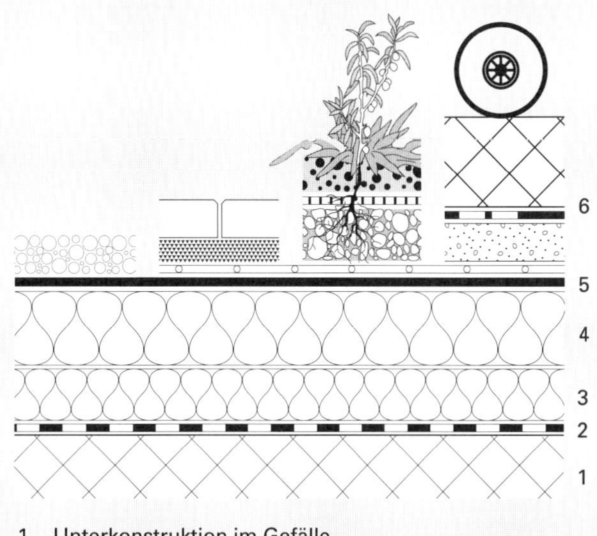

1 Unterkonstruktion im Gefälle
2 Dampfsperre Sarnabituvap 800 o.ä.
3 Polystyrolhartschaumplatte Sarnatherm 70 mm
4 Polystyrolhartschaumplatte Sarnatherm 100 mm
5 Kunststoffdichtungsbahn Sarnafil
6 Schutz- und Nutzschichten je nach Nutzung

Lösungsvorschlag M. Ragonesi

5.4 Hochwärmedämmende Aussenwände

5.4.1 Spektrum der eingereichten Lösungen

Bei den hochwärmedämmenden Aussenwandsystemen dominieren die Aussenwärmedämmungen. Die Konstruktionen benötigen neben den tragenden Teilen innen und den schützenden Bauteilen aussen Platz, um die ca 20 cm dicken Wärmedämmschichten aufzunehmen. Hinterlüftete Konstruktionen, richtig ausgeführt, gewährleisten eine bauschadenfreie Konstruktion bezüglich Wasserdampfkondensat.

5.4.2 Beispiele

Ein bereits bewährtes System der Aussenwärmedämmung bietet die Firma Wancor an. Je nach Beanspruchung wird expandiertes oder extrudiertes Polystyrol verwendet. Die Aussenwand wird als Kompaktfassade ausgeführt. Das tragende Backsteinmauerwerk wird zur Abminderung von Wärmebrücken auf eine Lage Gasbetonsteine abgestellt. Die Wärmedämmung aus 18 cm dicken Polystyrol-Hartschaumplatten wird mit Mörtel auf das Mauerwerk geklebt. Grundputz und kunststoffgebundener Deckputz inklusive die notwendigen Armierungen schützen die Wärmedämmung gegen äussere Witterungseinflüsse und mechanische Beschädigungen.
Wo erhöhte Festigkeiten verlangt werden, z.B. bei Rolladenstürzen und Leibungen, wird teilweise extrudiertes Polystyrol eingesetzt. Der Anschluss an eine Perimeter-Wärmedämmung aus extrudiertem Polystyrol kann lückenlos durchgeführt werden.

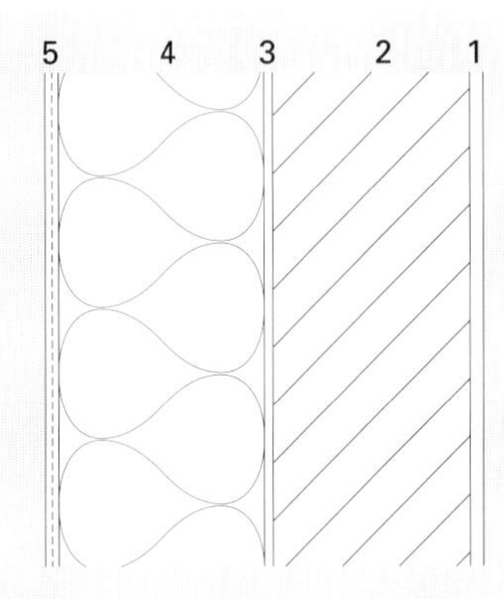

1 Innenputz
2 Tragendes Mauerwerk 175 mm
3 Klebemörtel
4 Polystyrolhartschaumplatte 180 mm
5 Einbettmörtel mit Gewebearmierung bzw. Aussenputz

Lösungsvorschlag Firma Wancor

Das Projekt von H. Halter, Wettingen, zeigt eine Aussenwärmedämmung mit hinterlüfteter Wetterhaut. Die Wahl der verwendeten Materialien wird stark von ihrer Energie- und Schadstoffbilanz geprägt: keine Schaumstoffe, keine Tropenhölzer, möglichst Materialien, welche in der Schweiz hergestellt werden.
Die Aussenwand ist mehrschichtig aufgebaut. Das innere tragende Mauerwerk wird mit einem «atmungsaktiven» Innenputz versehen. Die sekundäre Tragstruktur aussen besteht aus einer Holzkonstruktion mit formstabilem Furnierschichtholz und Doppellatten. Diese trägt die mehrlagige Wärmedämmung aus Steinwolle und die äussere hinterlüftete Wetterhaut. Die erste Lage Wärmedämmung wird satt zwischen die senkrechten Doppellatten bzw. Furnierschichtholz verlegt. Weitere Lagen werden bis zur gewünschten Dämmdicke zwischen die Furnierschichtholzplatten verlegt. Als Schutz gegen Kondensatschäden wird eine Dampfbremse verlegt. Diese wird auch im Mauerwerksbereich konsequent durchgezogen und schliesst lückenlos an die entsprechenden Schutzschichten im Sockel- und Dachbereich, sowie an die Fenster- und Türkonstruktionen an.

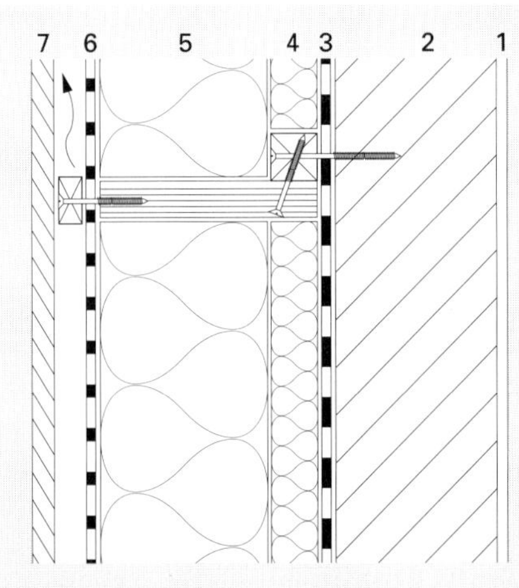

1 Innenputz
2 Tragendes Mauerwerk
3 Dampfbremse
4 Steinwollplatte, zwischen Lattenrost verlegt
5 Steinwollplatte, zwischen Furnierschichtholzplatte verlegt
6 Winddichtung
7 Hinterlüftete Verkleidung

Lösungsvorschlag H. Halter

Das Projekt der Firma Pavatex in Cham ist eine Leichtbaukonstruktion mit innenliegendem Tragsystem und äusserer Wärmedämmung. Als Baumaterialien werden vor allem Massivholz, Holzfaser-Hartplatten sowie als eigentliche Wärmedämmung poröse Holzfaserplatten verwendet. Dies ist vor allem aus ökologischer Sicht sehr interessant. Die Energie- und Schadstoffbilanzen bei der Herstellung, Verarbeitung, Nutzung sowie die später anfallende Entsorgung werden in Zukunft stark berücksichtigt werden müssen. Den Bauteilschichten der Aussenwand werden klare Funktionen zugeordnet. Das tragende System wird in Holz ausgeführt, wobei die üblichen Holzbausysteme frei gewählt werden können. Die Tragstruktur kann sichtbar sein oder verkleidet werden. Die Luftdichtigkeitsschicht aus extraschweren Holzfaser-Hartplatten 10 mm begrenzt die Wärmedämmschichten raumseitig. Alle Plattenstösse (Nut und Kamm) werden mit einem Dichtungsband abgeklebt. Die Wärmedämmung besteht aus zwei «Pavatherm»-Platten, 120 mm und 100 mm, welche mit speziellen Verbindungsmitteln befestigt werden. Diese Befestigungen werden zur Zeit noch weiterentwickelt. Eine 16 mm dikke vergütete poröse Faserplatte gewährleistet den Feuchteschutz und dient gleichzeitig als Winddichtung. Die hinterlüftete Verkleidung kann nach Wunsch gewählt werden.

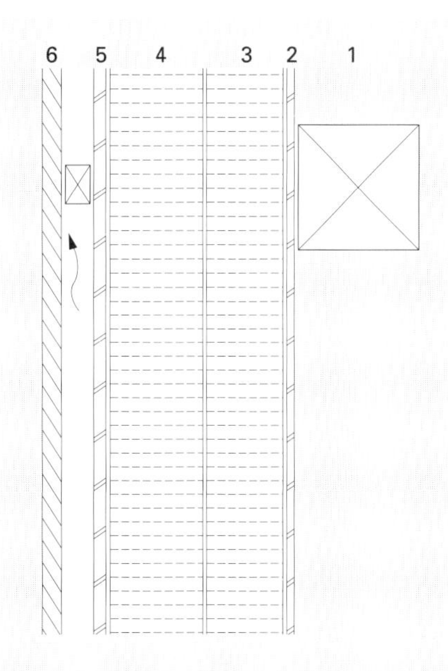

1 Tragkonstruktion
2 Holzfaser-Hartplatte 10 mm
3 Pavatherm-Platte 100 mm
4 Pavatherm-Platte 120 mm
5 Poröse Faserplatte 16 mm
6 Hinterlüftete Verkleidung

Lösungsvorschlag Firma Pavatex

Das Projekt Flockentraum von F. Sponagel und F. Gloor zeigt eine von Grund auf neu entwickelte Konstruktionsweise mit besonderer Beachtung der energetischen und ökologischen Faktoren der verwendeten Baumaterialien. Die Behaglichkeit des Benutzers steht an erster Stelle eines Konzeptes, mit welchem eine wirtschaftliche und dauerhafte Gebäudehülle angestrebt wird. Es werden nur baubiologisch empfehlenswerte Materialien eingesetzt. Als Wärmedämmstoff werden Celluloseflocken «Isofloc» aus rezykliertem Altpapier verwendet. Die vorgezeigten Lösungen lassen sich mit entsprechenden Adaptionen auch bei Sanierungen bestehender Bauten anwenden.

Die Aussenwand wird in tragender Bauweise ausgeführt, wobei der Holzrahmen je nach statischen Bedürfnissen dimensioniert wird. Horizontale Lattenroste tragen die innere sowie die äussere Verkleidung. Sie werden mit speziellen Distanzschrauben thermisch vom Holzrahmen getrennt. Aussenseitig wird der Lattenrost mit Weichfaserplatten beplankt, die mit einer vertikalen Schalung gegen äussere Witterungseinflüsse geschützt werden. Dank den guten hygrischen Eigenschaften der verwendeten Baumaterialien braucht dieser Wetterschutz nicht hinterlüftet zu werden. Bevor raumseitig Gipsplatten aufgebracht werden, werden die Hohlräume mit Celluloseflocken ausgesprüht. Das beigemischte Wasser erhöht die Haftung der Flocken, so dass eine luftdichte Konstruktion erreicht wird und Setzungen praktisch nicht auftreten.

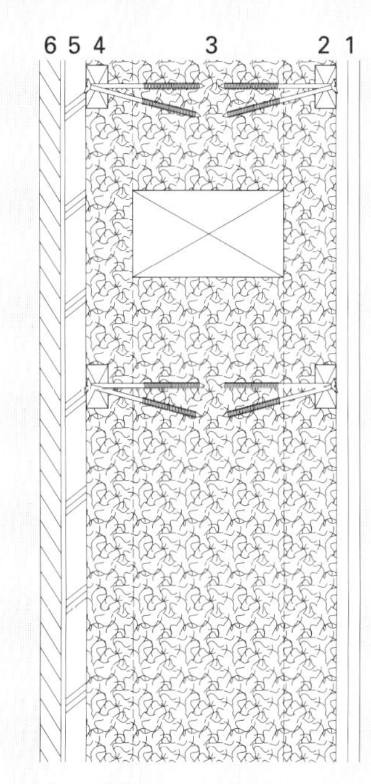

1 Gipsbeplankung 2-lagig
2 Lattenrost TOPROC
3 Celluloseflocken «Isofloc», zwischen Holzrahmen und Lattenrost eingebracht
4 Lattenrost TOPROC
5 Weichfaserplatte
6 Vertikale Holzschalung

Lösungsvorschlag F. Sponagel und F. Gloor

Beim Projekt von F. Jauch, Basel, handelt es sich um ein nichttragendes Leichtbausystem, welches von einer schwedischen Konstruktion abgeleitet und weiterentwickelt wurde. Die verwendeten Materialien bestehen vorwiegend aus Holz oder haben Holz als Ursprung. Als Wärmedämmstoff werden Celluloseflocken «Isofloc» verwendet, welche aus rezykliertem Altpapier bestehen.
Die Unterkonstruktion der Wärmedämmelemente besteht aus Wellstegträgern. Die Elemente werden in der Werkstatt massgenau vorbereitet und mit dem Kran auf der Baustelle versetzt. Die raumseitige Beplankung der Wellstegträger erfolgt mit Sperrholzplatten von 19 mm Dicke, welche als Versteifung wirken und gleichzeitig die Funktion einer Dampfsperre übernehmen. Auf der Aussenseite werden die Wellstegträger mit diffusionsoffenen Hartfaserplatten belegt. Der zwischen den Beplankungsebenen liegende Hohlraum wird mit Celluloseflocken vollständig ausgefüllt. Bei den Elementstössen werden die Sperrholzplatten mit PE-Folie zu einer durchgehenden Dampfbremse verbunden, die Hohlräume werden mit Celluloseflocken gefüllt. Wetterseitig ist diese Konstruktion mit einer hinterlüfteten Holzverkleidung versehen, welche als Stülpschalung ausgebildet ist.

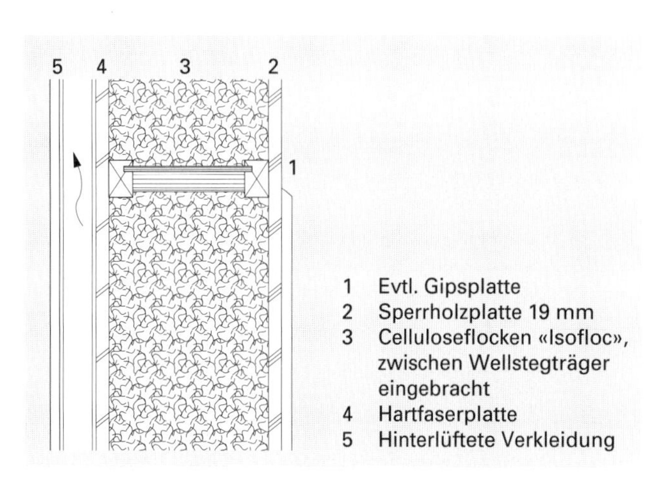

Lösungsvorschlag F. Jauch

5.4.3 Beurteilung

Lösungen für Aussenwände wurden beim Wettbewerb am häufigsten vorgeschlagen. Die Freiheit in der Schichtung der einzelnen Materialien ist aufgrund der vertikalen Lastabtragung am grössten. Vorzugsweise wurden jedoch hinterlüftete Konstruktionen mit aussenliegender Wärmedämmung gewählt. Die Regelquerschnitte der prämierten Lösungen erfüllten die an sie gestellten Anforderungen. Die Übergänge zu anderen Bauteilen wie Fenster, Türen, Dach, Balkonplatte usw. sind jedoch nur zum Teil gelöst. Die Umsetzung der planerischen Lösungsvorschläge in die Praxis ist teilweise schon erfolgt und sieht vielversprechend aus.

5.5.1 Grundsätzliche Überlegungen

Detaillösungen bei hochwärmedämmenden Konstruktionen erfordern einen stark erhöhten Planungs- und Ausführungsaufwand. Die einzelnen Materialien in den Konstruktionen müssen geänderten Belastungen standhalten und daher sorgfältig ausgesucht werden. Bei Wärmedämmstoffen ist z.B. folgendes zu beachten: Materialien in Dicken von mehr als 12 cm können nicht mehr mit einer Hand gehalten und mit der anderen fixiert werden. Bei Hartschaumplatten steigt die Gefahr von Beschädigungen der Kanten stark an. Befestigungselemente durch die Wärmedämmung hindurch sind gestiegenen Belastungen ausgesetzt. In der Praxis sind Befestigungselemente für diese Anforderungen teilweise nicht erhältlich und müssen neu entwickelt werden. Entweder sind Ausführungen zu entwickeln, welche auf bestehenden Materialien, Halb- und Fertigfabrikaten basieren, oder neue Konstruktionen müssen erarbeitet werden. Der zweite Weg lässt sich wegen der entsprechenden Kostenfolge meist nur bei grösseren Bauten verwirklichen.
Doch nicht nur die Materialien an einem Bauteil stellen hohe Ansprüche an die Planung und die Ausführung. Vor allem die Bauteilübergänge erfordern ein hohes Mass an Know-how in bautechnischen und bauphysikalischen Belangen. Der Planer muss das Wissen der am Bau beteiligten Unternehmer besitzen, um eine praxisreife Lösung erarbeiten zu können. Die vielschichtigen Aufgaben des Baumeisters, des Zimmermanns, des Spenglers, des Dachdeckers, des Fensterbauers, um die wichtigsten Handwerker zu nennen, sind miteinander zu koordinieren.
Die Bauteilübergänge Aussenwand/Dach, Aussenwand/Sockel, Aussenwand/Fenster bzw. Türen werden bei allen Gebäuden anzutreffen sein.

5.5.2 Steildach/Aussenwand

Der Übergang von der Aussenwand zum Steildach gestaltet sich bei der Aussenwärmedämmung besonders einfach. Das innenliegende Tragsystem der Aussenwand bleibt auch beim Dach mit den tragenden Sparren erhalten. Einzig bei Dachvorsprüngen müssen die statischen Kräfte auf das Tragsystem abgetragen werden.

Beispiele

Rud. Fraefel, Grüningen, schlägt folgende Lösung vor: Das Steildach wird mit drei Wärmedämmebenen ausgeführt. Auf die Schalung der inneren Hilfssparren (80/60 mm) wird eine Polymerbitumenbahn als Luftdichtung und Dampfsperre lückenlos bis zum Fassadenmauerwerk geführt und dort luftdicht angeschlossen. Eine Lage aus 40 mm starken Polystyrolplatten «Roofmate SP» trennt die äussere Sparrenlage thermisch von der inneren Dachkonstruktion. Im Bereich der Pfetten werden die äusseren Lasten über Lagerhölzer abgetragen. Die Wärmedämmung aus Mineralwollplatten wird satt zwischen die äussere Sparrenlage eingebaut. Das diffusionsoffene Unterdach liegt direkt auf der Wärmedämmung und schützt diese gegen äussere Witterungseinflüsse. Eine zusätzliche Wärmedämmung mit Mineralwolleplatten (60 mm) erfolgt von unten zwischen die kleinen Hilfssparren. Der raumseitige Abschluss erfolgt mit einem Holztäfer. Die Dacheindeckung mit kurzen Faserzement-Wellplatten «Eternit Structa» liegt auf einer Lattung mit Konterlattung und ist unterlüftet.

Die Fassade kann im Dachbereich (Kniestock) statt in massivem Mauerwerk als Leichtbaukonstruktion in Holz erstellt werden. Diese entspricht dem inneren Teil des Dachaufbaues bis und mit der Polymerbitumenbahn unter dem Polystyrol «Roofmate SP». Die Wärmedämmung und die Luftdichtung von Fassade und Dach werden dadurch optimal zusammengeführt.

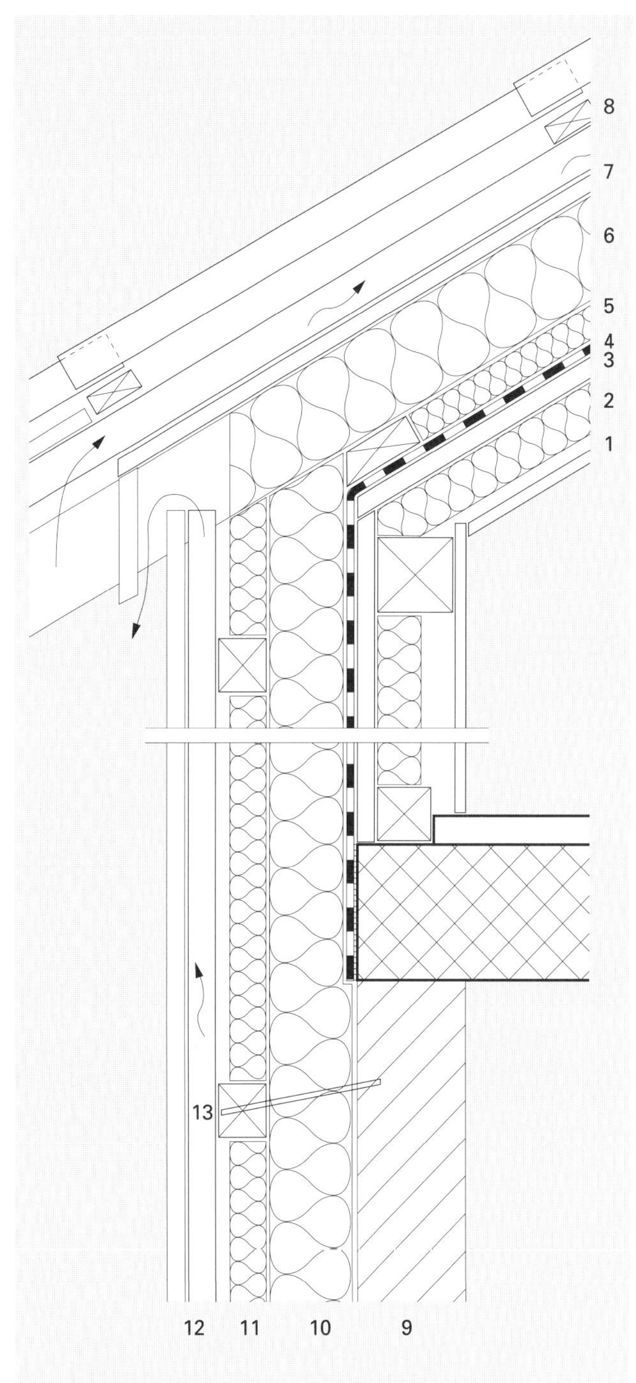

1 Holztäfer 13 mm
2 Mineralwollplatte 60 mm, satt zwischen unterer Sparrenlage bzw. Holzständer verlegt
3 Holzschalung/Verlegeunterlage
4 Dampfsperre (Polymerbitumenbahn 3 mm)
5 Roofmate SP 40 mm, gefälzt
6 Mineralwollplatte 120 mm, satt zwischen die Sparren geklemmt
7 GEA ROUGE-Unterdach
8 Hartbedachung, Lattung und Konterlattung
9 Zementsteinmauerwerk 150 mm
10 Roofmate SP 100 mm
11 Roofmate SP 50 mm, vollflächig verklebt
12 Hinterlüftete Verkleidung
13 Lattung mit Rahmendübel und Schrauben befestigt

Lösungsvorschlag Rud. Fraefel

Das Projekt von F. Sponagel,Thalwil/F.Gloor, Horgen, benutzt für die Steildach-Wärmedämmung Cellulose-flocken «Isofloc». Diese werden jedoch nicht gesprüht, sondern trocken durch kleine Öffnungen von innen eingeblasen. Raumseitig der Sparren wird eine Lattung mit Distanzschrauben «Toproc» auf die Sparren befestigt. Dieser Lattenrost trägt das Täfer. Die darüber verlegte zusätzliche Luftdichtung «Santorin» aus wiederverwertetem Altpapier schliesst lückenlos an die Gipsplatten «Fermacell» der Aussenwand an. Die Sparren tragen auf Trägerlatten das bituminierte Unterdach «Celit». Konter- und Ziegellattung sowie die nachfolgende Ziegeleindeckung sind konventionell ausgeführt.

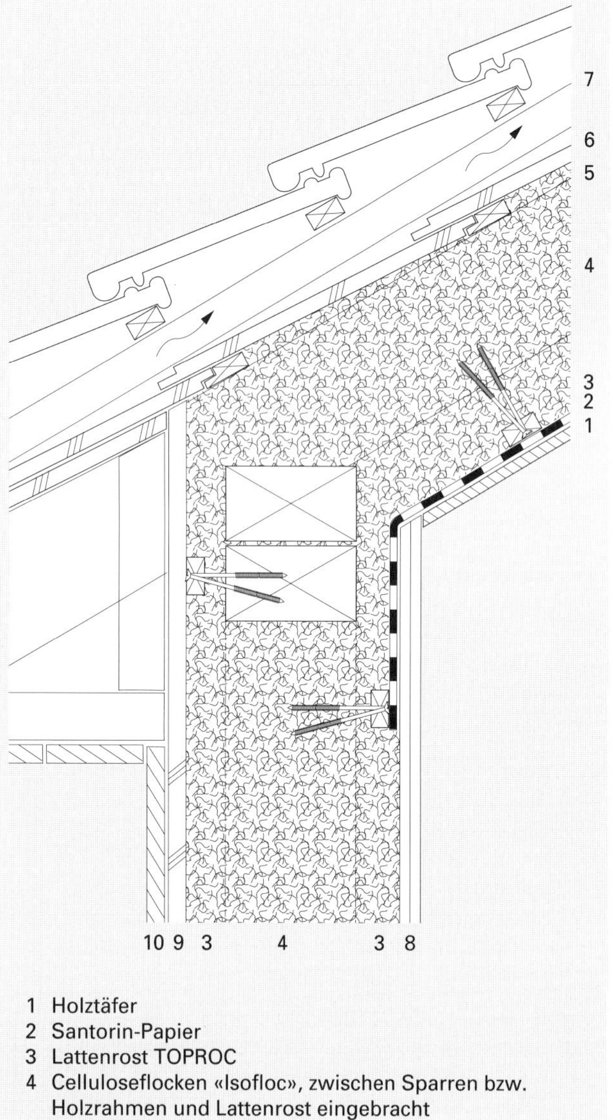

1 Holztäfer
2 Santorin-Papier
3 Lattenrost TOPROC
4 Celluloseflocken «Isofloc», zwischen Sparren bzw. Holzrahmen und Lattenrost eingebracht
5 Trägerlatte
6 Celit geschuppt
7 Hartbedachung, Lattung und Konterlattung
8 Gipsbeplankung 2-lagig
9 Weichfaserplatte
10 Vertikale Holzschalung

Lösungsvorschlag F. Sponagel und F.Gloor

5.5.3 Flachdach/Aussenwand

Beim Anschluss der Aussenwand an das Flachdach sind zwei Fälle zu untersuchen: mit oder ohne Brüstung. Die Kühlrippenwirkung der Brüstung muss in die Betrachtung miteinbezogen werden. In der Regel muss diese bis auf eine gewisse Höhe mit wärmedämmendem Material eingepackt werden (siehe auch Kapitel 4.4 «Wärmebrücken»).
Die Brüstung dient meist als Abschluss der Dachhaut. Für metallische Abschlüsse, Aufbordungen der Dachhaut usw. sind die entsprechenden Untergründe zu wählen. Bei begehbaren Dächern sind zudem die gesetzlichen Bestimmungen für den Personenschutz zu beachten.

Beispiele
Beim Bauteilzusammenschluss Flachdach/Aussenwand werden beim Projekt «Puzzle» von M. Ragonesi, Luzern, die Wärmedämmebenen lückenlos zusammengeführt. Die Wärmedämmung des Daches besteht aus Polystyrolhartschaumplatten «Sarnatherm» (zweilagig) von 15 bis 17 cm Gesamtdicke. Dampfsperren «Sarnabituvap 800» oder wahlweise «Sarnavap 1000» (je nach Unterkonstruktion) raumseitig der Wärmedämmung schützen vor Feuchteschäden durch Wasserdampf. Die Dachhaut besteht aus einer Kunststoffdichtungsbahn «Sarnafil», darüber liegen je nach Bedarf die Nutz- und Schutzschichten.
Die Aussenwärmedämmung aus Faserdämmstoffplatten wird je nach Wahl der Brüstungs-Unterkonstruktion mehr oder weniger weit hochgezogen.

Die Firma Wancor, Regensdorf, schlägt als Übergang von Wand mit verputzter Aussenwärmedämmung zu Flachdach zwei Varianten vor. Bei der Lösung ohne Brüstung schliessen die Wärmedämmebenen des Daches und der Aussenwand praktisch nahtlos aneinander. Der vorfabrizierte Dachkranz wird mit wasserfest verleimten Holzspanplatten an die Flachdachdekkenstirne montiert. Anstelle von expandiertem Polystyrol wird teilweise extrudiertes Polystyrol eingesetzt, um die Formbeständigkeit zu erhöhen. Die Brüstungskrone wird vorzugsweise mit Blech abgedeckt. Bei hochgezogener Brüstung wird der tragende Teil der Brüstung in Beton ausgeführt, welcher beidseitig mit Polystyrol abgedeckt ist.

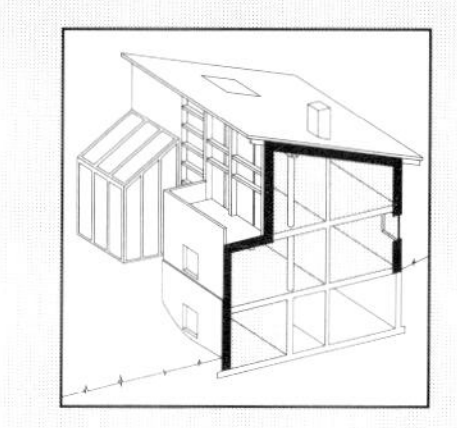

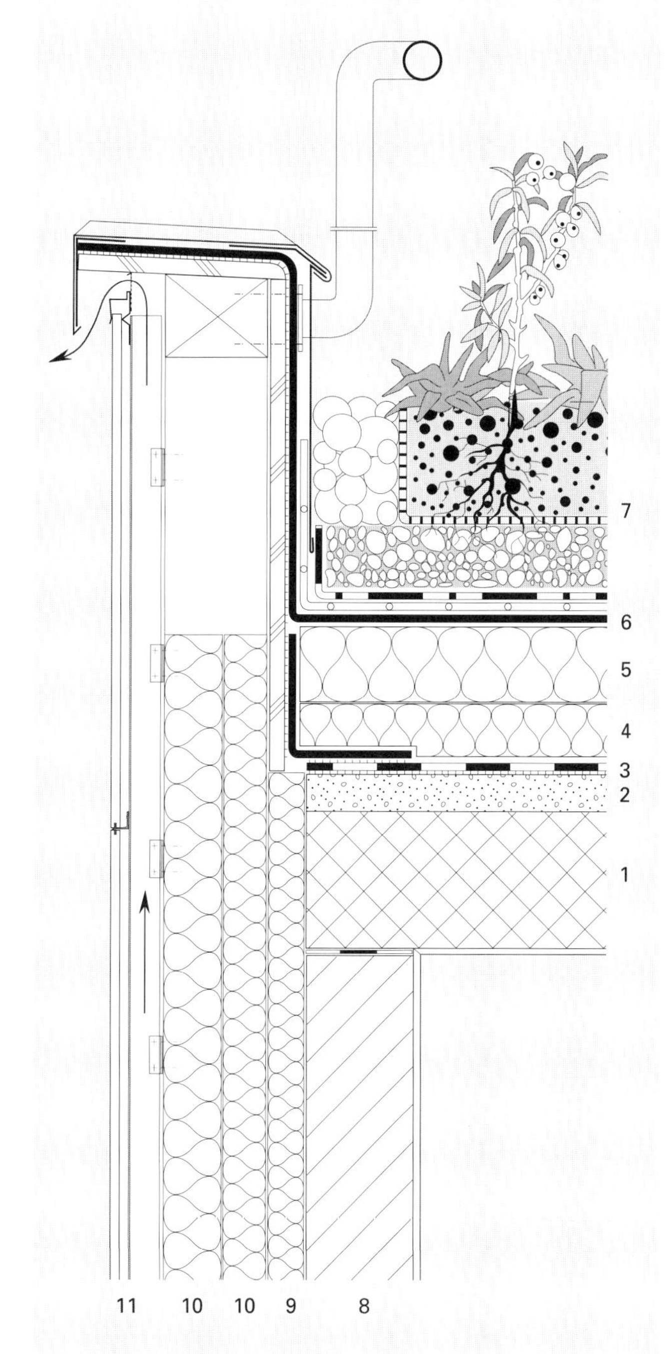

1 Stahlbetonunterkonstruktion
2 Gefällsüberzug
3 Dampfsperre Sarnabituvap 800 o.ä.
4 Polystyrolhartschaumplatte Sarnatherm 70 mm
5 Polystyrolhartschaumplatte Sarnatherm 100 mm
6 Kunststoffdichtungsbahn Sarnafil
7 Schutz- und Nutzschichten (Sarnafil-optima Systembegrünung)
8 Tragendes Mauerwerk
9 Faserdämmstoffplatte 50 mm, zur thermischen Trennung der beiden Tragsysteme
10 Faserdämmstoffplatten 60 bzw. 80 mm, zwischen den Holzständern verlegt
11 Hinterlüftete Verkleidung

Lösungsvorschlag M. Ragonesi

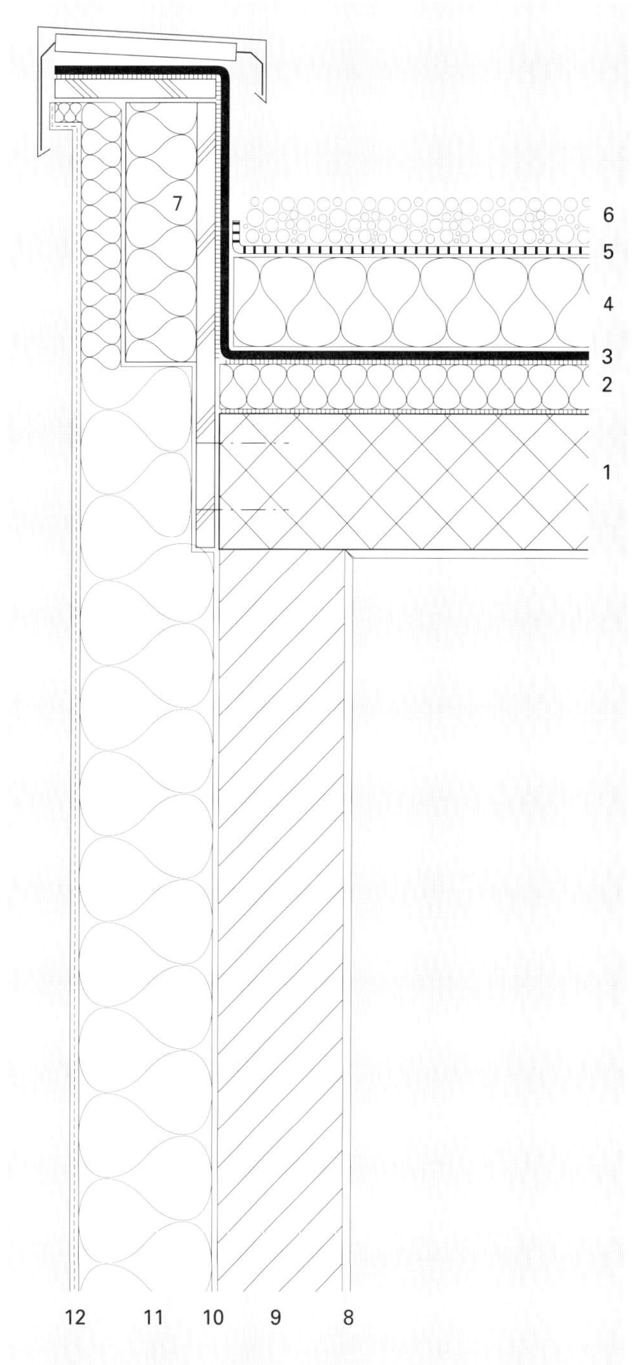

1 Stahlbeton im Gefälle
2 Schaumglas 60 mm, vollflächig aufgeklebt
3 Polymerbitumenbahn 2-lagig, vollflächig aufgeklebt
4 Extrudierte Polystyrolhartschaumplatte 120 mm
5 Filtervlies
6 Rundkies bzw. Beschwerungs- und Nutzschichten
7 Vorfabrizierter, wärmegedämmter Dachkranz
8 Innenputz
9 Tragendes Mauerwerk 175 mm
10 Klebemörtel
11 Polystyrolhartschaumplatte 180 mm
12 Einbettmörtel mit Gewebearmierung bzw. Aussenputz

Lösungsvorschlag Firma Wancor

5.5.4 Fensteranschlag

Fenster in Aussenwänden bieten wärmetechnisch sehr grosse Schwierigkeiten. Die Wärmedämmebenen der Aussenwand werden im Fensterbereich auf wenige Zentimeter zusammengedrückt. Fenster und Flügelrahmen aus Holz, Holz/Metall, Metall oder Kunststoff besitzen allein meist nur ungenügende Wärmedämmeigenschaften. Entwicklungen im Bereich von Verbundstoffen zeigen neue Wege zu besseren Fenstern. Glas-k-Werte von Fenstern von 0,7 W/m²K sind heute auch im Wohnungsbau realisierbar. Schwachstellen bilden nach wie vor der Glasrandverbund bei Isoliergläsern und die Rahmenkonstruktionen.
Fenster in mehr als einer Ebene sind eine weitere Lösungsmöglichkeit, um Wärmeverluste durch Fenster während der Heizperiode zu verringern. Zwei prämierte Teilnehmer schlagen Kastenfenster vor.

Beispiele
Beim von der Zürcher Ziegelei vorgeschlagenen Zweischalenmauerwerk mit erhöhter Kerndämmung kommt die vom Bürobau her bekannte Hoch-Isolations-Technologie HIT der Firma Geilinger zum Zug. Der Zusammenschluss der Wärmedämmebene des Fensters mit derjenigen der Wand gewährleistet wärmetechnisch eine optimale Gebäudehülle.

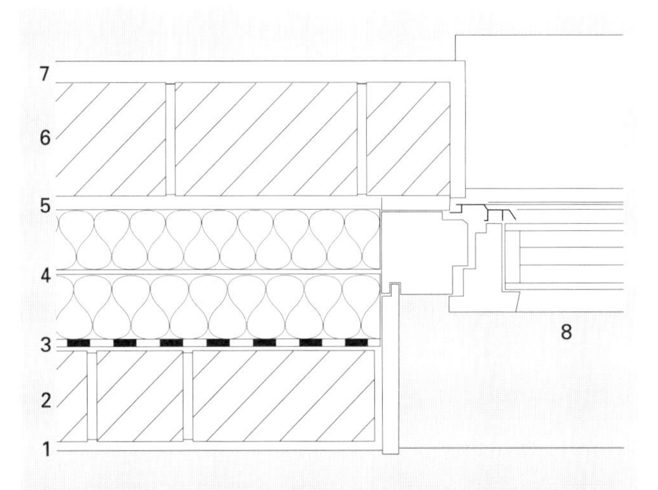

1 Innenputz
2 Normalbackstein BN 12
3 Dampfbremse Kraftpapier
4 Mineralwollplatten 2 x 80 mm
5 Lufthohlraum
6 Normalbackstein BN 15
7 Aussenputz mineralisch
8 HIT-Fenster

Lösungsvorschlag Zürcher Ziegelei

H. Halter, Wettingen, schlägt ein Kastenfenster mit nach aussen und innen öffnenden Fenstern vor. Das dazwischenliegende Sonnenrollo verhindert eine übermässige Erwärmung im Sommer. Die Luftschicht des Kastenfensters liegt in der Ebene der Wärmedämmung der Aussenwand. Das Fenster wird als ganzes Element vorfabriziert und mit der Wärmedämmung zusammen versetzt. Die tragenden Bauteile der Unterkonstruktion der hinterlüfteten Wetterhaut und des Fensters bestehen beide aus Holz und können passgenau zusammengefügt werden.

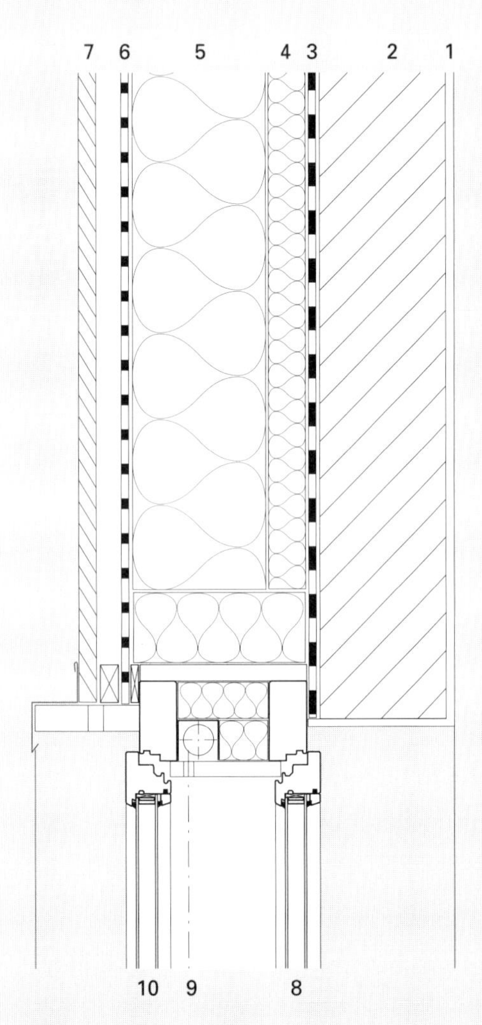

1 Innenputz
2 Tragendes Mauerwerk
3 Dampfbremse
4 Steinwollplatte, zwischen Lattenrost verlegt
5 Steinwollplatte, zwischen Furnierschichtholzplatte verlegt
6 Winddichtung
7 Hinterlüftete Verkleidung
8 Kastenfenster, nach innen öffnender Flügel
9 Sonnenrollo
10 Kastenfenster, nach aussen öffnender Flügel

Lösungsvorschlag H. Halter

F. Sponagel,Thalwil / F.Gloor, Horgen, schlagen ein Kastenfenster mit zwei Doppelverglasungen vor.
Im Sommer kann der innere Flügel entfernt werden. Durch die grössere lichte Weite des inneren Fensterlichtes können alle Flügel über 90° geöffnet werden. Ein im Luftzwischenraum liegendes Rollo verringert die Konvektion in der Heizperiode und schützt im Sommer vor Überhitzung.

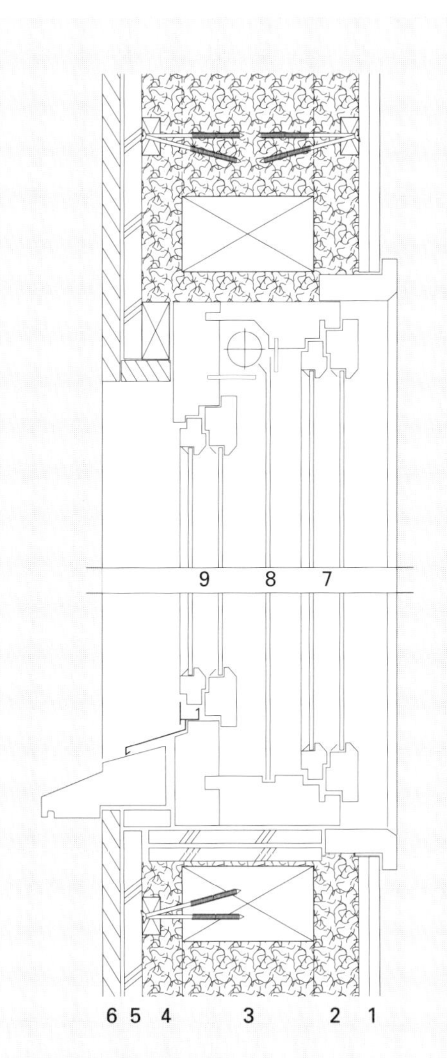

1 Gipsbeplankung 2-lagig
2 Lattenrost TOPROC
3 Celluloseflocken «Isofloc», zwischen Holzrahmen und Lattenrost eingebracht
4 Lattenrost TOPROC
5 Weichfaserplatte
6 Vertikale Holzschalung
7 Kastenfenster mit Doppelverglasung, innerer, entfernbarer Flügel
8 Rollo
9 Kastenfenster mit Doppelverglasung, äusserer Flügel

Lösungsvorschlag F. Sponagel und F. Gloor

5.5.5 Sockelausbildung

Der Übergang von Bauteilen im Erdreich zur Fassade stellt bei hochwärmedämmenden Konstruktionen prinzipiell die gleichen Probleme wie bei normal wärmegedämmten. Kräfte durch Erddruck, Feuchtigkeit in Form von Sickerwasser, stehendes Wasser (Grundwasser) oder drückendes Wasser (z.B. Hangwasser) sind im Erdreich die massgebenden Grössen, welche die Detaillösung beinflussen (siehe auch Kapitel 2.5.5 «Aussenwand im Erdreich»).
Am Übergang der Bauteile im Erdreich zur Aussenwand stellen Spritzwasser und Schmutz, sowie Pflanzen und Tiere zusätzliche Anforderungen.

Bei hochwärmegedämmten Bauteilen sind den Wärmebrücken spezielle Beachtung zu schenken.
Bauteile im Erdreich müssen mit den entsprechenden Wärmedämm-Materialien gegen Transmissionsverluste geschützt werden. Die meist aussen angebrachten Dämmstoffe müssen feuchtresistent sein und meist erhöhten Druckbeanspruchungen widerstehen. In der Praxis werden Platten aus extrudiertem Polystyrol (XPS) oder Schaumglas eingesetzt. Bei innen liegenden Wärmedämmungen ist wegen der Gefahr von Kondensat eine Dampfsperre anzubringen oder dampfsperrendes Wärmedämmaterial einzusetzen.

Prinzipiell sind zwei Fälle zu unterscheiden: beheiztes und unbeheiztes Untergeschoss.
- Bei *beheizten Untergeschossen* ist die Wärmedämmung der Kelleraussenwand möglichst mit der Wärmedämmung der Fassade zusammenzuführen, um Wärmebrückeneffekte der Geschossdecke zu vermeiden.
- Bei *unbeheizten Kellern* liegt die Wärmedämmung in oder unter der Erdgeschossdecke.

Beispiele

Keller unbeheizt

Beim von der Firma Wancor AG, Regensdorf, gezeigten Lösungsvorschlag wird die Wärmedämmung über der Kellerdecke angeordnet. Entsprechend druckfeste Platten aus extrudiertem Polystyrol tragen den armierten Unterlagsboden. Die tragende Innenwand aus Backsteinen ruht auf einem Gasbetonstein, um die Wärmebrückeneffekte zum Keller sowie nach aussen hin abzuschwächen. Die verputzte Wärmedämmung der Aussenwand wird über die Deckenstirne heruntergezogen.

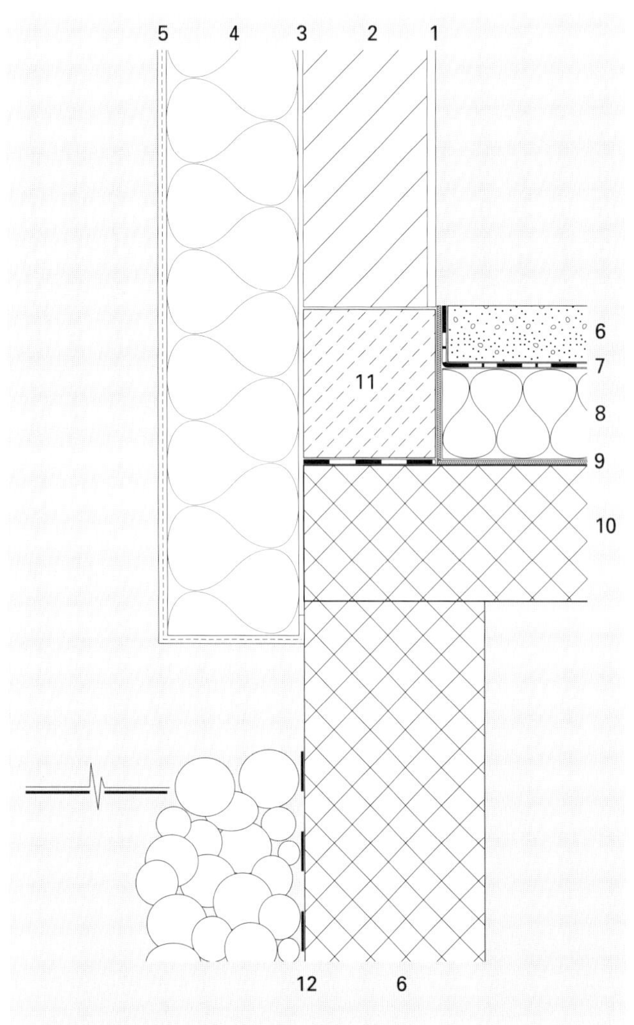

1 Innenputz
2 Tragendes Mauerwerk 175 mm
3 Klebemörtel
4 Polystyrolhartschaumplatte 180 mm
5 Einbettmörtel mit Gewebearmierung bzw. Aussenputz
6 Unterlagsboden
7 Trenn- und Gleitlage
8 Extrudierte Polystyrolhartschaumplatte 120 mm
9 Trittschalldämmschicht 5 mm
10 Stahlbetonkonstruktion
11 Gasbetonstein
12 Wasserabweisende Kaltbitumenbeschichtung

Lösungsvorschlag Firma Wancor für unbeheizten Keller

Keller beheizt

Lösungshinweise gibt z.B. das Projekt der Firma Wancor AG, Regensdorf, indem die Aussenwärmedämmung im Fassadenbereich mit Platten aus expandiertem Polystyrol, im Sockelbereich und im Erdreich mit extrudierten Polystyrol-Hartschaumplatten ausgeführt wird. Bei leichten Gebäuden kann die Wärmedämmung auch unter der Fundamentplatte durchgeführt werden und bildet dann eine lückenlose Perimeterdämmung.

Beim Projekt von M. Ragonesi, Luzern, wird die Wärmedämmung unter Terrain als Aussendämmung aufgebracht. Bei entsprechender Beanspruchung von aussen wird die Wärmedämmung durch eine Wand aus Beton geschützt.

Analog wird bei den Detaillösungen von Rud. Fraefel, Grüningen, die Wärmedämmung aus Polystyrol aussen angebracht und im Erdreich durch gewellte Grundmauerschutzplatten abgedeckt. Die für die mechanische Lüftung benötigte Frischluft wird in der Heizperiode durch die Grundmauerschutzplatten und die Sickerleitung angesaugt und dabei vorgewärmt.

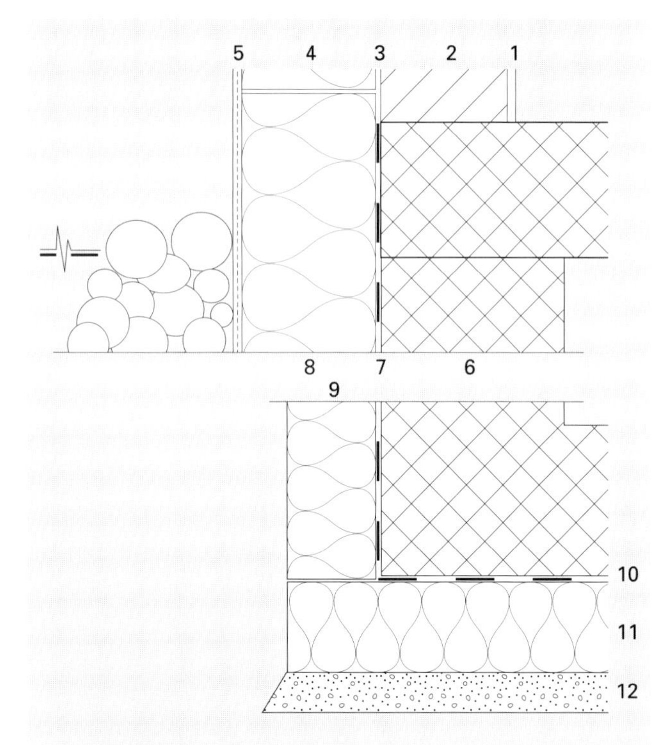

1 Innenputz
2 Tragendes Mauerwerk 175 mm
3 Klebemörtel
4 Polystyrolhartschaumplatte 180 mm
5 Einbettmörtel mit Gewebearmierung bzw. Aussenputz
6 Stahlbetonkonstruktion
7 Wasserabweisende Kaltbitumenbeschichtung
8 Extrudierte Polystyrolhartschaumplatte 180 mm
9 Extrudierte Polystyrolhartschaumplatte 120 mm
10 Trennlage
11 Extrudierte Polystyrolhartschaumplatte 100 mm
12 Ausgleichsschicht, z.B. Magerbeton

Lösungsvorschlag Firma Wancor für beheizten Keller

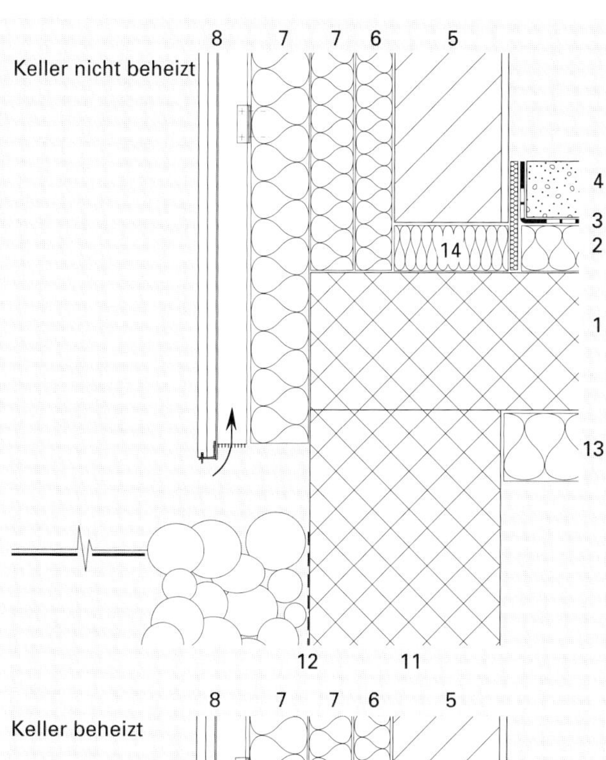

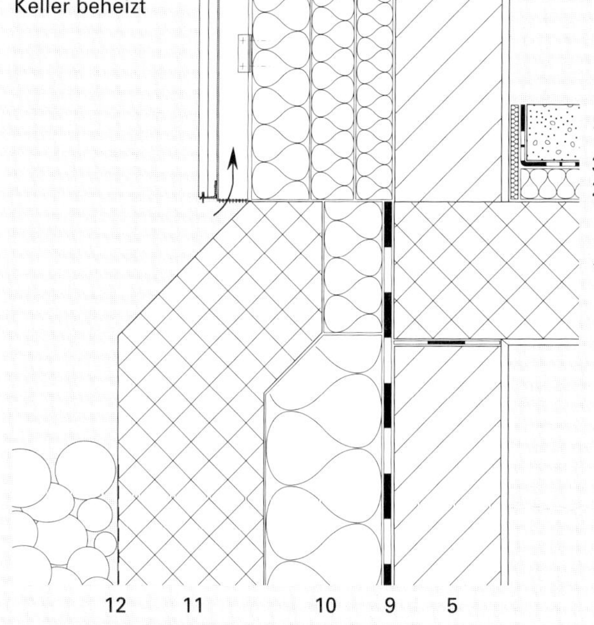

1 Stahlbetondecke
2 Wärme- und Trittschalldämmschicht 40 mm
3 Trenn- und Gleitlage
4 Unterlagsboden
5 Tragendes Mauerwerk
6 Faserdämmstoffplatte 50 mm, zur thermischen Trennung der beiden Tragsysteme
7 Faserdämmstoffplatten 60 bzw. 80 mm, zwischen den Holzständern verlegt
8 Hinterlüftete Verkleidung
9 Dampfsperre
10 Polystyrolhartschaumplatte 160 mm
11 Stahlbeton-Aussenwand
12 Feuchtigkeits-Schutzbeschichtung
13 Wärmedämmschicht 80 mm
14 Wärmedämmendes, tragendes Element

Lösungsvorschlag M. Ragonesi

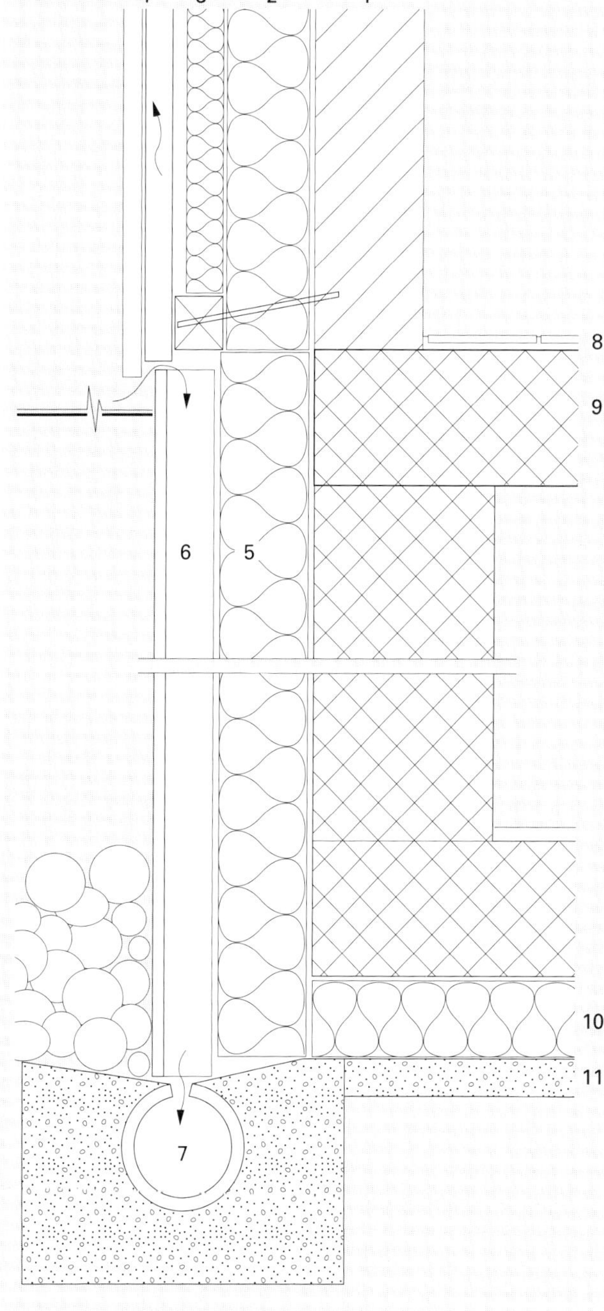

1 Zementsteinmauerwerk 150 mm
2 Roofmate SP 100 mm
3 Roofmate SP 50 mm, vollflächig verklebt
4 Hinterlüftete Verkleidung
5 Roofmate SP 120 mm, vollflächig verklebt
6 Grundmauerschutzplatten, GMS
7 Sickerleitung, Faserzementrohr geschlitzt
8 Direkt in Mörtelbett verlegte Bodenplatten
9 Stahlbeton
10 Floormate 700, 100 mm, gefälzt
11 Magerbeton

Lösungsvorschlag Rud. Fraefel

5.6 Zukunftsperspektiven

5.6.1 Chancen hochwärmedämmender Baukonstruktionen

Ob sich hochwärmedämmende Konstruktionen in der Praxis auf breiter Basis durchsetzen werden, hängt im wesentlichen von einigen wenigen Faktoren ab:
- Energiepreis
- Gesetzliche Rahmenbedingungen
- Akzeptanz
- Bautechnik

Energiepreis
Aufgrund politischer Machtverhältnisse und wirtschaftlicher Konkurrenz werden heute die fossilen Energieträger wie Erdöl und Erdgas sehr günstig auf dem Weltmarkt angeboten. Diese Angebotspreise bestimmen die Marktpreise der übrigen Energien (z.B. Elektrizität) mit, da ein enges Wechselspiel der Preise aufgrund der Verfügbarkeit der Energieträger besteht.
Umweltschäden und soziale Folgekosten, welche durch die Herstellung und Verwendung von Energieträgern verursacht werden, sind durch den Energiepreis nicht abgedeckt.
Die resultierenden Probleme (Luftverschmutzung, Waldsterben, usw.) müssten global betrachtet und angegangen werden. Die dafür aufzuwendenden Kosten könnten beispielsweise nach dem Verursacherprinzip zum Energiepreis addiert werden.

Gesetzliche Rahmenbedingungen
Der Gesetzgeber hat einerseits die Möglichkeit, die Wärmedämmvorschriften zu verschärfen.
Bei Neubauten bieten gesetzliche Massnahmen keine grossen Probleme. Bei Umbauten und Sanierungen können Wärmedämmvorschriften nur zum Teil angewandt werden, da die durchzusetzenden Wärmedämmassnahmen in einem vernünftigen Massstab zur Umbau-/Sanierungsintensität stehen sollten.
Andererseits kann der Gesetzgeber direkt oder indirekt die Grundlage schaffen, Vergünstigungen in Form von Subventionen oder Steuerersparnissen zu gewähren. Dies schafft Anreize für Zusatzinvestitionen im Energiesparbereich.

Akzeptanz
Der Architekt kann aufgrund seiner ganzheitlichen Denkweise den Bauherrn auf die Problematik bei der Verwendung von fossilen Brennstoffen aufmerksam machen.
Verantwortungsvolle Bauherren erkennen schon heute, dass sich die Energiesituation in absehbarer Zukunft verschärfen wird. Die erneuerbaren Energieträger werden nicht in dem Masse zur Verfügung stehen, dass ein nahtloser Übergang zur «nach-fossilen» Zeit stattfinden wird. Nur ein konsequentes Verringern des Energieverbrauchs kann dannzumal die Energiekosten zum Betrieb eines Gebäudes auf ein vernünftiges Mass reduzieren. Mit einer hochwärmegedämmten Gebäudehülle kommt er diesem Ziel ein gutes Stück näher.

Bautechnik
Bewährte Bautechnik und innovative Ideen werden in Zukunft die Bauweise mitprägen.
Die thermisch wirksame Speichermasse wird vorzugsweise ins Gebäudeinnere verlegt und die Gebäudehülle mit eher leichten Materialien erstellt werden.
Für diese hochwärmegedämmten Bauteile, vorfabriziert oder an Ort zusammengestellt, werden heute bewährte Materialien neue Anwendungsgebiete erschliessen.
Neue Materialien mit sehr guten Wärmedämmeigenschaften werden in absehbarer Zukunft nicht auf dem Markt erhältlich sein.
Die Sonnenenergie wird vermehrt passiv genutzt werden.

Ökologie
Unsere Gesellschaft zehrt heute von begrenzt vorhandenen Rohstoff- und Energiereserven und belastet damit die Umwelt. Langfristig müssen wir uns wieder zu einem Gleichgewicht zurückfinden. So muss z.B. die Bedeutung von ökologischen Zusammmenhängen bei Wärmedämmstoffen wie auch bei den übrigen am Bau verwendeten Materialien bereits in der Planung stärker beachtet werden.

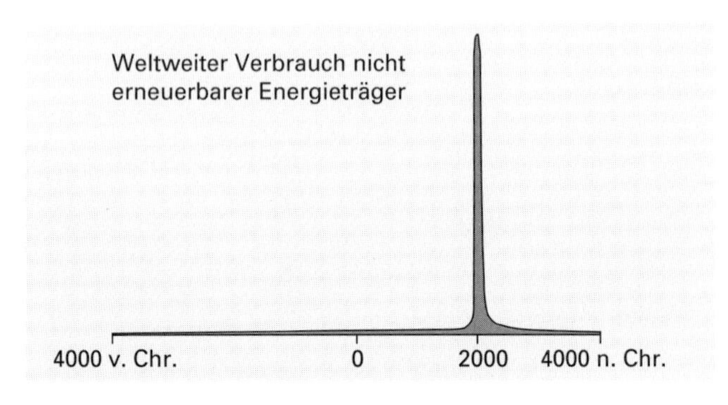

Der Verbrauch der fossilen Energieträger ist nur eine relativ kurze Episode der Menschheit

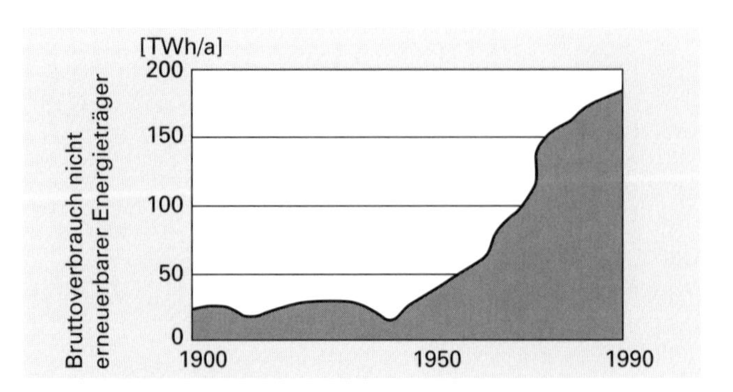

Zunahme des Verbrauchs nicht erneuerbarer Energieträger (Öl, Gas, Kohle, Kernkraft) in der Schweiz

6 Passive und aktive Sonnenenergienutzung

6.1 Ressourcen und Nutzung erneuerbarer Energien

In einem Land mit wenig eigenen Rohstoffen gewinnt der Einsatz von erneuerbaren Energien immer mehr an Bedeutung. Dies auch vor dem Hintergrund weltweit beschränkter Vorräte an fossilen Energieträgern, der Kenntnis der schlechten Ausnutzung von kostbaren Primärenergieträgern und vor der Problematik stetig zunehmender Schadstoffbelastung der Luft durch Verbrennungsvorgänge. «Erneuerbare Energie» – früher mit Alternativenergie bezeichnet – umschreibt jene Energieformen, die periodisch durch die Natur wieder regeneriert werden. Darunter fallen Energieformen wie Sonnenenergie mit ihren Anwendungen (z.B. Sonnenkollektor, Solarzelle/Photozelle aber auch passive Sonnenenergienutzung), Wasserkraft, Windenergie, Umgebungswärme (Erde, Wasser und/oder Luft), Biomasse(z.B. Holz und Biogas) usw.

Nicht erneuerbar hingegen sind u.a. Kernbrennstoffe, Erdöl und seine wertvollen Derivate.

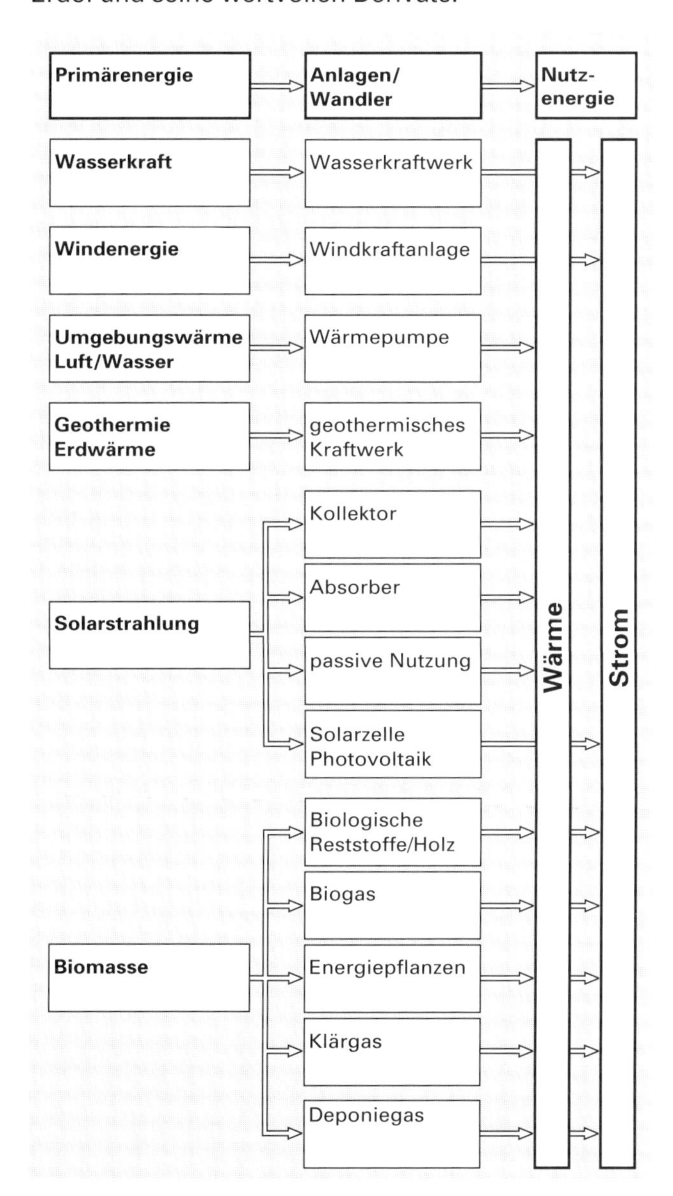

Umwandlung erneuerbarer Energien

Sonnenenergie
Die Sonne, deren Energieerzeugung und -abstrahlung als «Dauerbrenner» praktisch unveränderlich seit Milliarden Jahren abläuft, strahlt gewaltige Mengen Wärme in den Weltraum ab; doch nur ein kleiner Teil erreicht die Oberfläche der Erdatmosphäre (pro Sekunde etwa 1,3 kWs/m^2). Letztlich reduzieren klimatische Faktoren der Lufthülle der Erde (Nebel, Bewölkung) und der Sonnenstand das Einstrahlungsangebot auf der Erdoberfläche. Dem Lauf der Natur entsprechend stehen somit in der Jahreszeit mit dem grössten Bedarf an Heizenergie die kleinsten Mengen an nutzbarer Sonnenenergie zu Verfügung. Bei den Nutzungsmöglichkeiten für Sonnenenergie stehen heute vor allem drei Bereiche im Vordergrund:

- passive Nutzung,
- aktive Nutzung und
- photovoltaische Nutzung.

Unter *passiver Sonnenenergienutzung* versteht man die Nutzung der Sonnenwärme, ausschliesslich auf physikalischen Phänomenen des Wärmetransportes und der -speicherung basierend, ohne den Einsatz fremder Energiequellen.

Bei der *aktiven Sonnenenergienutzung* wird der Energiefluss vom Kollektor (Sammler) bis zur Wärmeabgabestelle mit technischen Hilfsmitteln aktiv unterstützt. Der Begriff «aktiv» wird heute primär im Zusammenhang mit Wassersystemen verwendet.

Hybride Sonnenenergienutzung bedeutet, dass sowohl akive wie auch passive Komponenten ein System bilden. Aktiv kann beispielsweise das aktive Aufladen eines Speichers sein; passiv die passive Wärmeabgabe vom Speicher an den Raum. Der Ausdruck «hybrid» wird vor allem im Zusammenhang mit Luftsystemen verwendet. Die meisten Gebäude mit sogenannter passiver Sonnenenergienutzung weisen eigentlich ein hybrides System auf.

Die *photovoltaische Nutzung* beinhaltet die Technologie der direkten Umwandlung von Sonnenstrahlung in elektrische Energie mittels Solarzellen.

Wasserkraft
Das Potential ist heute in der Schweiz mehr oder weniger ausgeschöpft, abgesehen von Wirkungsgradverbesserungen bei älteren Kraftwerken. Gesetzliche Regelungen (wie z.B. Restwassermengen) und politische Widerstände erlauben zur Zeit keinen signifikanten Weiterausbau der Wasserkraftnutzung.

Windenergie
Die Nutzung dieser Energie setzt möglichst konstante Windverhältnisse mit mittleren Windgeschwindigkeiten von 4 bis 6 m/s voraus. Aufgrund der recht unter-

schiedlichen und zeitlich stark variierenden Windstärken eignen sich in der Schweiz nur wenige Standorte für eine «wirtschaftliche» Nutzung dieser Energieform.

Umgebungswärme
Diese Wärmen stehen in grosser Menge zur Verfügung, jedoch bedingt deren tiefes thermisches Niveau eine Anhebung auf ein für Heizzwecke brauchbares Temperaturniveau. Der damit verbundene Einsatz einer Wärmepumpe ruft seinerseits wieder nach Energie für den Antrieb dieses «thermischen Wandlers», wobei jedoch erzeugte Wärme und eingesetzte Antriebsenergie bei richtigem Betrieb in einem günstigen Verhältnis stehen (etwa 2:1).

Biomasse
Unter diesen Begriff fallen pflanzliche und tierische Stoffe, die meistens indirekt zur Erzeugung von Energie genutzt werden können, z.B. Gase aus der Verbrennung von Holz oder aus chemischen Umwandlungsprozessen (Klärgas, Biogas usw.). Speziell Holz als einheimischer Energieträger steht in grossen Mengen zur Verfügung, doch muss dessen Verwendung ganz klar unter dem Gesichtspunkt «erneuerbare» Energie (das heisst periodische Regeneration der verbrauchten Energie!) und minimale Umweltbelastung (emissionsarme Verbrennung bei möglichst gutem feuerungstechnischem «Umwandlungsgrad») betrachtet werden.
Bei vorhandenem Holzangebot (z.B. Sägereiabfälle) soll eine Wärmeerzeugung mit Holz immer geprüft werden.

Nutzung erneuerbarer Energie
Soll ein Gebäude zum grossen Teil mit erneuerbaren Energien beheizt werden, so kann nicht einfach eine bestehende Anlage für Raumheizung ergänzt werden, z.B. mit Sonnenkollektoren; eine energieoptimierte Anlage muss immer als Ganzes (Gebäude-Umwelt-Nutzer) geplant werden. Nur mit einer umfassenden, integralen Planung kann gewährleistet werden, dass jede Komponente ihre Funktion optimal erfüllen kann. Das schliesst jedoch nicht aus, dass auch bei Sanierungen und Umbauten erneuerbare Energiequellen sinnvoll genutzt werden können.

Im folgenden wird primär auf die passive Nutzung der Sonnenenergie näher eingegangen, wogegen aktive Nutzung nur kurz gestreift wird (siehe dazu [41]).

Die Bedeutung der passiven Sonnenenergienutzung zur Beheizung von Gebäuden wird leider immer noch stark unterschätzt. Herkömmlich gebaute Häuser sind in bezug auf Sonnenenergienutzung keineswegs optimiert, und doch würde ein solches Gebäude ohne diese «Gratisenergie» einen um rund 20 bis 30 % höheren Energiebedarf aufweisen. Wie untenstehendes Bild zeigt, lässt sich in der Energiebilanz das Verhältnis zwischen ausgenutzter Gratiswärme und zugeführter Primärenergie bei modernen Gebäuden im Vergleich zu bestehenden Bauten aus den 60-er und 70-er Jahren durch gezielte Nutzung der freien Wärmen und durch wärmedämmende Massnahmen entscheidend verbessern.

EFH, schweizerischer Durchschnitt

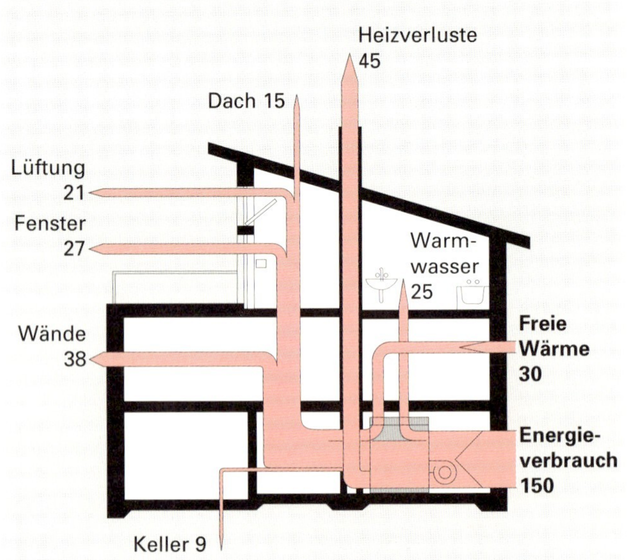

EFH mit passiver Sonnenenergienutzung

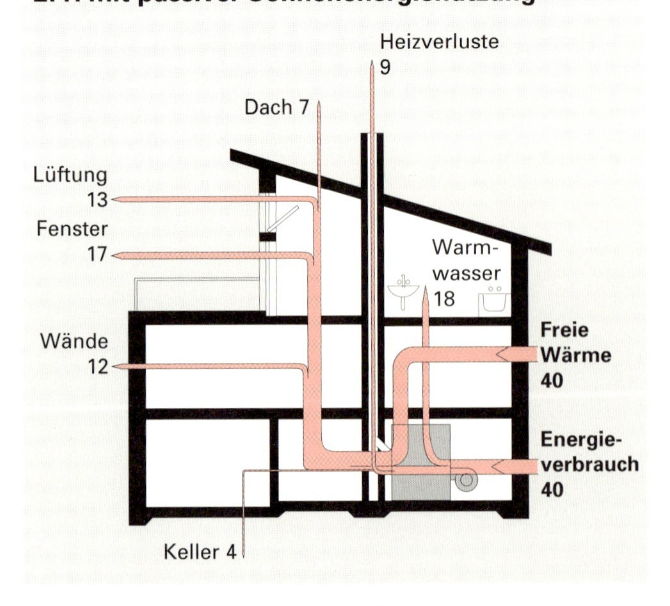

Vergleich typischer Energiebilanzen (in GJ/a), in Anlehnung an [36]

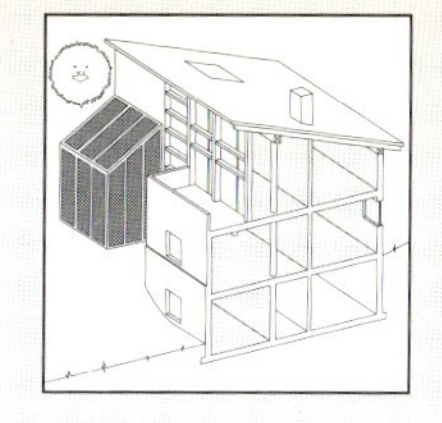

6.2 Passive Nutzung der Sonnenenergie

Die gezielte passive Nutzung der Sonnenenergie versucht primär mit baulichen Mitteln das Angebot optimal zu nutzen. In der Schweiz stehen dabei aufgrund der Klimabedingungen folgende Möglichkeiten im Vordergrund:

- Direktgewinn durch Fensterflächen,
- Pufferwirkung von Wintergärten,
- Luftkollektorsysteme mit Wärmespeicherung und
- Fensterkollektorsysteme mit speziell ausgebildeten Kastenfenstern und Wärmespeicherung in Geröll- und Latentspeichern.

Passive Systeme	Vorteile	Nachteile	Eignung
Direkt-Gewinn	– Kostengünstig bei gleichzeitig hohen Wärmegewinnen. – Nutzt die diffuse Strahlung am besten.	– Eignet sich nur zur Deckung der Verluste von 1 bis 2 Tagen. – Braucht grosse, richtig plazierte Speichermasse. – Erhöhte Wärmeverluste nachts und bei schlechtem Wetter (ohne Nachtisolation).	– Als Grundsystem immer vorhanden. – Kann als einfaches passives System den Energieverbrauch auf ein venünftiges Mass reduzieren. Deckt vor allem die Verluste während der Übergangszeit. – Die Orientierung der Öffnungen lässt einen gewissen Spielraum zu. – Bedingt massive Baukonstruktion mit möglichst offenem Grundriss. Raumtemperaturschwankungen müssen toleriert werden. – Massive Erhöhung des Nutzungsgrades durch Nachtisolation, bedingt jedoch Mitwirkung der Benutzer.
Wintergarten (ohne separaten Speicher)	– Bringt zusätzlichen, attraktiven Raum. – Wirkt als Pufferraum und nutzt auch die diffuse Strahlung. – Wärmezufuhr ins Gebäude durch geeignete Lüftung beschränkt möglich.	– Raum nur beschränkt nutzbar. – Gewinne stark abhängig von Benutzerverhalten. – Grosse Temperaturschwankungen.	– Sofern das Bedürfnis für einen Wintergarten besteht und bezüglich der Ausnutzung des Grundstückes keine zusätzlichen Probleme entstehen. – Bringt zusätzlichen Raum ohne zusätzlichen Energiebedarf. – Ist nicht auf eine ausgesprochene Südlage angewiesen, kann auch an Süd-West- evtl. Süd-Ost-Fassade angeordnet werden. – Siehe Kapitel 6.2.1.
Luftkollektor	– System mit klarem Konzept und hohen speicherbaren Wärmeerträgen. – Wärmeabgabe kann zeitlich verschoben und am gewünschten Ort erfolgen.	– Bedingt meistens hybrides System (Ventilator, Regelung). – Nutzt hauptsächlich die direkte Strahlung.	– Ergänzung der Direktgewinne durch Überbrückung von Schlechtwetterperioden (etwa 4 Tage). Bedingt jedoch separaten Wärmespeicher. – Grosse Südfassaden sind von Vorteil. Andere Orientierungen kommen kaum in Frage. Kollektoren werden vorteilhafterweise nicht vom Baukörper getrennt. – Siehe Kapitel 6.2.2.
Fensterkollektor	– Lässt direkte und konvekte Gewinne im jeweils gewünschten Verhältnis zu. Erhöht dadurch den Wirkungsgrad. – Kann auch diffuse Strahlung nutzen.	– Bedingt immer hybrides System (Ventilator, Regelung). – Fenster sind zugleich Kollektoren.	– Ergänzung der Direktgewinne durch Überbrückung von Schlechtwetterperioden (etwa 4 Tage). Bedingt jedoch separaten Wärmespeicher. – Kann gut mit Luftkollektoren kombiniert werden. – Bedingt Südorientierung. – Fenster können nur in beschränkter Anzahl geöffnet werden (Sommerbetrieb!). – Erfordert Mitwirkung der Bewohner beim Betrieb.

Übersicht über die wichtigsten Systeme der passiven Sonnenenergienutzung [37]

6.2.1 Passive Systeme mit direkter Nutzung

Bei der direkten Nutzung gelangt die Sonnenstrahlung tagsüber durch grosszügige Fensterflächen direkt in die Wohn- und Arbeitsräume, wo sie absorbiert, in massiven Bauteilen gespeichert und als Wärme zeitverzögert wieder an den Raum abgegeben wird. Die Anforderungen an dieses relativ einfache System, das jedoch vor allem aus Behaglichkeitsgründen eine sorgfältige, integrale Planung voraussetzt, lassen sich wie folgt zusammenfassen:

- Grosszügige Verglasung auf der Sonnenseite (Süd/Süd-West) als Kollektor, Verwendung von Wärmeschutzgläsern mit k-Werten unter 1,5 W/m²K; bei Massivbauten erscheint ein Südfensteranteil von etwa 20 bis 25 % der Bodenfläche als sinnvoll [37].
- Wände, Böden und Decken mit einem guten Wärmeaufnahmevermögen als Speicher, speziell in direkt besonnten Räumen.
- Offene Grundrisse, die eine gute Wärmeverteilung ermöglichen.
- Nachtabdeckung der Fensterflächen als Schutz vor grossen nächtlichen Auskühlverlusten.
- Heizsystem, das mit entsprechender Regelung rasch auf Sonnenenergiegewinne reagieren kann.
- Äussere Sonnenschutzeinrichtung, die das Innere vor übermässigen Sonnenenergiegewinnen und damit Überhitzung schützt.

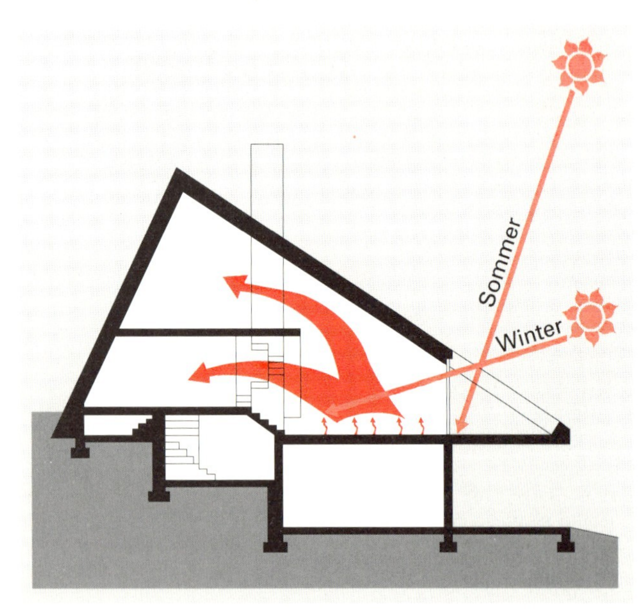

Prinzipskizze eines Einfamilienhauses mit Direktgewinn

Wintergarten

Dieser ins Haus integrierte Wintergarten zeugt von umfassender Planung

Wintergärten sind verglaste, üblicherweise südorientierte, der Gebäudehülle vorgesetzte, unbeheizte Pufferzonen, die in den Übergangszeiten als attraktiver Wohnraum zusätzlich benutzt werden können. Der Wintergarten hat seine Funktion primär als natürlich temperierte Zwischenklimazone. Seine Verwendungsmöglichkeiten hängen einerseits stark von der Bauweise ab; andererseits sind aber alle mit dem gleichen Handicap behaftet – dem sogenannten Treibhauseffekt. Das Verständnis der Strahlungsvorgänge bei Gläsern – Sonneneinstrahlung sowie Raumtemperaturstrahlung – ist eine notwendige Voraussetzung für eine energiegerechte Planung und einen optimalen Betrieb eines Wintergartens. Um mit einem Wintergarten möglichst lange ein behagliches Innenklima aufrechtzuerhalten und gleichzeitig den Heizenergiebedarf des Gebäudes günstig zu beeinflussen, sind u.a. in der Planung folgende Punkte zu beachten [36]:

- Hauptorientierung Süd bis Südwest.
- Eher schmale, hohe Wintergärten als tiefe, niedrige Glasvorbauten.
- 2-fach-Verglasungen für transparente Flächen.
- Minimaler Anteil an Schrägverglasungen, mit gutem Sonnenschutz und ausreichender Lüftungsmöglichkeit.
- Je ein Zwölftel der gesamten Glasfläche sollte oben und unten am Wintergarten als Zu- bzw. Abluftflügel angebracht werden, wobei die Anordnung vorteilhaft in vertikalen Flächen erfolgt.
- Wärmedämmung der Trennwand zum beheizten Gebäude gemäss k-Wert-Anforderungen SIA 180/1.
- Angepasste thermische Trägheit des Wintergartens: massiver Boden und massive Wandteile.

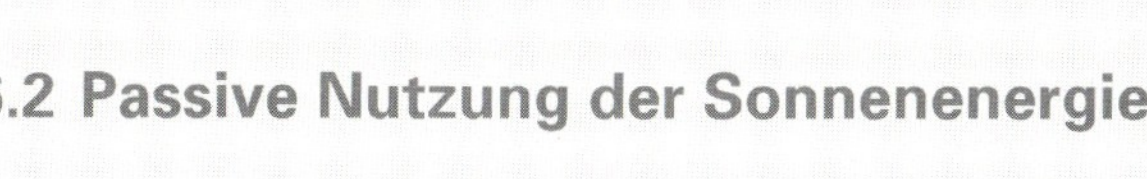

Im Wintergarten wird sich ohne Sonneneinstrahlung eine Mitteltemperatur zwischen Innen- und Aussenklima einstellen. Ähnlich wie bei anderen Pufferräumen lässt sich die Temperatur dieser Zwischenklimazone nach untenstehenden Formeln abschätzen.

Monatliche Mitteltemperatur eines Wintergartens ($\overline{T_{WG}}$) mit Aussenluftwechsel, jedoch ohne Strahlungsgewinne:

$$\overline{T_{WG}} = \overline{T_a} + \frac{\overline{k_i} \cdot A_i \cdot \overline{\Delta T}}{\overline{k_i} \cdot A_i + \overline{k_a} \cdot A_a + 0{,}32 \cdot n \cdot V} \quad [°C]$$

Monatliche Mitteltemperatur eines Wintergartens ($\overline{T_{WG}}$) mit Luftwechsel und Strahlungsgewinnen:

$$\overline{T_{WG}} = \overline{T_a} + \frac{\overline{k_i} \cdot A_i \cdot \overline{\Delta T} + Q_s \cdot f_s}{\overline{k_i} \cdot A_i + \overline{k_a} \cdot A_a + 0{,}32 \cdot n \cdot V} \quad [°C]$$

- $\overline{T_{WG}}$ Gleichgewichtstemperatur des Wintergartens
- $\overline{T_a}$ Aussenlufttemperatur [°C]
- A_i Fläche der Trennwand zum Gebäude [m²]
- $\overline{k_i}$ mittlerer k-Wert von A_i [W/m²K]
- A_a äussere Oberfläche des Wintergartens [m²]
- $\overline{k_a}$ mittlerer k-Wert von A_a [W/m²K]
- $\overline{\Delta T}$ Temperaturdifferenz zwischen beheiztem Raum und Aussenklima [K]
- Q_s monatliche Strahlungsgewinne des Wintergartens [MJ/Monat]
- f_s Faktor gemäss untenstehender Tabelle [s^{-1}]
- n Aussenluftwechsel im Wintergarten [–]
- V Luftvolumen des Wintergartens [m³]

Faktoren f_s (Erfahrungswerte) zur Bestimmung der mittleren Temperaturerhöhung im Wintergarten infolge Einstrahlung:

Monat	Sept.	Okt.	Nov.	Dez.	Jan.	Feb.	März	Apr.
Faktor f_s	0,25	0,32	0,38	0,40	0,39	0,36	0,33	0,29

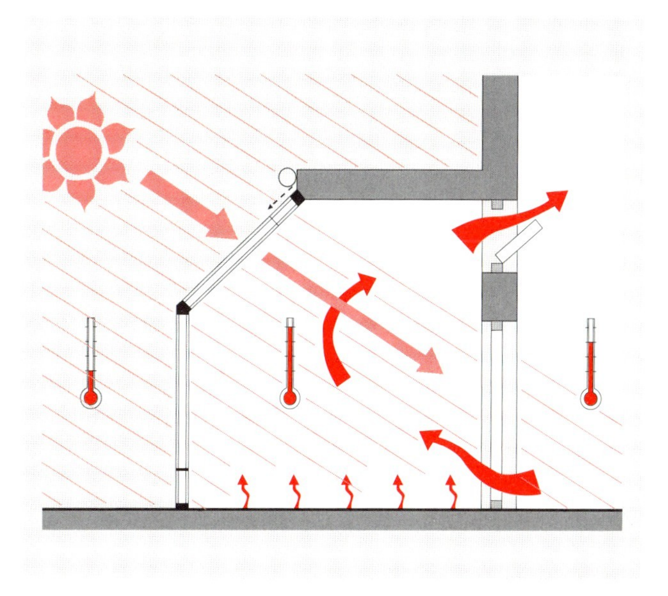

Betrieb in der Heizperiode: Sonnenenergie dringt durch die Verglasung tief in den Wintergarten ein. Die besonnten Materialien (z.B. der Boden) erwärmen die Luft im Wintergarten. Die Gewinne werden ins Haus geleitet.

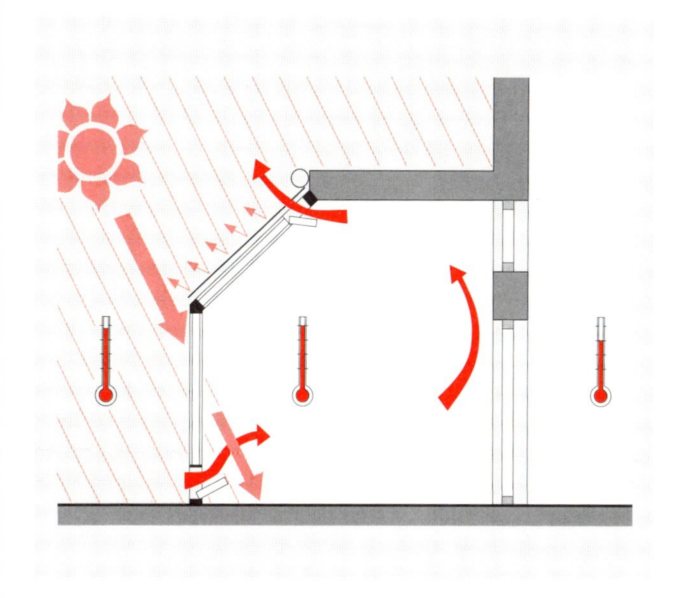

Betrieb im Sommer: Ein wirksamer Sonnenschutz verhindert ein übermässiges Aufheizen des Wintergartens durch die hochstehende Sonne. Lüftungsflügel nach aussen sind geöffnet.

Für die Berechnung der minimalen Wintergartentemperatur [36] kann bei einem trägen Wintergarten (2-fach-Verglasung, Boden und zwei Wände massiv, Dach opak) von der minimalen Tagesmitteltemperatur ausgegangen werden. Bei Wintergärten in «Leichtbauweise» (Einfachverglasung, nur Boden massiv, Dach verglast) muss hingegen die minimale Nachttemperatur eingesetzt werden. Konstruktiv sind zudem unter anderem Feuchtigkeitsprobleme wie Oberflächenkondensat an kalten Glasflächen, Fäulnis bzw. Korrosion durch liegenbleibendes Wasser an Holz- bzw. Metalltragkonstruktionen und statische Fragen wie frostsichere Fundation und Windaussteifung besonders zu beachten. Wintergärten ertragen keine «Hobbybastlerlösungen», sondern verlangen eine sorgfältige Planung und eine fachgerechte Ausführung. Derzeit ist mit Kosten von rund 1000.– Fr./m² bis 1500.– Fr./m² Wintergartenhülle zu rechnen. Die Investitionen in einen Wintergarten liegen damit deutlich höher als die einzusparenden Energiekosten.

6.2.2 Passive Systeme mit indirekter Nutzung

Bei der indirekten Nutzung stehen vor allem *konvektive Systeme* wie Luftkollektoren oder Fensterkollektoren im Vordergrund. Bei diesen Systemen findet der Transport der gewonnen Sonnenenergie hauptsächlich durch Luftbewegung (Konvektion) statt. Die beim Vorbeiströmen an der Kollektorfläche aufgenommene Wärme wird durch die zirkulierende Luft einem Wärmespeicher – meistens Geröllspeicher, seltener Latent- oder Wasserspeicher – zugeführt. Die Idee der konvektiven Systeme besteht darin, kurze Schlechtwetterperioden von 2 bis 4 Tagen mit gespeicherten Sonnenenergiegewinnen zu überbrücken.

Konvektive Systeme sind keine einfachen Systeme. Ihre Integration in das Gesamtkonzept ist relativ anspruchsvoll. Bei richtiger Konzeption können bei einem Fensterkollektor etwa 60 % der Globalstrahlung im aktiven Betrieb genutzt werden, beim Wandkollektor sind es etwa 70 % [38]. Wichtige Voraussetzungen für gute konvektive Systeme sind:

- Gute Südorientierung der Kollektorflächen.
- Verhältnis Kollektorfläche zu Energiebezugsfläche etwa 0,2 [38].
- Ausgewogenes Verhältnis Kollektorfläche und Kapazität des Speichers.
- Auslegung der Luftführung für einen Winter- und einen Sommerbetrieb.
- Geringe Systemverluste (kompakte Anordnung (u.a. Speicher im Kern des Gebäudes), gute Speicherisolation, keine nächtlichen Auskühlverluste.
- Dem Gebäude angepasstes Wärmeabgabesystem.
- Ein rasch reagierendes Zusatzheizsystem.

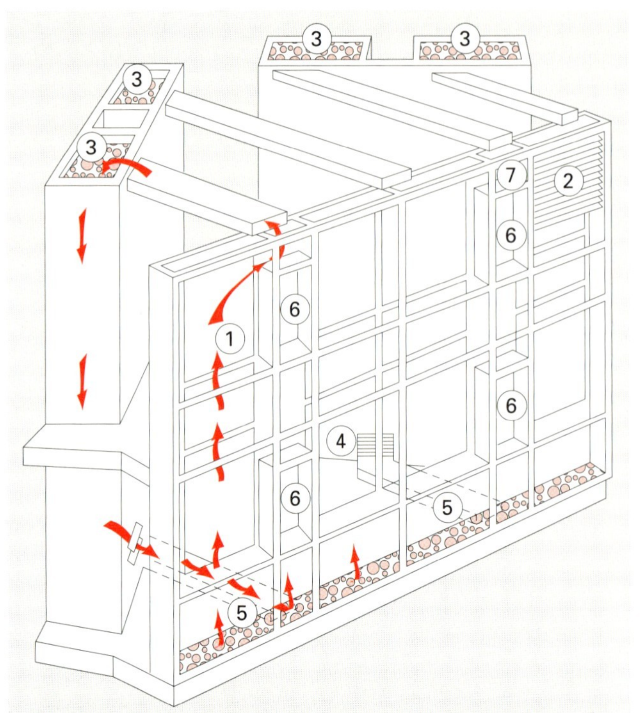

Die im Fassadenzwischenraum (1) an den als Absorber ausgebildeten Rafflamellenstoren (2) erwärmte Luft gelangt über Deckenkanäle in den Speicher (3). Im Normalfall wird die Luftzirkulation durch Ventilatoren (4) betrieben. Über Bodenkanäle (5) fliesst die Luft zum Fensterkollektor zurück. Vier Fenster (6) sind als normal zu öffnen ausgebildet. Lüftungsklappen (7) dienen im Sommer zur Belüftung des Fensterkollektors.

Isometrie und Funktionsschema eines konvektiven Sonnenheizsystems im Ladebetrieb [42]

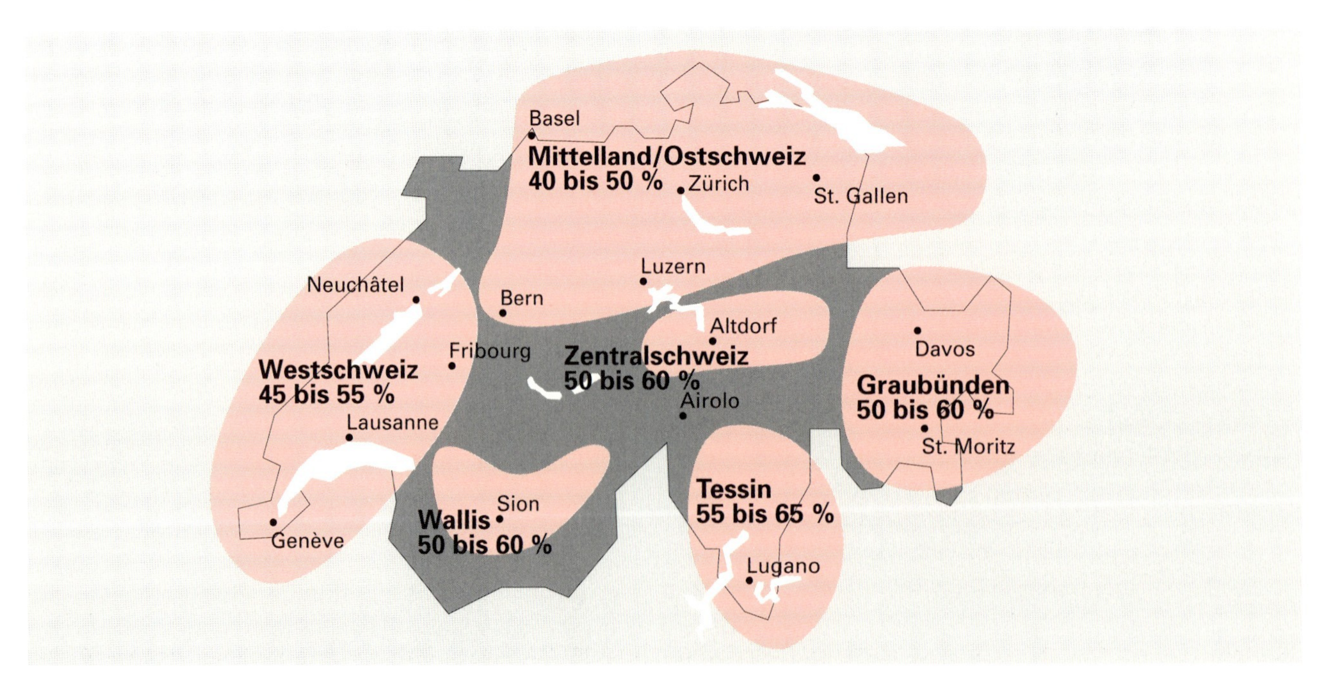

Mögliche Heizenergieeinsparungen durch passive Sonnenenergienutzung mit konvektiven Systemen im gemäss heutigem Standard wärmegedämmten Ein- und Mehrfamilienhaus (nach Kurer)

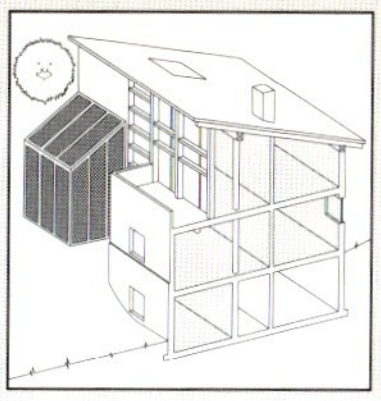

Globalstrahlung (auf Kollektorfläche)	**Fensterkollektor**	**Wandkollektor**
400 bis 800 W/m² (leicht bedeckt bis sonnig) Luftsystem in Betrieb (aktiv)	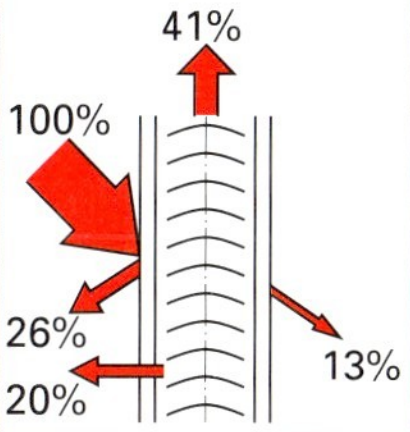 41% 100% 26% 13% 20%	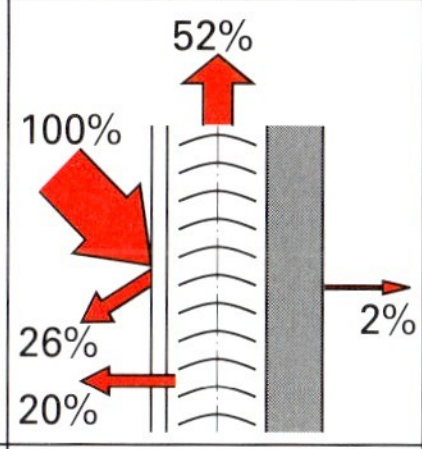 52% 100% 2% 26% 20%
150 bis 400 W/m² (bedeckt bis leicht bedeckt) Luftsystem ausser Betrieb (passiv)	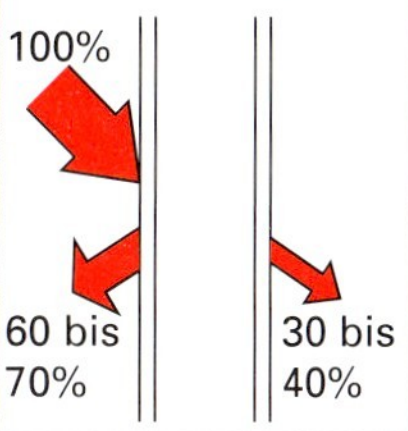 100% 60 bis 70% 30 bis 40%	Leichte Kollektor-erwärmung (keine Gewinne)
0 bis 150 W/m² («Nacht») Luftsystem ausser Betrieb	Hohe Transmissionsverluste (evtl. temporären Wärmeschutz vorsehen)	Geringe Transmissionsverluste

Energiefluss für Fensterkollektor und Luftkollektorwand bei unterschiedlichen Betriebszuständen [43]

	Einheit	passive Sonnenhäuser	Haus Cham	durchschnittliches Einfamilienhaus
Geometrie				
beheiztes Volumen	m³	320 bis 530	400	450
Energiebezugsfläche EBF	m²	150 bis 220	200	180
Wärmedämmung				
spezifischer Wärmeverlustkoeffizient	W/Km²EBF	1,1 bis 1,4	0,8	2,5
Glasflächen (inklusive Kollektoren)				
Gesamtglasfläche pro m² EBF	m²/m²	0,20 bis 0,45	0,09	0,18
Anteil Südglasfläche	%	69 bis 76	45	38
Wärmeleistungsbedarf				
der Heizanlage	kW	4,8 bis 9,0	4,4	13
Heizenergiebedarf				
Netto-Heizenergiebedarf	MJ/m²a	115 bis 144	137	480
Energiekennzahl (nur Heizung)	MJ/m²a	154 bis 235	195	670
Solarbeitrag				
Anteil Sonnenwärme am Brutto-Heizenergiebedarf	%	34 bis 54	24	
Heizgrenzen				
Anzahl Heiztage effektiv	Tage	103 bis 165	151	220
Heizgrenze (Aussentemperatur bei:				
• vollem Speicher und Schönwetter	°C	–6 bis –2		
• leerem Speicher und Schlechtwetter	°C	8 bis 11		12
Raumlufttemperaturen				
Wohnzimmer, Mittel der Heizsaison	°C	18,6 bis 20,4		
Wohnzimmer, Mittel des kältesten Monats	°C	17,0 bis 19,5		
Ganzes Haus, Mittel der Heizsaison	°C	18,2 bis 19,9		

Charakteristische Daten passiver Sonnenhäuser der NEFF-Studie [43]. Es handelt sich um diejenigen Messhäuser, die etwa denselben Netto-Heizenergiebedarf und dasselbe Raumlufttemperaturniveau haben (Les Geneveys, Rothenfluh, Widen, Gonten und Oberglatt). Zum Vergleich sind die Daten des besonders gut wärmegedämmten, mit minimalem Fensteranteil versehenen Hauses Cham angegeben, ferner einige Werte eines durchschnittlichen, heute bestehenden Schweizer Einfamilienhauses gemäss den SAGES-Erhebungen.

6.3 Transparente Wärmedämmstoffe

Transparente Wärmedämmstoffe – kurz TWD – zeichnen sich durch zwei charakeristische Merkmale aus: geringer Wärmedurchlasswiderstand und, im Gegensatz zu den konventionellen, opaken Wärmedämmstoffen, grosse Lichtdurchlässigkeit.

Anwendungen
Sonnenlicht, welches den transparenten Wärmedämmstoff durchdringt, gelangt auf einen Absorber, welcher die auftreffende Sonnenstrahlung in Wärme umwandelt. Die Energie kann nun mit einem Medium (z.B. Wasser) an den Verbraucher geleitet werden oder dringt direkt in die als Absorber ausgebildete Speicherwand.

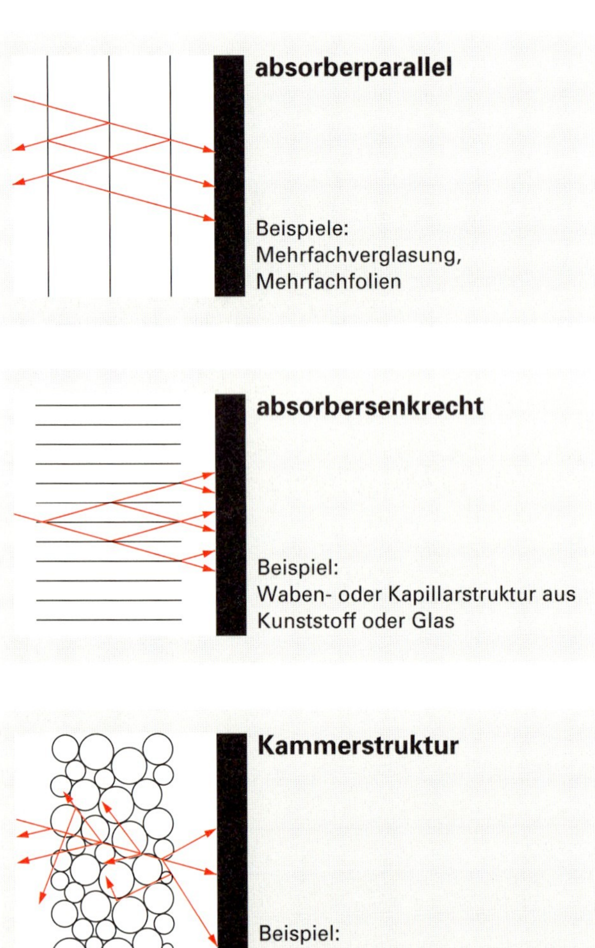

TWD-Materialien
Stofflich bieten sich zur Zeit folgende Materialien an:
- Glas oder transparente Kunststoffolien,
- durchscheinende Schaumkunststoffe wie Polycarbonat oder Acrylat,
- durchscheinendes Granulat (Silikate oder Aerogele) und
- lichtdurchlässige Mineralfaser.

Anhand des strukturellen Aufbaus der TWD-Stoffe lassen sich die folgenden Hauptkategorien unterscheiden:

Absorberparallele Struktur
Dazu gehören Glas-/Kunststoffscheiben oder Folien, meist mehrschichtig, mit Wärmedurchlasskoeffizienten bis 0,7 W/m²K. Vorteilhafterweise werden Wärmeschutzgläser eingesetzt; zusätzliche Verbesserungen des Wärmedämmwertes lassen sich mit Spezialgasfüllungen (z.B. Argon oder Krypton) erreichen.

Kapillarstruktur oder Waben
Die Struktur und die Anordnung des Materials (Polycarbonat) ist so ausgelegt, dass senkrecht zum Absorber stehende Kapillaren oder Waben das Sonnenlicht möglichst ungehindert durchlassen. Diese Technik ist heute erprobt, die entsprechenden Baustoffe werden bereits in grossen Mengen hergestellt und im Handel vertrieben. Ein weiterer Vorteil betseht darin, dass das im Wärmedämmaterial reflektierte Licht grossenteils auf den darunterliegenden Absorber gelenkt wird. Absorbersenkrechte Strukturen müssen abgedeckt bzw. geschützt werden (Konvektion, Verschmutzung).

Kammerstruktur
Kammerstrukturen (z.B. aus Polycarbonatschaum) weisen in sich eine höhere Festigkeit auf als Kapillar- oder Wabenstrukturen. Die Materialkennwerte lassen je nach Anwendung trotz schlechterer Wärmedämmwerte aufgrund höherer g-Werte ungefähr gleiche Energieerträge erwarten.

Homogene Struktur
Zu dieser Gruppe gehören die Aerogele, Materialien mit vielversprechenden Eigenschaften. Es handelt sich hierbei um Glasschaumstoffe mit äusserst kleinen Poren. Aerogele können in Form von Platten oder Kügelchen mit einigen Millimetern Durchmesser hergestellt werden. Die Platten sind verzerrungsfrei durchsichtig wie Fensterglas, die Kügelchen jedoch infolge ihrer Grenzflächen nicht. Aerogele, bzw. Silicagele besitzen eine offenporige, mikroporöse Struktur und sind dadurch stark feuchtigkeitsabsorbierend. Ein Schutz mit dampfdichten Glasscheiben ist daher notwendig.

Materialbezeichnung	Dicke [mm]	Wärme-durchlass-koeffizient Λ [W/m²k]	Gesamtenergiedurchlass-grad g [–]
2fach Wärmeschutzglas mit IR-Beschichtung und Gasfüllung	4+15+4	1,4	0,65
Polycarbonat-Waben (quadratisch), mit Glasabdeckung	4+100	1,0 bis 1,1	0,82
Polycarbonat-Kapillaren mit Glasabdeckung	4+96	0,8	0,58
Aerogel-Körner zwischen Glas	2+40+2	0,5	etwa 0,35

Beispiele von verschiedenen TWD-Materialien [40]

Anwendungen

Die durch die TWD transmittierte, auf einer Oberfläche absorbierte Sonnenstrahlung kann entweder mittels Transportmedium (z.B. bei Flachkollektoren) dem Verbraucher zugeführt werden oder dringt direkt in die als Absorber ausgebildete Speicherwand (z.B. bei TWD-Fassade). Im Gegensatz zu einer opak gedämmten Aussenwand gelangt bei einem transparentgedämmten Bauteil ein grosser Teil der auftreffenden Sonnenstrahlung bis in die speicherfähige Innenschale.

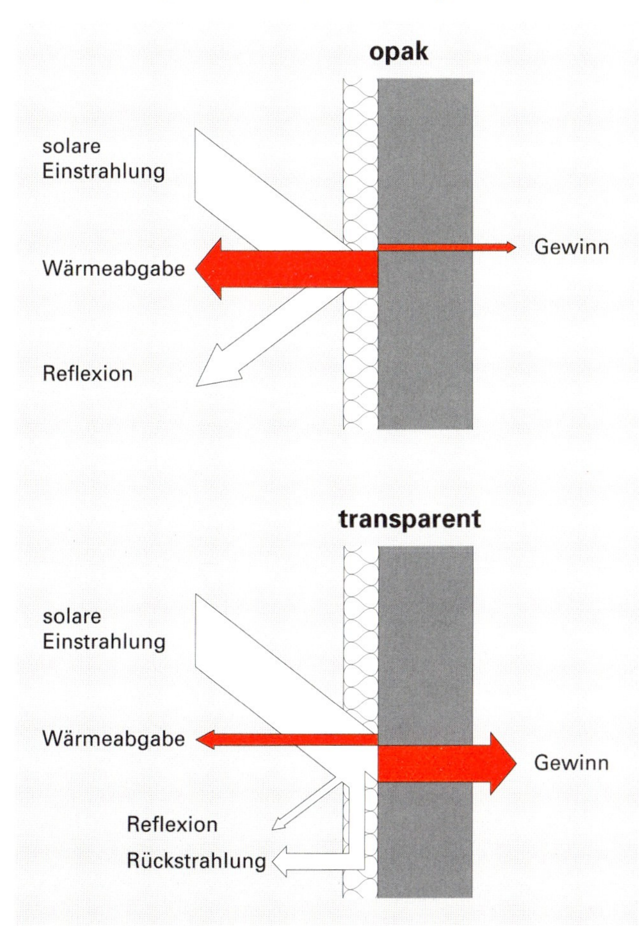

Prinzip der transparenten Wärmedämmung im Vergleich zur lichtundurchlässigen (opaken) Wärmedämmung

Bei den TWD-Fassaden sind thermische Masse und Absorptionsgrad der Wandschale sowie Wärmedämmqualität des TWD-Materials zusammen mit den angrenzenden Nutzungszonen als Ganzes abzustimmen. Im Sommer ist ein wirksamer, aussen liegender Sonnenschutz vorzusehen, sowohl im Hinblick auf die begrenzte Wärmebeständigkeit gewisser TWD-Stoffe (z.B. Polycarbonat, ϑ_{max} etwa 120 °C) als auch auf eine Überhitzung der dahinterliegenden Räume. Mit TWD-Materialien, die das auftreffende Licht stark diffus direkt in den Raum einleiten, kann, speziell bei der Ausbildung von Fassadenelementen, bei denen der Ausblick nicht wichtig ist (z.B. Brüstungen, Oberlichter), die Ausleuchtung in der Tiefe des Raumes mit natürlichem Tageslicht verbessert werden.

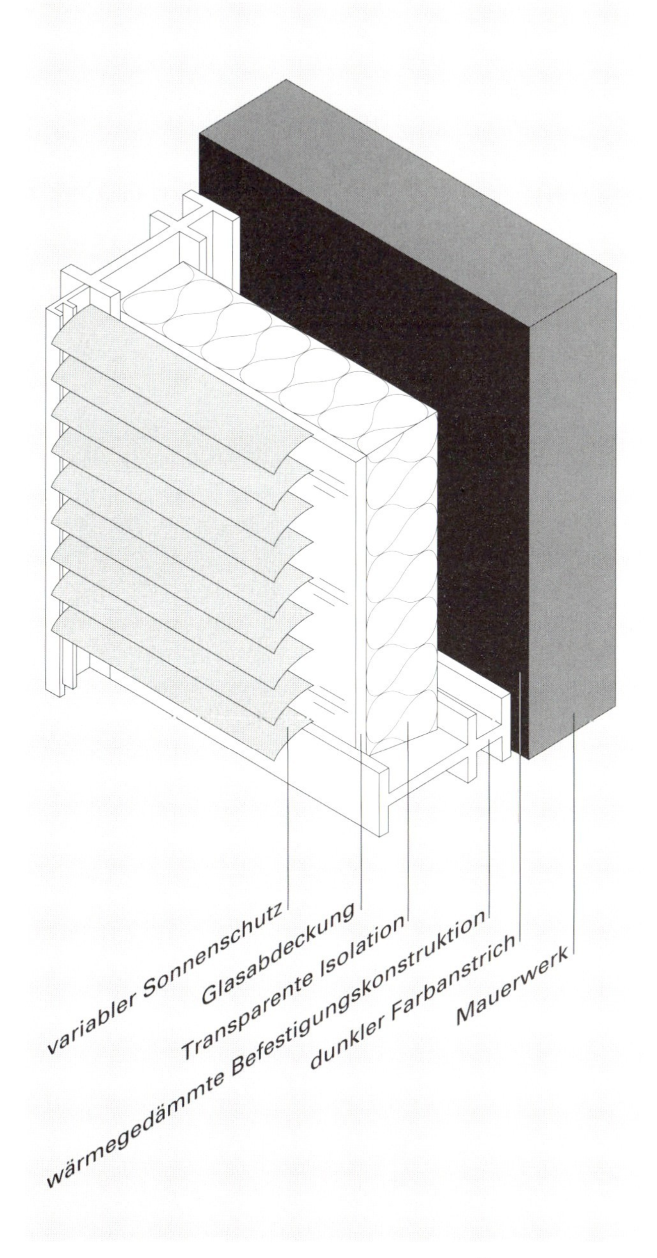

Schematischer Aufbau einer TWD-Fassade mit Überhitzungsschutz (Wärmeabgabe an den Innenraum rein passiv)

6.4 Aktive Nutzung der Sonnenenergie

Betreffend aktive Nutzung der Sonnenenergie ist vor allem auch das Kapitel «Aktive Solarsystemen» im Fachbuch «Heizungs- und Lüftungstechnik» [41] zu beachten.

Sonnenkollektoren

Sonnenkollektoren sind der von aussen sichtbare Teil einer Anlage zur aktiven Nutzung der Sonnenenergie. Sonnenenergieanlagen werden im schweizerischen Klima normalerweise in Kombination mit konventioneller Energie, also bivalent, betrieben. Besonders günstig ist die Kombination von aktiver Sonnenenergienutzung mit einer Heizanlage, die einen Pufferspeicher benötigt.

In Steildachkonstruktion integrierte Kollektoren

Für Warmwasser und Raumheizung haben sich Flachkollektoren durchgesetzt, die in den heute verfügbaren Fabrikaten je nach Arbeitstemperatur jährliche Nutzleistungen von 400 bis über 800 kWh pro m^2 Kollektorfläche erbringen.
Nach [39] sind für ein Einfamilienhaus mit 10 kW Wärmeleistungsbedarf bei Auslegungstemperatur etwa 15 bis 20 m^2 verglaste Kollektorfläche erforderlich. Die zugehörige Speichergrösse beträgt im Normalfall etwa 50 bis 60 l/m^2.
Für mittelgrosse Anlagen kann eine Kombination von Raumheizung und Warmwassererzeugung sinnvoll sein (Voraussetzung: grosses Angebot an Sonnenenergie im Winter!). Für Grossanlagen steht das einfachste Konzept «Vorerwärmung des Warmwassers mit konventioneller Nachheizung» im Vordergrund.

	Mittelland	sonnige Lage
Raumheizungs- und Warmwasseranlage	200	300
Trinkwassererwärmung (30 % solar)	550	700
Trinkwasservorwärmung (15 % solar)	650	900

Wärmeerträge von Solaranlagen [kWh/m^2], aufgrund verschiedener Messkampagnen bei Solaranlagen abgeschätzt [39]

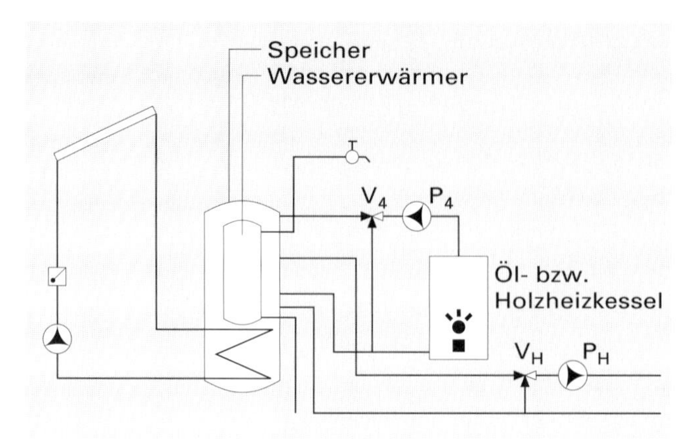

Beispiel einer einfachen kombinierten Anlage für Warmwasser und Heizung

Photovoltaik

Photovoltaische Solarzellen setzen die einfallende Sonnenenergie direkt in elektrischen Gleichstrom um. Dabei wird nicht nur die direkte, sondern auch die diffuse Strahlung – bei bewölktem Himmel – zur Stromproduktion genutzt. Photovoltaische Anlagen werden vor allem dort eingesetzt, wo Elektrizität benötigt wird, die Versorgung jedoch kompliziert oder zu teuer ist. Alphütten, abgelegene Gebäude, Ferienwohnungen, aber auch Strassenbeleuchtungen oder Fernmeldeeinrichtungen können mit der heute noch teuren Photovoltaik-Technologie vergleichsweise kostengünstig betrieben werden. In Entwicklungsländern kann diese wartungsarme Energieproduktion für Bewässerungsanlagen usw. eingesetzt werden und dabei wertvolle oder problematische Energiequellen wie Erdölprodukte oder Holz substituieren.

Solarzellentypen

Heute gebräuchlich sind vor allem drei Zellentypen:
- *Monokristalline Zelle*n mit gleichmässig blauschwarzer Oberfläche und Wirkungsgraden um 12 %. Diese Zelltypen finden vor allem im Hochleistungsbereich Verwendung.
- *Polikristalline Zellen* mit hellerer Oberfläche, auf welcher die einzelnen Kristalle «wild» angeordnet liegen. Der Wirkungsgrad liegt gegenüber den monokristallinen Zellen etwas tiefer .
- *Amorphe Zellen* mit gleichmässig dunkler Oberfläche als Folge des Herstellungsprozesses. Der Wirkungsgrad liegt etwa bei 6 %. Da diese Zellen sehr kostengünstig hergestellt werden können, wird sehr intensiv an dieser Technologie geforscht.

Photovoltaik-Anlagen

Eine Photovoltaik-Anlage besteht je nach Grösse und Anwendungszweck aus mehreren Komponenten. Hauptbestandteil sind die Solarzellen, welche durch elektrische Schaltung zu Solarzellenmodulen und diese wieder zu Solarzellenfeldern zusammengebaut werden.

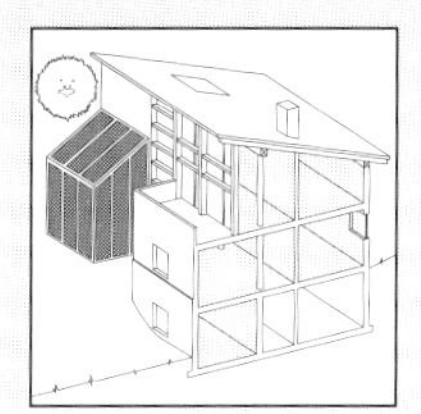

Zukunft
Die Entwicklung der Photovoltaik gilt vor allem zwei Komponenten, den Solarzellen und der Speicherung. Die Verwendung von kostengünstigeren Materialien und optimierte Herstellungsprozesse werden die Kosten für leistungsstarke Zellen verringern.
Bei der Speicherung sind noch sehr grosse Probleme zu bewältigen.

In Fassade integrierte Photovoltaik-Anlage

Luftkollektor über 21/2 Stockwerke; Photovoltaik-Panels liefern die Antriebsenergie für die Ventilatoren.

Null-Heizenergiehaus an der Heureka 1991

6.5 Weiterführende Literatur

Zu Themen des Kapitels 6 «Passive und aktive Sonnenenergienutzung» geben dem interessierten Leser unter anderem die folgenden Publikationen weitere Hinweise:

- Boy E.: Transparente Wärmedämmstoffe – Perspektiven und Probleme beim künftigen Einsatz, Bauphysik, 21-27, 1(11), 1989;
- Boy E.: Auch mit nicht-transparenten Wärmedämmstoffen ist Solarnutzung möglich, wksb 33(25), 55-57, 1988
- BfK: IP BAU, Erhaltung und Erneuerung, Bern 1992
- BfK: Erneuerbare Energien, Bern 1992
- BEW: Passivsolare Gemeinschafts- und Geschäftsbauten, 1990
- EMPA-KWH: Tagungsband 7. Status-Seminar Energieforschung im Hochbau, 1992
- Erhorn H., Stricker R.: Wärmedämmung und passive Solarenergienutzung, DBZ 34 229-236, 1986
- Filleux C. und Grolimund R.: Parametrische Studien: Direktgewinnfenster, Wintergarten und konvektive Systeme, Status-Seminar Energieforschung im Hochbau, 47-65, EMPA-KWH, Dübendorf, 1986
- Filleux C.: Sonnenenergie – Modellsimulation, Schweiz. Ing. & Arch. 33/34, 783-790, 1986
- Filleux C.: Passive Sonnenenergienutzung mit konvektiven Systemen, Schweiz. Ing. & Arch., 21, 644-646, 1988
- Filleux C., Schlegel P.: Erfahrungen mit Solarhäusern in der Schweiz, NZZ 58, 65, 1987
- Frank Th.: Sonnenenergiegewinne durch opake Bauteile, Schweiz. Ing. & Arch. 38, 897-902, 1991
- Frank Th.: Sonnenenergiegewinne durch opake Bauteile, Schweiz. Ing. & Arch. 38, 897-902, 1991
- Impulsprogramm Haustechnik: Heizsysteme für Energiesparhäuser, 20, 1987, EDMZ Bern, 1987
- IP PACER: Sonne und Architektur, Projekthandbuch
- Kurer V. et al.: Forschungsprojekt Solar Trap, Schlussbericht NEFF, Zürich, 1982
- Liersch K.W.: Wärme- und Feuchtetransport in verglasten Wintergärten, DBZ 7, 979-980, 1988
- Rüesch H.: Aktive Sonnenenergienutzung, Schweiz. Ing. & Arch. 21, 647-648, 1988
- Schneiter P., Wellinger K.: Transparente Isolation, Schweiz. Ing. & Arch. 32, 593-598, 1992
- Schweiz. Institut für Glas am Bau: Glas Doku Spezial, Wintergarten, Zürich
- Schweiz. Vereinigung für Sonnenenergie (SSES): Solarenergie – Ortsbild und Baurecht, Bern
- SIA Dokumentation D 010: Handbuch der passiven Sonnenenergienutzung, SIA Zürich, 1986
- SIA Dokumentation D 058: Zwei Solarhäuser unter der Lupe, 1990
- Voss K. et al.: Transparente Wärmedämmungen – Materialien, Systemtechnik und Anwendung, Bauphysik 6, 217-224, 1991
- Werner H.: Bauphysikalisches Verhalten von Wintergärten, Bauphysik 2, 259-262,1988
- Werner H.: Der Glasvorbau als Wintergarten oder Pufferraum, Glasforum 37, 35-39, 1987

7 Instandhaltung/Renovation/Umnutzung

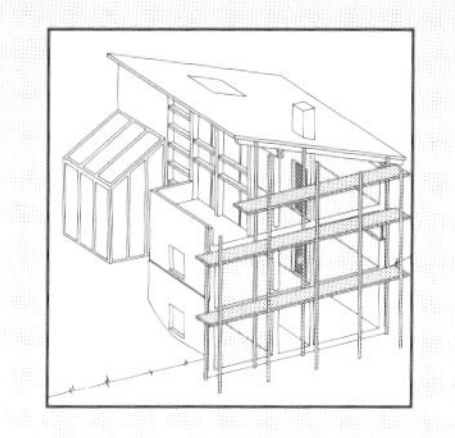

7.1 Einleitung

7.1.1 Wichtiger Aufgabenbereich

Die Erhaltung und bauliche Erneuerung von Gebäuden wird in Zukunft an Bedeutung gewinnen. Heute werden jährlich rund 15 bis 20 Mia. Franken, d.h. über 30 % der gesamten jährlichen Bauinvestitionen in die Erneuerung investiert. Bis zur Jahrtausendwende dürfte dieser Sektor schätzungsweise auf 50 % anwachsen. In nächster Zeit muss sich jedermann vermehrt mit Fragen der Bauerneuerung auseinandersetzen, sei es der Baufachmann, der mehr und mehr mit Unterhalts- und Erneuerungsprojekten konfrontiert wird, sei es der Gebäudebesitzer, der über die Werterhaltung seiner Liegenschaft entscheiden muss, sei es der Politiker, der die bau- und planungsrechtlichen Rahmenbedingungen für eine Sicherstellung der Siedlungsqualität und die optimale Nutzung des Bodens festlegen und anwenden muss, oder sei es der Bürger, der an der Urne Unterhaltsbudgets und Sanierungsprojekte genehmigen muss.

7.1.2 Divergenz zwischen Ist- und Soll-Zustand

Im Bereich Instandhaltung, Renovation und Umnutzung entstehen Aufgaben aus einer Divergenz zwischen vorhandenem Ist-Zustand und anzustrebendem bzw. erforderlichem Soll-Zustand. So z.B. die versprödete Fuge, welche ihre Abdichtungsfunktion nicht mehr wahrnimmt und instand gesetzt werden muss; oder der Estrichraum, in dem weitere Wohn-, Schlaf- oder Arbeitsräume eingebaut werden sollen. Aus solch unterschiedlichen Divergenzen resultieren auch entsprechend verschiedene Aufgabenbereiche.

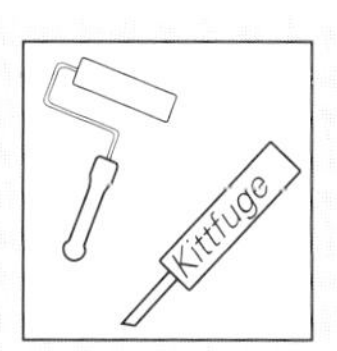

Instandhaltung
Massnahmen zur Bewahrung des Soll-Zustandes (siehe 7.2)

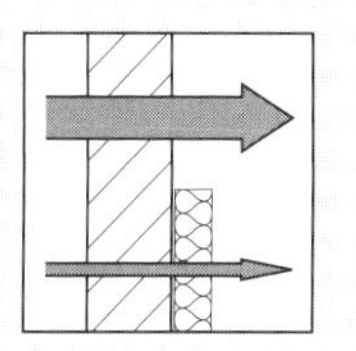

Renovation
Massnahmen zur Verbesserung des Bauzustandes bzw. zur Erreichung des Soll-Zustandes (z.B. Wärme- und Schallschutz)

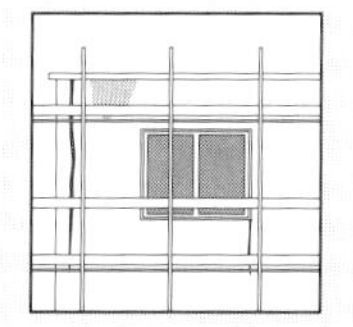

Sanierung
Massnahmen zur Behebung von Mängeln und Schäden (siehe 7.3)

Umnutzung
Anpassen der Bausubstanz an eine veränderte Nutzung (siehe 7.6 und 7.7)

7.2 Instandhaltung (*)

(*) Nach einem Artikel von V. Kuhne [35]

7.2.1 Begriffsbestimmung

In der DIN 31 051 wird der Begriff «Instandhaltung» als Oberbegriff verwendet und als «Gesamtheit aller Massnahmen zur Bewahrung und Wiederherstellung des Soll-Zustandes sowie zur Feststellung und Beurteilung des Ist-Zustandes» definiert. Unterteilt wird die Instandhaltung in die drei Phasen
- Wartung
- Inspektion und
- Instandsetzung

Unter «Wartung» werden dabei alle «Massnahmen zur Bewahrung des Soll-Zustandes» verstanden. Wartungsmassnahmen sind daher in der Regel periodisch wiederkehrende Tätigkeiten, welche die Funktionsfähigkeit von Teilen eines Bauwerks erhalten sollen.

Der Begriff «Inspektion» wird in dieser Norm als «Massnahme zur Feststellung und Beurteilung des Ist-Zustandes» definiert und erfasst dabei in derRegel periodisch durchzuführende Rundgänge zur:
- Prüfung der Funktionsfähigkeit
- Prüfung auf Verschleiss, Abnutzung und Beschädigung
- Beurteilung der festgestellten Abweichungen vom Soll-Zustand

Unter «Instandsetzung» werden alle «Massnahmen zur Wiederherstellung des Soll-Zustandes» verstanden. Dabei wird zwischen «geplanten» und störungsbedingten, d. h. «ungeplanten» Instandsetzungsmassnahmen unterschieden. Eine störungsbedingte Instandsetzung ist immer dann notwendig, wenn ein Bauteil oder Bauelement plötzlich (unvorhersehbar) ausfällt, während geplante Instandsetzungen bei Erreichen bestimmter, vorher definierter Grenzwerte für Abweichungen vom Soll-Zustand, die bei den Inspektionen festgestellt werden, durchgeführt werden.

7.2.2 Instandhaltungsstrategien

Instandhaltungsstrategien sind durch die jeweiligen Interessenlagen bestimmt, an nicht immer direkt vergleichbaren Zielen orientiert und somit unterschiedlich angewendet. Aus der grossen Zahl der divergenten Strategien seien exemplarisch drei kurz aufgeführt:

Fall A: Ein Eigenheimbesitzer inspiziert sein Haus nahezu ständig und ergreift beim kleinsten Makel korrigierende Massnahmen. Seine Strategie besteht also darin, sein Haus immer topgepflegt zu haben.

Fall B: Ein Mietshausbesitzer nutzt intensiv seine Möglichkeiten zur Abschreibung einerseits und zur Mieterhöhung andererseits. Reparieren lässt er nur das Notwendigste, und nach einer gewissen Zeit, wenn der Instandsetzungsstau die Wirtschaftlichkeit zu bedrohen beginnt, sucht er einen «dummen» Käufer. Seine Strategie heisst «Ertragsoptimierung» .

Fall C: Ein verantwortungsbewusster Immobilienbesitzer, der weiss, dass laufende Instandhaltung zur Werterhaltung notwendig ist, überlegt sich, wie er diese Instandhaltung kostenoptimal durchführen kann. Er entwickelt ein Modell der «geplanten» Instandhaltung, um langfristig sein Vermögen zu sichern.

Der Fall C ist es, der uns im folgenden weiter interessieren soll und für den Wege aufgezeigt werden sollen, die zu dem genannten Ziel der Werterhaltung bei möglichst minimiertem Kostenanfall führen.

7.2.3 Modell für geplante Instandhaltung

Elementgruppenbildung

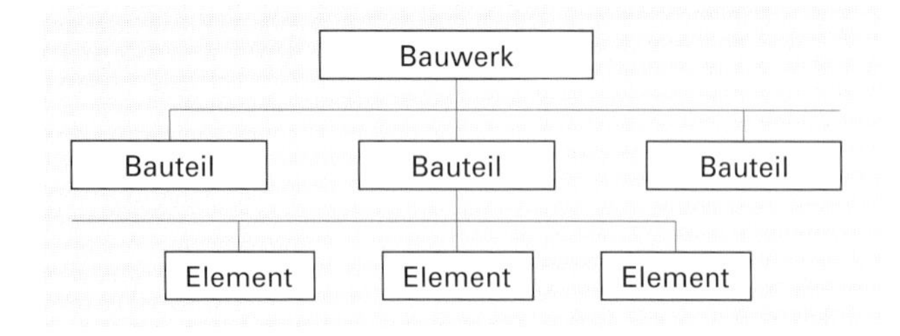

Ein Bauwerk kann gemäss obiger Abbildung in Bauteile und diese wiederum in eine Vielzahl von Elementen unterteilt werden. Diese Unterteilung ist soweit zu führen, bis die kleinsten Einheiten, die Elemente, als im Sinne der Instandhaltung unteilbare Einheiten angesehen werden können. Für diese kleinste Betrachtungseinheit werden dann alle Massnahmen der Instandhaltung formuliert.

Alle Elemente eines Bauwerks unterliegen – allerdings in unterschiedlichem Masse – einem Abnutzungs- und Alterungsprozess. Da die Funktionen der einzelnen Elemente sich auf die Nutzung eines Bauwerks unterschiedlich auswirken können, ist es sinnvoll, sie nach bestimmten Kriterien in genau definierten Klassen zusammenzufassen.

Der *Klasse A* werden alle die Elemente zugeordnet, bei deren Versagen Personenschaden nicht auszuschliessen ist. Diese Elemente müssen so instandgehalten werden, dass ein Versagen nach menschlichem Ermessen auszuschliessen ist. Hierzu zählen z.B. alle absturzsichernden Bauelemente wie Brüstungen, Fassadenaufhängungen usw.

In die *Klasse B* werden alle die Elemente eingegliedert, bei deren Versagen hohe Kosten bzw. Folgekosten zu erwarten sind. Bei diesen Elementen ist es unter Kostengesichtspunkten sinnvoll, sie so instandzuhalten, dass ein unvorhergesehenes Versagen äusserst unwahrscheinlich wird. Sie sollten also üblicherweise den gleichen Instandhaltungsmassnahmen unterzogen werden wie die Elemente der Klasse A.
In der *Klasse C* werden alle die Elemente zusammengefasst, deren Funktion keinen besonderen Einfluss auf die Funktionstüchtigkeit des Bauwerks hat.
Hierzu zählen z.B. Anstriche im Innenbereich und auch Einrichtungen, die überwiegend zur Befriedigung ästhetischer Ansprüche dienen.
In die *Klasse D* werden alle die Elemente eingeordnet, deren Funktionstüchtigkeit für das Bauwerk bedeutsam ist und die daher einer regelmässigen Wartung unterzogen werden sollten.
Die *Klasse E* schliesslich repräsentiert alle die Elemente, deren Ausfall vorher in der Regel nicht zu erkennen ist, deren Versagen aber keine bedeutsamen Folgen nach sich zieht (z.B. Bruch einer Fensterscheibe usw.).
Die *Klasse F* vereinigt abschliessend die Elemente, die aufgrund gesetzlicher Vorschriften, Unfallverhütungsbestimmungen o.a. regelmässig geprüft werden müssen, wie Aufzüge, Fahrtreppen, Feuerlöschanlagen usw.
Den systematischen Ablauf der Klassifizierung der Elemente gibt folgende Abbildung wieder.

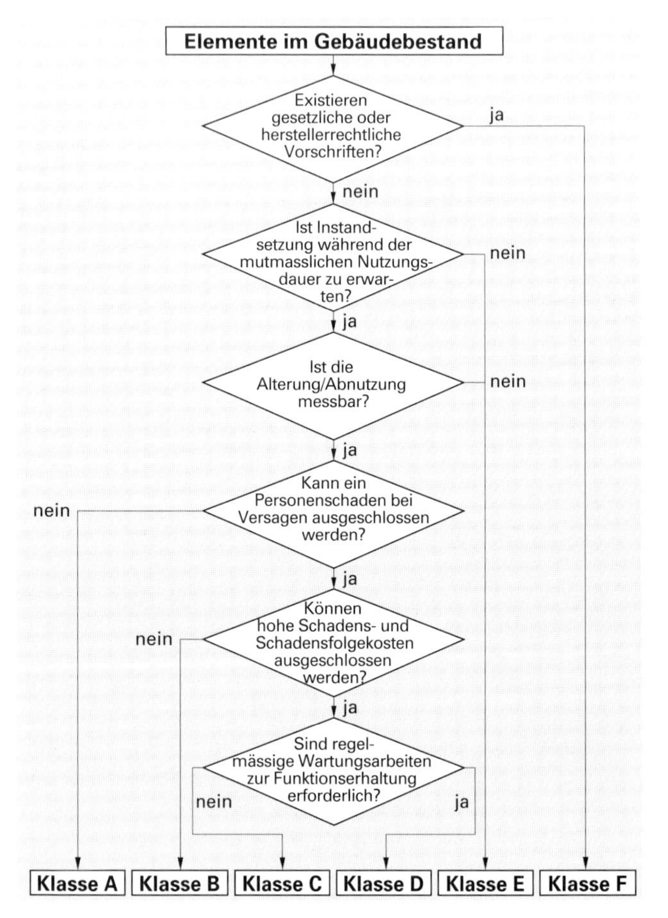

An der Beschreibung der Elementklassen und ihrer Zuordnungskriterien wird deutlich, dass die Instandhaltung in den einzelnen Klassen mit unterschiedlicher Intensität – und das ist ja gleichzusetzen mit unterschiedlichem Aufwand – durchgeführt werden kann. Kostengesichtspunkte werden daher einen wesentlichen Einfluss auf die Modellbildung haben.

Zuordnung der Instandhaltungsmassnahmen
Nachdem die Bauwerkselemente den einzelnen Klassen zugeordnet worden sind, stellt sich jetzt die Frage, ob für jeweils eine Klasse bestimmte gemeinsame Instandhaltungsmassnahmen formuliert werden können. Wenn das möglich ist, hat man einen weiteren plausiblen Grund für die Klassenbildung und einen wesentlichen Schritt in Richtung auf eine geplante Instandhaltung getan.

Bei den Elementen der *Klasse A* ist – wie gezeigt wurde – ein Versagen möglichst auszuschliessen. Das wird nur möglich sein, wenn diese Elemente in angemessenen Abständen inspiziert werden, um feststellen zu können, wann ein vorher definierter Grenzzustand erreicht wird, der dann einen Austausch des Elementes bzw. die Wiederherstellung seines Soll-Zustandes durch Reparatur zwingend notwendig macht. Die Beurteilung des Zustandes eines Elementes bei der Inspektion wird dabei nicht allein durch einen Augenschein erfolgen, sondern hier kommen bei Bedarf auch Messungen und Prüfungen unter Verwendung geeigneter Geräte und Hilfsmittel in Betracht.

Für die Elemente der *Klasse B* gilt im Prinzip das oben Gesagte. Es wäre lediglich im Einzelfall zu prüfen, ob bei geringen Risiken die Inspektionsabstände verlängert bzw. die Grenzwerte für die Abweichungen vom Soll-Zustand etwas weiter gefasst werden können.

Auch die Elemente der *Klasse C* sollen in der Regel einer Inspektion unterzogen werden, jedoch können die Inspektionsabstände deutlich weiter gefasst werden. Die Kriterien, die hier für eine Instandsetzungsnotwendigkeit formuliert werden müssen, sind nicht allein rational zu bestimmen, sondern haben oft auch einen besonderen Bezug zum Nutzer. Nicht selten fällt hier eine an sich gebotene Instandsetzung dem Rotstift des Haushaltsexperten zum Opfer.

Die Elemente der *Klasse D* sollen in regelmässigen Abständen gewartet werden mit dem Ziel, die Lebensdauer dieser Teile zu erhöhen. Solche Wartungsmassnahmen beinhalten im wesentlichen Reinigungs- und Pflegemassnahmen und dienen damit der Bewahrung des Soll-Zustandes. Die dazu notwendigen Arbeiten können bei entsprechender Unterweisung in der Regel von weniger fachkundigem Personal ausgeführt werden. Gleichzeitig können die Wartungsarbeiten aber auch als Inspektionsleistungen insoweit dienen, als evtl. Früh- bzw. Zufallsschäden im direkten Umkreis des Wartungselements erkannt werden können.

Die Elemente der *Klasse E* werden üblicherweise solange eingesetzt, bis zu irgendeinem Zeitpunkt ihre Funktionsunfähigkeit gemeldet und daraufhin die Instandsetzung veranlasst wird. Erst der Ausfall eines Elements führt also zu den notwendigen Aktionen.

Die Elemente der *Klasse F* entziehen sich weitgehend den Planungen des Besitzers. Ihre Wartungen, Inspektionen und Instandsetzungen werden üblicherweise durch autorisierte Fachleute vorgenommen. Sie sind daher in dem Instandhaltungsetat als feste Posten einzuplanen.

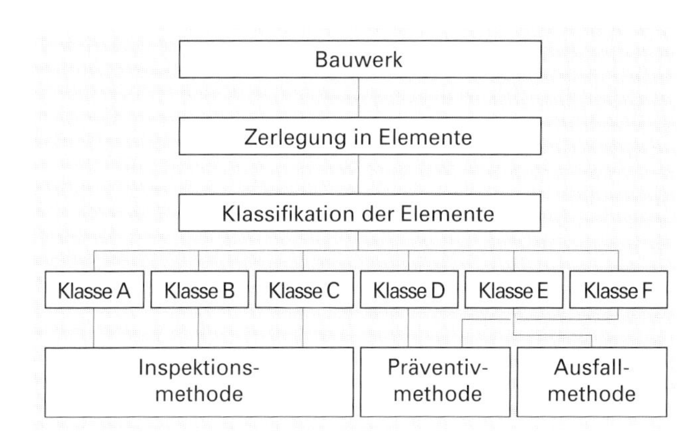

7.2.4 Durchführung der Instandhaltungsmassnahmen

Geht man davon aus, dass ein Bauwerk in seine Elemente unterteilt und diese Elemente jeweils den entsprechenden Klassen zugeordnet sind (im Detail sind hier noch eine Menge an Problemen zu lösen), dann heisst es im nächsten Schritt, Inspektions- und Wartungszyklen festzulegen. Dabei ist zu beachten, dass insgesamt ein Kostenminimum erreicht werden soll. Vereinfacht dargestellt, ergeben sich die Gesamtkosten der Instandhaltung aus der Addition der Kosten für die Instandhaltung mit den Schadens- und Schadensfolgekosten.

Die Instandhaltungskosten müssen für jedes Element aus der Summe der Kosten für die Inspektionen und Wartungen (anteilig für jedes Element) und den entsprechenden Instandsetzungen ermittelt werden. Diese Kosten stehen aber in einem meist noch nicht wertmässig exakt zu definierenden Verhältnis zu den Schadens- und Schadensfolgekosten. Hier sind noch umfangreiche statistische Auswertungen vorzunehmen, um diese Zusammenhänge quantifizieren zu können. Erst dann ist es auch sinnvoll, die Summenwerte über alle Elemente zu bilden und somit statt der qualitativen Aussage ein quantitatives und damit in die Praxis umsetzbares Ergebnis zu berechnen. Voraussetzung für die Möglichkeit einer solchen statistischen Auswertung sind bessere Kenntnisse über das Materialverhalten der verschiedensten Baustoffe und das Systemverhalten verschiedener Bauteile, unter den in der Praxis sehr stark differierenden Beanspruchungen. Man kann zwar grundsätzlich davon ausgehen, dass nahezu alle Elemente eines Bauwerks einer gewissen Abnutzung und Alterung unterliegen, quantitative Aussagen hierzu liegen allerdings erst in sehr geringem Umfang vor.

Aufgrund dieser Aussagen könnte jetzt der Eindruck entstehen, dass es für einen Immobilienbesitzer vielleicht ratsam sei, erst einmal noch ein paar Jahre zu warten, bis alle diese Probleme gelöst sind, um dann ein fertiges System der Instandhaltung direkt übernehmen zu können. Es wird aber auch in Zukunft nur eingeschränkt möglich sein, Werte aus Untersuchungen bei anderen Projekten direkt zu übernehmen. Es wird daher zwangsläufig darauf hinauslaufen, dass das einzelne System «Bauwerk» in bezug auf seine Instandhaltung eingeregelt werden muss, d.h. man wird aus den Erfahrungen mit der Instandhaltung die Instandhaltung regeln. Dies ist deutlich zu machen an der Frage, wie lang z.B. die Inspektionsintervalle sein müssen. Je schneller der Verschleiss eines Bauteils ist, desto kürzer müssen die Abstände zwischen den Inspektionen sein, um den Zeitpunkt nicht zu verpassen, an dem der maximal zulässige Abnutzungsgrad erreicht ist. Hat man am Anfang die Intervalle nach Erfahrungswerten aus anderen Projekten ausgelegt, wird man aufgrund der Inspektionsergebnisse die Abstände korrigieren.
Wer also langfristig ein ausgewogenes Instandhaltungssystem für seine Bauwerke anstrebt, der sollte schrittweise mit der Einführung eines solchen Systems beginnen. Wichtig erscheint hierbei lediglich, dass die einzelnen Schritte systematisch vollzogen werden und diese sich an einer erfolgversprechenden Grundidee orientieren.

7.2.5 Ausblick/Nutzen

Die planmässige Instandhaltung soll langfristig zu Kosteneinsparungen beim Unterhalt und bei der Erhaltung von Bauwerken unter Beibehaltung eines optimalen Zustandes der Bausubstanz führen. Dabei kann man durchaus davon ausgehen, dass die Einführung eines solchen «Instandhaltungsmanagements» anfangs zu Kostensteigerungen führt, langfristig aber durchaus Kostenreduzierungen zu erwarten sind, wie aus folgender Abbildung hervorgeht.
Längerfristig kann schon heute mit einiger Sicherheit

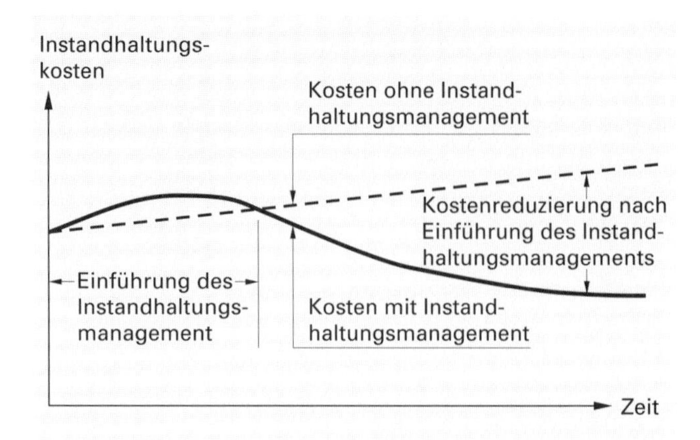

prognostiziert werden, dass an einer systematischen Instandhaltung, wie sie hier dargestellt wurde, kein Weg vorbeiführt, es sei denn, man würde den Verlust eines Teils des investierten Vermögens in Kauf nehmen.

7.2.6 Lebenserwartung von Bauteilen

Für verschiedene Entscheidungsfindungen ist bei Fragen rund um den Themenkreis Instandhaltung und Erneuerung wichtig, die Lebenserwartung von Bauteilen zu kennen. Die folgende Tabelle gibt Hinweise auf Bereiche der Lebensdauer (aus [31]) und auf Abschreibungszeiten, die gemäss Amt für Bundesbauten (AfB) für Wirtschaftlichkeitsberechnungen anzuwenden sind.

Abschreibungszeiten
Die als Punkt dargestellten Abschreibungszeiten sind als Grundlage für Wirtschaftlichkeitsberechnungen anzuwenden. Sie sind nicht identisch mit der voraussichtlichen technischen Lebensdauer von Gebäuden, Bau- und Anlageteilen. Die Abschreibungszeiten entsprechen der minimalen Lebensdauer bei üblicher Beanspruchung und normalem Unterhalt. Innerhalb der genannten Zeiten müssen Investitionen oder Mehrinvestitionen abgeschrieben werden können.

Spezielle Lage und Nutzung
Bei spezieller Lage oder extremer Nutzung eines Gebäudes oder eines Bauteils kann die Abschreibungszeit verkürzt werden. Eine Verlängerung ist nicht statthaft.

Restwert R
Ein Restwert ist in die Wirtschaftlichkeitsberechnung einzusetzen, wenn der Bau- oder Anlageteil noch nicht abgeschrieben ist. Er wird nach folgender Formel berechnet:

$$R = \frac{\text{heutiger Ersatzpreis} \cdot \text{Rest Lebensdauer}}{\text{Abschreibungszeit}}$$

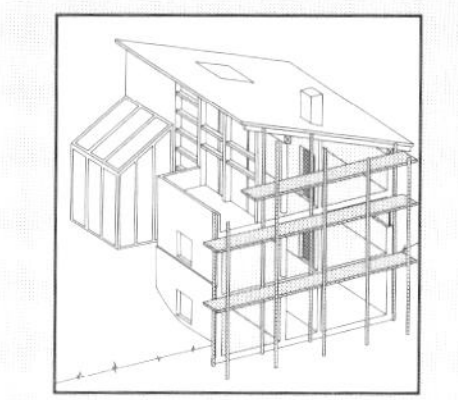

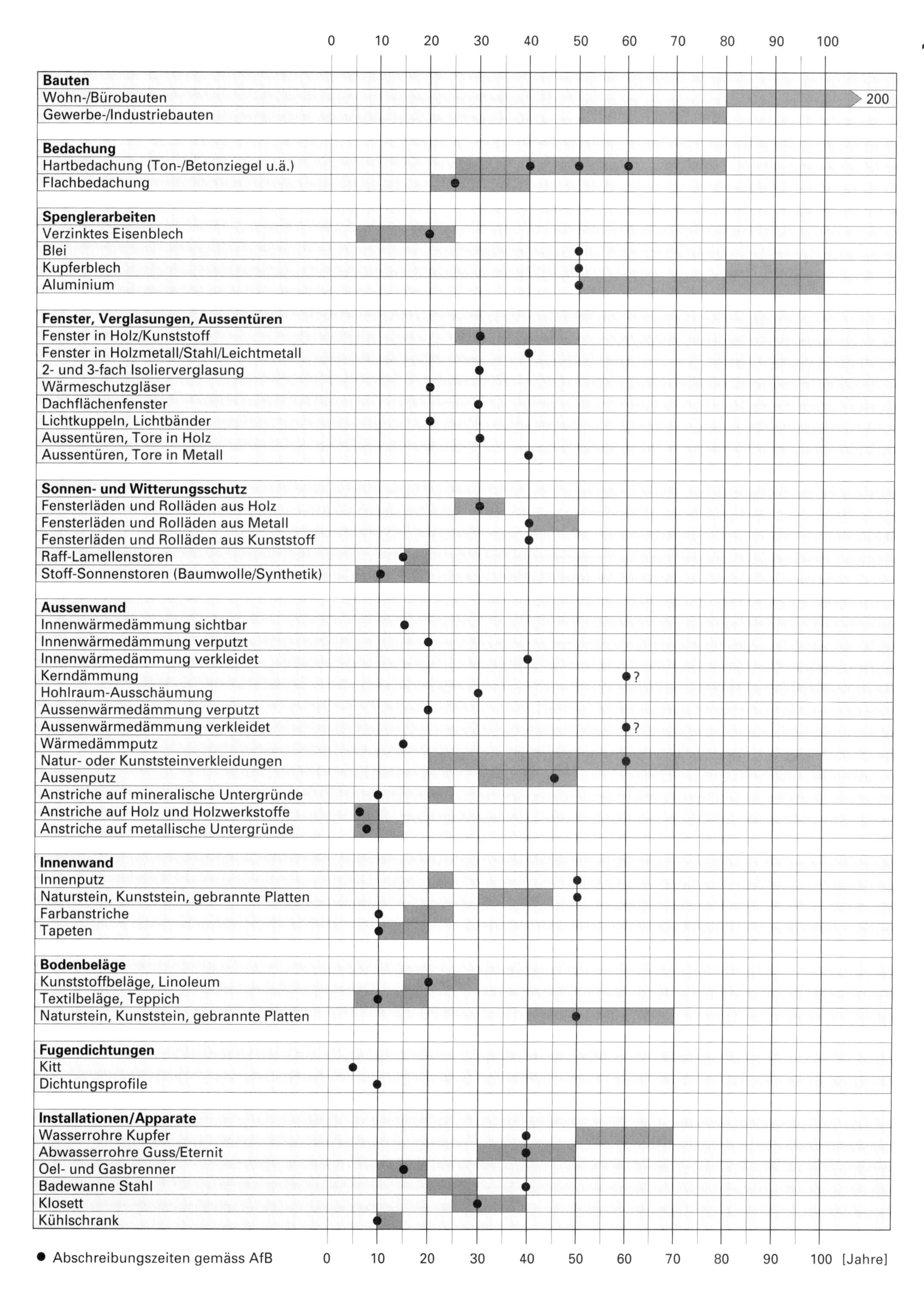
0 10 20 30 40 50 60 70 80 90 100
Bauten
Wohn-/Bürobauten
200
Gewerbe-/Industriebauten
Bedachung
Hartbedachung (Ton-/Betonziegel u.ä.)
Flachbedachung
Spenglerarbeiten
Verzinktes Eisenblech
Blei
Kupferblech
Aluminium
Fenster, Verglasungen, Aussentüren
Fenster in Holz/Kunststoff
Fenster in Holzmetall/Stahl/Leichtmetall
2- und 3-fach Isolierverglasung
Wärmeschutzgläser
Dachflächenfenster
Lichtkuppeln, Lichtbänder
Aussentüren, Tore in Holz
Aussentüren, Tore in Metall
Sonnen- und Witterungsschutz
Fensterläden und Rolläden aus Holz
Fensterläden und Rolläden aus Metall
Fensterläden und Rolläden aus Kunststoff
Raff-Lamellenstoren
Stoff-Sonnenstoren (Baumwolle/Synthetik)
Aussenwand
Innenwärmedämmung sichtbar
Innenwärmedämmung verputzt
Innenwärmedämmung verkleidet
Kerndämmung
?
Hohlraum-Ausschäumung
Aussenwärmedämmung verputzt
Aussenwärmedämmung verkleidet
?
Wärmedämmputz
Natur- oder Kunststeinverkleidungen
Aussenputz
Anstriche auf mineralische Untergründe
Anstriche auf Holz und Holzwerkstoffe
Anstriche auf metallische Untergründe
Innenwand
Innenputz
Naturstein, Kunststein, gebrannte Platten
Farbanstriche
Tapeten
Bodenbeläge
Kunststoffbeläge, Linoleum
Textilbeläge, Teppich
Naturstein, Kunststein, gebrannte Platten
Fugendichtungen
Kitt
Dichtungsprofile
Installationen/Apparate
Wasserrohre Kupfer
Abwasserrohre Guss/Eternit
Oel- und Gasbrenner
Badewanne Stahl
Klosett
Kühlschrank
● Abschreibungszeiten gemäss AfB
0 10 20 30 40 50 60 70 80 90 100 [Jahre]

7.3 Baumangel/Bauschaden

7.3.1 Entstehung und Verhinderung

Mängel und Schäden entstehen z.B. durch
- Missachtung der bau-, bauteil- und materialspezifischen Anforderungen,
- unsachgemässe Planung,
- Fehler in der Bauausführung,
- Fehlleistungen bei der Bauüberwachung,
- unsachgemässe Nutzung und
- Mankos in der Instandhaltung.

Durch fachgerechte Planung unter Berücksichtigung der geltenden Anforderungen (Regeln der Baukunde), qualifizierte Ausführung und Ausführungsüberwachung können bei optimierter Instandhaltung (siehe 7.2) Baumängel und Folgeschäden auf ein Minimum begrenzt werden.

Folgemassnahmen an bestehenden Bauwerken würden sich dann auf die Instandhaltung, das Anpassen an neue Anforderungen (z.B. betreffend den Wärmeschutz) und die Umnutzung beschränken.

7.3.2 Mangel ohne bautechnische Auswirkung

Bauwerke können Mängel aufweisen, ohne dass diese zu einer Beeinträchtigung der Baukonstruktion führen. Solche Mängel reduzieren jedoch oft den Nutzwert eines Gebäudes, z.B. durch erhöhte Störschallpegel und unbehagliche Raumlufttemperaturen.

Schall- und Lärmschutz
Die Lärmschutz-Verordnung [5] definiert, als gesetzliche Anforderung, Belastungsgrenzwerte, die im geöffneten Fenster von lärmempfindlichen Räumen eingehalten werden müssen. Durch geeignete Situierung des Gebäudes auf dem Grundstück und der Räume gegen die lärmabgewandten Seiten, oder durch gebäudeexterne Massnahmen wie Lärmschutzwände, -wälle, vorgelagerte Annexbauten) können an lärmbelasteten Lagen diese Belastungsgrenzwerte eingehalten werden.
Die Norm SIA 181 [6] gilt für den Schallschutz gegen Aussen- und Innenlärm, an Gebäuden mit Räumen, die eine lärmempfindliche Nutzung aufweisen. In Abhängigkeit von Art und Grad der Störung und der Lärmempfindlichkeit der Räume werden Mindestanforderungen für Aussenlärm sowie Innenlärm durch Luftschall, Trittschall und haustechnische Anlagen vorgeschrieben. Die erhöhten Anforderungen (Verbesserung um 5 dB) sind bei höheren Ansprüchen angezeigt, sie müssen vertraglich vereinbart werden. Das Einhalten der Mindest- oder gar der erhöhten Anforderungen ist aber nicht damit gleichzusetzen, dass sich der Nutzer durch Lärm in seiner Behaglichkeit nie beeinträchtigt fühlt (Akzeptanz).

Sommerlicher Wärmeschutz
Mängel betreffend sommerlichen Wärmeschutz können bei exponierten Räumen zu einer übermässigen Erhöhung der Raumtemperatur führen.

Wärmeschutz im Winter/Luftdichtigkeit
Wärmetechnische Mängel und Luftundichtigkeiten reduzieren die Behaglichkeit und können Ursachen von Bauschäden sein.

Ästhetische Mängel
Insbesondere im Innenausbau (Putze, Farbanstriche, Wand- und Bodenbeläge) aber auch im Fassadenbereich sind evtl. ästhetische Mängel zu rügen, die keinen Einfluss auf die Funktionstüchtigkeit der Baukonstruktion haben.

7.3.3 Mängel mit Schadenfolge

Ein Mangel stellt eine Differenz zwischen vorhandenem, geplantem und ausgeführtem Bauwerk und den im Zeitpunkt der Planung/Ausführung geltenden Regeln der Baukunde dar. Weil die Regeln der Baukunde meist unter Berücksichtigung von «Sicherheitsmargen» definiert werden, führt nicht jeder Mangel zu einem Bauschaden. Bauwerke sind oft erstaunlich gutmütig, verzeihen etwelche Planungs- und Ausführungsfehler.

Wärmedämmvermögen/Wärmebrücken
Bei heutigen, in der Regel gut wärmegedämmten Neubauten zeigen Wärmebrücken entscheidende Auswirkungen. Gut gedämmte Flächen reagieren empfindlich auf eine konstruktive Verminderung des Wärmedämmvermögens im Bereiche von Auflagern, Auskragungen, Öffnungen usw. (siehe auch Kapitel 4.4 «Wärmebrücken»). Folgeschäden sind dunkle Verfärbungen und Schimmelpilzbildung, Oberflächenkondensat-Ausscheidungen oder gar Schädigung der Baukonstruktion.

Wasserdampfdiffusion
Infolge Kondensatausscheidung innerhalb einer Baukonstruktion werden die betroffenen Schichten durchfeuchtet. Ohne genügende Austrocknung in der Sommerzeit reichert sich solches Diffusionskondensat bis zur Schadenbildung an. Solche Schäden sind jedoch eher selten anzutreffen.

Luftundichtigkeiten
Warme, feuchte Raumluft gelangt bei Luftundichtigkeiten ungehindert in den Konstruktions-Kaltbereich, z.B. beim Steildach unter das im Winter kalte Unterdach. Das Schadenrisiko ist bei solchen Luftdurchströmungen gross. Währenddem beim dampfdiffusionstechnischen Vorgang, im Verlauf der Kondensations-

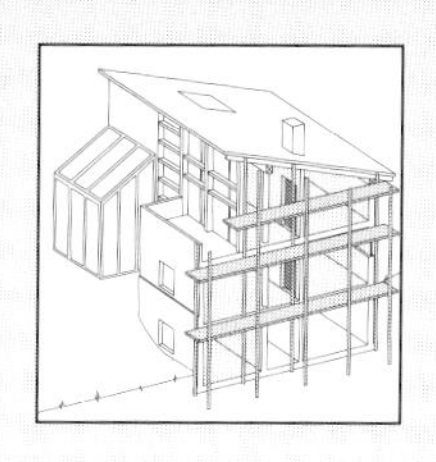

periode, Wassermengen von einigen g/m² ausgeschieden werden, die meist wieder austrocknen, führt die Luftdurchströmung im Temperaturgefälle zu Kondensatausscheidungen in grossen Mengen (Luftleck-Kondensat).

Durchfeuchtete Wärmedämmschicht infolge Luftleck-Kondensat bei Steildachkonstruktion.

Wasserdichtigkeit/Feuchteschutz/Entwässerung

Wasser ist, als Lösungs- und Transportmittel, wohl der grösste Feind von Baukonstruktionen. In Abhängigkeit der Beanspruchung gilt es Schutzmassnahmen zu treffen wie:

- Vordächer (Fassade) und funktionstüchtige Entwässerungen (Dachkonstruktion/Aussenwände im Erdreich) zum Abhalten bzw. Abführen von flüssigem Wasser.
- Hartbedachungen und Unterdächer (Steildach), Dichtungsbahnen (Flachdach, Nassraumböden), Dichtungsputze und -schlämmen (Aussenwand im Erdreich), Kapillarwassersperren (Boden im Erdreich) Kittfugen, Dichtungsprofile zum Abdichten von Konstruktionen.

Es ist oft das Zusammentreffen mehrerer Mängel, die in der Folge zu einem Schadenfall führen.
Beispiel Aussenwand im Erdreich: mangelhafte äussere Entwässerung (Filterplatten/Sickerleitung) und Undichtigkeiten (Arbeitsfuge Boden/Wand, Kiesnester, offene Löcher bei Distanzhaltern).

Putzschäden durch kapillar aufsteigende Feuchtigkeit bei Aussenwand im Erdreich (Foto: Renesco AG)

Andere Mängel mit Schadenfolge

Neben den erwähnten Mängeln gibt es noch eine Vielzahl von anderen, die bei Bauwerken zu Folgeschäden führen:

- statische Mängel (Tragfähigkeit, Risse)
- ungenügende Bewegungsfugen (Schäden durch behinderte Wärme- und Feuchtedehnung/Kältekontraktion)
- mangelhafte Anstriche (Abblätterungen, Blasenbildung)
- usw.

7.3.4 Sanierung

Man spricht zwar von Bauschadensanierung, obwohl es nur sekundär darum geht, den entstandenen Schaden zu beheben. Primär gilt es, den oder die Mängel zu beheben, welche zum sichtbaren Folgeschaden geführt haben.

Neben dem rechtlich korrekten Vorgehen (Garantiefragen, Beweisaufnahme, Verantwortlichkeit) ist bei solchen Sanierungen bzw. Mängelbehebungen folgendes technisches Verfahren zu wählen:

- Schadenbild aufnehmen und Schadenursachen bzw. Mängel (alle) eruieren
- Konzept zur Behebung der Mängel und der Folgeschäden erarbeiten
- Detail- und Ausführungsplanung
- Ausführung und Ausführungsüberwachung
- Abnahme des sanierten Bauwerkes

7.4 Verbesserung des Wärmeschutzes

7.4.1 Aufgabenstellung/Bauwerksgruppen

Im Verlauf der letzten Jahre sind die Anforderungen an den Wärmeschutz enorm gestiegen. Heute werden bei Bauteilen gegen Aussenklima hochwertige Wärmedämmschichten von etwa 10 cm Dicke eingebaut und der Vermeidung wärmetechnischer Schwachstellen wird grosse Aufmerksamkeit geschenkt. Die meisten Bauten genügen den heutigen Wärmeschutzanforderungen nicht mehr, insbesondere ältere Bauten stellen betreffend wärmetechnischer Verbesserungen wichtige Zielgruppen dar.
Das Forschungsprojekt Wärmebrücken [21] befasst sich denn auch mit Altbauten, deren Konstruktionssystematik (Ist-Zustand der Altbaudetails) und den Auswirkungen von wärmetechnischen Massnahmen. Es werden drei verschiedene Baukategorien untersucht:

Baugruppe I: 1925 bis 1965, Verband- oder Einsteinmauerwerke, Stahlbetondecken
Baugruppe II: 1900 bis 1925, Bruchsteinmauerwerk, Holzbalken- oder Hohlkörperdecken
Baugruppe III: bis 1900, Bruchsteinmauerwerk, Holzbalkendecken

In Abhängigkeit der Baukategorie ist auch das zweckmässigste Dämmkonzept zu wählen. Bauten der Kategorien II und III stehen zum Teil unter Heimatschutz, wodurch Zusatzwärmedämmungen auf der bauphysikalisch problemloseren Aussenseite (Aussendämmung) oft nicht möglich sind.

Wärmetechnische Massnahmen sind auf die übergeordneten Ziele – Energie sparen und nicht erneuerbare Energien substituieren – auszurichten. Damit können neben den energietechnischen Zielen der Sanierung unter anderem auch die Betriebskosten gesenkt, die Versorgungssicherheit erhöht sowie die Behaglichkeit und Gesundheit gesichert werden.

7.4.2 Vorgehen/Konzept

Obwohl bei einer Renovation/Sanierung oder einem Umbau nicht immer die wärmetechnischen Gedanken im Vordergrund stehen, sollen energietechnische Vorabklärungen den üblichen Projektierungsarbeiten vorangestellt werden. Sie liefern dem Auftraggeber ein Sanierungskonzept als Grundlage für die Entscheidung bezüglich Projektierung und Ausführung der empfehlenswerten Massnahmen. Bei derartigen Vorabklärungen soll im allgemeinen schrittweise vorgegangen werden, damit der optimale Einsatz der verfügbaren Mittel des Auftraggebers gewährleistet ist. Das nachfolgend dargestellte Vorgehen gilt in seiner Ausführlichkeit für grosse Mehrfamilienhäuser, gemeinsam beheizte Wohnsiedlungen, Schul- und Verwaltungsbauten sowie andere komplexe Gebäude.

Bei Einfamilienhäusern und kleineren Mehrfamilienhäusern ist ein vereinfachtes Vorgehen nötig, damit der Aufwand für die Vorabklärungen in einem vertretbaren Verhältnis zu den möglichen Energiekosteneinsparungen steht. In solchen Fällen werden die Vorabklärungen nicht in einzelne Bearbeitungsschritte unterteilt, und eine eigentliche Feinanalyse wäre zu aufwendig. Die Vorabklärungen werden sich vielmehr auf eine Art «erweiterte Grobanalyse» beschränken, deren Resultat umso aussagekräftiger wird, je grösser die Erfahrung des Bearbeiters ist.

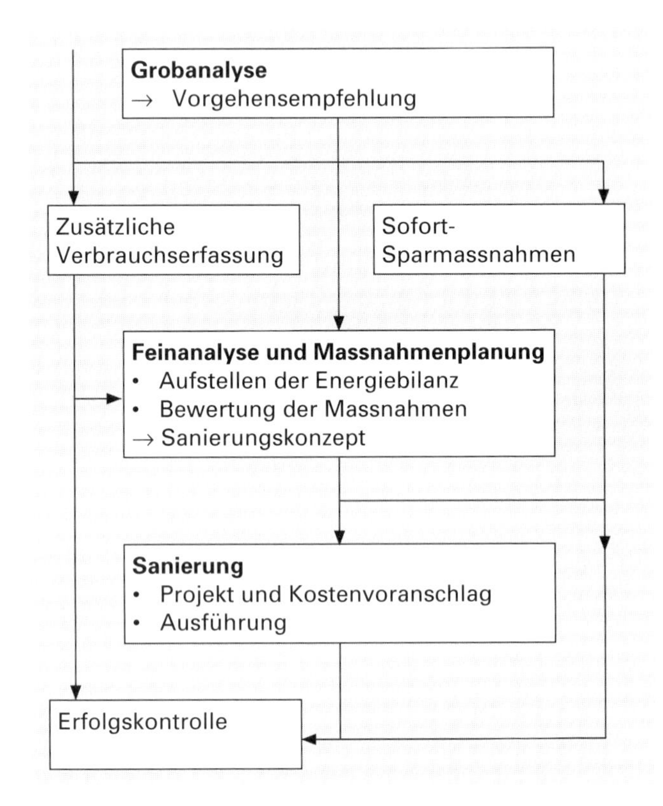

Grobanalyse
Die Grobanalyse umfasst eine generelle Beurteilung des Energieverbrauchs und des Gebäudezustandes. Ihr Ziel ist es, eine Übersicht der Möglichkeiten für das weitere Vorgehen zu geben. Sie soll also die Frage beantworten, ob weitere Abklärungen sinnvoll sind und, wenn ja, in welcher Weise dabei vorzugehen wäre.
Bei Einzelgebäuden sind im Hinblick darauf die folgenden Fragen zu beantworten:
- Wieviel Energie braucht das Gebäude absolut und im Vergleich zu andern gleichartigen Gebäuden.
- Können jetzt schon Sofort-Sparmassnahmen empfohlen werden?
- Soll eine zusätzliche Verbrauchserfassung durch entsprechendes Instrumentieren vorbereitet und durchgeführt werden?

Bei mehreren Gebäuden ist vorgängig die Priorität abzuklären, welche Gebäude sollen zuerst näher untersucht werden? Hinweise dazu geben z.B. erste Abschätzungen von Energiekennzahlen (siehe auch Kapitel 1.5 «Energie und Haustechnik»).

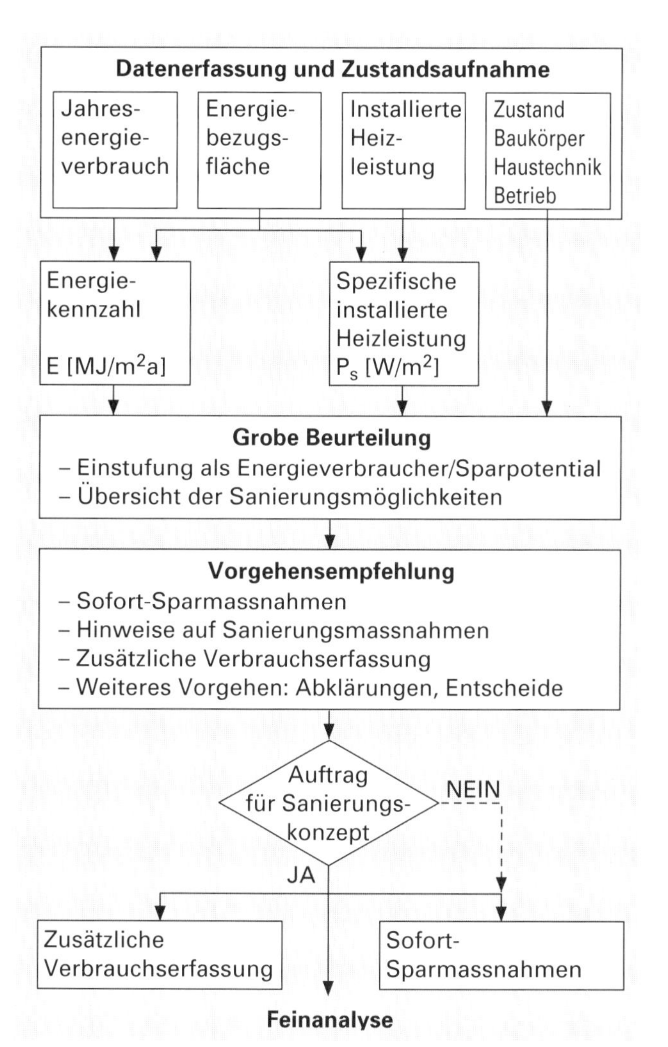

Feinanalyse und Massnahmenplanung

Entscheidet sich ein Bauherr aufgrund der Resultate der Grobanalyse für weitergehende Untersuchungen, wird als nächstes mit Hilfe einer Feinanalyse der Energiehaushalt des Gebäudes detaillierter untersucht.
Ohne umfassende Kenntnis des Energiehaushaltes besteht vor allem bei Gebäuden mit komplexer Haustechnik das Risiko von Enttäuschungen wie z.B. unerwartet geringen Energieeinsparungen und schlecht angelegten Investitionen. Das Erarbeiten einer vollständigen Energiebilanz ist deshalb bei solchen Gebäuden die Voraussetzung für eine zweckmässige energietechnische Sanierung. Die Feinanalyse beantwortet die Fragen:
- Wo, wann und wie wird die zugeführte Endenergie verbraucht?
- In welchem Zustand befindet sich das Gebäude? Welche Prioritäten ergeben sich für die Sanierung?

Die Grob- und vor allem die Feinanalyse dienen dazu, die Informationen über das zu sanierende Gebäude und das Zahlenmaterial zum Energiehaushalt umfassend zu erarbeiten. Auf dieser Basis kann nun die Massnahmenplanung einsetzen und das eigentliche Ziel aller Untersuchungen, das Sanierungskonzept, anvisiert werden. Das Sanierungskonzept beantwortet insbesondere die folgenden Fragen:
- Welche Massnahmen sollen ausgeführt werden?
- Welche Massnahmen sollen in einem Massnahmenpaket zusammengefasst werden?
- In welchen Schritten soll die Sanierung durchgeführt werden?

Ein gutes Sanierungskonzept gewährleistet den optimalen Einsatz der verfügbaren Mittel. Es soll dem Auftraggeber auch zeigen, wie er bei ohnehin erforderlichen Renovationen und Instandhaltungsarbeiten mit vertretbaren Mehrkosten Energieeinsparungen realisieren kann.

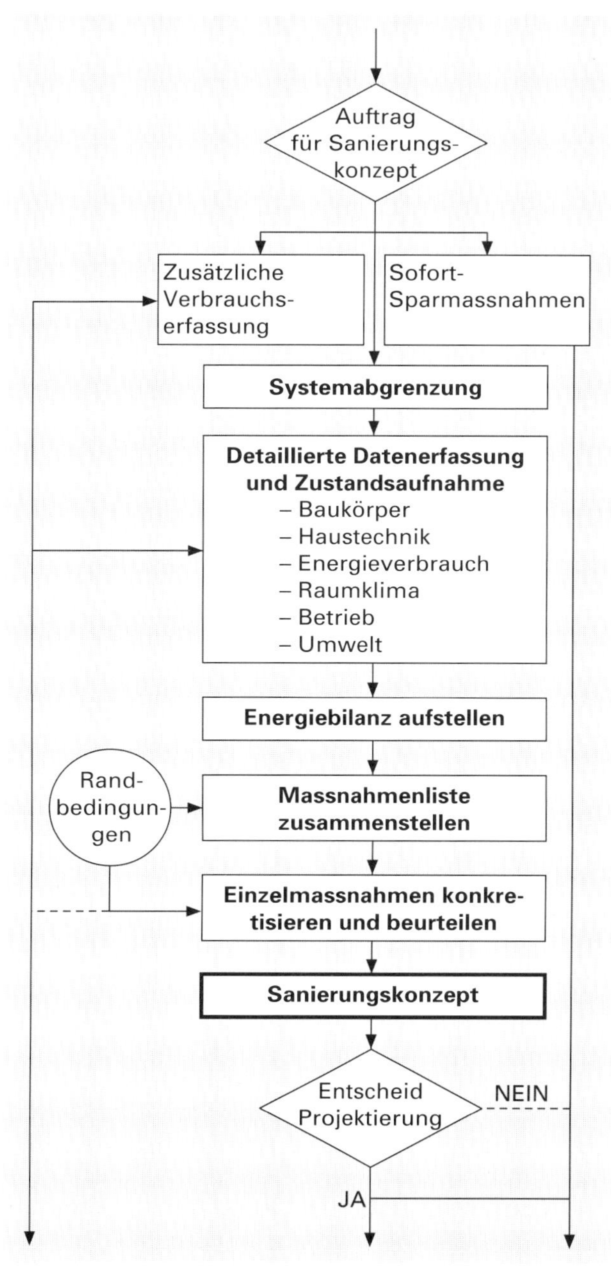

7.5 Wärmetechnische Massnahmen

Sanierung
Bei der Projektierung und Ausführung wärmetechnischer Sanierungen müssen alle Beteiligten dieselben Leistungen erbringen wie bei anderen Bauaufgaben. Insbesondere sind für den definitiven Ausführungsentscheid verbindliche Unternehmerofferten einzuholen. Ebenso wichtig sind eine sorgfältige Planung und Ausführung, um das spätere Entstehen von Bauschäden zu vermeiden, sowie die Angemessenheit der Interventionen gegenüber der bestehenden Bausubstanz. Der Erfolg der Sanierung hängt ganz besonders von der sorgfältigen und korrekten Arbeit von Architekt, Fachingenieur, Bauleiter, Unternehmer und Handwerker ab.

Die Projektierung erfordert eine umfassende Übersicht aller energiesparenden Baumethoden, Baustoffe, Apparate und Anlageteile, wobei die bauphysikalischen Zusammenhänge zu beachten sind. Die Sparversprechen der Werbung für wärmedämmende Produkte und Heizöl sparende Apparate können nur in Kenntnis der einzelnen Energieverlustanteile und einer Gesamtenergiebilanz, inklusive grauer Energie, beurteilt werden.

Bei der Ausführung geht es vor allem um die Details. Eine zu geringe Sorgfalt, die noch nicht einmal etwas mit Liederlichkeit zu tun zu haben braucht, kann die Wirkung richtig projektierter Details zunichte machen oder gar zu Bauschäden führen.

Erfolgskontrolle
Die Ueberprüfung des Energiesparerfolges ist wichtig für
- den Auftraggeber als Grundlage für allfällige spätere Sanierungsetappen.
- die Bewohner oder Benützer des Gebäudes, weil sie dadurch zu eigenem energiebewusstem Verhalten angespornt werden.
- die beteiligten Fachleute als Feed-back für ihre weitere Tätigkeit.

Bei grösseren Bauten kann es sinnvoll sein, den Bearbeiter des Sanierungskonzeptes mit einem separaten Auftrag zur Planung, Begleitung und Auswertung der Erfolgskontrolle zu betrauen. Die Durchführung erfolgt in enger Zusammenarbeit mit dem Hauswart bzw. dem Betriebspersonal und bezieht auch die Bewohner und Benutzer mit ein.
Sind die Messgeräte vorhanden, die routinemässigen Ablesungen eingespielt und die Auswertung der gewonnenen Daten gesichert, so wird die Erfolgskontrolle in den folgenden Jahren sinnvollerweise in eine laufende Verbrauchskontrolle oder wenigstens in eine systematische Energiebuchhaltung übergeführt.
Deren Resultate bilden die Grundlagen für die stete Verbesserung des Betriebs.

Im Idealfall kann der Einzelbauteil bzw. die Gebäudehülle durch nachträgliche Massnahmen den für Neubauten geltenden Anforderungen (Wärmeschutz, Feuchteschutz, Schallschutz) angepasst werden. Grundsätzlich gelten die Hinweise betreffend Konstruktion, Schichtaufbau und Anforderungen, wie sie im Kapitel 2 für die Gebäudehülle beim Neubau definiert sind. Als erschwerend für die Planung und Ausführung gilt der nicht immer in allen Belangen vorgängig feststellbare Ist-Zustand, der jedoch in jeder Phase der Planung und Ausführung zu berücksichtigen wäre. Daraus resultieren oft Mehraufwendungen bei der Ausführung und Bauüberwachung.

Obwohl im folgenden auf wärmetechnische Massnahmen an Einzelbauteilen eingegangen wird, sollen solche Massnahmen immer integral, im Rahmen zusätzlicher baustatischer/bauphysikalischer Wechselwirkungen, im Zusammenhang mit der ganzen Gebäudehülle, betrachtet werden. Auch wenn vorerst nur einzelne Bauteile verbessert werden, ist immer von einem Konzept auszugehen, das durch kurz-, mittel- und längerfristige Massnahmen die wärmetechnische Verbesserung der ganzen Gebäudehülle sowie entsprechende Anpassungen an der Heizung und der Lüftung erlaubt.
Eine Beurteilung von Einzelmassnahmen hinsichtlich der Auswirkungen auf andere Bauteile bzw. das Bauwerk als solches ist zu prüfen. So kann z.B. das Einbauen von neuen Fenstern die raumklimatischen Bedingungen derart verändern (höhere relative Raumluftfeuchtigkeit), dass daraus Folgeschäden an anderen, wärmetechnisch nicht verbesserten Bauteilen oder Bauteilübergängen (Feuchtigkeitsschäden in zwei- und dreidimensionalen Eckbereichen) entstehen.

7.5.1 Steildach

Betreffend wärmetechnische Zusatzmassnahmen ist das Steildach ein eher atypischer Bauteil.
Viele Steildächer sind als nicht wärmegedämmte Bauteile über kalten Estrichräumen angeordnet. Massnahmen an solchen Steildächern werden z.B. im Rahmen von Nutzungsänderungen getroffen (siehe Kapitel 7.6 «Ausbau von Dachgeschossräumen»), wobei quasi dieselben Konstruktionssysteme in Frage kommen, wie sie im Kapitel 2.1 für neue Steildächer bei Neubauten umschrieben sind.
Eine weitere Kategorie stellen Steildächer dar, welche, vom Konstruktionsaufbau im Regelquerschnitt her betrachtet, den Wärmeschutzanforderungen wohl genügen, jedoch Mängel aufweisen, z.B. betreffend warmseitige Luftdichtigkeit, Wärmebrücken bei An- und Abschlüssen, Wasserdichtigkeit. Bei solchen Steildächern sind, zur Vermeidung von Folgeschäden, die vorhandenen Mängel zu beheben.

Das hier interessierende Steildach ist dasjenige, welches wohl mehr oder weniger funktionstüchtig ist, dessen Wärmedämmvermögen jedoch den heutigen Anforderungen nicht mehr genügt.
Neben dem ungenügenden Wärmedämmvermögen können bei solch älteren Steildächern, meist Kaltdachkonstruktionen, auch «normale» Mängel (Veränderung der Regeln der Baukunde beachten) betreffend warmseitige Luftdichtigkeit, Durchlüftung zwischen Wärmedämmschicht und Unterdach und eventuell Wasserdichtigkeit (z.B. Rückschwellwasser) vorhanden sein.
Je nach Art der Mängel eignet sich für solche Steildächern eher die Verbesserung des Wärmedämmvermögens von unten her, unter Beibehaltung der Kaltdachsystematik; oder das Kaltdach wird in eine Warmdachkonstruktion umfunktioniert.

Bestehende Kaltdachkonstruktion

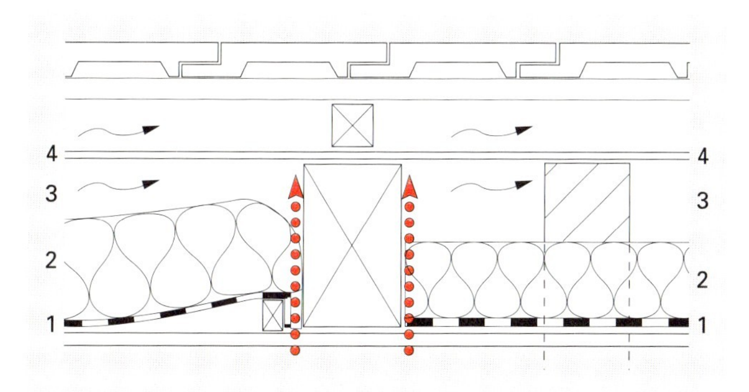

1 Mängel im Bereich der Dampfbremse und Luftdichtigkeitsschicht (Luftundichtigkeiten)
2 Mängel im Bereich der Wärmedämmschicht (z.B. nicht lückenlos verlegt, Wärmebrücken)
3 Mängel im Bereich des Durchlüftungshohlraumes (Zu- und Fortluftöffnungen, Unterbruch des Hohlraumes)
4 Mängel im Bereich des Unterdaches (z.B. Rückschwellwasser)

Sanierungsvariante «Kaltdach»

Durch zusätzliches Anbringen von Wärmedämm- und Dampfbrems-/Luftdichtigkeitsschichten unter der bestehenden (allenfalls noch zu verstärkenden) Tragkonstruktion oder eventuell unter der Deckenverkleidung, können das Wärmedämmvermögen und die Luftdichtigkeit verbessert werden. Je nach Verhältnis der Wärmedurchlasswiderstände von neuer und bestehender Wärmedämmschicht wird die bestehende Dampfbremse in eine mehr oder weniger ungünstige «Ebene verlagert». Das dampfdiffusionstechnische Verhalten ist objektspezifisch abzuklären bzw. die Funktionstüchtigkeit nachzuweisen.
Wärmetechnische Schwachstellen, z.B. in Form von Wänden, die bis unter das Unterdach reichen und somit die Wärmedämmschicht durchdringen, sowie Mängel betreffend Durchlüftung oder Wasserdichtigkeit können mit dieser Variante jedoch nicht behoben werden.

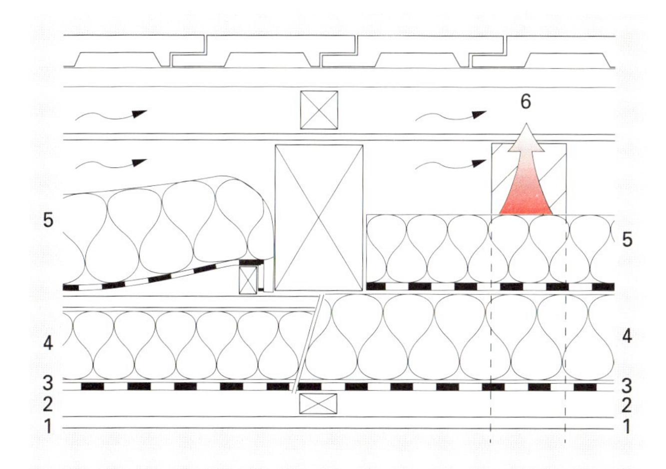

1 Neue Deckenverkleidung
2 Schiftlattung, Hohlraum für Installationen
3 Neue Dampfbremse und Luftdichtigkeitsschicht
4 Neue Wärmedämmschicht, zwischen Lattenrost verlegt
5 Bestehende Wärmedämmschicht
6 Wärmetechnische Schwachstelle bei durchdringender Wandkonstruktion

Sanierungsvariante «Warmdach»

Nach dem Entfernen der Hartbedachung, der Konter- und Ziegellattung sowie dem Unterdach kann das bestehende Kaltdach von oben her in ein Warmdach umfunktioniert werden. Je nach Art und Dicke der bestehenden Wärmedämmschicht muss diese eventuell aus dampfdiffusionstechnischen Gründen entfernt werden. Die über einer Verlegeunterlage (eventuell bestehendes Unterdach) aufgebrachte Dampf-

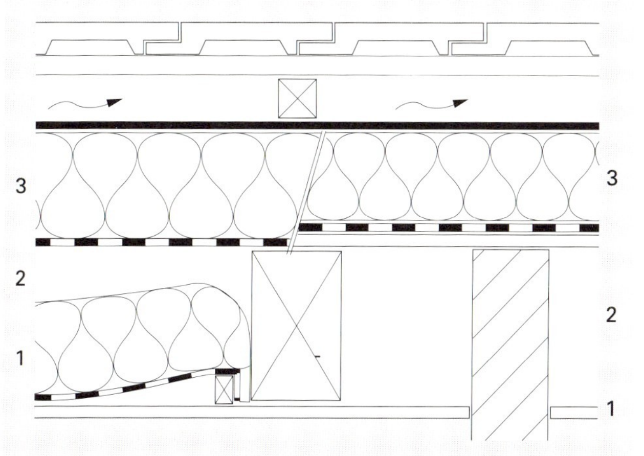

1 Bestehende Deckenverkleidung und evtl. bestehende Wärmedämmschicht
2 Bestehender Durchlüftungshohlraum mit «ruhender» Luftschicht (Zu- und Fortluftöffnungen geschlossen)
3 Neuer Warmdachaufbau mit Unterdachelement oder mit Einzelschichten (Verlegeunterlage, Dampfbremse und Luftdichtigkeitsschicht, Wärmedämmschicht, Unterdach)

sperre und Luftdichtigkeitsschicht ist im Trauf- und Ortbereich warmseitig luftdicht anzuschliessen und die Durchlüftungsquerschnitte sind, z.B. durch lückenloses Zusammenschliessen der Wärmedämmschichten im Dach- und Wandbereich, zu schliessen. Diese Sanierungsvariante bedingt eine Anpassung der Spenglerarbeiten, die Trauf- und Firsthöhe wird in etwa um das Mass der Wärmedämmschichtdicke erhöht. Mit dieser Sanierung können übliche Mängel behoben werden und im Zusammenhang mit einer wärmetechnischen Verbesserung der Aussenwände lässt sich auch der Übergang Aussenwand/Steildach optimieren.

Bestehende Warmdachkonstruktion
Warmdachkonstruktionen sind meist neueren Datums und das Wärmedämmvermögen lässt eine wärmetechnische Verbesserung aus wirtschaftlichen Überlegungen kaum zu. Wenn Mängel betreffend Wärmedämmvermögen und Luftdichtigkeit trotzdem eine Sanierung erfordern, ist dieselbe in der Regel von oben her, durch das Abtragen der Schichten bis auf die zu bearbeitende Ebene, zu bewerkstelligen.
Bei einer umfassenden Sanierung der Gebäudehülle könnten z.B die Aussenwand und das Steildach wärmetechnisch verbessert und, durch Änderung des Dichtungskonzeptes von System A zu A_{St} (siehe unter Kapitel 4.5 «Luftdurchlässigkeit»), die warmseitige Luftdichtigkeit erhöht werden.

7.5.2 Flachdach

Für die wärmetechnische Verbesserung von Flachdächern stehen diverse Möglichkeiten zur Verfügung, deren Tauglichkeit neben dem Zustand der bestehenden Flachbedachung und der Wiederverwendbarkeit einzelner Schichten auch vom zukünftig erwarteten Nutzen abhängt. Neben rein wärmetechnisch motivierten Renovationen sind es vorallem auch das Erreichen der Lebenserwartung, vorzeitige Schädigung oder das Bedürfnis nach Umnutzung (z.B. Begrünung), welche nach einer Renovation/Sanierung rufen. Je nach Zustandsbeurteilung und Zielvorstellung (z.B. Nutzung), stehen für die wärmetechnische Verbesserung verschiedene Möglichkeiten offen.

Plusdach
Noch intakte, beschränkt begehbare (bekieste) Flachdächer lassen sich durch das Aufbringen von feuchtigkeitsunempfindlichen, z.B. extrudierten Polystyrolhartschaumplatten wärmetechnisch verbessern.
Weil durch die Renovationsarbeit, insbesondere das Umschaufeln der Beschwerungsschicht aus Kies, die bestehende Abdichtung mechanisch beansprucht, allenfalls sogar verletzt wird, ist jeweils auch das Verbessern der Abdichtung zu prüfen.

Die An- und Abschlüsse (Spenglerarbeit) können beim Plusdach grundsätzlich beibehalten werden, wenn die oberen offenen Begrenzungen auch weiterhin den Anforderungen gemäss Empfehlung SIA 271 [12] entsprechen (obere offene Begrenzung mind. 120 mm über OK Schutz- und Nutzschicht).

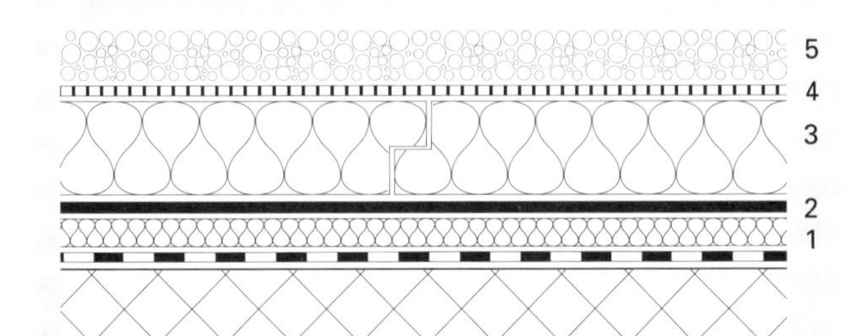

1 Bestehende, funktionstüchtige Flachbedachung mit geringem Wärmedämmvermögen
2 Bestehende, evtl. verstärkte Abdichtung
3 Zusätzliche Wärmedämmschicht aus extrudiertem Polystyrolhartschaum
4 Filterlage
5 Schutz- und Beschwerungsschicht (z.B. Rundkies)

Doppeldach
Das Doppeldach eignet sich sehr gut für die Renovation von noch intakten Flachbedachungen, insbesondere auch dann, wenn die Nutzung geändert werden soll. Bestehende Schutz- und Nutzschichten werden entfernt, und über der alten Abdichtung wird im Warmdachsystem eine neue Flachbedachung aufgebaut. Auf diese Weise kann das Wärmedämmvermögen den geltenden Anforderungen angepasst und die neue Abdichtung, inklusive der Schutzlagen sowie der An- und Abschlüsse, entsprechend der vorgesehenen Nutzung gewählt werden.

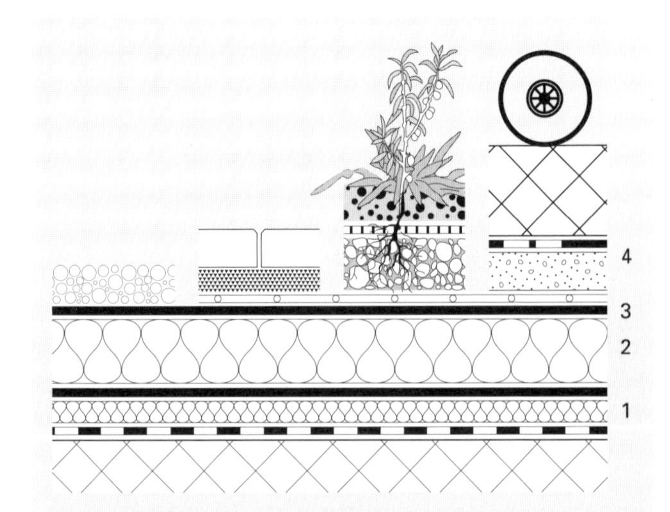

1 Bestehende, funktionstüchtige Flachbedachung mit geringem Wärmedämmvermögen
2 Zusätzliche Wärmedämmschicht
3 Neue Abdichtung
4 Schutz- und Nutzschichten

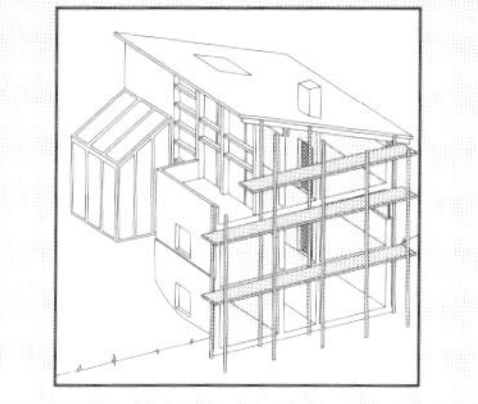

Neues Warmdach

Das Ausbilden eines neuen Warmdaches wird vor allem dann erforderlich, wenn die Flachbedachung soweit geschädigt ist, dass einzelne Schichten, wie z.B. die nasse Wärmedämmschicht, nicht mehr weiterverwendet werden können bzw. dürfen. Gemäss SIA 271 muss der Feuchtigkeitsgehalt der bestehenden Wärmedämmschicht ≤ 5 Vol.-% sein, die Dampfsperre soll noch funktionstüchtig und durch infiltriertes Wasser nicht grossflächig unterflossen sein.
Durch Renovation mit einem neuen Warmdach lässt sich das Flachdach in allen Belangen den geltenden Anforderungen anpassen.

Kaltdach über bestehendem Warmdach

Durch ein zusätzliches Tragsystem in Leichtbauweise (z.B. Holz- oder Stahlbau) kann eine neue, durch einen durchlüfteten Hohlraum von den bestehenden Flachdachschichten getrennte Verlegeunterlage geschaffen werden. Über dieser lässt sich mittels Abdichtungs- und evtl. Schutz- und Nutzschichten eine neue Flachbedachung realisieren. Das Wärmedämmvermögen wird durch zusätzliche Dämmschichten über der bestehenden Abdichtung oder über der bestehenden Dampfsperre verbessert.
Bei dieser Konzeption ist es sehr einfach, das Flachdach auskragen zu lassen, um die Fassade vor Witterung zu schützen.

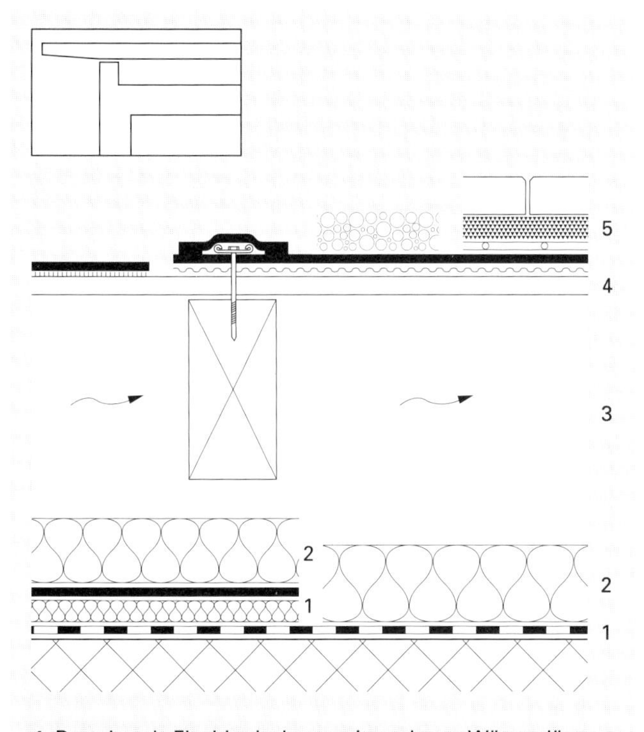

1 Bestehende Flachbedachung mit trockener Wärmedämmschicht bzw. bestehender, nicht grossflächig unterflossener Dampfsperre
2 Zusätzliche Wärmedämmschicht
3 Belüfteter Hohlraum/Tragkonstruktion
4 Verlegeunterlage
5 Neue Flachbedachung

7.5.3 Deckenkonstruktion

Betreffend wärmetechnische Verbesserung von Decken beschränken wir uns auf den Standardfall zwischen beheiztem Raum und kaltem Estrich. Als Ist-Zustand untersuchen wir einerseits massive Deckenkonstruktionen ohne oder mit ungenügender Wärmedämmschicht und andererseits nicht wärmegedämmte Leichtbaukonstruktionen (Holzbalkendecke, eventuell mit Schräg- bzw. Blindboden und Schüttgut).

Massive Deckenkonstruktion

Durch das Anbringen von zusätzlichen Wärmedämmschichten auf der Warmseite (Deckenuntersicht) würden zwangsläufig Wärmebrücken über durchdringende Innen- und Aussenwände entstehen. Auf diese Variante wird deshalb in der Regel verzichtet.
Zusätzliche Wärmeschutzmassnahmen erfolgen meist durch das Auflegen von Einzelschichten oder Verbundelementen über dem Estrichboden. Diese Massnahmen sind als einfach und kostengünstig zu bezeichnen, sie können denn auch oft aus rein wirtschaftlichen Überlegungen sinnvoll sein.

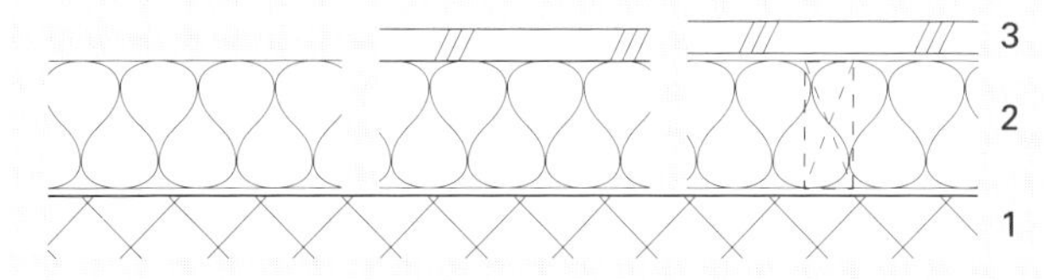

1 Bestehende Decke
2 Zusätzliche Wärmedämmschicht
3 Evtl. Holzwerkstoffplatten als Geh- und Nutzbelag

Leichtbaukonstruktion mit Gipsdecke

Schilfrohrarmierte Gipsdecken o.ä. weisen oft erhaltenswerte Stukaturen auf, von der Raumseite her sind wärmetechnische Massnahmen meist nicht möglich. Weil Gipsdecken in der Regel luftdicht sind, ist eine Verbesserung des Wärmedämmvermögens von oben her, z.B. durch Wärmedämmschichten zwischen oder über der Holzbalkendecke, kostengünstig realisierbar. Dies meist ohne zusätzliche Dampfbrems- und Luftdichtigkeitsschichten.

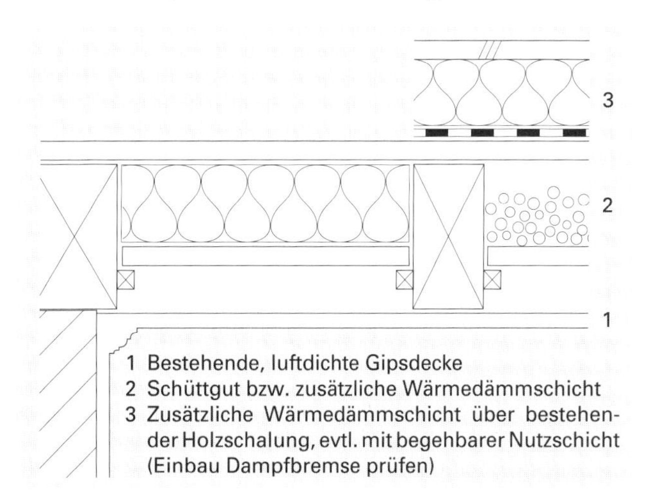

1 Bestehende, luftdichte Gipsdecke
2 Schüttgut bzw. zusätzliche Wärmedämmschicht
3 Zusätzliche Wärmedämmschicht über bestehender Holzschalung, evtl. mit begehbarer Nutzschicht (Einbau Dampfbremse prüfen)

Leichbaukonstruktion mit Holzdecke
Holzschalungen mit Nut- und Kamm-Verbindung o.ä. sind nicht luftdicht. Solche Deckenkonstruktionen weisen neben ungenügendem Wärmedämmvermögen (Transmissionswärmeverluste) auch einen grossen Luftdurchgang auf, was neben Lüftungswärmeverlusten zu Zuglufterscheinungen und Kondensatausscheidungen führen kann. Neben dem Anbringen von Wärmedämmschichten sind bei solchen Konstruktionen auch Massnahmen zur Gewährleistung der warmseitigen Luftdichtigkeit erforderlich.
Wärmedämmschichten können sowohl unter der bestehenden Holzbalkendecke bzw. Deckenverkleidung als auch zwischen oder über der Holzbalkendecke verlegt werden.
Eine Dampfbremse und Luftdichtigkeitsschicht wird mit Vorteil als separate, grossflächige Ebene konzipiert und an durchdringende, luftdichte Bauteile wie Innen- und Aussenwände angeschlossen. Das bedeutet, dass die Luftdichtigkeit entweder durch das Anbringen einer Dampfbremse und Luftdichtigkeitsschicht von unten her (unter der Holzbalkendecke oder der bestehenden Deckenverkleidung) oder durch das Verlegen einer solchen von oben her (über oder evtl. zwischen und über der Holzbalkendecke) zu gewährleisten ist. Mit Luftdichtigkeitsschichten, die von oben her zwischen der Balkenlage verlegt werden, ist es enorm schwierig, die gewünschte Luftdichtigkeit zu gewährleisten (viele Anschlussstellen).
Generell schwierig zu planen und auszuführen sind Wärmedämmassnahmen und zugehörige Luftdichtigkeitsschichten dann, wenn neben der Decke auch die Zwischen- und Aussenwände als Leichtbaukonstruktionen (z.B. Holzständerbau) erstellt sind. Es muss objektspezifisch ein geeignetes Konzept gefunden werden.

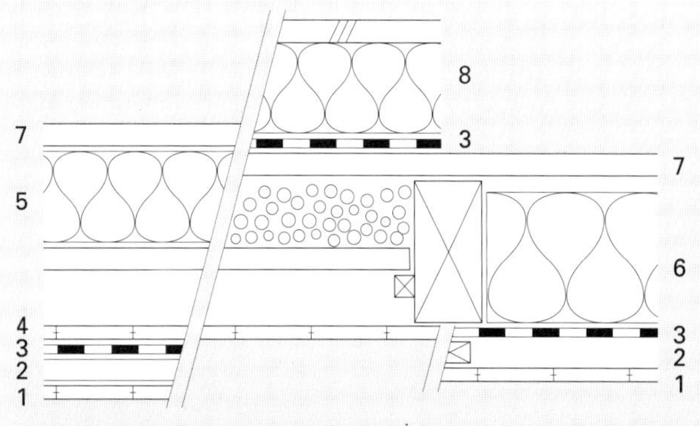

1 Neue Deckenverkleidung
2 Schiftlattung und Installationshohlraum
3 Dampfbremse und Luftdichtigkeitsschicht
4 Bestehende Deckenverkleidung
5 Neue Wärmedämmschicht, zwischen und evtl. über der Balkenlage verlegt
6 Neue Wärmedämmschicht, zwischen die Balkenlage verlegt
7 Bestehender Bretterboden
8 Neue Wärmedämmschicht bzw. Wärmedämmelement, über bestehender Deckenkonstruktion verlegt

7.5.4 Bodenkonstruktion

Bei Bodenkonstruktionen über Aussenklima und über nicht beheizten Räumen werden zusätzliche Wärmedämmschichten von unten her angebracht.
Bei Böden über Aussenklima kann z.B., zusammen mit einer wärmetechnischen Verbesserung der Aussenwände, ein wärmebrückenfreies Konzept realisiert werden, wenn man von einzelnen Durchdringungen durch eventuell vorhandene Stützen oder Wandscheiben absieht.
Zur wärmetechnischen Verbesserung von Bodenkonstruktionen von unten her gibt es unzählige Möglichkeiten in Form von Mehrschicht-Wärmedämmelementen oder Wärmedämmschichten mit zusätzlichen Deckenverkleidungen. Je nach Anforderung an das Erscheinungsbild (Untersicht als Teil der Fassade) und dem erforderlichen mechanischen Widerstand (Eingangshallen, Abstellräume im Untergeschoss) ist ein geeignetes System zu wählen.

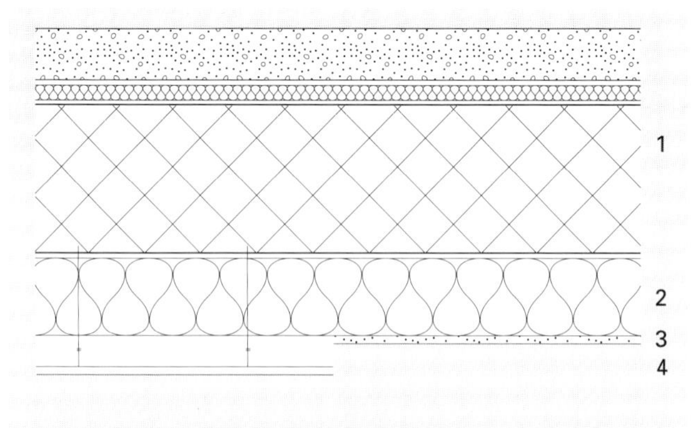

1 Bestehende Deckenkonstruktion
2 Neue Wärmedämmschicht oder Wärmedämm-Verbundplatte
3 Evtl. Deckenputz
4 Evtl. abgehängte Deckenverkleidung

Insbesondere dann, wenn keine grossen Anforderungen an eine Deckenuntersicht gestellt werden, ist auch diese wärmetechnische Massnahme als kostengünstig und wirtschaftlich zu bezeichnen.

Bodenkonstruktion über Erdreich
Obwohl zahlreiche Bodenkonstruktionen über Erdreich wärmetechnisch mangelhaft sind, ist eine wärmetechnische Verbesserung nur dann realisierbar, wenn sie zusammen mit der Behebung anderer Mängel und Schäden, z.B. den Feuchtigkeitsschutz betreffend (kapillar aufsteigende Feuchtigkeit), erfolgen kann. Eine solche Sanierung bedingt den Abbruch der Bodenüberkonstruktionen bis auf die Bodenplatte und hat unter Berücksichtigung der Hinweise zu erfolgen, wie sie unter Kapitel 2.4.5 «Bodenkonstruktionen über Erdreich» für den Neubau aufgeführt sind.

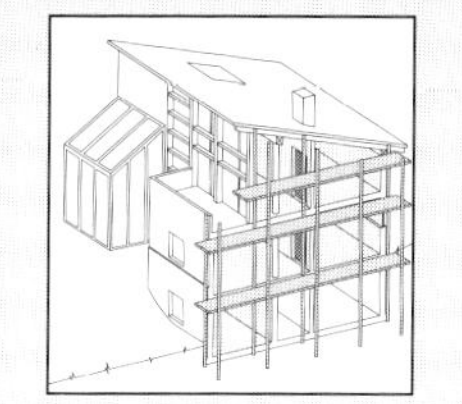

7.5.5 Aussenwandkonstruktion

Eine wärmetechnische Verbesserung der Aussenwände bedingt das Miteinbeziehen sehr vieler Schnittstellenprobleme und ist wohl Hauptveranlassung, eine Gebäudehülle betreffend wärmetechnische Optimierung ganzheitlich zu betrachten.

- Anschluss an Dachkonstruktion (Flach- oder Steildach) oder wärmetechnische Auseinandersetzung mit der Schnittstelle Aussenwand/Decke gegen kalten Estrichraum.
- Anschluss an Fenster (bestehend oder neu) im Brüstungs- und Leibungsbereich.
- Anschluss an Fenster im Sturzbereich mit der Problemstellung «Sturznische für Sonnen- und Wetterschutzsystem».
- Anschluss an horizontal auskragende Bauteile wie Balkonplatten o.ä.
- Übergang Aussenwand/Decke über Aussenklima/Aussenwand.
- Sockelausbildung im Übergangsbereich zur Aussenwand im Erdreich bzw. der Schnittstelle zwischen beheiztem Obergeschoss- zu nicht beheiztem Untergeschossraum.

Die wärmetechnische Verbesserung der Aussenwand beeinflusst zudem das Erscheinungsbild eines Gebäudes meist wesentlich. Sei es durch eine andere Materialisierung (Putz/Fassadenbekleidung), durch tiefere Fensternischen (Leibungstiefe) oder durch konzeptionell andere Lösungen bei Balkonen (Wechsel auf separates Tragsystem/Wintergartenkonzept).

Bei Bauten der Baugruppen II und III gemäss Forschungsprojekt Wärmebrücken [21], die vor 1925 als Massivbauten, mit Bruchsteinmauerwerken und Gesimsen sowie Fenstergewänden aus Naturstein, erbaut wurden, kann die heute üblichste Art einer wärmetechnischen Verbesserung – die Aussenwärmedämmung – meist nicht realisiert werden. Auf der Gebäudeinnenseite sind objektspezifisch Massnahmen zur wärmetechnischen Verbesserung zu suchen, ohne das bauphysikalische Gefüge negativ zu beeinflussen (Anschlüsse an Fenster, Zwischenwände und Decken in Holzbauweise).

Im folgenden beschränken wir uns auf Aussagen zur wärmetechnischen Verbesserung von Bauten der Baugruppe I. Es sind dies Gebäude mit Aussenwänden in Massivbauweise (Einstein- oder Verbandmauerwerke) und k-Werten um etwa 1,0 W/m^2K.
Bei solchen Bauten erschweren auskragende Balkonplatten und bestehende Rolladenkästen, mit innen liegenden Montage- und Serviceöffnungen, die wärmetechnische Verbesserung oft erheblich.

Möglichkeiten zur wärmetechnischen Verbesserung
Bei Planungsbeginn steht meist die Frage, auf welcher Seite zusätzliche Wärmedämmschichten anzubringen sind:

- auf der Gebäudeinnenseite als Innendämmung, verputzt, mit Verkleidung oder evtl. Vormauerung oder
- auf der Gebäudeaussenseite als Aussendämmung, verputzt oder mit hinterlüfteter Fassadenbekleidung.

Innenwärmedämmung
Mit der Innenwärmedämmung kann das Wärmedämmvermögen im Regelquerschnitt der Aussenwand ebenso gut verbessert werden wie mit einer Aussenwärmedämmung. Eine Innenwärmedämmung ist jedoch bauphysikalisch eher problematisch und sie führt zu vielfältigen Schnittstellenproblemen:

- Die Innenwärmedämmung läuft dem Grundsatz, dass «der Wärmedurchlasswiderstand der Bauteilschichten von innen nach aussen zunehmen und der Dampfdiffusionswiderstand abnehmen soll» zuwider.
- Mit dampfbremsenden Schichten kann wohl die dampfdiffusionstechnische Funktionstüchtigkeit gewährleistet werden. Wenn die raumseitigen Verkleidungen aber selber nicht luftdicht sind, muss die Dampfbremse gleichzeitig auch Luftdichtigkeitsschicht sein und an angrenzende sowie durchdringende Bauteile luftdicht angeschlossen werden. Schwierig ist dies vor allem dann, wenn diejenigen Bauteile, an die angeschlossen werden muss, selber nicht luftdicht sind, wie dies z.B. bei Holzbalkendecken der Fall ist.
- Mit der Innenwärmedämmung wird die bestehende Tragkonstruktion auf die «Kaltseite» der Aussenwandkonstruktion gebracht. Im Anschlussbereich der Innenwärmedämmung an besser wärmeleitende, durchdringende Bauteile (Zwischenwände und Decken) erhöht sich der Wärmeabfluss gegenüber dem ungedämmten Ist-Zustand; solche zwei- und dreidimensionalen Anschlussbereiche werden verstärkt abgekühlt. Im Bereiche solcher Anschlussstellen können tiefe Oberflächentemperaturen zu hygrischen Problemen führen.
- Innenwärmedämmungen aus Schaumkunststoff (z.B. Polystyrolhartschaumplatten) neigen zu erhöhter Schallängsleitung. Diese wärmetechnische Massnahme an der Aussenwand kann das Schalldämmvermögen der Geschossdecke erheblich reduzieren.

Über eine Innenwärmedämmung, zur wärmetechnischen Verbesserung der Gebäudehülle, sollte nur dort diskutiert werden, wo auf der Aussenseite keine Massnahmen realisiert werden dürfen, z.B. bei Bauten der

Baugruppen II und III.
Eine Innendämmung kann auch dann angezeigt sein, wenn dadurch nur lokal vorkommende Mängel und Schäden, z.B. in Form von Oberflächenkondensat-Ausscheidungen und Schimmelpilzbildung, behoben werden können. In solchen Fällen ist jedoch vorgängig genau zu eruieren, ob ähnliche Schäden nicht auch in anderen Räumen oder Wohnungen vorhanden sind oder das Risiko hierfür auch anderswo gross ist.

Aussenwärmedämmung
Mit der Aussenwärmedämmung kann nicht nur das Wärmedämmvermögen beim Aussenwand-Regelquerschnitt verbessert werden. Dieses Konzept ist zur Minimierung wärmetechnischer Schwachstellen prädestiniert.
Zur wärmetechnischen Verbesserung der Aussenwand kommen vor allem Systeme mit verputzten Wärmedämmschichten oder Systeme mit hinterlüfteten Fassadenbekleidungen zur Anwendung.

Bei der *verputzten Aussenwärmedämmung* (Kompaktfassade) wird das Erscheinungsbild eines bis anhin verputzten Bauwerkes nur insofern beeinträchtigt, als dass die Fensternischen um das Mass der Wärmedämmschicht tiefer werden.

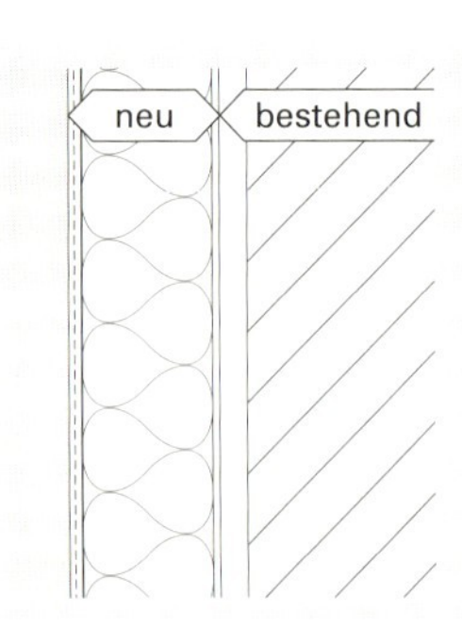

Die *Aussenwärmedämmung mit hinterlüfteter Fassadenbekleidung* verändert ein verputztes Bauwerk meist wesentlich, es entsteht ein «neuer Bau». Neben den bautechnischen und energetischen Faktoren muss bei solchen Eingriffen auch der architektonischen Komponente grosse Bedeutung beigemessen werden.

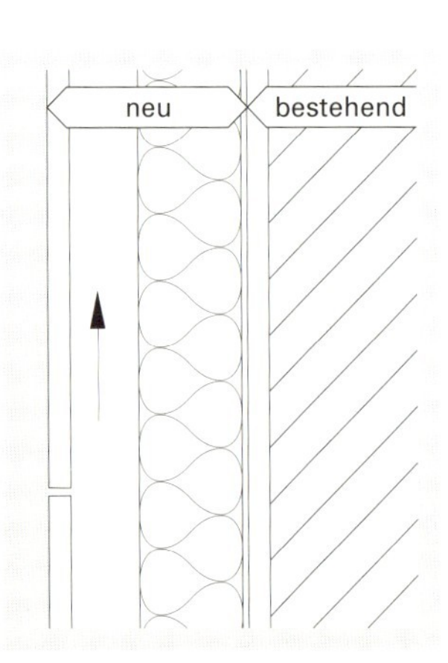

Wärmetechnische Aspekte
Die im folgenden dokumentierten wärmetechnischen und energetischen Betrachtungen verdeutlichen die bereits erwähnte Überlegenheit der Aussenwärmedämmung gegenüber der Innenwärmedämmung.
Bereits ein «normales» Deckenauflager führt bei der Innenwärmedämmung zu einem erhöhten Wärmestrom und somit zu einem k-Wert-Linienzuschlag [23]. Auch im Anschlussbereich an Fenster und bei Innenwänden ist das Aussenwärmedämmkonzept optimal.

Wärmetechnische Sanierung auf der Aussenseite

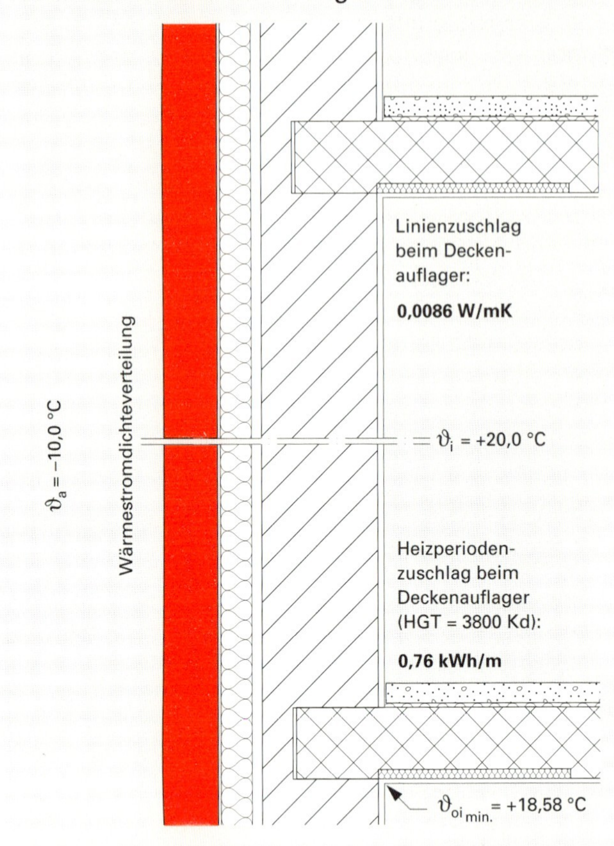

Wärmetechnische Sanierung auf der Innenseite

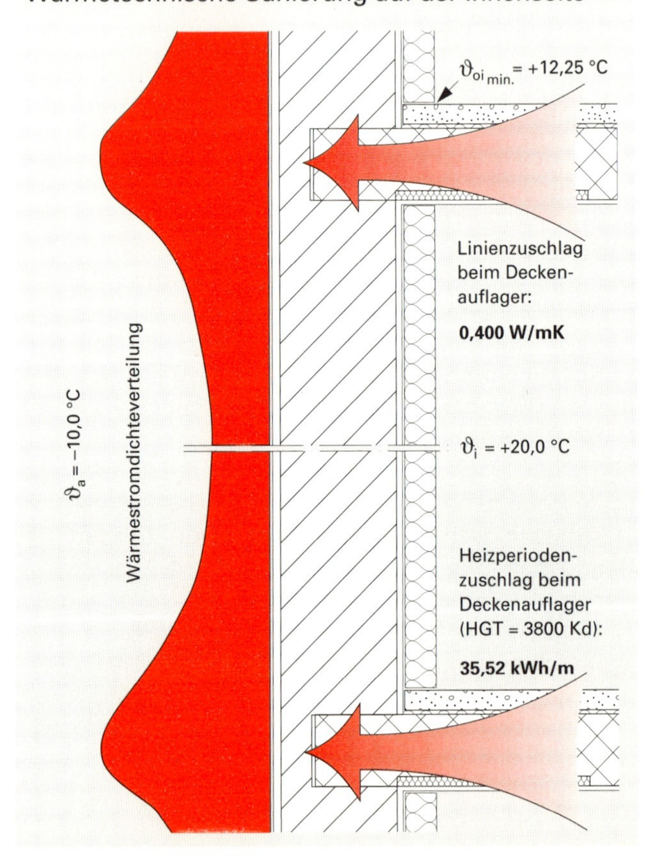

Ist-Zustand
- Verbandmauerwerk mit k = 1,14 W/m2K
- Holzfenster mit Doppelverglasung

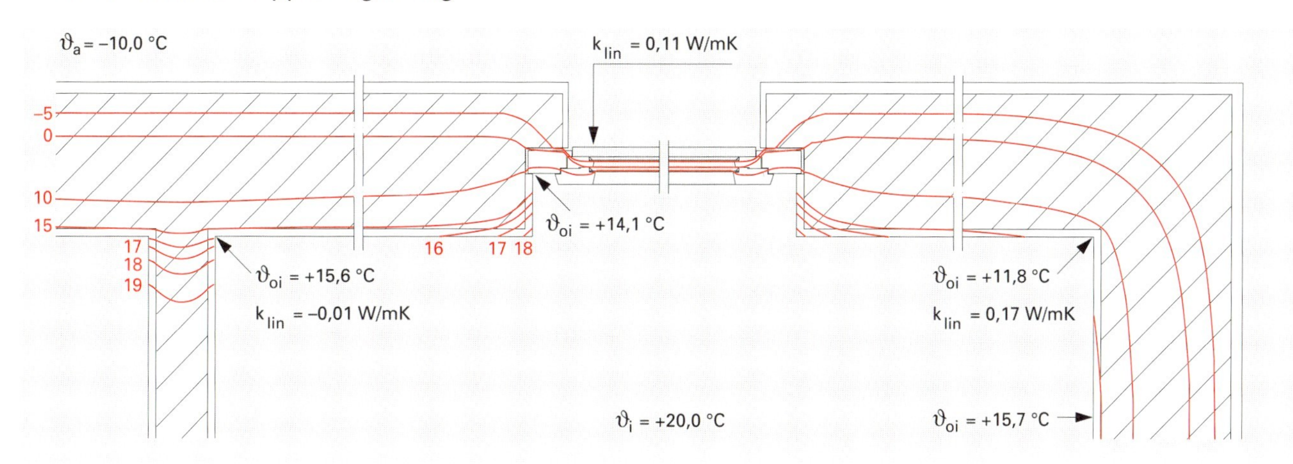

Innenwärmedämmung
- 8 cm Wärmedämmschicht, k = 0,32 W/m2K
- Holzfenster mit Doppelverglasung

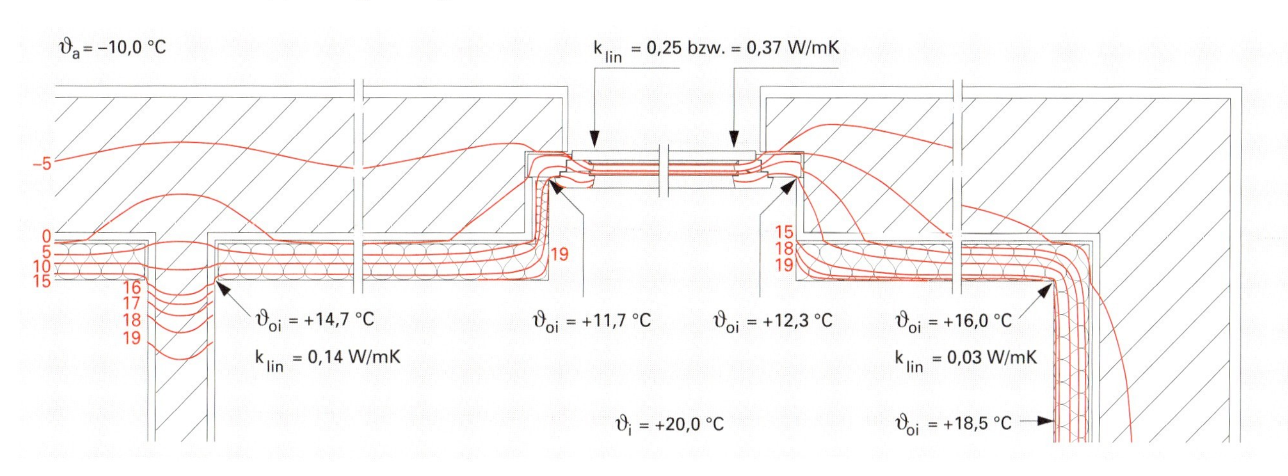

Aussenwärmedämmung
- 8 cm Wärmedämmschicht, k = 0,32 W/m2K
- Holzfenster mit Doppelverglasung

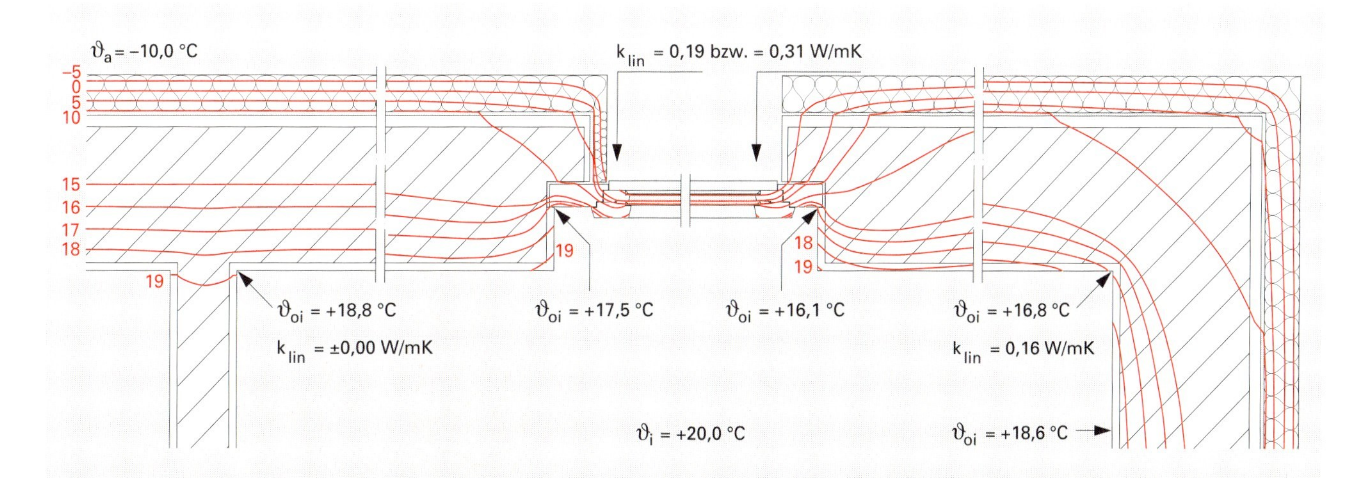

150 Bei auskragenden Bauteilen, aufgezeigt am Beispiel der Balkonplatte, kann die wärmetechnische Schwachstelle auch mit einer Aussenwärmedämmung, als alleinige Massnahme, nicht optimal gelöst werden. Das Optimum würde bei diesem Anschluss mit dem Abbruch der auskragenden Balkonplatten und einer selbständigen Tragstruktur für die Balkone bzw. Terrassen erreicht.

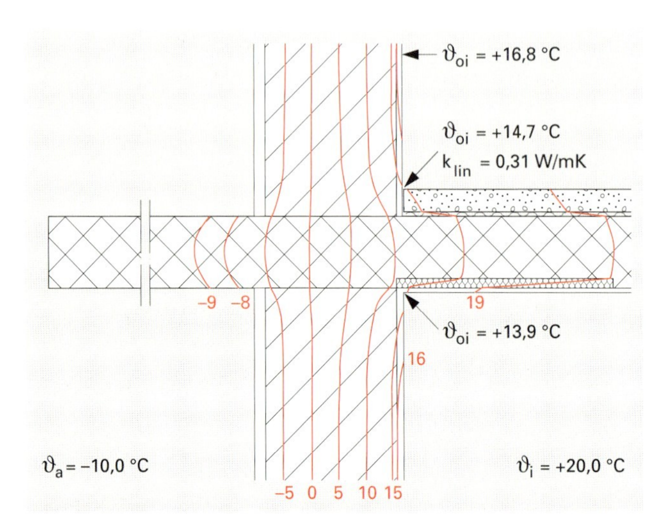

Ist-Zustand
- Verbandmauerwerk mit k = 1,14 W/m^{2}K
- Stahlbetondecke mit 50 cm breiter Randzonenwärmedämmschicht (d = 2 cm), verputzt
- Unterlagsboden über 2 Lagen Korkschrotmatten

Anmerkung zu den Ergebnissen, Beurteilung
- Die kritische Oberflächentemperatur befindet sich im oberen Eckbereich Aussenwand/Decke.
- Mit einer Oberflächentemperatur ϑ_{oi} von +13,9 °C ist die Schimmelpilzgefahr eher gering.

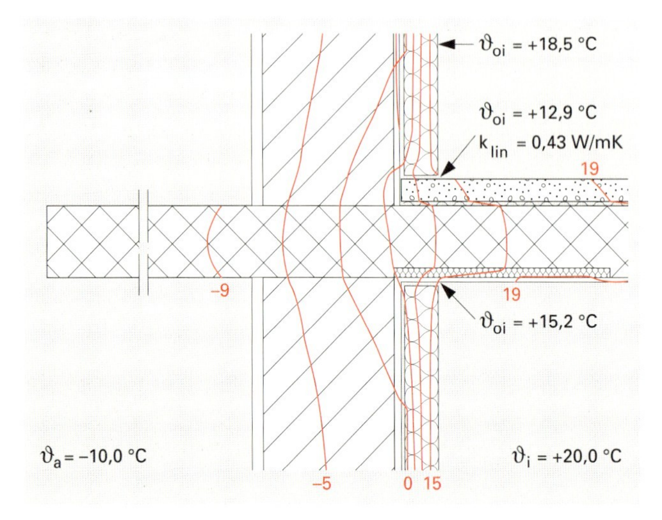

Innenwärmedämmung
- 8 cm Wärmedämmschicht, k = 0,32 W/m^{2}K

Anmerkung zu den Ergebnissen, Beurteilung
- Die kritische Oberflächentemperatur befindet sich nun im unteren Eckbereich Aussenwand/Decke.
- Mit einer Oberflächentemperatur ϑ_{oi} von +12,9 °C hat sich die Schimmelpilzgefahr erhöht.
- Der k-Wert-Zuschlag zum k-Wert des Regelquerschnittes von 0,32 W/m^{2}K beträgt k_{lin} = 0,43 W/mK.

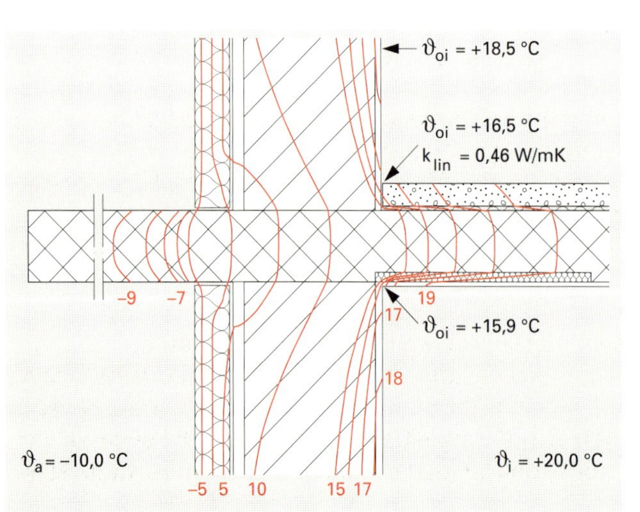

Aussenwärmedämmung
- 8 cm Wärmedämmschicht, k = 0,32 W/m^{2}K
- keine zusätzlichen Massnahmen an der Auskragung

Anmerkung zu den Ergebnissen, Beurteilung
- Die kritische Oberflächentemperatur befindet sich wie bei der Ausgangssitutation im oberen Eckbereich Aussenwand/Decke.
- Mit einer Oberflächentemperatur ϑ_{oi} von +15,9 °C ist die Schimmelpilzgefahr gering.
- Der k-Wert-Zuschlag zum k-Wert des Regelquerschnittes von 0,32 W/m^{2}K beträgt k_{lin} = 0,46 W/mK.

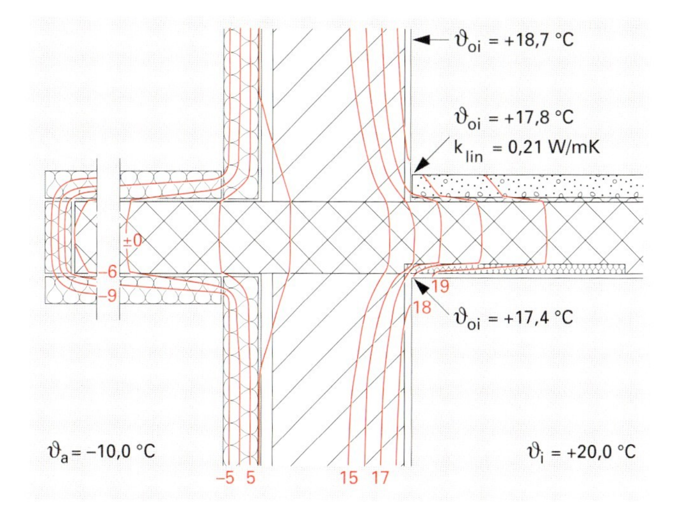

Aussenwärmedämmung

- 8 cm Wärmedämmschicht, k = 0,32 W/m²K
- Auskragende Betonplatte wärmegedämmt

Anmerkung zu den Ergebnissen, Beurteilung

- Die kritische Oberflächentemperatur ϑ_{oi} beträgt +17,4 °C und der k_{lin} = 0,21 W/mK.
- In der Praxis ist es jedoch sehr schwierig, eine konstruktive Lösung zu finden, mit der sämtliche Belange einer rundum wärmegedämmten Kragplatte zufriedenstellend gelöst werden könnten.

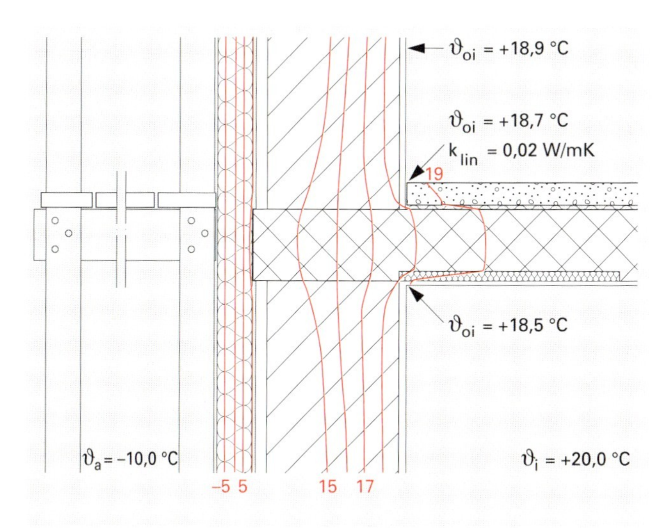

Aussenwärmedämmung

- 8 cm Wärmedämmschicht, k = 0,32 W/m²K
- Auskragende Betonplatte abgebrochen
- Neue Tragstruktur zur Ausbildung von Balkonen oder Terrassen

Anmerkung zu den Ergebnissen, Beurteilung
Dieses Konzept ist mit «kritischer» Oberflächentemperatur ϑ_{oi} von +18,5 °C und einem Linienzuschlag k_{lin} von noch 0,02 W/mK nicht nur thermisch optimal. Es bietet auch die Chance, den Nutzern einen vernünftigen Aussenraum zur Verfügung zu stellen. Im Gegensatz dazu werden auf Balkonen bei herkömmlichem Renovationsvorgehen die Platzverhältnisse noch enger als sie es bereits waren, wodurch der Nutzen teilweise erheblich eingeschränkt wird.

7.5.6 Fenster

Bestehende Holzfenster mit Doppelverglasungen, wie sie heute bei Renovationen meist vorhanden sind, weisen einen k-Wert von etwa 2,5 W/m²K auf und sind, ohne nachträglich eingebaute Falzdichtungen, eher undicht. Mit neuen Fenstern, z.B. als Wechselrahmenfenster oder mit Neubaurahmen, kann das Fenster dem heutigen Standard angepasst werden. Im Vergleich zu den opaken Bauteilen ist beim Fenster das Energiesparpotential pro m² Bauteilfläche gross. Neben einer k-Wert-Verbesserung um etwa 1 W/m²K wird auch die Dichtigkeit erhöht und die Lüftungswärmeverluste werden somit verringert.
Anlass für einen Fensterersatz ist oft auch die erhöhte Lärmbelastung.

Hygrische Probleme nach Fensterersatz
Durch neue, luftdichtere Fenster wird der natürliche Luftwechsel vermindert, die Luftwechselrate n_L reduziert. Bei gleichbleibender Nutzung und Feuchtigkeitsproduktion steigt die relative Raumluftfeuchtigkeit an.

Die für Oberflächenkondensat und Schimmelpilzbildung kritische Oberflächentemperatur erhöht sich, das Risiko von hygrischen Problemen nimmt zu. Durch vermehrtes Lüften (täglich mehrmaliges, kurzzeitiges Querlüften) kann dem Ansteigen der relativen Raumluftfeuchtigkeit entgegengewirkt werden.

Einer erhöhten raumklimatischen Belastung nach dem Fensterersatz kann auch durch Erhöhung der Oberflächentemperaturen begegnet werden, indem zusammen mit den Fenstern auch die Aussenwände wärmetechnisch verbessert werden. Bei gemeinsamer Renovation können auch die Anschlüsse aufeinander abgestimmt bzw. optimiert werden.

- Anschluss der Aussenwärmedämmung an das Fenster durch reduzierte Wärmedämmschicht im Leibungs- und Fensterbankbereich (z.B. 3 bis 4 cm).
- Ersatz von Rolladen bzw. energetisch unbefriedigenden Rolladenkästen, mit innenliegenden Montage- und Serviceöffnungen, durch aussenliegende Nischen für Sonnen- und Wetterschutzanlagen.

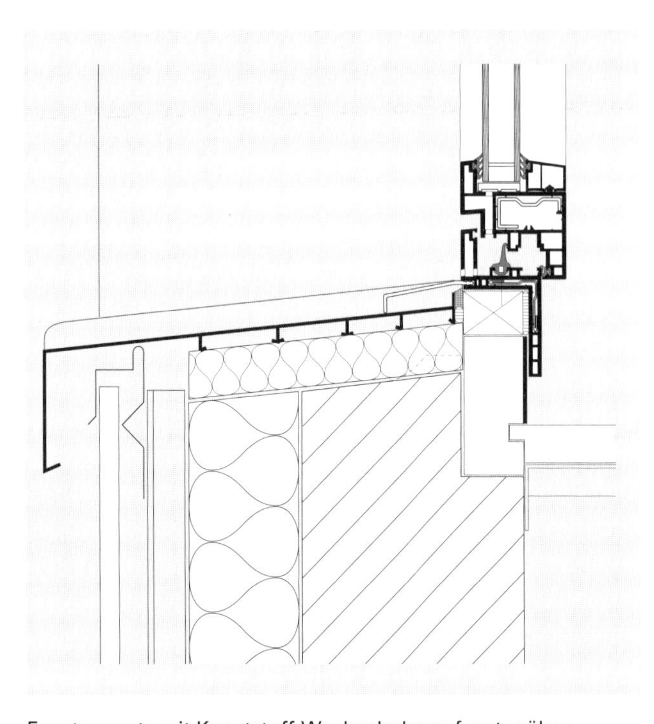

Fensterersatz mit Kunststoff-Wechselrahmenfenster über aufgedoppeltem, bestehendem Holzrahmen

7.5.7 Wärmeerzeugung, Wärmeverteilung, Wärmeabgabe und Regelung

Das in der gleichen Schriftenreihe herausgegebene Fachbuch «Heizungs- und Lüftungstechnik» von Christoph Schmid [41], von dem auch die nachfolgenden Hinweise zur Wärmeerzeugung, Wärmeverteilung, Wärmeabgabe und Regelung stammen, geht detailliert auf diesen Themenkreis ein.
Im folgenden werden nur die Wechselwirkungen zwischen wärmetechnischer Gebäudesanierung und Heizungs-/Lüftungstechnik aufgezeigt.

Durch wärmetechnische Massnahmen an der Gebäudehülle werden primär die Transmissionswärmeverluste und teilweise auch die Lüftungswärmeverluste reduziert. Der Energiebedarf für das Gebäude und die einzelnen Räume wird durch bauliche Massnahmen und evtl. zusätzlich durch nutzungsspezifische Änderungen (Temperaturreduktion bei gleichbleibender Behaglichkeit) erheblich reduziert.
Bei unveränderter Wärmeabgabe müsste überschüssige Wärmeenergie weggelüftet werden, um ein Überhitzen der Räume zu vermeiden. Dies kann aber nicht der Sinn einer wärmetechnischen und energetischen Sanierung sein – die Heizungs- und Lüftungs- oder allenfalls Klimaanlage muss an die neuen Verhältnisse angepasst werden.
Im Handbuch Planung und Projektierung wärmetechnischer Gebäudesanierungen [28] sind detaillierte Massnahmenkataloge zu finden.

Massnahmen Wärmeerzeugung

Betriebsüberwachung
Zur Feststellung des Benutzerverhaltens und um bei Störungen und Sanierungen über gute Unterlagen zu verfügen, sollten monatlich der Energieverbrauch und die Abgastemperatur protokolliert werden.

Unterhalt
Brennerservice mindestens einmal jährlich. Kessel- und Kaminreinigung ebenfalls mindestens einmal jährlich, spätestens jedoch dann, wenn die Abgastemperatur anzusteigen beginnt.

Brennereinstellung
Bei überdimensionierten Kesseln den Bemessungsfaktor feststellen (siehe Fachbuch «Heizung und Lüftung») und beim Brennerservice eine entsprechend kleinere Brennerdüse einbauen. Die Absenkung der Abgastemperatur und die Erhöhung der Brennzeit verbessern die Wirkungsgrade. Der Kamin kann allerdings eine Grenze setzen (Kaminfeger fragen).

Kesseltemperatur
Durch Senken der Kesseltemperatur können die Verluste reduziert werden (bei Öl auf etwa 60 °C, Kessel-

unterlagen ansehen). Im letzten Betriebsjahr eines Kessels kann dieser aber ganz bewusst mit noch tieferer Kesseltemperatur «zu Tode gefahren» werden.

Belüftung Heizraum
Es braucht kein offenes Fenster. Bei Öl und Gas genügt eine Öffnung von 6 cm² pro kW Kesselleistung. Günstig ist, ein Verbrennungsluftrohr bis etwa 50 cm über den Boden hinunterzuführen. So kann warme Luft nicht durch die Lüftungsöffnung entweichen.

Sanierung
Einer Sanierung sollten immer grundsätzliche Überlegungen vorausgehen. Vielleicht können zwei alte Zentralen zusammengefasst werden. Vielleicht lässt sich eine Solaranlage sinnvoll ins Konzept einbauen oder zumindest können die Voraussetzungen dafür geschaffen werden (Kanal freihalten). Es erleichtert eine gesamthafte Optimierung, wenn Kessel, Brenner und Kamin gleichzeitig saniert werden. An einer alten Anlage «herumzuflicken» ist meist fraglich.

Massnahmen Wärmeverteilung
Verteilleitungen
Isolieren nach heutigen Standards in allen nicht zu beheizenden Räumen. Materialien ohne FCKW wählen. PVC möglichst vermeiden.

Verbrauchsabhängige Heizkostenabrechnung
Da die verbrauchsabhängige Heizkostenabrechnung bald generell obligatorisch sein wird, sollte zumindest eine Idee vorliegen, wie man den Verbrauch dereinst erfassen will.

Zonenbildung
Für verschieden genutzte Gebäudeteile entsprechende Heizgruppen vorsehen.

Pumpen
Oft weisen die Pumpen zu hohe Förderdrücke auf und können deshalb im Zusammenhang mit Thermostatventilen zu Geräuschen führen.

Massnahmen Wärmeabgabe
Thermostatventile
Thermostatventile sind zumindest in allen Räumen mit Fremdwärmeanfall einzusetzen. Der Fühler des Thermostatventils sollte die Raumtemperatur messen. Wenn sich das Ventil hinter einem Vorhang oder in einer Nische befindet, muss deshalb ein Fernfühler verwendet werden.

Heizkörperdurchfluss
Es sollte jeder Heizkörper soweit gedrosselt werden, dass an einem kalten Tag eine nicht zu kleine Temperaturdifferenz an den Heizkörperanschlüssen gemessen wird (z.B. 5 Kelvin).

Heizkörperdimensionierung
Mit der Sanierung der Gebäudehülle sinkt der Wärmeleistungsbedarf. Die Anpassung erfolgt primär über die Regelung (tiefere Heizkurve) und wenn nötig kann ein einzelner Heizkörper noch zusätzlich gedrosselt werden. Eine Verkleinerung der Heizfläche ist nicht nötig. Ist ein einzelner Heizkörper zu klein, so empfiehlt sich ein Ersatz (anstatt die Heizkurve höher zu stellen).

Massnahmen Regelung
Heizkurve
Die Vorlauftemperatur muss an die Gebäudehülle und die Wärmeabgabe angepasst werden. Insbesondere nach wärmetechnischen Sanierungen der Gebäudehülle und nach der Gebäudeaustrocknung muss die Heizkurve tiefer gestellt werden. Dies erfolgt in kleinen Schritten in Zeitabständen von mehreren Tagen, bis z.B. bei Mehrfamilienhäusern ein Mieter reklamiert.

Absenkung/Abschaltung
Durch tiefere Raumtemperaturen während Nichtnutzungszeiten kann, insbesondere bei Gebäuden in Leichtbaukonstruktion, Energie gespart werden. Am besten wirkt eine Abschaltung der Heizanlage in der Nacht, im Dienstleistungsbau auch am Wochenende. Eine blosse Vorlauftemperaturabsenkung nützt oft wenig, da die Thermostatventile tiefere Raumtemperaturen zu verhindern trachten.
Aber auch eine Abschaltung ist wenig wirksam, wenn in der nachfolgenden Nutzungszeit überheizt wird (was oft der Fall ist).

Pumpensteuerung
Bei neueren Heizungsreglern wird die Pumpe automatisch abgeschaltet, wenn sie nicht benötigt wird. Hingegen sollten Zirkulationspumpen der Warmwasserverteilung mit Schaltuhren ausgerüstet werden. Manchmal ist die Zirkulation überhaupt entbehrlich (ausprobieren!).

7.6 Ausbau von Dachgeschossräumen

Architekt Werner Schmutz hat in Zofingen ein altes Bauernhaus mit Tenne zum Freizeitzentrum «Spittelhof» umgebaut (Fotos: Sarnafil AG)

Ältere Bauten weisen oft Steildächer über Estrichräumen auf, die als Lagerräume sehr geschätzt sind. Weil Wohn- und Arbeitsraum rar und das Bauland knapp bemessen sowie teuer sind, liegt es im Sinne einer Nachverdichtung nahe, bestehende Estrichräume einer höherwertigen Nutzung zuzuführen.

Das Steildach über dem Estrichraum

Solche Steildächer begrenzen eine wärmetechnische Pufferzone, die im Sommer sehr heiss und im Winter sehr kalt werden darf, gegen Aussenklima. Sie übernehmen quasi nur Schutzfunktionen vor Regen, Hagel und Schnee. Undichtigkeiten, z.B. hervorgerufen durch zerschlagene Ziegel nach Hagelschlag, führen kaum zu grösseren Schäden, können problemlos geortet, und die Schadstelle kann durch Ersatz von einzelnen Ziegeln behoben werden.
Solche Steildächer gelten zu Recht als problemloser, gutmütiger Bauteil.

Veränderte Anforderungen nach Nutzungsänderung

Durch den Entscheid, den Estrich zu bewohnen, als Arbeits- oder Ausstellungsraum auszubauen – den Nutzungen sind kaum Grenzen gesetzt – wird aus dem ehemals unproblematischen Steildach plötzlich ein anforderungsreicher Bauteil, der mit einigen Zusatzschichten sowohl im Winter als auch im Sommer ein behagliches Raumklima gewährleisten soll und Schutz vor Aussenlärm bieten muss.
Die Anforderungen betreffend Feuchte- und Wärmeschutz, Luftdichtigkeit, Schall- bzw. Lärmschutz sind genau gleich zu erfüllen, als ob es ein Neubauprojekt wäre. Nur sind die Randbedingungen durch die vorhandene Baustruktur bereits gesetzt, und der Entscheidungsspielraum ist betreffend Form, Schichtfolge, Konstruktionsprinzip viel geringer als es bei Neubauten der Fall ist.

Der Ausbau eines bestehenden Dachgeschosses wirft jedoch nicht bloss Fragen zum Steildach auf. Erste, entscheidende Punkte sind sicherlich die Erschliessung des Dachraumes, welche der neuen Nutzung angepasst sein muss (z.B. Treppe statt Faltleiter) und die Frage der natürlichen Beleuchtung. Glasziegel und einzelne Dachgauben, wie sie für Estrichräume üblich waren, genügen für Wohn- und Arbeitsräume nicht. Mit Dachflächenfenstern und Lukarnen o.ä. sowie allenfalls Fenstern in den Giebelwänden ist für eine genügende, natürliche Beleuchtung zu sorgen.

Konzeptionelle Überlegungen zum Wärmeschutz
Im Idealfall bilden die «bestehenden» und die im Dachgeschoss «neu dazu kommenden» Aussenwände mit dem Steildach eine durchgehende, lückenlos wärmegedämmte Gebäudehülle, welche den geltenden Wärmeschutzanforderungen entspricht.
Währenddem bei Neubauten der Idealfall ein Muss ist, sind bei nachträglichen Ausbauten Kompromisslösungen oft unumgänglich. Am ehesten lässt sich die ideal wärmegedämmte Gebäudehülle dann realisieren, wenn zusammen mit dem Dachstockausbau auch die Aussenwände wärmetechnisch verbessert werden.

Fallbeispiel

- Nicht speziell wärmegedämmte bzw. homogene Aussenwandkonstruktion
- Z.B. Verbandmauerwerk mit k ≈ 1,1 W/m²K

Ist-Zustand im Trauf- und Ortbereich
- Steildach nicht wärmegedämmt, evtl. ohne Unterdach

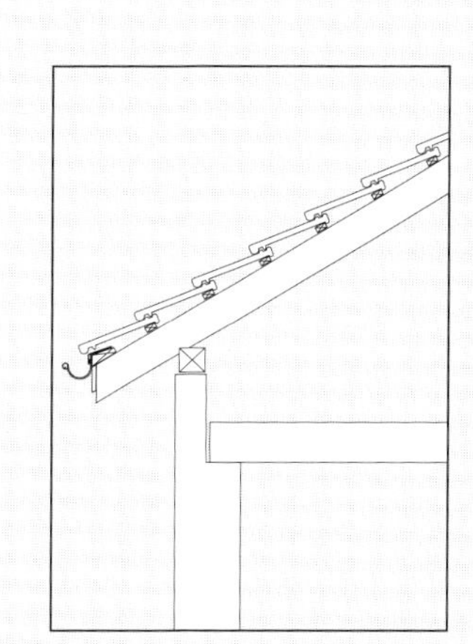
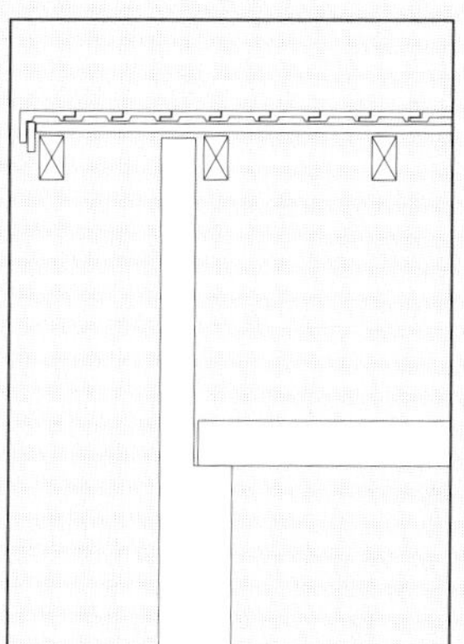

Wärmedämmkonzept Variante «Innen»
- Erschwertes Anschliessen (Wärmeschutz und Luftdichtigkeit) im Übergangsbereich Aussenwand/Steildach
- Wärmetechnische Schwachstelle im Bereiche des Deckenauflagers

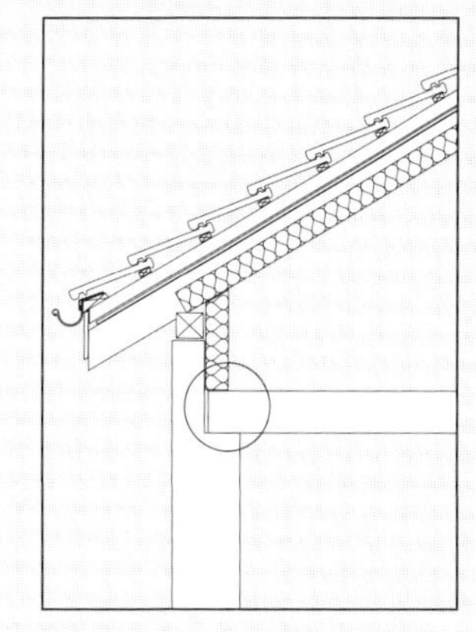
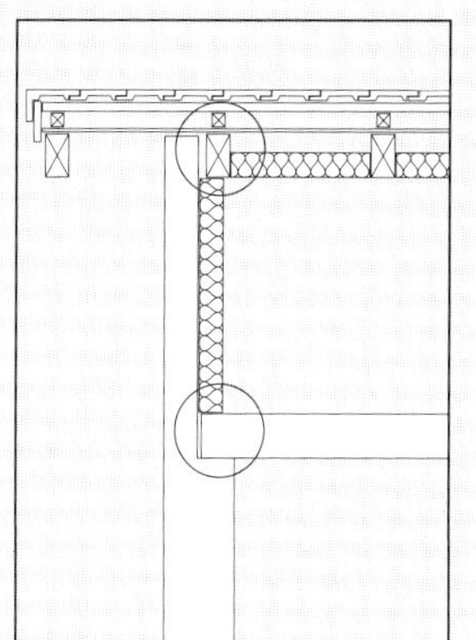

Wärmedämmkonzept Variante «Aussen»
- Lückenloses Zusammenschliessen der Wärmedämmschichten im Übergangsbereich Aussenwand/Steildach möglich
- Vor allem bei gleichzeitiger, wärmetechnischer Verbesserung der Aussenwände realistisch

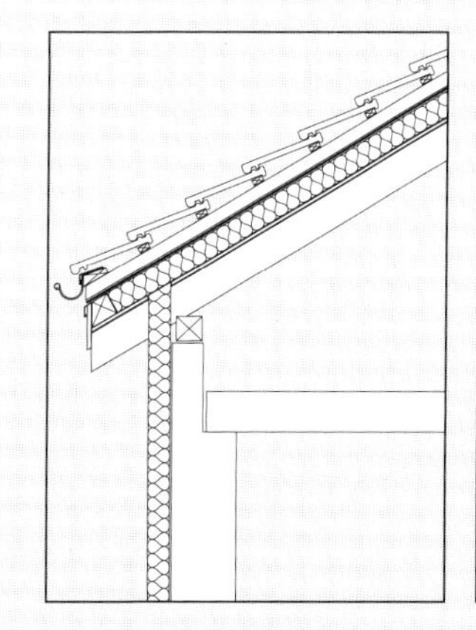
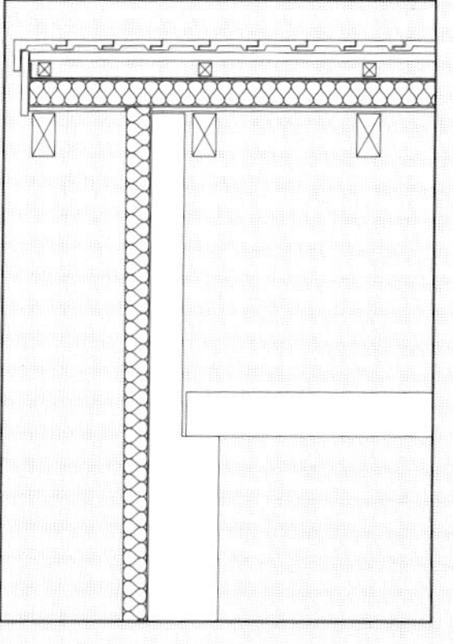

Überlegungen zur Luftdichtigkeit
Die Anforderungen an die Luftdichtigkeit (Grenzwert $n_{L,50}$) sind auch bei nachträglich ausgebauten Dachgeschossräumen einzuhalten. Wie beim Wärmeschutz können sich vorgegebene Randbedingungen auch betreffend Gewährleistung der Luftdichtigkeit erschwerend auswirken.
Insbesondere bei über den Sparren wärmegedämmten Warmdachaufbauten stellt der Sparren im Traufbereich eine schwierig abdichtbare Durchdringung dar. Zudem führen die zusätzlich über den Sparren aufgebrachten Schichten von bis etwa 20 cm Höhe (Verlegeunterlage, Dampfsperre, Wärmedämmschicht, Unterdach, Konterlattung) zu «klobigen» Trauf- und Ortabschlüssen.

Eine Lösung bietet auch bei nachträglichem Dachstockausbau das System A_{St}, mit Sticher (siehe auch Kapitel 4.5 «Luftdurchlässigkeit»).
Der bestehende Sparren wird ausserkant Fusspfette abgesägt, wodurch die Luftdichtigkeitsschicht ohne systematische Durchdringungen wiederum optimal angeschlossen werden kann. Der Trauf- und Ortabschluss bleibt bei diesem Konzept genau so elegant, wie er es vorher beim nicht wärmegedämmten Dach war.

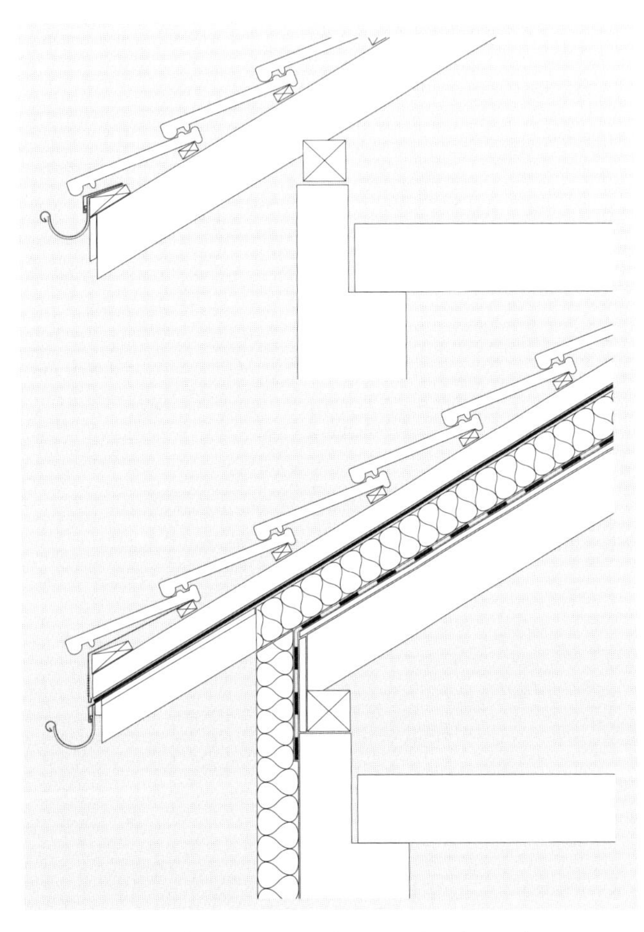

Ist-Zustand und Sanierung bzw. Dachstockausbau mit Warmdachsystem und Sticher

Steildachsysteme
Am Anfang steht die Frage nach dem Ist-Zustand und dem zukünftig gewünschten Erscheinungsbild. Das bestehende Steildach ist hauptsächlich durch sein Tragsystem geprägt, welches gerade bei älteren Häusern sehr schön sein kann und oft zu einem wichtigen (Gestaltungs-)Element des auszubauenden Dachraumes wird. Durch zusätzliche Belastungen drängt sich allenfalls auch eine Verstärkung des Tragsystems auf.
Über der Tragkonstruktion sind die alten Steildächer vergleichbar aufgebaut:
- Eindeckung über einer Lattung (z.B. Ziegel über der Ziegellattung) oder
- Eindeckung über einer Lattung und einem Unterdach, z.B. aus Holzschindeln o.ä.

Ein erster Entscheid, den auch der Nichtfachmann mittragen kann, ist, ob das Tragsystem gezeigt werden soll oder nicht. Wenn ja, müssen diejenigen Schichten, die das Funktionieren der neuen, wärmegedämmten Steildachkonstruktion gewährleisten sollen, über dem Tragsystem aufgebaut werden.
Wenn nein, stehen sowohl Systeme mit Schichtaufbau über der Tragkonstruktion und zusätzlicher Untersichtverkleidung (meist Warmdachkonstruktionen) als auch solche mit Wärmedämmschicht zwischen der Tragkonstruktion, als Kalt- oder Warmdach (Sparren-Volldämmung) ausgebildet, zur Auswahl.
Die Systeme unterscheiden sich vor allem bezüglich der Möglichkeiten, wie die Luftdichtigkeit und das Wärmedämmvermögen gewährleistet werden können. Ausschlaggebend für die Systemwahl kann allenfalls auch sein, ob bereits ein Unterdach vorhanden ist oder nicht und in welchem Zustand sich die bestehenden Konstruktionselemente befinden.
Es ist Aufgabe des Baufachmannes, objektspezifisch das geeignetste System zu wählen.

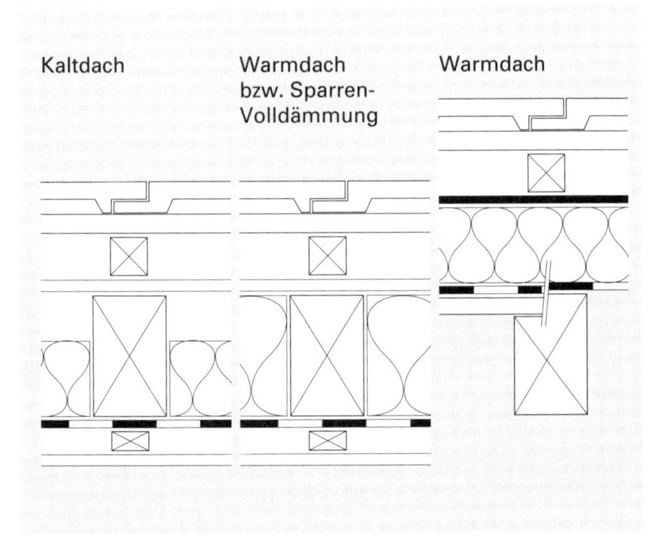

Übersicht der Steildachsysteme für nachträglichen Dachstockausbau

Warmdachsystem
Beim Warmdachsystem, mit Schichtaufbau über der Tragkonstruktion bzw. einer Verlegeunterlage, kann die Tragkonstruktion mit einer Deckenverkleidung abgedeckt werden oder sichtbar bleiben. Durch einen Warmdachaufbau oder ein Kaltdach über der Tragkonstruktion («Davoser-Dach»), werden die Trauf- und Firsthöhen verändert (bis 20 cm höher). Es sind in jedem Fall neue Spenglerarbeiten erforderlich, wobei unter Umständen bestehende Elemente weiterverwendet werden können. Das äussere Erscheinungsbild eines Gebäudes wird durch eine solche Renovation verändert.
Die Dampfbremse/-sperre und Luftdichtigkeitsschicht wird in der Dachfläche und am Ort, ohne eine Vielzahl von Durchdringungen, luftdicht ausgeführt. Im Traufbereich muss die Luftdichtigkeitsschicht je nach Konzeption an die durchdringenden Sparren angeschlossen werden, oder sie kann, wenn die Sparren abgeschnitten und das Vordach mit Stichern ausgebildet wird, ohne Durchdringungen luftdicht am Mauerwerk angeschlossen werden.
Die Wärmedämmschicht wird lückenlos verlegt, und sie kann optimal an Aussenwärmedämmschichten (z.B. bei wärmetechnischer Verbesserung der Aussenwände) angeschlossen werden.
Das Warmdachsystem eignet sich für die Sanierung/Renovation sämtlicher Steildächer, auch bei geometrisch komplexen Formen.

1 Evtl. Deckenverkleidung
2 Bestehende Tragkonstruktion
3 Wärmedämmendes Unterdachelement
4 Verlegeunterlage/Deckenverkleidung
5 Dampfsperre und Luftdichtigkeitsschicht
6 Wärmedämmschicht
7 Wasserdichtes Unterdach
8 Konterlattung
9 Lattung
10 Bestehende oder neue Eindeckung

Konstruktionsaufbau im Warmdachsystem

Kaltdachsystem
Beim Kaltdach wird in der Regel zwischen der Tragkonstruktion wärmegedämmt, wobei die tragenden Bauteile teilweise oder vollständig verkleidet werden. Unter der Voraussetzung, dass ein Unterdach vorhanden und dieses funktionstüchtig ist (Zu- und Fortluftöffnungen!), kann das Steildach wärmegedämmt werden, ohne dass das Dach umgedeckt und die Spenglerarbeiten erneuert werden müssen. Trauf- und Firsthöhen und das Erscheinungsbild des Gebäudes bleiben unverändert.
Wenn kein Unterdach vorhanden ist oder dasselbe den neu zu stellenden Anforderungen nicht genügt, muss das Dach jedoch umgedeckt und ein funktionstüchtiges Unterdach erstellt werden. Die Trauf- und Firstkoten werden um das Mass des Unterdaches und der Konterlattung erhöht, die Spenglerarbeiten sind mehrheitlich zu ersetzen.
Die Dampfbremse und Luftdichtigkeitsschicht muss an angrenzende und durchdringende Bauteile luftdicht angeschlossen werden. Bei Tragsystemen mit Zwischenpfetten, Pfosten, Zangen und Bügen kann dies sehr aufwendig sein, und die erforderliche Luftdichtigkeit kann eventuell nicht garantiert werden.
Die Wärmedämmschicht wird zwischen dem Tragsystem, z.B. den Sparren, verlegt. Die Holzquerschnitte

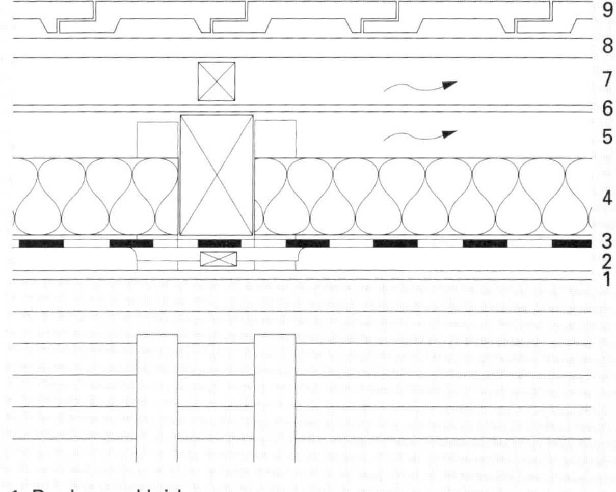

1 Deckenverkleidung
2 Schiftlattung
3 Dampfbremse und Luftdichtigkeitsschicht
4 Wärmedämmschicht zwischen der Tragkonstruktion verlegt
5 Bestehende Tragkonstruktion/Durchlüftungsraum
6 Unterdach, je nach Feuchtigkeitsbelastung dicht gegen frei abfliessendes Wasser (z.B. geschupptes Unterdach) oder wasserdicht (fugenloses Unterdach)
7 Konterlattung
8 Lattung
9 Bestehende oder neue Eindeckung

Konstruktionsaufbau im Kaltdachsystem

stellen gegenüber dem Wärmedämmstoff eine Beeinträchtigung des Wärmedämmvermögens dar, welche bei der Dimensionierung (k-Wert der inhomogenen Konstruktion) berücksichtigt werden muss.
Zwischen der Wärmedämmschicht und dem Unterdach ist ein Durchlüftungsraum erforderlich, und es müssen Zu- und Abluftöffnungen geschaffen werden, die je mindestens der Hälfte des erforderlichen Querschnitts des Durchlüftungsraumes entsprechen. Je nach bestehendem Anschluss Aussenwand/Steildach und bei geometrisch komplizierten Dachformen, mit Aufbauten, Gebäudeeinschnitten, Graten, Kehlen usw., ist es sehr schwierig bis unmöglich, diesen Anforderungen gerecht zu werden.
Das Unterdach wird über der Tragkonstruktion aufgebaut und entsprechend der zu erwartenden Feuchtigkeitsbelastung gewählt.

Warmdach bzw. Sparren-Volldämmung
Dieses System, mit Wärmedämmschicht zwischen der Tragkonstruktion, jedoch ohne Durchlüftung zwischen Wärmedämmschicht und Unterdach, wird in letzter Zeit vermehrt angewendet.
Gestützt auf die Norm SIA 238 «Wärmedämmung in Steildächern» [11] ist dieses System als Warmdach zu bezeichnen, es ist jedoch auch unter dem Namen Sparren-Volldämmung bekannt.
Weil bei diesem System die Sparren nicht an einen Durchlüftungsraum angrenzen, dürfen sie zum Zeitpunkt des Einschlusses einen Feuchtigkeitsgehalt von max. 16 Masseprozenten aufweisen (SIA 238, Ziffer 5.31). Bei nachträglich auszubauenden Dachgeschossen, mit trockenem Konstruktionsholz, bietet diese Forderung keine Probleme, wohl aber bei Neubauten.

Betreffend Ausbildung der Dampfbremse und Luftdichtigkeitsschicht sowie des systemgerechten Unterdaches unterscheidet sich die Sparren-Volldämmung kaum vom Kaltdachsystem.

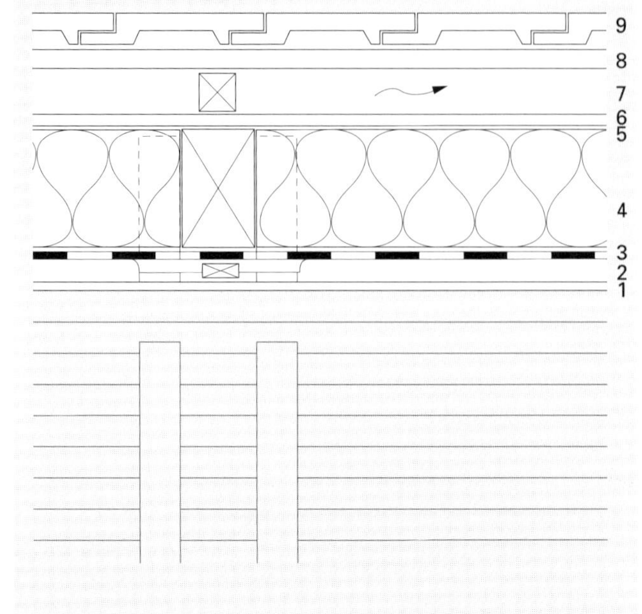

1 Deckenverkleidung
2 Schiftlattung
3 Dampfbremse und Luftdichtigkeitsschicht
4 Wärmedämmschicht zwischen der Tragkonstruktion verlegt
5 Evtl. ruhende Luftschicht
6 Unterdach
7 Konterlattung
8 Lattung
9 Bestehende oder neue Eindeckung

Konstruktionsaufbau mit Sparren-Volldämmung

7.7 Ausbau von Untergeschossräumen

Als Keller- und Abstellräume benutzte Untergeschossräume bieten durch nachträglichen Ausbau ebenfalls die Möglichkeit, höherwertigen Nutzraum zu erzeugen. Im Vergleich zum Estrichraum, wo primär das Steildach anzupassen ist und auch die natürliche Beleuchtung meist problemlos gewährleistet werden kann, sind bei Untergeschossräumen vielfältigere Probleme anzugehen.
Im Zusammenhang mit dem Ausbau von Untergeschossräumen stellt sich neben den gängigen Fragen betreffend natürliche Beleuchtung, Wärme- und Feuchteschutz zwangsläufig auch die Frage der Mauerwerksanierung bzw. der Trockenlegung bestehender Aussen- und Innenwände.
Eine wichtige Komponente stellt bei ausgebauten Untergeschossen auch die Haustechnik, insbesondere Heizung und Lüftung dar. Untergeschossräume werden mit Vorteil über separate Heizgruppen oder Heizsysteme beheizt (evtl. längere Heizperiode gegenüber Obergeschossräumen), und die Raumluft muss eventuell entfeuchtet werden.

Die komplexe Problemstellung erfordert ein konsequent richtiges Vorgehen, von der Objektaufnahme bis zur Nutzung und zum Unterhalt.

Zwei verschiedene Untergeschosstypologien
Im folgenden sollen zwei verschiedene Untergeschosstypen näher betrachtet werden.

Fallbeispiel 1:
Untergeschosse von alten, «historisch wertvollen» Gebäuden, z.B. mit Deckengewölben und Bruchsteinmauerwerken, oft ohne Fenster (keine natürliche Beleuchtung), mit eingeschränkten Sanierungsmöglichkeiten.
Solche Räume eignen sich nach dem Ausbau z.B. als Ausstellungs- und Aufenthaltsräume, Probelokale u.ä.

Fallbeispiel 2:
Natürlich beleuchtete Untergeschosse bei kaum eingeschränkter Sanierungsmöglichkeit und somit auch wenig eingeschränkter zukünftiger Nutzung. Solche Räume eignen sich z.B. als Büro, Wohn- oder Schlafräume u.ä.

1	**Objektaufnahme/Analyse und Beurteilung von Mängeln und Schäden**	
	Untersuchung am Bauwerk – Ist-Zustand – Punktuell – Flächendeckend	Untersuchung im Labor – Feuchtigkeitsgehalt – Salzgehalt
2	**Objekt-Nutzung/Definition Soll-Zustand**	
	Veränderung der Anforderungen – Nutzerbedürfnisse – Raumklima/Behaglichkeit – Beleuchtung (natürliche)	– Energieaufwand (z.B. für Beheizung) – Feuchteschutz
3	**Sanierungs-/Ausbaukonzept** – Basierend auf Analyse Ist-Zustand – Anforderungen Soll-Zustand beachten – Wirtschaftlichkeit (kurz-, mittel-, langfristig)	
	Trockenlegung – Entwässerung – Feuchteschutz	Ausbau – Bauteile – Haustechnik
4	**Umsetzung Sanierungs-/Ausbaukonzept**	
	Planung – Projekt- und Detailpläne – Submittierung – Kostenplanung	Ausführung – Ausführungskontrolle – Abnahme
5	**Nutzung/Werterhaltung**	
	Nutzung – Beheizen/lüften – Evtl. entfeuchten	Werterhaltung/Unterhalt – Kontrolle – Periodische Massnahmen

Ablaufschema für Ausbau von Untergeschossräumen

7.7.1 Untersuchung des Ist-Zustandes

Durch Untersuchungen am Bauwerk sind die vorhandenen Bauteile in ihren konstruktiven Ausprägungen zu erfassen (Konstruktionsaufbauten, Materialien, Feuchteschutz- und Entwässerungssysteme), und es können offensichtliche mechanische Schäden (Putzabplatzungen, Salzausblühungen) sowie biologische Schäden (Vermoosung, Schimmelpilze) erkannt werden. Neben rein bautechnischen Abklärungen, die eventuell konkrete Mängel aufzeigen (z.B. Ursachen von Feuchtigkeitsproblemen), müssen zusätzliche Voruntersuchungen durchgeführt werden, bevor konkrete Sanierungsmassnahmen zum Schutz gegen Mauerfeuchtigkeit definiert werden können.
Als wichtigste Einzeldaten sind die Feuchtigkeit sowie die maximale Wasseraufnahme des Baustoffes zu ermitteln. Aus diesen beiden Werten ergibt sich der Sättigung- bzw. Durchfeuchtungsgrad des Baustoffes. Weiterhin ist es wichtig, den Anteil an hygroskopischer Feuchtigkeit zu bestimmen und den Anteil an Kondenswasser zu ermitteln. Die vorgenannten Daten sind deshalb wichtig, weil sich aufsteigende Feuchtigkeit nicht ohne weiteres am Bauwerk direkt messen lässt. Hat man jedoch die einzelnen Daten ermittelt, ergibt sich daraus die Möglichkeit, den Anteil an aufsteigender Feuchtigkeit zu ermitteln bzw. abzuschätzen.
Neben der Feuchtigkeitsbilanz sind die wasserlöslichen Salze nach Art und Verteilung, insbesondere Sulfate, Chloride und Nitrate, zu ermitteln.

Horizontalsperre durch Bohrlochinjektionen im Sockelbereich

Altersheim Pfrundhaus, Zürich, Mauerwerkschäden im Gewölberaum

Aufenthaltsraum für Personal im sanierten Gewölberaum des Altersheimes Pfrundhaus (Fotos: Renesco AG)

7.7.2 Einzelmassnahmen bei Trockenlegung

Die bei einer Trockenlegung bzw. einem Ausbau von Untergeschossräumen zur Diskussion stehenden Einzelmassnahmen lassen sich in zwei Hauptgruppen unterteilen.

Massnahmen zur Trockenlegung

Bei diesen handelt es sich auf der einen Seite um Massnahmen, die ein weiteres Durchfeuchten, insbesondere der Wände, z.B. infolge kapillar aufsteigender Feuchtigkeit verhindern. Auf der anderen Seite sind es Massnahmen, welche einen gewissen Feuchtigkeitstransport erlauben, ohne dass dies kurzfristig zu weiteren Schäden führt. Die im folgenden angesprochenen Einzelmassnahmen werden, in Abhängigkeit der Analyse und Beurteilung der Mängel und Schäden sowie der Anforderungen aus der zukünftigen Nutzung, definiert und oft als Kombination von mehreren Einzelmassnahmen angewendet.

(1) *Vorbehandlung des Mauerwerks*
Je nach Zustandsbeurteilung wird als Vorarbeit sowohl bei Aussen- als auch bei Innenwänden der alte Putz bis auf das rohe Mauerwerk abgeschlagen und Fugen werden etwa 3 cm tief ausgekratzt. Mauerwerke werden gereinigt und je nach Analyse der bauschädlichen Salze wird eine dementsprechende Umwandlung der Salze vorgenommen. Zu den Vorarbeiten können auch der Haftspritzbewurf und der Ausgleichsputz, zum Ausgleichen der ausgekratzten Mauerwerksfugen und von starken Unebenheiten, gezählt werden.

(2) *Äussere Entwässerung*
Mit Dränagesystemen wie z.B. Sickerplatten und Sickerleitungen wird Oberflächen- und Sickerwasser vom Mauerwerk ferngehalten bzw. abgeführt. Durch den Einbau von Kontroll- und Reinigungsschächten ist die Funktionstüchtigkeit auf Dauer zu gewährleisten.

(3) *Sperrputz*
Auf der Innenseite angebrachte Sperrputze, die relativ hohe Dampfdiffusionswiderstände aufweisen, reduzieren den Feuchtigkeitstransport aus dem Mauerwerk an die Oberfläche. Es besteht dadurch aber auch das Risiko, dass Feuchtigkeit im Mauerwerk höher aufsteigt und durch Abdunstung im Sockelbereich zu Folgeschäden führt.

(4) *Feuchtigkeitsschutzbeschichtung*
In Kombination mit der äusseren Entwässerung (2) verhindert die Feuchtigkeitsschutzbeschichtung das Eindringen von Wasser in das Mauerwerk.

(5) *Feuchtigkeitsisolation*
Das Einsatzgebiet von Feuchtigkeitsisolationen ist

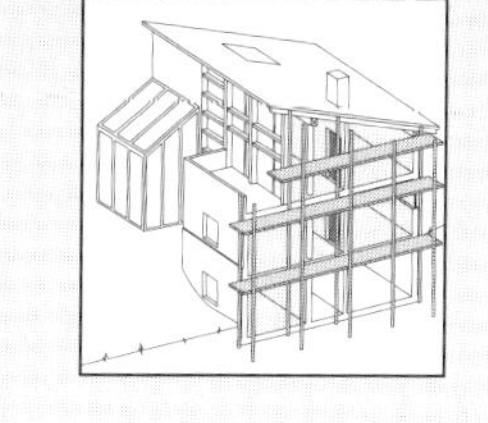

vergleichbar mit demjenigen der Sperrputze. Auf der Aussenseite ist durch geeignete Anschlussausbildung zu gewährleisten, dass die Abdichtung nicht hinterwandert wird. Innen werden solche Abdichtungen vor allem in (15) als Massnahme gegen kapillar aufsteigende Feuchtigkeit eingesetzt und entlang der Wände mehr oder weniger hoch aufgezogen bzw. mit den horizontalen Sperriegeln verbunden.

(6) *Horizontalsperre durch chemische Verfahren*
Über Bohrlöcher werden chemische Präparate mittels Druck oder drucklos in das Mauerwerk (Aussen- und Innenwände) eingebracht. Durch Verschliessung bzw. Verdichtung vorhandener Hohlräume wird das weitere Aufsteigen von Feuchtigkeit behindert.
Grössere Hohlräume sind vorgängig mit sulfatbeständigem Mörtel zu verpressen.

(7) *Horizontalsperre durch mechanische Verfahren*
Unter mechanischen Verfahren versteht man die Mauertrennung durch das Einschieben von Blechen und Folien. Zur Anwendung kommt dieses Verfahren bei Backsteinmauerwerken o.ä., wo eine konkrete Ebene (z.B. in Form einer Lagerfuge) zum Einschieben von Blechen vorhanden ist. Durch solche Horizontalsperren wird das weitere Aufsteigen von Feuchtigkeit in Aussen- oder Innenwänden verhindert.

(8) *Elektrophysikalische Verfahren*
Durch einen Stromfluss von der positiven zur negativen Elektrode wird der Wassertransport unterbunden und das Wasser im unteren Mauerwerksbereich festgehalten. Das Wasser soll gegen diesen Stromkreis nicht wieder aufsteigen können. Neben der Korrosionsfestigkeit des Elektrodenmaterials ist für die Funktionstüchtigkeit solcher Systeme auch die Fähigkeit relevant, über den gesamten Mauerwerksbereich einen genügenden Stromfluss zu erzeugen.

(9) *Sanierputz*
Sanierputze können notwendige Abdichtungsmassnahmen an einem Mauerwerk nicht ersetzen. Gelingt es, durch Vertikal- und Horizontalabdichtung, den Salz- und Feuchtigkeitstransport in das Mauerwerk zu unterbinden, stellt der Sanierputz sowohl als Aussenputz angewendet (Fassade), als auch im Gebäudeinnern (Aussen- und Innenwände), eine mögliche, flankierende Massnahme dar.
Durch die Kombination von stark reduzierter, kapillarer Leitfähigkeit und hoher Wasserdampfdurchlässigkeit, wird die Verdunstungszone des Wassers von der Oberfläche in tiefere Schichten verlagert. Dadurch findet auch die Kristallisation der im Mauerwerk befindlichen Restsalze in diesen Schichten statt. Sanierputze besitzen gegenüber herkömmlichen Putzen eine günstigere Porengeometrie. Dadurch erhöht sich die Haltbarkeitsdauer der Sanierputze gegenüber herkömmlichen Putzen um ein Mehrfaches. Erst nach nahezu vollständiger Füllung des Porenraumes können die Salze den Putz zerstören.
Sanierputze gewährleisten eine trockene, salzfreie Oberfläche.

(10) *Oberputze/Anstriche*
Zur Strukturausgleichung kann es notwendig sein, dass auf dem Sanierputz ein Oberputz aufgebracht werden muss. Oberputze und Anstriche haben sich an den bauphysikalischen Kenndaten des Sanierputzes zu orientieren. Dies gilt insbesondere für die Wasserdampfdurchlässigkeit.

(11) *Sockelausbildung*
Je nach Massnahmen zur Verhinderung des Feuchtetransportes in den Untergeschossraum (Vertikalabdichtung) kann Feuchtigkeit eventuell höher aufsteigen als vor der Sanierung und im Sockelbereich durch Verdunstung zur Beeinträchtigung des Fassadenputzes führen. (9) und (10) stellen auch im Sockelbereich wirksame flankierende Massnahmen dar.

Ausbaumassnahmen zur Gewährleistung der vorgesehenen Nutzung
(12) *Wärmeschutz mit Perimeterdämmung*
Im Zusammenhang mit (2) lässt sich die Wärmedämmschicht auf der Aussenseite, mit einer feuchtigkeitsunempfindlichen Wärmedämmschicht (Polystyrolhartschaum extrudiert, Schaumglas) realisieren. Mit dem System der Perimeterdämmung kann eine Aussendämmung über Terrain (verputzt oder mit hinterlüfteter Fassadenbekleidung) lückenlos weitergeführt werden.

(13) *Wärmeschutz mit Innendämmung*
Auch für die Innendämmung werden mit Vorteil feuchtigkeitsunempfindliche Wärmedämmstoffe verwendet und es ist eventuell eine Dampfbremse/-sperre einzubauen. Die so wärmegedämmten Aussenwände werden verkleidet oder mit einer Vormauerung versehen. Insbesondere im Deckenbereich sind die Auswirkungen der kaum vermeidlichen Wärmebrücken auf ein unschädliches Mass zu begrenzen (Detailoptimierung).

(14) *Zusätzliche Wandkonstruktion auf Innenseite*
Bei den hier angesprochenen Wänden kann es sich um einzelne Wandelemente handeln, die z.B. in einer Galerie das schadenfreie Aufhängen von Bildern ermöglichen. Oder es wird bei grossen Räumen generell eine zusätzliche Wand vorgemauert (wärmedämmend oder wärmegedämmt), wobei zwischen derselben und der bestehenden Aussenwand mit Vorteil ein belüfteter und eventuell sogar kontrollierbarer Hohlraum bzw. Kontrollgang entsteht.

(15) *Bodenkonstruktion*
Die Bodenkonstruktion wird meist von Grund auf neu konzipiert und kann so den im Kapitel 2.4.5 «Bodenkonstruktionen über Erdreich» für Neubauten definierten Konstruktionsaufbauten entsprechen. Wichtige Schicht ist die Isolation gegen kapillar aufsteigende Feuchtigkeit, die z.B. im Bereich der horizontalen Sperriegel bei Aussen- und Innenwänden «dicht» angeschlossen werden muss.

(16) *Deckenkonstruktion*
Bei Gewölben ist die Decke im Randbereich, je nach Feuchtigkeitsbelastung, mehr oder weniger analog der Aussenwand zu sanieren (Vorbehandlung, Sanierputz, Oberputze und Anstriche).
Bei horizontalen Decken sind neben üblichen Sanierungsarbeiten auch Massnahmen zur schalltechnischen und raumakustischen Verbesserung denkbar.

7.7.3 Fallbeispiel 1

Zum Fallbeispiel 1, Untergeschoss eines alten Gebäudes mit Deckengewölbe und Bruchsteinmauerwerk, gibt folgende Schemaskizze über zur Diskussion stehende und unter 7.7.2 angesprochene Einzelmassnahmen Aufschluss.
In tabellarischer Form sind denkbare Massnahmenpakete zusammengestellt und kurz beurteilt. Bei konkreten Ausbauvorhaben von Untergeschossräumen sind verschiedene, aufeinander abgestimmte Massnahmenpakete ebenfalls miteinander zu vergleichen und zu beurteilen (Ausführung, Kosten, Schadenträchtigkeit, Unterhalt, Energieaufwand für den Betrieb, Gewährleistung der neuen Nutzung).

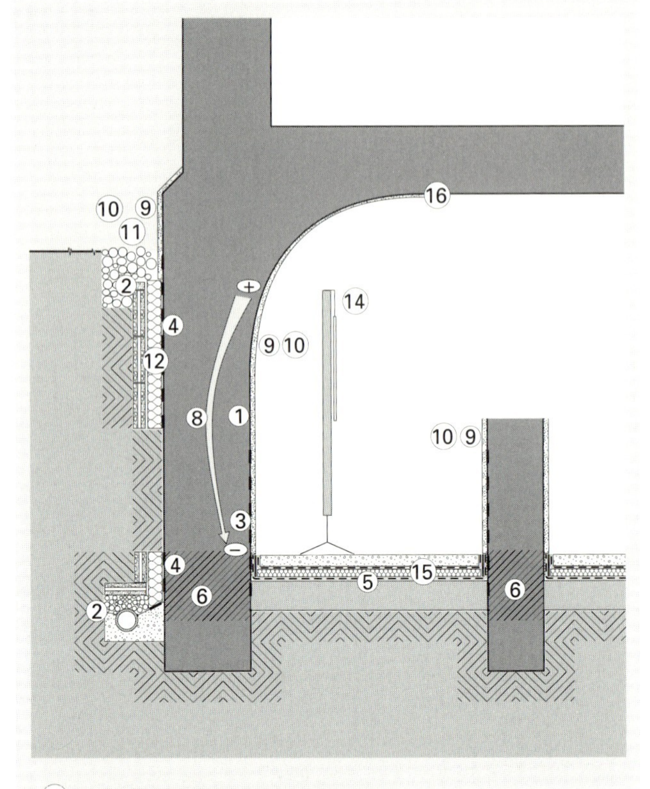

(1) Vorbehandlung des Mauerwerks
(2) Äussere Entwässerung
(3) Sperrputz
(4) Feuchtigkeitsschutzbeschichtung
(5) Feuchtigkeitsisolation
(6) Horizontalsperre durch chemische Verfahren (Injektion)
(8) Elektrophysikalische Verfahren
(9) Sanierputz
(10) Oberputze/Anstriche
(11) Sockelausbildung
(12) Wärmeschutz mit Perimeterdämmung
(14) Zusätzliche Wandkonstruktion auf Innenseite
(15) Bodenkonstruktion
(16) Deckenkonstruktion

Massnahmen	Anmerkungen/Beurteilung
(1), (2), (4), (5), (6) oder (8), (9), (10), (11), (12), (15)	*Perimeterdämmung* Feuchtigkeitsschutz funktionstüchtig, sofern Mauerwerk Voraussetzungen für (6) oder (8) erfüllt. Durch Perimeterdämmung (als sekundäre Massnahme) ist Wärmeschutz bei Wand gegen Erdreich erfüllt (bei Wand gegen Aussenklima nicht erfüllt!). Evtl. (14) bei spezieller Nutzung (Galerie o.ä.).
(1), (3), (5), (9), (10), (11), (15)	*Sperr- und Sanierputz* Wärmeschutzanforderungen können bei der Aussenwand nicht erfüllt werden. In der Aussenwand erhöht sich der Feuchtigkeitsgehalt und die Feuchtigkeit steigt evtl. weiter auf. Evtl. mit (6) im Terrainbereich und geeigneter Sockelausbildung (11) die Standzeit erhöhen. Bei (3) und (9) auf dauernd feuchtem Untergrund ist die Standzeit beschränkt. Evtl. (14) bei spezieller Nutzung (Galerie o.ä.).

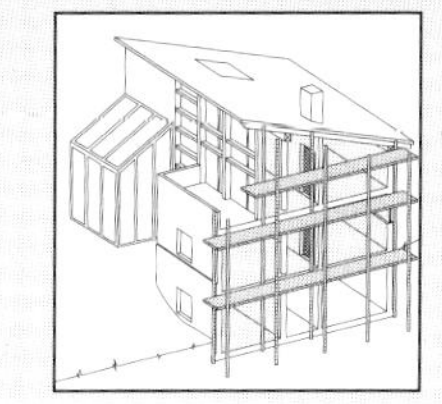

7.7.4 Fallbeispiel 2

Zum Fallbeispiel 2, Untergeschoss eines alten Gebäudes mit horizontaler Decke, Bruchsteinmauerwerk und natürlicher Beleuchtungsmöglichkeit, gibt folgende Schemaskizze über die zur Diskussion stehenden und unter 7.7.2 angesprochenen Einzelmassnahmen Aufschluss.
In tabellarischer Form sind auch hier denkbare Massnahmenpakete zusammengestellt und kurz beurteilt, was bei konkreten Ausbauvorhaben objektspezifisch geschehen muss.

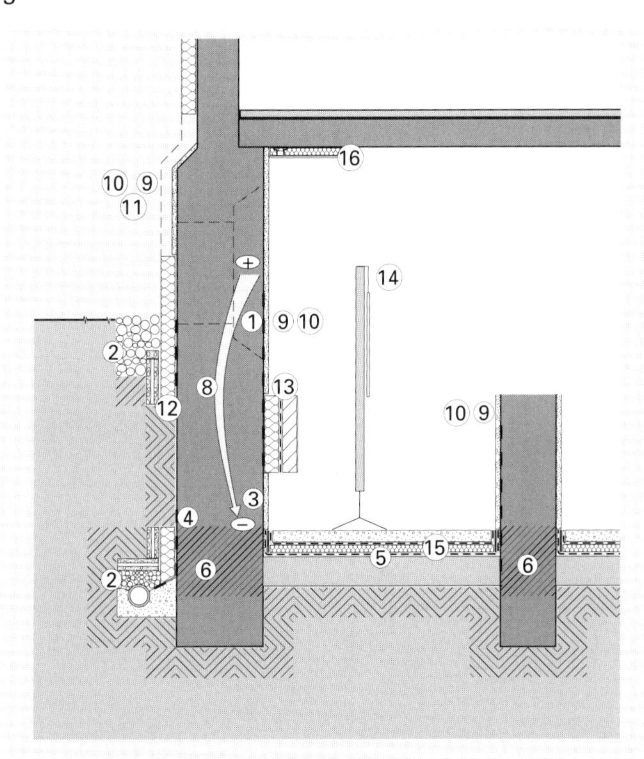

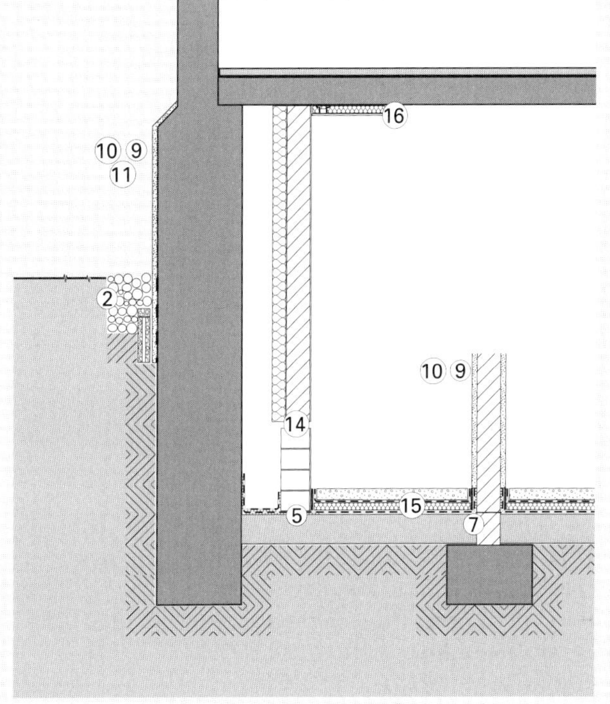

1. Vorbehandlung des Mauerwerks
2. Äussere Entwässerung
3. Sperrputz
4. Feuchtigkeitsschutzbeschichtung
5. Feuchtigkeitsisolation
6. Horizontalsperre durch chemische Verfahren (Injektion)
7. Horizontalsperre durch mechanische Verfahren
8. Elektrophysikalische Verfahren
9. Sanierputz
10. Oberputze/Anstriche
11. Sockelausbildung
12. Wärmeschutz mit Perimeterdämmung
13. Wärmeschutz mit Innendämmung
14. Zusätzliche Wandkonstruktion auf Innenseite
15. Bodenkonstruktion
16. Deckenkonstruktion

Massnahmen	Anmerkungen/Beurteilung
(1), (2), (4), (5), (6), (9), (10), (11), (12), (15), (16)	*Perimeterdämmung* Wärmeschutz mindestens bei Wand gegen Erdreich erfüllt, nach Möglichkeit die Perimeterdämmung mit der Aussendämmung zusammenschliessen (keine Wärmebrücken im Sockelbereich!). Feuchtigkeitsschutz funktionstüchtig, sofern Mauerwerk für (6) geeignet. Evtl. (14) bei spezieller Nutzung (Galerie o.ä.).
(1), (2), (4), (5), (6), (11), (13), (15), (16)	*Innendämmung mit äusserem Feuchteschutz/Entwässerung* Wärmeschutz im Wandbereich erfüllt, evtl. problematische Wärmebrücken beim Deckenauflager. Feuchtigkeitsschutz funktionstüchtig, sofern Mauerwerk für (6) geeignet.
(1), (3), (5), (11), (13), (15), (16)	*Innendämmung ohne äusseren Feuchteschutz/Entwässerung* Wärmeschutz im Wandbereich erfüllt, evtl. problematische Wärmebrücken beim Deckenauflager. Feuchtigkeitsschutz durch (3) nicht grundsätzlich verbessert (nur Reduktion des Feuchtetransportes gegen innen). Evtl. erhöhte Feuchtebelastung im Sockelbereich durch (6) im Terrainbereich verhindern.
(5), (14), (15), (16)	*Zusätzliche Wandkonstruktion auf Innenseite* Keine Veränderung des Feuchteschutzes bei Aussenwand. Schadenrisiko bei Innenwänden im Kontakt mit der Aussenwand (Feuchtetransport!) mit (9) begrenzen. Wärmeschutz im Wandbereich erfüllt, evtl. zusätzliche Wärmedämmschicht an Deckenuntersicht im Hohlraum. Platzverlust und Probleme bei Fensteröffnungen (evtl. keine natürliche Beleuchtung, nur noch Belüftungsfunktion).

7.8 Weiterführende Literatur

Zu Themen des Kapitels 7 «Instandhaltung/Renovation/Umnutzung» geben dem interessierten Leser unter anderem die folgenden Publikationen weitere Hinweise:

- Arendt C.: Trockenlegung, Leitfaden zur Sanierung feuchter Bauwerke, DVA, 1983
- Blaich J.: Bauschäden, Vorlesungsskript ETHZ, EMPA, 8600 Dübendorf, 1992
- Blaich J.: Bauschäden erkennen, beheben, vermeiden, Schweiz. Hauseigentümerverband, 8032 Zürich, 1992
- Brunner, C.U., Nänni, J., Gartner, R.: Renovationsdetails (in Vorbereitung)
- Brunner, C.U. et al.: Wärmeschutz für Altbauten, Schweiz. Ing. & Arch. 43, 802-809, 1992
- BfK: Handbuch Planung und Projektierung wärmetechnischer Gebäudesanierungen, 1983
- Bundesamt für Konjunkturfragen (BfK), 724.451 d Erhaltung der Bausubstanz, 1991
- BfK: 724.430 d, Erhaltung und Erneuerung, 1991
- BfK: Handbuch Planung und Projektierung wärmetechnischer Gebäudesanierungen, 1983
- Dittrich H. & W.:, Modernisieren von Alt- und Neubauten, Verlag R. Müller, Köln 1989
- IP Holz 808/14d, Sanieren, Renovieren, 1989
- IP Holz: Sanieren – Renovieren, EDMZ, Bern 1989
- Rau 0., Braune U.: Der Altbau – Renovieren, Restaurieren, Modernisieren, Verlag A. Koch, Leinfleden, 1989
- Ronner, H. Prof. ETHZ, Kontext 70, Material zu: Zahn der Zeit, 1990
- Sarna aktuell Nr. 2/89: Renovation der Gebäudehülle mit Sarna-Systemen, 1989
- Sarnafil Flach- und Steildachsysteme: Das Dach im Wandel der Zeit, Schäden und Mängel, Ursachen und Behebung, 1990
- Schmitz H. et al.: Altbaumodernisierung im Detail, Verlag R. Müller, Köln, 1989
- Schroll L.: Energietechnische Gebäudesanierung, 1985, AT Verlag Aarau
- Weber H.: Mauerfeuchtigkeit, Ursachen und Gegenmassnahmen, expert Verlag, 1988

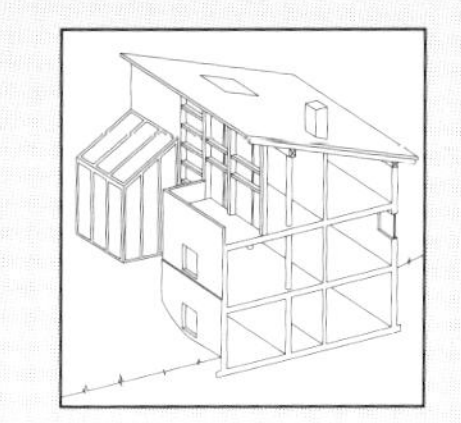

8.1 Quellenverzeichnis

[1] SIA 180: Wärmeschutz im Hochbau, Norm 1988

[2] SIA 180/1: Nachweis des mittleren k-Wertes der Gebäudehülle, Empfehlung 1988

[3] SIA 380/1: Energie im Hochbau, Empfehlung 1988

[4] SIA 384/2: Wärmeleistungsbedarf von Gebäuden, Empfehlung 1982

[5] Lärmschutz-Verordnung (LSV), 1986

[6] SIA 181: Schallschutz im Hochbau, Norm 1988

[7] DIN 4109: Schallschutz im Hochbau, 1989

[8] SIA 279: Wärmedämmstoffe, Materialprüfung, Toleranzen und Rechenwerte, Norm 1988

[9] SIA 280: Kunststoff-Dichtungsbahnen, Anforderungswerte und Materialprüfung, Norm 1983

[10] SIA 281: Polymer-Bitumen-Dichtungsbahnen, Anforderungswerte und Materialprüfung, Norm 1983

[11] SIA 238: Wärmedämmung in Steildächern, Norm 1988

[12] SIA 271: Flachdächer, Empfehlung 1986 und SIA V 271/1

[13] SIA 272: Grundwasserabdichtungen, Empfehlung 1980

[14] SIA 331: Fenster, Norm 1988

[15] SIA 251: Schwimmende Unterlagsböden, Norm 1988

[16] SZFF (Schweizerische Zentralstelle für Fenster und Fassaden, Zürich)
- SZFF 41.01: Schallschutz bei Fenstern, 1990
- SZFF 41.04: k-Wert-Beurteilungskriterien, 1985
- SZFF 41.05: Dichtheit und Feuchtigkeitsschutz bei Fenstern und Fassaden und deren Anschluss, 1987
- SZFF 42.01: Fugendurchlässigkeit und Schlagregendichtheit, 1989
- SZFF 42.02: Bestimmung der Fugenlänge, Fensterfläche und Besprühungsfläche, 1989
- SZFF 42.03: Beanspruchungsgruppen für Verglasungen, 1981
- SZFF 42.04: Richtlinie für Einbau von Füllelementen in Fenstern und Fassaden, 1989
- SZFF 42.06: Thermische Eigenschaften von Fensterkonstruktionen, 1988

[17] Schweizer Norm SN 59200: Planung und Erstellung von Anlagen für die Liegenschaftsentwässerung, 1990

[18] SIA Dokumentation 70: Kühlleistungsbedarf von Gebäuden, 1983

[19] SIA Dokumentation 99: Wärmebrückenkatalog 1, Neubaudetails, 1985

[20] Brunner, C.U. und Nänni, J.: SIA Dokumentation D 078 Verbesserte Neubaudetails, 1992

[21] Brunner, C.U., Nänni, J., Gartner, R.: Renovationsdetails (in Vorbereitung)

[22] Nänni J., Prof. Dr., HTL Brugg-Windisch; Ragonesi M.: Wärmetechnische Optimierung von Flachdachdetails, Dach & Wand 1/91

[23] Sarna aktuell Nr. 2/89: Renovation der Gebäudehülle mit Sarna-Systemen, 1989

[24] SIA Dokumentation D 046: Schadstoffarmes Bauen, 1989

[25] HBT Solararchitektur: Energie- und Schadstoffbilanzen im Bauwesen, Beiträge zur Tagung vom 7. März 1991, ETH Zürich

[26] EMPA-KWH: Info Nr. 7 vom Dezember 1991

[27] IP Holz 987: Luftdurchlässigkeit der Gebäudehülle, 1990

[28] BfK: Handbuch Planung und Projektierung wärmetechnischer Gebäudesanierungen, 1983

[29] Bundesamt für Energiewirtschaft: Merkblatt k-Werte und g-Werte von Fenstern, 1991

[30] EMPA, SHIV, SIA, SZV, LIGNUM: Trocknung von Konstruktionsholz, Merkblatt 1989

[31] Ronner, H. Prof. ETHZ, Kontext 70, Material zu: Zahn der Zeit, 1990

8.1 Quellenverzeichnis

[32] Ronner, H. Prof. ETHZ, Kontext 77, Material zu: Zirkulation, 1990

[33] Ronner, H. Prof. ETHZ: Zur Methodik des konstruktiven Entwerfens, Forschungsarbeit für die Stiftung zur Förderung des Bauwesens, ETH, Zürich 1991

[34] Morath H.: Handbuch für Spenglerarbeiten, 1983

[35] Kuhne V., Essen: Ein Instandhaltungsmodell für Hochbauten, Schweiz. Ing. & Arch. 11, 246-249, 1991

[36] Zimmermann M.: Handbuch der passiven Sonnenenergienutzung, Schweiz. Ing. & Arch., Dok. Nr. D 010, SIA Zürich, 1986

[37] Heizsysteme für Energiesparhäuser, Impulsprogramm Haustechnik, 20, 1987, EDMZ Bern, 1987

[38] Filleux C.: Passive Sonnenenergienutzung mit konvektiven Systemen, Schweiz. Ing. & Arch. 21, 644-646, 1988

[39] Rüesch H.: Aktive Sonnenenergienutzung, Schweiz. Ing. & Arch. 21, 647-648, 1988

[40] Schneiter P., Wellinger K.: Transparente Isolation, Schweiz. Ing. & Arch. 32, 593-598, 1992

[41] Schmid Ch.: Heizungs- und Lüftungstechnik, Leitfaden Bau & Energie, Band 5, vdf Zürich, 1993

[42] Kurer V. et al.: Forschungsprojekt Solar Trap, Schlussbericht NEFF, Zürich, 1982

[43] Filleux Ch., Schlegel P.: Erfahrungen mit Solarhäusern in der Schweiz, NZZ 58, 65, 1987

8.2 Formelzeichen und Abkürzungen

Formelzeichen und Abkürzungen

A	Fläche
BEW	Bundesamt für Energiewirtschaft, Bern
BF	Bemessungsfaktor
BfK	Bundesamt für Konjunkturfragen, Bern
BUWAL	Bundesamt für Umwelt, Wald, Landschaft, Bern
D	Diffusionskoeffizient, Schallpegeldifferenz, Durchmesser
DN	Durchmesser nominal, innen, gerundet
DV	Doppelverglasung
E	Energie, Elastizitätsmodul
EV	Einfachverglasung
EBF	Energiebezugsfläche
G	Globalstrahlung
HGT	Heizgradtage [Kd]
HT	Heiztage [d]
IV	Isolierverglasung
K	Kessel
L	Schallpegel, Trittschallpegel, Länge
LW	Lichte Weite (Regenwassereinlauf)
P	mechanische, elektrische Leistung
Q	Wärmemenge, Wärmeenergie
R	Widerstand, Schalldämmass
S	Lautheit
SIA	Schweizerischer Ingenieur- und Architekten-Verein
SI+A	Schweizer Ingenieur + Architekt, Zeitschrift
T	Absolute Temperatur [K]
V	Volumen
a	Luftdurchlasskoeffizient, Jahr,
b	Wärmeeindringkoeffizient, Breite
c	spezifische Wärmekapazität,
d	Dicke, Durchmesser, Tag
f	Faktor, Frequenz
g	Gesamtenergiedurchlassgrad
h	Spezifische Enthalpie, Höhe
k	Wärmedurchgangskoeffizient
l	Länge
m	Masse
n	Anzahl, Luftwechselzahl
p	Druck, Absolutdruck
q	Energie- oder Massenstromdichte
r	Radius
t	Zeit
v	Geschwindigkeit
x	absolute Luftfeuchtigkeit
z	Kote
x,y,z	Koordinaten (Länge, Breite, Tiefe, Höhe)
α	Azimutwinkel, Wärmeübergangskoeffizient, Absorptionsgrad
β	Wasserdampfübergangskoeffizient
γ	Einfallswinkel, Zenitwinkel
ε	Emissionsgrad, Leistungszahl
η	Wirkungsgrad, Ausnutzungsgrad
ϑ	Temperatur [°C]
λ	(Wärme-)leitfähigkeit
μ	Diffusionswiderstandszahl
ν	Amplitudendämpfung, Frequenz
ρ	Dichte, absoluter Feuchtegehalt, Reflexionsgrad
τ	Transmissionsgrad, Zeitkonstante
φ	relative Luftfeuchtigkeit
Λ	Wärmedurchlasskoeffizient, Lautstärke

Indizes, Zeichen

A	aussen, Austrocknung
B	Boden, Benützer,
D	Dach, Wasserdampf
E	Erdreich
F	Fenster
G	Glasfläche
I	Innen
K	Konvektion, Kondensation
L	Luft, Luftwechsel, Wärmeleitung
O	Oberfläche
R	Rahmenfläche
S	Sonne, Strahlung, Schall
T	Transmission, Taupunkt
V	bei konstantem Volumen
W	Wand, Wind
WW	Warmwasser
a	Luftschall … (air), aussen, Jahres-…
c	Kondensations-…, Kondensator-…
g	Grenz …
h	horizontal, Heiz-…
i	Trittschall … (impact), innen
j	laufender Index
m	mittlere
n	normiert, Nenn-…, Norm-…
o	oben
p	bei konstantem Druck, Druck
r	Resonanz, Rechenwert
s	Sättigung, spezifisch, Siede-…, Sättigungs-…
u	unten
v	vertikal
w	bewertet
Δ	Differenz, Intervall
Σ	Summe
$>$	grösser als
$<$	kleiner als
$\approx$	ungefähr gleich
$\hat{=}$	entspricht
$\bullet$	… (pro Zeiteinheit)
$\div$	von … bis …
$\overline{}$	gemittelt
[...]	Dimensionen

8.3 Zeichensymbole

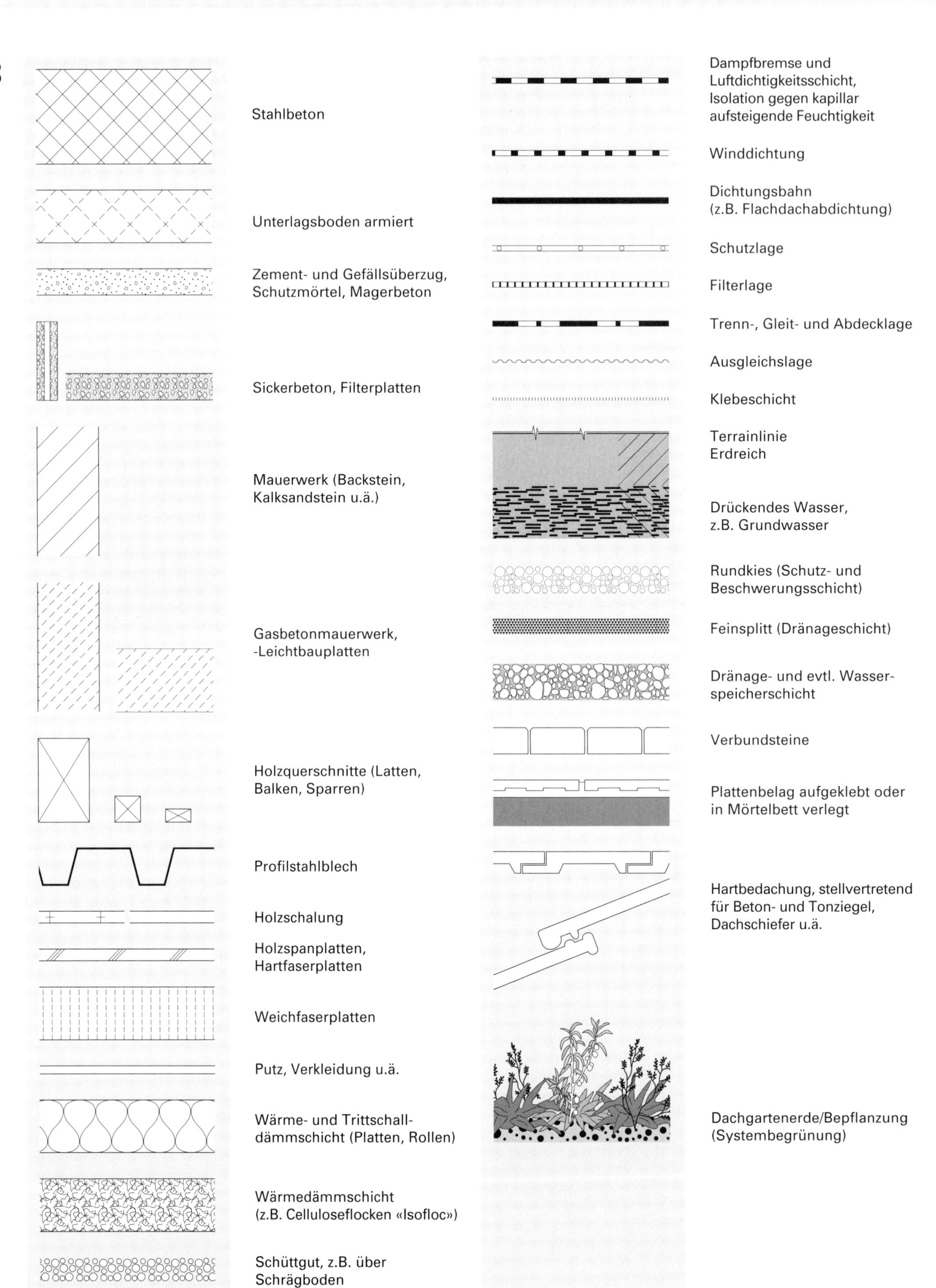